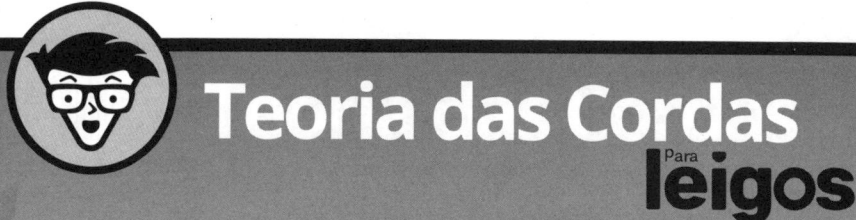

Teoria das Cordas Para leigos

A teoria das cordas, muitas vezes chamada "teoria de tudo", é uma ciência relativamente jovem que inclui conceitos muito incomuns, como as supercordas, as branas e as dimensões extras. Os cientistas esperam que a teoria das cordas venha a desvendar um dos maiores mistérios do Universo: como a gravidade e a física quântica se encaixam.

CARACTERÍSTICAS DA TEORIA DAS CORDAS

A teoria das cordas é um trabalho em curso, então tentar definir exatamente o que é a ciência, ou quais são seus elementos fundamentais, pode ser um pouco complicado. As principais características da teoria das cordas incluem:

- Todos os objetos do nosso Universo são compostos por filamentos vibratórios (cordas) e membranas (branas) de energia.
- A teoria das cordas tenta reconciliar a relatividade geral (gravidade) com a física quântica.
- Há uma nova ligação (chamada *supersimetria*) entre dois tipos de partículas fundamentalmente diferentes: *bósons* e *férmions*.
- Devem existir diversas dimensões extras (em geral não observáveis) no Universo.

Há também outras características possíveis da teoria das cordas, dependendo das teorias que provarem ter mérito no futuro. As possibilidades incluem:

- Um cenário de soluções da teoria das cordas, permitindo possíveis universos paralelos.
- O princípio holográfico, que afirma como a informação em um espaço pode se relacionar com a informação na superfície desse espaço.
- O princípio antrópico, que afirma que os cientistas podem usar o fato de a humanidade existir como explicação para certas propriedades físicas do nosso Universo.
- Nosso Universo poderia estar "preso" a uma brana, permitindo novas interpretações da teoria das cordas.
- Outros princípios ou características, esperando para serem descobertos.

SUPERPARCEIRAS NA TEORIA DAS CORDAS

O conceito de *supersimetria* da teoria das cordas é uma forma extravagante de dizer que cada partícula tem uma partícula relacionada chamada *superparceira*. Pode ser complicado se lembrar dos nomes das superparceiras, por isso, veja as regras em poucas palavras.

- A superparceira de um férmion começa com um "s" antes do nome padrão da partícula; assim, a de um "elétron" é "selétron", e a de um "quark" é "squark"
- A superparceira de um bóson termina com "ino", então a de um "fóton" é "fótino", e a do "gráviton" é "gravitino".

Use a tabela a seguir para ver alguns exemplos dos nomes das superparceiras.

Nomes de Algumas Superparceiras	
Partícula Padrão	Superparceira
Bóson de Higgs	Higgsino
Neutrino	Sneutrino
Lépton	Slépton
Bóson Z	Zino
Bóson W	Wino
Glúon	Gluíno
Múon	Smúon
Quark Top	Squark Stop

Teoria das Cordas
Para leigos

Teoria das Cordas
Para leigos

Andrew Zimmerman Jones com Daniel Robbins

ALTA BOOKS
GRUPO EDITORIAL
Rio de Janeiro, 2023

Teoria das Cordas Para Leigos

Copyright © 2023 da Starlin Alta Editora e Consultoria Eireli.
ISBN: 978-65-5520-863-4

Translated from original String Theory For Dummies. Copyright © 2022 by Wiley Publishing, Inc. ISBN 978-1119888970. This translation is published and sold by permission of John Wiley, the owner of all rights to publish and sell the same. PORTUGUESE language edition published by Starlin Alta Editora e Consultoria Eireli, Copyright © 2023 by Starlin Alta Editora e Consultoria Eireli.

Impresso no Brasil — 1ª Edição, 2023 — Edição revisada conforme o Acordo Ortográfico da Língua Portuguesa de 2009.

Dados Internacionais de Catalogação na Publicação (CIP) de acordo com ISBD

J76t   Jones, Andrew Zimmerman
       Teoria das cordas para leigos / Andrew Zimmerman Jones, Daniel Robbins ; traduzido por Alberto Streicher. - Rio de Janeiro : Alta Books, 2023.
       384 p. ; 16cm x 23cm. - (Para Leigos)

       Tradução de: String Theory For Dummies
       Inclui índice.
       ISBN: 978-65-5520-863-4

       1. Física. 2. Teoria das cordas. I. Robbins, Daniel. II. Streicher, Alberto. III. Título. IV. Série.

2023-79   CDD 530
                                                   CDU 53

Elaborado por Odílio Hilario Moreira Junior - CRB-8/9949

Índice para catálogo sistemático:
1. Física 530
2. Física 53

Todos os direitos estão reservados e protegidos por Lei. Nenhuma parte deste livro, sem autorização prévia por escrito da editora, poderá ser reproduzida ou transmitida. A violação dos Direitos Autorais é crime estabelecido na Lei nº 9.610/98 e com punição de acordo com o artigo 184 do Código Penal.

A editora não se responsabiliza pelo conteúdo da obra, formulada exclusivamente pelo(s) autor(es).

Marcas Registradas: Todos os termos mencionados e reconhecidos como Marca Registrada e/ou Comercial são de responsabilidade de seus proprietários. A editora informa não estar associada a nenhum produto e/ou fornecedor apresentado no livro.

Erratas e arquivos de apoio: No site da editora relatamos, com a devida correção, qualquer erro encontrado em nossos livros, bem como disponibilizamos arquivos de apoio se aplicáveis à obra em questão.

Acesse o site **www.altabooks.com.br** e procure pelo título do livro desejado para ter acesso às erratas, aos arquivos de apoio e/ou a outros conteúdos aplicáveis à obra.

Suporte Técnico: A obra é comercializada na forma em que está, sem direito a suporte técnico ou orientação pessoal/exclusiva ao leitor.

A editora não se responsabiliza pela manutenção, atualização e idioma dos sites referidos pelos autores nesta obra.

Produção Editorial
Grupo Editorial Alta Books

Diretor Editorial
Anderson Vieira
anderson.vieira@altabooks.com.br

Editor
José Ruggeri
j.ruggeri@altabooks.com.br

Gerência Comercial
Claudio Lima
claudio@altabooks.com.br

Gerência Marketing
Andréa Guatiello
andrea@altabooks.com.br

Coordenação Comercial
Thiago Biaggi

Coordenação de Eventos
Viviane Paiva
comercial@altabooks.com.br

Coordenação ADM/Finc.
Solange Souza

Coordenação Logística
Waldir Rodrigues

Direitos Autorais
Raquel Porto
rights@altabooks.com.br

Gestão de Pessoas
Jairo Araújo

Produtor da Obra
Thiê Alves

Produtores Editoriais
Illysabelle Trajano
Maria de Lourdes Borges
Paulo Gomes
Thales Silva

Equipe Comercial
Adenir Gomes
Andrea Riccelli
Ana Claudia Lima
Daiana Costa
Everson Sete
Kaique Luiz
Luana Santos
Maira Conceição
Natasha Sales
Pablo Frazão

Equipe Editorial
Ana Clara Tambasco
Andreza Moraes
Arthur Candreva
Beatriz de Assis
Beatriz Frohe

Betânia Santos
Brenda Rodrigues
Caroline David
Erick Brandão
Elton Manhães
Fernanda Teixeira
Gabriela Paiva
Henrique Waldez
Karolayne Alves
Kelry Oliveira
Lorrahn Candido
Luana Maura
Marcelli Ferreira
Mariana Portugal
Matheus Mello
Milena Soares
Patricia Silvestre
Viviane Corrêa
Yasmin Sayonara

Marketing Editorial
Amanda Mucci
Guilherme Nunes
Livia Carvalho
Thiago Brito

Atuaram na edição desta obra:

Tradução
Alberto Streicher

Copidesque
Vivian Sbravatti

Revisão Gramatical
Alessandro Thomé
Rafael Fontes

Diagramação
Lucia Quaresma

Revisão Técnica
Sendy Melissa
Mestra em Física

Editora afiliada à:

ASSOCIADO

ALTA BOOKS
GRUPO EDITORIAL

Rua Viúva Cláudio, 291 — Bairro Industrial do Jacaré
CEP: 20.970-031 — Rio de Janeiro (RJ)
Tels.: (21) 3278-8069 / 3278-8419
www.altabooks.com.br — altabooks@altabooks.com.br
Ouvidoria: ouvidoria@altabooks.com.br

Sobre o Autor

Andrew Zimmerman Jones é especialista de física na About.com, uma empresa do *New York Times*, onde escreve e edita notícias e artigos sobre todas as áreas da física. Ele passa seus dias trabalhando como editor para uma empresa de avaliação educacional. É graduado em física pela Faculdade Wabash, onde também estudou matemática e filosofia, e tem mestrado em educação matemática pela Universidade Purdue.

Além de seu trabalho na About.com, Andrew escreveu inúmeros ensaios e resenhas de não ficção que foram publicados em *The Internet Review of Science Fiction*, *EpicSFF.com*, *Pink Floyd and Philosophy*, *Black Gate* e *Heroes and Philosophy*. Sua produção de ficção inclui contos publicados em *Abyss and Apex*, *KidVisions*, *The Four Bubbas of the Apocalypse* e *International House of Bubbas*.

Ele é membro da Mensa desde o oitavo ano e tem um interesse imenso por ciência e por ficção científica desde ainda antes. Pelo caminho, tornou-se também escoteiro Águia, mestre maçom na Freemasons e ganhou o Prêmio Harold Q. Fuller em física na Faculdade Wabash. Seu plano para dominar o mundo está prestes a ser concretizado com a publicação deste livro.

Andrew vive na região central de Indiana com sua linda esposa, Amber, e seu filho, Elijah. Quando não está escrevendo ou editando, quase sempre está lendo, jogando algum jogo, assistindo TV, investigando fenômenos científicos bizarros ou atualizando sua página na internet, `www.azjones.info`. Ele também relata periodicamente quaisquer novas implicações sobre a teoria das cordas em seu outro site: `physics.about.com`.

Dedicatória

Este livro é dedicado à minha querida e adorável esposa, Amber Eckert-Jones. Enquanto os físicos ainda procuram uma lei para unificar todas as forças do universo físico, eu não preciso, porque todas as forças do meu universo se juntam em você.

Agradecimentos do Autor

Primeiro, devo um profundo agradecimento à minha agente literária, Barb Doyen, por ter me oferecido este projeto. Minha profunda gratidão e reconhecimento vai para o maravilhoso pessoal do editorial da Wiley: Alissa Schwipps, por suas opiniões valiosas em cada passo do processo, Vicki Adang, por sua habilidade em transformar minha tagarelice científica em explicações coerentes, e Stacy Kennedy, por ter juntado uma equipe tão boa. Também agradeço muito pelas opiniões construtivas e às vezes cruciais do Dr. Rolf Schimmrigk, da Universidade de Indiana, South Bend, que ofereceu a edição técnica inicial deste livro. E também sou profundamente agradecido ao Dr. Daniel Robbins, do Weinberg Theory Group da Universidade do Texas em Austin, por sua expertise e revisão extremamente detalhadas e pelas frequentes trocas de ideias.

Sem o pessoal incrível da About.com, especialmente a editora do Canal de Educação, Madeleine Burry, nunca teria tido a oportunidade de crescer como escritor nesta área. Também agradeço a Robert J. Sawyer, por sua mentoria e amizade ao longo dos anos. Muito obrigado a todos!

Muitíssimo obrigado aos físicos Lee Smolin e John W. Moffat, do Instituto Perimeter para Física Teorética, Leonard Susskind, da Universidade de Stanford, e Sylvester James Gates, diretor do Centro de Teoria das Cordas e das Partículas da Universidade de Maryland, pelas trocas de e-mails que me ajudaram a esclarecer diversos pontos durante a escrita deste livro.

Por fim, agradeço à minha esposa, Amber, e ao meu filho, Elijah, por me aguentarem até quando eu ficava desesperado com os prazos. Agradeço também à minha mãe, Nancy Zimmerman, e à minha sogra, Tina Lewis, por sua ajuda em manter a família entretida enquanto eu trabalhava freneticamente no porão.

Sumário Resumido

Introdução 1

Parte 1: Teoria das Cordas, Muito Prazer 7
- CAPÍTULO 1: Afinal, o Que É Teoria das Cordas? 9
- CAPÍTULO 2: A Estrada da Física Termina na Gravidade Quântica 23
- CAPÍTULO 3: Vitórias e Fracassos da Teoria das Cordas 37

Parte 2: A Física que Sustenta a Teoria das Cordas . 47
- CAPÍTULO 4: Em Contexto: Entendendo o Método Científico 49
- CAPÍTULO 5: O Que Você Deve Saber sobre Física Clássica 61
- CAPÍTULO 6: Revolucionando o Tempo e o Espaço: Relatividade de Einstein 81
- CAPÍTULO 7: Revendo o Básico da Teoria Quântica 99
- CAPÍTULO 8: O Modelo Padrão da Física de Partículas 119
- CAPÍTULO 9: Física no Espaço: Cosmologia e Astrofísica 137

Parte 3: Desenvolvendo a Teoria das Cordas: Uma Teoria de Tudo 159
- CAPÍTULO 10: Primeiras Cordas e Supercordas: Revelando o Início da Teoria 161
- CAPÍTULO 11: Teoria M e Além: Conciliando a Teoria das Cordas 183
- CAPÍTULO 12: Testando a Teoria das Cordas 209

Parte 4: Cosmos Invisível: A Teoria das Cordas nos Limites do Conhecimento 227
- CAPÍTULO 13: Abrindo Espaço para Dimensões Extras 229
- CAPÍTULO 14: Nosso Universo — Teoria das Cordas, Cosmologia e Astrofísica 245
- CAPÍTULO 15: Universos Paralelos: Em Dois Lugares ao Mesmo Tempo? . 263
- CAPÍTULO 16: Tem Tempo? A Noite É uma Criança 277

Parte 5: O que os Outros Dizem: Críticas e Alternativas 297
CAPÍTULO 17: Observando as Controvérsias mais de Perto 299
CAPÍTULO 18: Gravidade Quântica em Loop: A Grande Concorrente 315
CAPÍTULO 19: Considerando Outras Formas de Explicar o Universo........ 325

Parte 6: A Parte dos Dez 339
CAPÍTULO 20: Dez Perguntas que uma Teoria de Tudo Deveria Responder . 341
CAPÍTULO 21: Dez Teóricos Notáveis das Cordas........................ 347

Índice 355

Sumário

INTRODUÇÃO 1
    Sobre Este Livro. 1
    Convenções Usadas Neste Livro 2
    Só de Passagem 3
    Penso que... 3
    Como Este Livro Está Organizado 4
        Parte 1: Teoria das Cordas, Muito Prazer 4
        Parte 2: A Física que Sustenta a Teoria das Cordas. 4
        Parte 3: Desenvolvendo a Teoria das Cordas:
          Uma Teoria de Tudo 5
        Parte 4: O Cosmos Invisível: A Teoria das Cordas nos
          Limites do Conhecimento 5
        Parte 5: O que os Outros Dizem: Críticas e Alternativas. 5
        Parte 6: A Parte dos Dez 5
    Ícones Usados Neste Livro 6
    De Lá para Cá, Daqui para Lá 6

PARTE 1: TEORIA DAS CORDAS, MUITO PRAZER 7

CAPÍTULO 1: Afinal, o Que É Teoria das Cordas? 9
    As Cordas Vibrantes e o Universo 9
        Usando conceitos minúsculos e gigantes para
          criar uma teoria de tudo 10
        Dando uma espiada nas origens da teoria 11
    Apresentando os Elementos Essenciais da Teoria das Cordas ... 12
        Cordas e branas 12
        Gravidade quântica 14
        Unificação das forças. 14
        Supersimetria 14
        Dimensões extras 15
    Entendendo o Objetivo da Teoria das Cordas. 16
        Explicando a matéria e a massa 16
        Definindo espaço e tempo 17
        Quantizando a gravidade 18
        A união faz a força 18
    Apreciando as Incríveis (e Controversas) Implicações da Teoria .. 18
        Cenário de possíveis teorias 18
        Universos paralelos 19

Buracos de minhoca 19
O Universo como um holograma 20
Viagem no tempo. 20
O Big Bang. 21
O fim do Universo 21
Por que a Teoria das Cordas É Tão Importante?. 21

CAPÍTULO 2: Estrada da Física Termina na Gravidade Quântica 23

Entendendo Duas Escolas de Pensamento sobre a Gravidade . . . 24
   A lei de Newton: A gravidade como força 24
   A lei de Einstein: A gravidade como geometria. 26
Descrevendo a Matéria: Coisas e Energias. 27
   Vendo a matéria classicamente: Pedaços de coisas 27
   Vendo a matéria em uma escala quântica:
      Pedaços de energia. 28
Tentando Entender as Forças Fundamentais da Física 28
   Eletromagnetismo: Ondas de energia super-rápidas 29
   Forças nucleares:
      O que a força forte junta, a força fraca separa 30
Infinitos: Por que Einstein e os Quanta Não Se Dão Bem 30
   Singularidades: Dobrando a gravidade a ponto de quebrar . . . 31
   Instabilidade quântica: O espaço-tempo sob um microscópio
      quântico 32
Unificando as Forças 33
   A tentativa fracassada de Einstein para explicar tudo. 33
   Uma partícula de gravidade: O gráviton 34
   O papel da supersimetria na gravidade quântica 35

CAPÍTULO 3: Vitórias e Fracassos da Teoria das Cordas 37

Celebrando os Sucessos 38
   Prevendo a gravidade a partir das cordas. 38
   Explicando (mais ou menos) o que acontece com um
      buraco negro 38
   Explicando a teoria quântica de campo usando a
      teoria das cordas. 39
   "I will be back" 39
   A queridinha 40
Considerando os Contratempos da Teoria das Cordas. 41
   O Universo não tem partículas suficientes 42
   Energia escura: A descoberta que a teoria das cordas
      deveria ter previsto. 42
   De onde vieram todas essas teorias "fundamentais"?. 43

Analisando o Futuro da Teoria das Cordas 43
   Complicações teóricas: Será que conseguimos entender
   a teoria das cordas? 44
   Complicações experimentais: Podemos provar a teoria
   das cordas?.. 45

PARTE 2: SUSTENTAÇÃO FÍSICA DA TEORIA DAS CORDAS 47

CAPÍTULO 4: Em Contexto: Entendendo o Método Científico 49

Explorando a Prática Científica 50
   O mito do método científico 50
   A necessidade da falseabilidade experimental............ 51
   A base da teoria é a matemática......................... 53
   A regra da simplicidade................................... 54
   O papel da objetividade na ciência...................... 55
Entendendo Como a Mudança Científica É Vista 56
   A fonte da juventude: Ciência como revolução 56
   Combinando forças: A ciência como unificação......... 57
   E se quebrar? A ciência como simetria 58

CAPÍTULO 5: O que Você Deve Saber sobre Física Clássica ..61

Uma Coisinha Maluca Chamada Física 62
   Qual é a matéria: Do que somos feitos 62
   Uma pitada de energia: Por que as coisas acontecem........ 64
   Simetria: Por que algumas leis foram feitas
   para serem quebradas..................................... 66
Tudo Abalado: Ondas e Vibrações............................ 67
   Pegando onda... 68
   Recebendo boas vibrações 70
A Revolução de Newton: Como a Física Nasceu 72
   Força, massa e aceleração: Colocando os objetos
   para se mexer 73
   A gravidade do assunto 73
   Ótica: Iluminando as propriedades da luz................ 74
   Cálculo e matemática: Aprimorando a compreensão científica 74
As Forças da Luz: Eletricidade e Magnetismo 75
   A luz é uma onda: A teoria do éter...................... 75
   Linhas invisíveis de força: Campos elétricos e magnéticos 76
   As equações de Maxwell unem tudo: Ondas eletromagnéticas 78
   Duas nuvens escuras e o nascimento da física moderna...... 79

CAPÍTULO 6: Revolucionando o Tempo e o Espaço: Relatividade de Einstein 81
O que Ondula as Ondas de Luz? Procurando o Éter 82
Não Tem Éter? Tudo Bem:
   Entra em Cena a Relatividade Especial. 84
      Unificando espaço e tempo. 86
      Unificando massa e energia. 88
Mudando de Rumo: Entra em Cena a Relatividade Geral 89
   Gravidade como aceleração. 89
   Gravidade como geometria 91
   Testando a relatividade geral. 93
Aplicando o Trabalho de Einstein aos Mistérios do Universo. 96
Teoria de Kaluza-Klein: A Predecessora da Teoria das Cordas. ... 97

CAPÍTULO 7: Revendo o Básico da Teoria Quântica 99
Desvendando os Primeiros Quanta: Nasce a Física Quântica. ... 100
Divertindo-se com os Fótons: O Nobel Pisca para a Luz
   de Einstein 102
Ondas e Partículas em Perfeita União. 105
   Olha a onda: O experimento da fenda dupla 105
   Partículas como onda: A hipótese de De Broglie 106
   Física quântica ao resgate: A função de onda. 108
Impossível Mensurar Tudo: O Princípio da Incerteza. 109
Acho que Vi um Gatinho! Probabilidade na Física Quântica 111
A Pergunta de Um Milhão: O que É Teoria Quântica? 112
   Transformando os sistemas quânticos: A interpretação de
      Copenhague. 113
   Se ninguém está vendo o Universo, ele existe? O princípio
      antrópico participativo 113
   Vale-tudo: A interpretação de muitos mundos. 114
   Quais as hipóteses? Histórias consistentes. 115
   Buscando mais dados fundamentais: A interpretação das
      variáveis ocultas. 115
Unidades Quânticas da Natureza: As Unidades de Planck 116

CAPÍTULO 8: O Modelo Padrão da Física de Partículas 119
Átomos em Tudo Quanto É Canto: Apresentando a
   Teoria Atômica 120
Adivinha o que Tem Dentro?. 122
   Descobrindo o elétron 122
   O núcleo é aquela coisinha no meio 123
   Bailão dentro do átomo 123
Vamos tirar Fóton: Eletrodinâmica Quântica. 125

Os desenhos do Dr. Feynman explicam como as partículas
   trocam informações 125
Descobrindo outro tipo de matéria: A antimatéria 127
Às vezes uma partícula é só virtual......................128
Vasculhando o Núcleo: Cromodinâmica Quântica 129
   As partes que compõem o núcleo: Núcleons..............129
   As partes que compõem as partes do núcleon: Quarks....130
Analisando os Tipos de Partículas 131
   Partículas de força: Bósons 131
   Partículas de matéria: Férmions 132
Bósons de Gauge: Ninguém Solta a Mão de Ninguém 133
Explorando a Teoria de Onde a Massa Vem 134
Do Pequeno ao Grande: O Problema da Hierarquia em Física ..135

CAPÍTULO 9: Física no Espaço: Cosmologia e Astrofísica.... 137
Criando um Modelo Incorreto do Universo 138
O Universo Iluminado: Algumas Mudanças Permitidas........141
Apresentando a Ideia do Universo em Expansão.............143
Encontrando um Início: A Teoria do Big Bang 146
Resolvendo os Problemas da Planicidade e do Horizonte
   com Inflação 150
Matéria Escura: Fonte de Gravidade Extra.................152
Energia Escura: Separando o Universo.....................153
Esticando o Tecido do Espaço-Tempo em um Buraco Negro....155

PARTE 3: DESENVOLVENDO A TEORIA DAS CORDAS: UMA TEORIA DE TUDO 159

CAPÍTULO 10: Primeiras Cordas e Supercordas: Revelando o Início da Teoria 161
Teoria das Cordas Bosônicas: A Primeira..................162
   Explicando o espalhamento de partículas com os modelos
      iniciais de ressonância dupla.....................162
   Explorando o primeiro modelo físico:
      Partículas como cordas 164
   A teoria das cordas bosônicas perde para o Modelo Padrão .165
Por que a Teoria das Cordas Bosônicas Não Descreve
   Nosso Universo......................................166
   Partículas sem massa 167
   Táquions 167
   Entrada proibida para elétrons.......................168
   25 dimensões espaciais, mais 1 de tempo 169
Supersimetria ao Resgate: Teoria das Supercordas.........170

Férmions e bósons coexistem... só que não 171
Diversão em dobro: As superparceiras 172
Alguns problemas são resolvidos, mas a dimensão, não 173
Supersimetria e Gravidade Quântica na Era da Música Disco ...174
O esconderijo do gráviton 175
A outra: Supergravidade 176
Corda no pescoço dos teóricos de cordas 176
Uma Teoria de Tudo: A Primeira Revolução das Supercordas ...177
Mas Temos Cinco Teorias! 178
Teoria das cordas tipo I 179
Teoria das cordas tipo IIA 179
Teoria das cordas tipo IIB 179
Duas em uma: Cordas heteróticas 179
Como Dobrar o Espaço: Apresentando os Espaços de Calabi-Yau 180
A Teoria das Cordas Perde Energia 182

CAPÍTULO 11: Teoria M e Além: Conciliando a Teoria das Cordas 183

Apresentando a Unificadora: Teoria M 184
Branas: Esticando a Corda 190
Teoria M: "M" de Matriz? 196
Obtendo Insights com o Princípio Holográfico 197
Surpresa! A Energia Escura Chegou 201
Considerando Por que as Dimensões se Desenrolam às Vezes ..202
Entendendo a Paisagem Atual: Uma Multiplicidade de Teorias ..204

CAPÍTULO 12: Testando a Teoria das Cordas 209

Entendendo os Obstáculos 210
Testando uma teoria incompleta com previsões indistintas ..210
Testes versus evidências 211
Testando a Supersimetria 211
Encontrando as s-partículas perdidas 212
Testando as implicações da supersimetria 212
Testando a Gravidade a Partir de Dimensões Extras 213
Testando a lei do inverso do quadrado 214
Procurando ondas de gravidade na RCFM 214
Refutando a Teoria das Cordas: Mais Difícil do que Parece 215
Violando a relatividade 215
Inconsistências matemáticas 216
Será que o Decaimento do Próton Significa Desastre? 216

Buscando Evidências no Laboratório Cósmico: Explorando
   o Universo 218
     Usando os raios do espaço sideral para amplificar
       pequenos eventos 218
     Analisando a matéria escura e a energia escura 222
     Detectando as supercordas cósmicas 222
Buscando Evidências Mais Perto de Casa: Aceleradores
   de Partículas 223
     Colisor Relativístico de Íons Pesados (RHIC) 224
     O Grande Colisor de Hádrons (LHC) 224
     Colisores do futuro 226

PARTE 4: COSMOS INVISÍVEL: A TEORIA DAS CORDAS NOS LIMITES DO CONHECIMENTO 227

CAPÍTULO 13: Abrindo Espaço para Dimensões Extras 229

O que São Dimensões? 230
Espaço 2D: Explorando a Geometria da "Planolândia" 231
     Geometria euclidiana: Lembra do colégio? 231
     Geometria cartesiana: Juntando álgebra e geometria
       euclidiana 232
Três Dimensões de Espaço 233
     Uma linha reta no espaço: Vetores 233
     Torcendo um espaço 2D em três dimensões: A faixa
       de Moebius 234
     Mais torções nas três dimensões: Geometria não euclidiana . 237
Quatro Dimensões de Espaço-Tempo 238
Acrescentando Mais Dimensões para Fazer uma Teoria
   Funcionar 239
Passando e Espaço e o Tempo por uma Dobradeira 240
As Dimensões Extras São Realmente Necessárias? 241
     Oferecendo uma alternativa às dimensões múltiplas 242
     Decidindo entre menos dimensões ou equações mais
       simples 243

CAPÍTULO 14: Nosso Universo — Teoria das Cordas, Cosmologia e Astrofísica 245

O Começo do Universo com a Teoria das Cordas 246
     O que havia antes do "bang"? 246
     O que explodiu? 248
Explicando os Buracos Negros com a Teoria das Cordas 251
     A teoria das cordas e a termodinâmica de um buraco negro . 251
     Teoria das cordas e o paradoxo da informação em
       buracos negros 253

A Evolução do Universo 254
    E continua inchando: Inflação eterna 254
    A matéria e a energia escondidas 255
O País Desconhecido: O Futuro do Cosmos 257
    Um universo de gelo: O Grande Congelamento 258
    De ponto em ponto: O Big Crunch 258
    Um novo começo: O Grande Rebote 259
Explorando um Universo Finamente Ajustado 259

CAPÍTULO 15: Universos Paralelos: Em Dois Lugares ao Mesmo Tempo? 263

Explorando o Multiverso: Uma Teoria de Universos Paralelos ...264
    Nível 1: Se for longe o suficiente, voltará para casa. 265
    Nível 2: Se for longe o suficiente, chegara ao país das maravilhas 267
    Nível 3: Se ficar onde está, vai dar de cara com si mesmo 270
    Nível 4: Em algum lugar além do arco-íris há uma terra mágica 271
Acessando Outros Universos 272
    Uma história do hiperespaço 272
    Como a mecânica quântica pode nos levar daqui para lá 275

CAPÍTULO 16: Tem Tempo? A Noite É uma Criança 277

Mecânica Temporal Básica: Como o Tempo Voa 278
    A seta do tempo: Passagem só de ida 278
    Relatividade, linhas-mundo e folhas-mundo: Movendo-se pelo espaço-tempo 280
    A conjectura de proteção cronológica de Hawking: Tire o cavalinho da chuva 282
Parando o Tempo com a Relatividade 283
    Dilatação do tempo: Às vezes até os melhores relógios ficam atrasados 283
    Horizonte de eventos em buracos negros: Mais devagar que em câmara lenta 284
Relatividade Geral e Buracos de Minhoca: Portas no Espaço e no Tempo 285
    Pegando um atalho pelo espaço e tempo com um buraco de minhoca 286
    Superando a instabilidade de um buraco de minhoca com energia negativa 288
Cruzando Cordas Cósmicas para Permitir a Viagem no Tempo ..289
Ciência de Dois Tempos: Mais Dimensões de Tempo Possíveis ..290
    Adicionando uma nova dimensão de tempo 290
    Refletindo dois tempos em um Universo de um tempo 291

A física de dois tempos tem alguma aplicação real?..........291
Enviando Mensagens pelo Tempo...........................292
Paradoxos da Viagem no Tempo............................293
    O paradoxo dos gêmeos 293
    O paradoxo do avô 295
    Cadê os viajantes do tempo?........................296

PARTE 5: O QUE OS OUTROS DIZEM: CRÍTICAS E ALTERNATIVAS...........297

CAPÍTULO 17: Observando as Controvérsias Mais de Perto. 299
A Guerra das Cordas: Esboçando os Argumentos 300
A Teoria das Cordas É Científica?........................304
Tendo um Olhar Crítico com os Teóricos 308
A Teoria das Cordas Descreve Nosso Universo?.............311
Uma Refutação da Teoria das Cordas.......................314

CAPÍTULO 18: Gravidade Quântica em Loop: A Grande Concorrente................315
Olha o Loop: Apresentando Outro Caminho à Gravidade
    Quântica...316
Fazendo Previsões com a GQL..............................319
Prós e Contras da GQL....................................320
Então São Duas Teorias Iguais com Nomes Diferentes?......322

CAPÍTULO 19: Considerando Outras Formas de Explicar o Universo................ 325
Pegando Outros Caminhos para Gravidade Quântica..........326
    Triangulações dinâmicas causais (CDT):
        Se você tem o tempo, eu tenho o espaço................327
    Gravidade quântica de Einstein:
        Pequena demais para puxar............................328
    Grafos da quântica: Desconectando os nós.............328
    Relatividade interna: Girando o Universo em existência 330
Newton e Einstein Não Mandam em Tudo:
    Modificando a Lei da Gravidade 330
        Relatividade especial dupla: O dobro de limites........331
        Dinâmica newtoniana modificada:
            Desconsiderando a matéria escura..................331
        Velocidade da luz variável: Ainda mais rápido com a luz 333
        Gravidade modificada: Quanto mais longe,
            maior a gravidade 334
Reescrevendo os Livros de Matemática e
    Física ao Mesmo Tempo 335
        Compute isto: Teoria da informação quântica............336

Observando as relações: Teoria dos Twistores 337
Unindo os sistemas matemáticos:
   Geometria não comutativa 338

PARTE 6: A PARTE DOS DEZ 339

CAPÍTULO 20: Dez Perguntas que uma Teoria de Tudo Deveria Responder 341

O Big Bang: O que Explodiu (e Inflou)? 342
Assimetria dos Bárions: Por que a Matéria Existe?...........342
Problemas Hierárquicos: Por que Há Lacunas nos Níveis de
   Força, Partícula e Energia? 343
Ajuste Fino: Por que as Constantes Fundamentais Têm os
   Valores que Têm?.....................................343
O Paradoxo da Informação em Buracos Negros:
   O que Acontece à Matéria que Falta Neles? 344
Interpretação Quântica: O que Significa Mecânica Quântica? ...344
Mistério Escuro 1: O que É a Matéria Escura (e Por que Há
   Tanto Dela)?...345
Mistério Escuro 2: O que É a Energia Escura
   (e Por que É Tão Fraca)? 345
Simetria do Tempo: Por que o Tempo Parece
   Correr para Frente?..................................346
O Fim do Universo: O que Vai Acontecer Depois? 346

CAPÍTULO 21: Dez Teóricos Notáveis das Cordas............. 347

Edward Witten 348
John Henry Schwarz 348
Yoichiro Nambu...349
Leonard Susskind 349
David Gross 350
Joe Polchinski..350
Juan Maldacena..351
Lisa Randall..351
Michio Kaku 352
Brian Greene 353

ÍNDICE 355

Introdução

Por que os cientistas ficam tão entusiasmados com a teoria das cordas? Porque ela é a candidata mais provável a uma teoria bem-sucedida da gravidade quântica — uma teoria que os cientistas esperam que una duas grandes leis físicas do universo em uma só. Neste momento, essas leis (física quântica e relatividade geral) descrevem dois tipos de comportamento totalmente diferentes de formas completamente distintas, e como nenhuma das duas teorias funciona completamente, não sabemos realmente o que está acontecendo!

Compreender as implicações da teoria das cordas significa compreender aspectos profundos da nossa realidade em seus níveis mais fundamentais. Há universos paralelos? Há apenas uma lei da natureza, ou muitas infinitamente? Por que nosso universo segue as leis que faz? É possível viajar no tempo? Quantas dimensões tem nosso universo? Os físicos procuram apaixonadamente respostas a essas questões.

De fato, a teoria das cordas é um tema fascinante, uma revolução científica que promete transformar nossa compreensão do Universo. Como verá, esse tipo de revolução já aconteceu antes, e este livro o ajuda a compreender como a física se desenvolveu no passado e como poderá se desenvolver no futuro.

Este livro contém algumas ideias que provavelmente, nos próximos anos, se revelarão completamente falsas. Há também outras que talvez se revelem como leis fundamentais do nosso Universo, possivelmente formando a base para formas totalmente novas de ciência e tecnologia. Ninguém sabe o que o futuro reserva para a teoria das cordas.

Sobre Este Livro

Neste livro, pretendo dar uma compreensão explícita sobre o subcampo científico sempre em evolução conhecido como teoria das cordas. Os meios de comunicação social não param de falar sobre a "teoria de tudo", e quando terminar este livro, você saberá sobre o que estão falando (e provavelmente melhor do que eles, na maioria das vezes).

Ao escrever este livro, tentei atingir diversos objetivos. Em primeiro lugar e acima de tudo, a precisão científica, seguida de perto pelo valor do entretenimento. Ao longo do caminho, também fiz meu melhor para usar uma linguagem que você possa compreender, independentemente da sua formação científica, e tentei manter os cálculos matemáticos a um mínimo.

Além desses objetivos, também me propus a realizar o seguinte:

» Apresentar as informações necessárias para compreendermos a teoria das cordas (incluindo os conceitos físicos estabelecidos que a antecedem).

» Definir quais são os sucessos da teoria das cordas até o momento.

» Descrever as linhas de estudo que buscam obter mais evidências para a teoria das cordas.

» Explorar as implicações bizarras (e especulativas) da teoria das cordas.

» Apresentar pontos de vista críticos em oposição à teoria das cordas, bem como algumas alternativas que podem dar frutos caso se prove que ela seja falsa.

» Ter um pouco de diversão ao longo dessa jornada.

» Evitar matemática a todo custo. (De nada!)

Espero que você, bom leitor, chegue à conclusão de que atingi todos esses objetivos.

E embora o tempo flua em apenas uma direção (será mesmo? Exploro isso no Capítulo 16), pode ser que sua leitura não faça o mesmo. A teoria das cordas é um tema científico complexo, com muitos conceitos interligados, por isso ficar pulando de um conceito para outro não é tão fácil como em alguns outros livros da série *Para Leigos*. Tentei ajudar incluindo lembretes rápidos e fornecendo referências cruzadas a outros capítulos sempre que necessário. Por isso, sinta-se à vontade para navegar pelas páginas como preferir, sabendo que, caso se perca, conseguirá encontrar o caminho de volta às informações de que necessita.

Convenções Usadas Neste Livro

As seguintes convenções são usadas ao longo do texto para deixar tudo consistente e fácil de entender:

» Uso `esta fonte` para indicar sites da internet. **Nota:** Quando este livro foi publicado, alguns endereços de sites tiveram que ficar em duas linhas de texto. Quando isso acontece, fique tranquilo, pois não coloquei nenhum caractere a mais (como hifens) para indicar a quebra de linha. Então, ao usar alguns desses links, é só digitar exatamente o que vê aqui no livro, como se não existisse a quebra de linha.

» Fiz meu melhor para não encher o livro com jargão técnico, algo difícil de ser feito em um livro sobre um dos temas científicos mais complexos e matemáticos de todos os tempos. Quando utilizo um termo técnico, é em *itálico* e seguido de perto por uma definição fácil de entender.

» **Negrito** é usado para destacar palavras e expressões importantes em listas.

Por fim, uma das principais convenções utilizadas neste livro está no título: uso o termo "teoria das cordas". No Capítulo 10, você descobrirá que a teoria das cordas é, na realidade, chamada de *teoria das supercordas*. Como verá no Capítulo 11, em 1995 os físicos perceberam que as várias "teorias das cordas" (havia cinco na época) incluíam outros objetos que não eram cordas, chamados de *branas*. Portanto, a rigor, defini-la como "teoria das cordas" é um pequeno equívoco, mas as pessoas (incluindo os próprios teóricos de cordas) o cometem toda hora, por isso estou em terreno seguro. Muitos físicos também usam o nome *teoria M* para descrever a teoria das cordas depois de 1995 (embora raramente concordem no que o "M" significa), porém, mais uma vez, vou me referir a ela apenas como "teoria das cordas", a menos que a distinção entre diferentes tipos seja importante.

Só de Passagem

Todos os capítulos apresentam informações importantes, mas algumas seções oferecem mais detalhes ou pormenores que você pode pular e aos quais pode voltar mais tarde sem se sentir culpado:

» **Boxes:** São as caixas cinzas com exemplos detalhados, ou explorando um recurso mais aprofundadamente. Ignorá-las não comprometerá sua compreensão do restante do material.

» **Qualquer coisa com o ícone Papo de Especialista:** Esse ícone indica informações interessantes, mas sem as quais você consegue viver muito bem. Leia esses pormenores posteriormente, caso esteja com pressa.

Penso que...

Acho que a única suposição que fiz ao escrever este livro é a de que você está interessado em saber algo sobre a teoria das cordas. Não tentei nem sequer presumir que você *gosta* de ler livros de física. (Eu gosto, mas tento não projetar minha própria estranheza nos outros.)

Presumo que você tem um conhecimento superficial sobre os conceitos básicos de física — talvez tenha estudado física no Ensino Médio ou assistido a algum programa científico sobre gravidade, ondas de luz, buracos negros ou outros tópicos relacionados com a física. Não é preciso ser graduado em física para entender as explicações deste livro, embora, sem uma graduação, talvez você fique espantado que alguém possa entender qualquer teoria tão distante da nossa experiência cotidiana. (Mesmo com um diploma em física, isso pode dar um nó na mente.)

Como é habitual nos livros sobre a teoria das cordas para o público em geral, procurei deixar a matemática de fora. É necessário ter mestrado ou doutorado em matemática ou física para acompanhar as equações matemáticas centrais à teoria das cordas, e, embora eu seja pós-graduado em matemática, presumi que você não seja. Não se preocupe — embora uma compreensão completa da teoria das cordas esteja firmemente enraizada nos conceitos matemáticos avançados da teoria quântica de campo, usei uma combinação de textos e figuras para explicar as ideias fascinantes por trás da teoria das cordas.

Como Este Livro Está Organizado

Teoria das Cordas Para Leigos está escrito de forma que você consiga encontrar, ler e entender facilmente as informações de que necessita. A sequência do livro procura seguir o desenvolvimento histórico da teoria tanto quanto possível, embora muitos de seus conceitos estejam interligados. Apesar de ter tentado fazer com que cada capítulo fosse compreensível por si só, incluí referências cruzadas nas quais os conceitos se repetem para que seja possível voltar a uma análise mais aprofundada sobre eles.

Parte 1: Teoria das Cordas, Muito Prazer

Esta primeira parte do livro introduz os conceitos-chave da teoria das cordas de forma muito geral. Aqui, você verá por que os cientistas estão tão entusiasmados para encontrar uma teoria da gravidade quântica. Também dará uma espiada inicial nos sucessos e fracassos da teoria das cordas.

Parte 2: Sustentação Física da Teoria das Cordas

A teoria das cordas baseia-se nos principais desenvolvimentos científicos dos primeiros setenta anos do século XX. Nesta parte, você descobrirá como os físicos (e os cientistas em geral) aprendem as coisas e o que aprenderam até agora. A Parte 2 inclui capítulos sobre como a ciência se desenvolve, sobre a física clássica (antes de Einstein), a teoria da relatividade de Einstein, a física quântica e as descobertas mais recentes na física de partículas e cosmologia. As questões levantadas nesses capítulos são as que a teoria das cordas tenta responder.

Parte 3: Desenvolvendo a Teoria das Cordas: Uma Teoria de Tudo

Aqui, chegamos ao xis da questão. Discuto a criação e o desenvolvimento da teoria das cordas, desde 1968 até o início de 2009. As incríveis transformações dessa teoria estão expostas aqui. O Capítulo 12 enfatiza como os conceitos da teoria das cordas podem ser testados.

Parte 4: O Cosmos Invisível: A Teoria das Cordas nos Limites do Conhecimento

Nesta parte, levo a teoria das cordas para dar uma voltinha pelo Universo, explorando alguns dos principais conceitos com mais detalhes. O Capítulo 13 centra-se no conceito de dimensões extras, que fazem parte da essência de grande parte do estudo da teoria das cordas. O Capítulo 14 explora as implicações para a cosmologia e como a teoria das cordas poderia explicar certas propriedades do nosso Universo. Ainda mais surpreendente, nos Capítulos 15 e 16 você descobrirá o que a teoria das cordas tem a dizer sobre possíveis universos paralelos e a potencial viagem no tempo.

Parte 5: O que os Outros Dizem: Críticas e Alternativas

O debate esquenta nesta parte à medida em que você lê sobre as críticas à teoria das cordas. Ela está longe de ser provada, e muitos cientistas sentem que ela está indo na direção errada. Aqui você descobrirá por que e verá quais alternativas são propostas, como a gravidade quântica em loop (a maior concorrente da teoria das cordas). Se a teoria das cordas estiver errada, os cientistas continuarão a procurar respostas para as questões que ela procura resolver.

Parte 6: A Parte dos Dez

Na tradição *Para Leigos*, os últimos capítulos do livro apresentam listas de dez tópicos. O Capítulo 20 resume dez questões de física ainda em aberto e que os cientistas esperam que qualquer "teoria de tudo" (incluindo a teoria das cordas) responda. O Capítulo 21 mostra dez teóricos de cordas que colaboraram muito para avançar o campo, seja por suas próprias pesquisas ou pela introdução de conceitos da teoria das cordas no mundo por meio de livros populares.

Ícones Usados Neste Livro

Ao longo do livro, você encontrará nas margens ícones que têm o propósito de ajudá-lo a navegar pelo texto. Eles significam o seguinte:

Embora tudo neste livro seja importante, algumas informações são mais importantes do que outras. Este ícone indica aquelas que certamente serão úteis mais tarde em sua leitura.

Na ciência, as teorias são frequentemente explicadas com analogias, experimentos mentais ou outros exemplos úteis que apresentam conceitos matemáticos complexos de uma forma mais intuitivamente compreensível. Este ícone indica que um desses exemplos ou dicas está sendo oferecido.

Às vezes entro em pormenores que você não precisa saber para acompanhar a discussão básica, sendo um pouco mais técnicos (ou matemáticos) do que talvez possa interessá-lo. Este ícone indica essas informações, as quais você pode pular sem perder o fio da discussão.

De Lá para Cá, Daqui para Lá

Os livros da *Para Leigos* estão organizados de tal forma que é possível passear por qualquer um dos capítulos e encontrar informações úteis sem ter que começar pelo Capítulo 1. Eu (naturalmente) o encorajo a ler o livro inteiro, mas essa estrutura facilita muito começar com os tópicos que mais o interessam.

Se não faz ideia do que é a teoria das cordas, então recomendo que considere o Capítulo 1 como um ponto de partida. Caso os seus conhecimentos sobre física estejam enferrujados, preste muita atenção nos Capítulos de 5 a 9, que abordam a história e o status atual dos principais conceitos de física que aparecem repetidamente.

Estando familiarizado com a teoria das cordas mas em busca de mais detalhes, vá diretamente aos Capítulos 10 e 11, onde explico como a teoria das cordas surgiu e atingiu seu status atual. O Capítulo 12 oferece algumas formas de testar a teoria, enquanto os Capítulos de 13 a 16 pegam conceitos da teoria das cordas e os aplicam a alguns temas fascinantes da física teórica.

Alguns, no entanto, podem querer descobrir sobre o que se trata todo o alvoroço recente na internet sobre a teoria das cordas. Para isso, recomendo que pule diretamente para o Capítulo 17, que aborda algumas das principais críticas à teoria das cordas. Os Capítulos 18 e 19 dão grande ênfase a outras teorias que podem ajudar a expandir ou substituir a teoria das cordas, sendo então um próximo ponto de parada muito bom.

1 Teoria das Cordas, Muito Prazer

NESTA PARTE. . .

Conheça a teoria das cordas, uma teoria científica ousada que tenta reconciliar todas as propriedades físicas do nosso Universo em uma única estrutura matemática unificada e coerente.

O objetivo da teoria das cordas é fazer com que a física quântica e a teoria da gravidade de Einstein (chamada relatividade geral) sejam boas parceiras. Nesta parte, explico por que os cientistas querem encontrar uma teoria da gravidade quântica, e depois avalio os sucessos e fracassos na aplicação da teoria das cordas a essa pesquisa.

Esta parte é como uma visão geral de todo o livro, por isso fique comigo. Os alicerces aqui colocados podem ajudar a explicar o Universo inteiro.

> **NESTE CAPÍTULO**
>
> » Aprendendo que a teoria das cordas se baseia em cordas vibrantes de energia
>
> » Entendendo os principais conceitos
>
> » Esperando explicar o Universo inteiro com a teoria das cordas
>
> » Descobrindo que este estudo pode ser o objetivo científico do século XXI

Capítulo 1

Afinal, o que É Teoria das Cordas?

A teoria das cordas é um trabalho em andamento, então pode ser um pouco complicado tentar definir exatamente o que ela é ou quais são seus elementos fundamentais. Mesmo assim, é exatamente isso que tento fazer neste capítulo.

Aqui você obterá uma compreensão básica sobre a teoria das cordas. Esboço seus elementos-chave, que fornecem a base para a maior parte deste livro. Também discuto a possibilidade de a teoria das cordas poder ser o ponto de partida para uma "teoria de tudo", que definiria todas as leis físicas do nosso Universo em uma fórmula matemática simples (ou não tão simples). Por último, analiso as razões pelas quais devemos nos importar com a teoria das cordas.

As Cordas Vibrantes e o Universo

A *teoria das cordas* é a teoria física de que o Universo é composto por filamentos vibratórios de energia, expressos em linguagem matemática precisa. Essas *cordas* de energia representam o aspecto mais fundamental da natureza. A teoria também prevê outros objetos fundamentais, denominados *branas*. Toda a matéria do nosso Universo consiste nas vibrações dessas cordas (e branas). Um resultado importante da teoria das cordas é que a gravidade é uma consequência natural da teoria, razão pela qual os cientistas acreditam que a teoria possa ter a resposta para uma possível união da gravidade com as outras forças que afetam a matéria.

DICA

Deixe-me reiterar algo importante: a teoria das cordas é uma teoria *matemática*. Ela se baseia em equações matemáticas que podem ser interpretadas de certas maneiras. Se você nunca estudou física antes, isso pode parecer estranho, mas *todas* as teorias físicas são expressas na linguagem da matemática. Neste livro, evito os cálculos matemáticos e tento chegar ao cerne do que a teoria está nos dizendo sobre o universo físico.

LEMBRE-SE

Neste momento, ninguém sabe exatamente como será a versão final da teoria das cordas. Os cientistas têm algumas noções vagas sobre os elementos gerais que existirão dentro dela, mas ninguém chegou à equação final que representa toda a teoria das cordas no nosso Universo, e as experiências ainda não foram capazes de confirmá-la (embora também ainda não a tenham refutado com sucesso). Os físicos criaram versões simplificadas da equação, mas ela não descreve bem o nosso Universo... ainda.

Usando conceitos minúsculos e gigantes para criar uma teoria de tudo

A teoria das cordas é um tipo de física teórica de alta energia, praticada em grande parte por físicos de partículas. É uma *teoria quântica de campo* (veja o box "O que é a teoria quântica de campo?") que descreve as partículas e as forças no nosso Universo com base na forma como as dimensões especiais extras dentro da teoria são embrulhadas em um pacote muito pequeno (um processo chamado *compactificação*). Esse é o poder da teoria das cordas — utilizar as cordas fundamentais e a forma como as dimensões extras são compactadas para fornecer uma descrição geométrica de todas as partículas e forças conhecidas da física moderna.

Entre as forças necessárias a serem descritas, está, evidentemente, a gravidade. Como a teoria das cordas é uma teoria quântica de campo, isso significa que a teoria das cordas seria uma teoria quântica da gravidade, conhecida como *gravidade quântica*. A teoria da gravidade estabelecida, que é a relatividade geral, tem um espaço-tempo fluido e dinâmico, e um aspecto da teoria das cordas que ainda está sendo trabalhado é conseguir que esse tipo de espaço-tempo surja da teoria.

As principais realizações da teoria das cordas são conceitos que não podemos ver, a menos que saibamos interpretar as equações físicas. A teoria das cordas não utiliza experiências que forneçam novos conhecimentos, mas revelou profundas relações matemáticas dentro das equações, que levam os físicos a acreditar que devem ser verdadeiras. Tais propriedades e relações — chamadas no jargão de várias simetrias e dualidades, a eliminação de anomalias, e a explicação da entropia de buraco negro — são descritas nos Capítulos 10 e 11.

> ## O QUE É A TEORIA QUÂNTICA DE CAMPO?
>
> Os físicos utilizam *campos* para descrever as coisas que não têm apenas uma posição particular, mas existem em todos os pontos do espaço. Por exemplo, podemos considerar a temperatura em uma sala como sendo um campo — perto de uma janela aberta ela pode ser diferente de perto de um fogão quente, e podemos imaginar medir a temperatura em cada ponto da sala. Uma *teoria de campo*, então, é um conjunto de regras que nos dizem como alguns campos se comportarão, por exemplo, como a temperatura na sala muda com o tempo.
>
> Nos Capítulos 7 e 8, você descobrirá sobre uma das realizações mais importantes do século XX: o desenvolvimento da teoria quântica. Ela se refere a princípios que conduzem a fenômenos físicos aparentemente bizarros, que, no entanto, parecem ocorrer no mundo subatômico.
>
> Combinando esses dois conceitos, obtemos a teoria quântica de campo: uma teoria de campo que obedece aos princípios da teoria quântica. Toda a física moderna das partículas é descrita por teorias quânticas de campo.

Nos últimos anos, tem havido muita controvérsia pública em torno da teoria das cordas, objeto de manchetes de jornal e na internet. Essas questões são abordadas na Parte 5, mas se resumem a perguntas fundamentais sobre como a ciência deve ser exercida. Os teóricos de cordas acreditam que seus métodos são sólidos, enquanto os críticos acreditam que são, na melhor das hipóteses, questionáveis. O tempo e as evidências experimentais dirão qual dos lados apresentou o melhor argumento.

Dando uma espiada nas origens da teoria

A teoria das cordas foi originalmente desenvolvida em 1968 como uma teoria que tentava explicar o comportamento dos *hádrons* (como prótons e nêutrons, as partículas que compõem um núcleo atômico) dentro dos aceleradores de partículas. Os físicos depois perceberam que essa teoria também poderia ser utilizada para explicar alguns aspectos da gravidade.

Durante mais de uma década, a teoria das cordas foi abandonada pela maioria dos físicos, principalmente porque exigia um grande número de dimensões extras invisíveis. Ela voltou a ganhar destaque em meados da década de 1980, quando os físicos conseguiram provar que era uma teoria matematicamente consistente.

Em meados da década de 1990, a teoria das cordas foi atualizada e se tornou mais complexa, chamada *teoria M*, que contém mais objetos do que apenas cordas. Esses novos objetos foram denominados *branas* e podiam ter de zero a nove dimensões. As teorias anteriores das cordas (que agora também incluem as branas) eram vistas como aproximações da teoria M, mais completa.

LEMBRE-SE

Tecnicamente, a teoria M moderna é mais do que a teoria das cordas tradicional, mas o nome "teoria das cordas" ainda é muito usado com referência à teoria M e às várias teorias que surgiram dela. (Mesmo as teorias originais das supercordas demonstraram incluir branas.) Minha convenção neste livro é fazer referência às teorias que contêm branas, que são variantes da teoria M e das teorias originais das cordas, usando o termo "teoria das cordas".

Apresentando os Elementos Essenciais da Teoria das Cordas

Cinco ideias essenciais estão no cerne da teoria das cordas e voltam a surgir repetidamente. É melhor ir se familiarizando com elas logo de cara:

» A teoria das cordas prevê que todos os objetos em nosso Universo são compostos por filamentos (e membranas) vibratórios de energia.

» A teoria das cordas tenta conciliar a relatividade geral (gravidade) com a física quântica.

» A teoria das cordas proporciona uma forma de unificar todas as forças fundamentais do Universo.

» A teoria das cordas prevê uma nova ligação (chamada *supersimetria*) entre dois tipos fundamentalmente diferentes de partículas, os bósons e os férmions.

» A teoria das cordas prevê uma série de dimensões extras (geralmente não observáveis) para o Universo.

Nas próximas seções, apresento-o ao básico dessas ideias.

Cordas e branas

Quando a teoria foi originalmente desenvolvida nos anos 1970, os filamentos de energia na teoria das cordas eram considerados objetos unidimensionais: cordas. (*Unidimensional* indica que a corda tem apenas uma dimensão, o comprimento, ao contrário de um quadrado, por exemplo, que tem dimensões tanto de comprimento como de altura.)

Essas cordas tinham duas formas — fechadas e abertas. Uma corda aberta tem pontas que não se tocam, enquanto uma corda fechada é um loop sem extremidade aberta. Descobriu-se posteriormente que essas primeiras cordas, chamadas cordas de Tipo I, podiam passar por cinco tipos básicos de interações, como mostra a Figura 1-1.

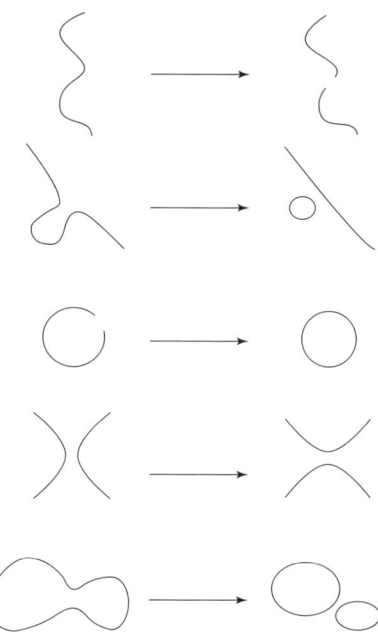

FIGURA 1-1: As cordas de Tipo I podem passar por cinco interações fundamentais, baseadas em diferentes formas de união e divisão.

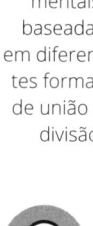

DICA

LEMBRE-SE

As interações são baseadas na capacidade de uma corda de ter pontas unidas e divididas. Como as pontas das cordas abertas podem se unir para formar cordas fechadas, não é possível desenvolver uma teoria das cordas sem cordas fechadas.

Isso se demonstrou ser importante, pois as cordas fechadas têm propriedades com as quais os físicos acreditam poder descrever a gravidade! Ou seja, em vez de ser apenas uma teoria de partículas de matéria, os físicos começaram a perceber que a teoria das cordas pode também explicar a gravidade e o comportamento das partículas.

Ao longo dos anos, descobriu-se que a teoria exigia outros objetos que não apenas cordas. Eles podem ser vistos como membranas, ou *branas*. As cordas podem se prender com uma ou ambas extremidades a essas branas. Uma brana bidimensional (chamada D2-brana) é mostrada na Figura 1-2. (Veja mais sobre branas no Capítulo 11.)

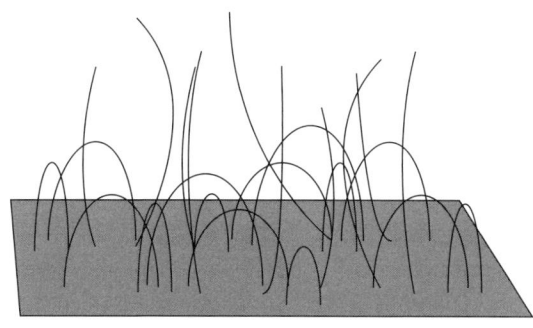

FIGURA 1-2: Na teoria das cordas, as cordas se prendem às branas.

CAPÍTULO 1 **Afinal, o que É Teoria das Cordas?**

Gravidade quântica

A física moderna tem duas leis científicas básicas: a física quântica e a relatividade geral. Elas representam campos de estudo radicalmente diferentes. A *física quântica* estuda os menores objetos da natureza, enquanto a *relatividade* tende a estudar a natureza na escala de planetas, galáxias e do Universo como um todo. (Obviamente, a gravidade também afeta as pequenas partículas, e a relatividade também é responsável por isso.) As teorias que tentam unificar essas duas leis são as de *gravidade quântica*, e a mais promissora de todas elas atualmente é a teoria das cordas.

As cordas fechadas da teoria das cordas (veja a seção anterior) correspondem ao comportamento esperado da gravidade. Especificamente, elas têm propriedades que correspondem ao *gráviton* há muito procurado, uma partícula que transportaria a força da gravidade entre objetos.

A gravidade quântica é o tema do Capítulo 2, onde abordo essa ideia com muito mais profundidade.

Unificação das forças

Andando de mãos dadas com a questão da gravidade quântica, a teoria das cordas tenta juntar as quatro forças no Universo — força eletromagnética, força nuclear forte, força nuclear fraca e gravidade — em apenas uma teoria unificada. Em nosso Universo, essas forças fundamentais aparecem como quatro fenômenos diferentes, mas os teóricos de cordas acreditam que no Universo primitivo (quando havia níveis de energia incrivelmente elevados) elas seriam todas descritas por cordas que interagem entre si. (Se nunca ouviu falar de algumas dessas forças, não se preocupe! São analisadas individualmente com mais detalhes no Capítulo 2 e ao longo da Parte 2.)

Supersimetria

Todas as partículas no Universo podem ser divididas em dois tipos: os bósons e os férmios. (Esses tipos de partículas são explicados com mais detalhes no Capítulo 8.) A teoria das cordas prevê que existe um tipo de conexão, chamada *supersimetria*, entre esses dois tipos de partículas. Sob a supersimetria, deve existir um férmion para cada bóson e um bóson para cada férmion. Infelizmente, as experiências ainda não detectaram tais partículas extras.

A supersimetria é uma relação matemática específica entre certos elementos das equações físicas. Foi descoberta fora da teoria das cordas, embora sua incorporação nessa teoria tenha transformado a teoria em teoria das cordas supersimétricas (ou teoria das supercordas) em meados da década de 1970. (Veja mais detalhes sobre a supersimetria no Capítulo 10.)

Um benefício da supersimetria é que ela simplifica enormemente as equações da teoria das cordas, permitindo que certos termos sejam cancelados. Sem a supersimetria, as equações resultam em inconsistências físicas, como valores infinitos e níveis de energia imaginários.

Visto que os cientistas não observaram as partículas previstas pela supersimetria, ela ainda é uma suposição teórica. Muitos físicos acreditam que a razão pela qual ninguém as observou é porque é necessário muita energia para gerá-las. (A energia está relacionada com a massa de acordo com a famosa equação de Einstein, $E = mc^2$, então é necessário energia para criar uma partícula.) Talvez tenham existido no Universo primitivo, mas à medida que o Universo esfriava e a energia se espalhava após o Big Bang, essas partículas teriam se rompido e se transformado nos estados de menor energia que observamos hoje. (Talvez não pensemos em nosso Universo atual como sendo de energia particularmente baixa, mas, em comparação com o calor intenso dos primeiros momentos após o Big Bang, certamente é.)

Em outras palavras, as cordas que vibravam como partículas de maior energia perderam energia e se transformaram de um tipo de partícula (um tipo de vibração) em outro tipo de vibração de menor energia.

Os cientistas esperam que as observações astronômicas ou as experiências com aceleradores de partículas descubram algumas das partículas supersimétricas de alta energia, fornecendo suporte para tal previsão da teoria das cordas.

Dimensões extras

Outro resultado matemático da teoria das cordas é que ela só faz sentido em um mundo com mais de três dimensões espaciais! (Nosso Universo tem três dimensões de espaço — esquerda/direita, cima/baixo e frente/trás.) Existem atualmente duas explicações possíveis para a localização das dimensões extras:

» As dimensões espaciais extras (geralmente seis) são enroladas (*compactificadas*, na terminologia da teoria das cordas) em tamanhos incrivelmente pequenos, por isso nunca as percebemos.

» Estamos presos em uma brana tridimensional, e as dimensões extras estendem-se para fora dela e são inacessíveis para nós.

Uma das principais áreas de pesquisa para os teóricos de cordas se trata de modelos matemáticos de como essas dimensões extras poderiam estar relacionadas com as nossas próprias. Alguns resultados recentes previram que os cientistas poderão em breve detectar tais dimensões extras (se existirem) nas próximas experiências, uma vez que talvez elas sejam maiores do que anteriormente esperado. (Veja, no Capítulo 13, mais detalhes sobre as dimensões extras.)

Entendendo o Objetivo da Teoria das Cordas

Para muitos, o objetivo da teoria das cordas é ser uma "teoria de tudo" — ou seja, ser a teoria física única que, no nível mais fundamental, descreve toda a realidade física. Se bem-sucedida, a teoria das cordas poderia explicar muitas das questões fundamentais sobre nosso Universo.

Explicando a matéria e a massa

Um dos principais objetivos das pesquisas atuais da teoria das cordas é desenvolver uma solução da teoria contendo as partículas que realmente existem em nosso Universo.

A teoria das cordas começou como uma teoria para explicar as partículas, os hádrons, por exemplo, como sendo os diferentes modos vibracionais superiores de uma corda. Na maioria das formulações atuais da teoria das cordas, a matéria observada no nosso Universo vem das vibrações de energia mais baixa das cordas e das branas. (As vibrações de maior energia representam partículas mais energéticas que não existem atualmente em nosso Universo.)

A massa dessas partículas fundamentais se origina nas formas como as cordas e as branas estão envolvidas nas dimensões extras, compactificadas dentro da teoria, de formas bastante confusas e detalhadas.

Por exemplo, considere um caso simplificado em que as dimensões extras são enroladas no formato de uma rosquinha (denominado *toroide* por matemáticos e físicos), como na Figura 1-3.

FIGURA 1-3: Cordas se enrolam nas dimensões extras para criar partículas com massas diferentes.

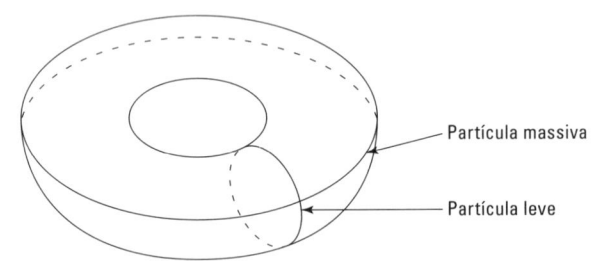

Há duas formas de a corda se enrolar uma vez nesse formato:

- » Uma volta curta ao redor do tubo, passando pelo meio da rosquinha.
- » Uma volta longa que envolve todo o comprimento da rosquinha (como o fio que se enrola em um ioiô).

A volta curta seria uma partícula mais leve, enquanto a volta longa é uma partícula massiva. À medida que as cordas são enroladas em torno das dimensões compactificadas em forma de toroide, novas partículas com massas diferentes são obtidas.

Uma das principais razões que popularizaram a teoria das cordas é que a ideia — que o comprimento se traduz em massa — é muito simples e elegante. As dimensões compactificadas na teoria das cordas são muito mais elaboradas do que um simples toroide, mas funcionam da mesma forma em princípio.

É até mesmo possível (embora mais difícil de visualizar) que uma corda se enrole em ambas as direções simultaneamente — o que, mais uma vez, daria outra partícula tendo ainda outra massa. As branas também podem se enrolar em dimensões extras, criando ainda mais possibilidades.

Definindo espaço e tempo

Em muitas versões da teoria das cordas, as dimensões extras do espaço são compactificadas em tamanho muito pequeno, não podendo ser observadas com nossa tecnologia atual. Tentar observar um espaço menor que esse tamanho compactificado proporcionaria resultados que não correspondem ao nosso entendimento de espaço-tempo. (Como verá no Capítulo 2, o comportamento do espaço-tempo nessas escalas minúsculas é uma das razões para uma busca da gravidade quântica.) Um dos maiores obstáculos da teoria das cordas é tentar descobrir como o espaço-tempo pode emergir da teoria.

No entanto, como regra, a teoria das cordas é desenvolvida com base na noção de espaço-tempo de Einstein (veja o Capítulo 6). A teoria de Einstein tem três dimensões espaciais e uma dimensão temporal. A teoria das cordas prevê mais algumas dimensões espaciais, mas não altera tanto as regras fundamentais do jogo, pelo menos com baixas energias.

Atualmente, não está claro se a teoria das cordas pode explicar a natureza fundamental do espaço e do tempo melhor do que Einstein. Nela, é quase como se as dimensões do espaço e do tempo do Universo fossem um pano de fundo para as interações das cordas, sem qualquer significado real por si só.

Algumas propostas foram desenvolvidas em relação a como isso poderia ser abordado, centrando-se principalmente no espaço-tempo como fenômeno emergente — ou seja, o espaço-tempo sai da soma total de todas as interações de cordas de uma forma que ainda não foi completamente trabalhada dentro da teoria.

No entanto, tais abordagens não correspondem à definição de alguns físicos, causando críticas à teoria. A maior concorrente da teoria das cordas, a gravidade quântica em loop, utiliza a quantização do espaço e do tempo como ponto de partida da sua própria teoria, como explica o Capítulo 18. Alguns acreditam que essa será, em última análise, outra abordagem à mesma teoria básica.

Quantizando a gravidade

A maior realização da teoria das cordas, se for bem-sucedida, será mostrar que se trata de uma teoria quântica da gravidade. A atual teoria da gravidade, a relatividade geral, não permite os resultados da física quântica. Considerando que a física quântica coloca limitações ao comportamento de pequenos objetos, ela cria grandes inconsistências ao tentar examinar o Universo em escalas extremamente pequenas. (Veja, no Capítulo 7, mais informações sobre a física quântica.)

A união faz a força

No momento, quatro forças fundamentais (mais precisamente chamadas pelos físicos de "interações") são conhecidas pela física: gravidade, força eletromagnética, força nuclear fraca e força nuclear forte. A teoria das cordas cria uma estrutura em que todas essas quatro interações já fizeram parte da mesma força unificada do Universo.

Segundo essa teoria, como o Universo primitivo esfriou após o Big Bang, a força unificada começou a se separar nas diferentes forças que hoje experimentamos. As experiências com altas energias podem um dia nos permitir detectar a unificação dessas forças, embora tais experiências estejam bem fora do nosso domínio atual da tecnologia.

Apreciando as Incríveis (e Controversas) Implicações da Teoria

Embora a teoria das cordas seja fascinante por si só, o que pode se revelar ainda mais intrigante são as possibilidades que dela resultam. Esses tópicos são explorados em maior profundidade ao longo do livro e são o foco das Partes 3 e 4.

Cenário de possíveis teorias

Uma das descobertas mais inesperadas e perturbadoras da teoria das cordas é a de que, em vez de uma única teoria, pode haver um grande número de teorias possíveis (ou, mais precisamente, soluções possíveis para a teoria) — possivelmente até 10^{500} soluções diferentes! (Isso significa 1 seguido de 500 zeros!) Ao passo que esse número enorme provocou uma crise entre alguns teóricos de cordas, outros abraçaram o fato como uma virtude, afirmando que isso significa que a teoria das cordas é muito rica. A fim de envolverem a mente em tantas teorias possíveis, alguns teóricos de cordas se voltaram ao *princípio antrópico*, que tenta explicar as propriedades do nosso Universo como resultado de nossa presença nele. Outros ainda não têm qualquer problema com um número tão vasto, na verdade, até o esperavam, em vez de o tentarem explicar, apenas tentando mensurar a solução que se aplica ao nosso Universo.

Com um número tão grande de teorias disponíveis, o princípio antrópico permite que um físico utilize o fato de estarmos aqui para escolher apenas as teorias que têm parâmetros físicos que nos permitem estar aqui. Ou seja, nossa própria presença dita a escolha da lei física — ou será apenas que nossa presença é um dado observável, como a velocidade da luz?

A utilização do princípio antrópico é um dos aspectos mais controversos da teoria moderna das cordas. Mesmo alguns dos apoiadores mais fortes da teoria manifestaram preocupação quanto à sua aplicação, devido às aplicações sórdidas (e pouco científicas) para as quais foi usada no passado e ao seu sentimento de que tudo o que é necessário é uma observação do nosso Universo, sem nada de antrópico aplicado.

Como os céticos do princípio antrópico logo apontaram, os físicos só adotam o princípio antrópico quando não têm outras opções, e o abandonam se algo melhor aparecer. Resta saber se os teóricos encontrarão outra forma de se mover por esse cenário da teoria das cordas. (O Capítulo 11 tem mais detalhes sobre o princípio antrópico.)

Universos paralelos

Algumas interpretações da teoria das cordas predizem que nosso Universo não é o único. De fato, nas versões mais extremas da teoria, existe um número infinito de outros universos, alguns dos quais contêm duplicatas exatas do nosso próprio.

Por mais maluca que seja essa teoria, ela é prevista pelas pesquisas atuais que estudam a própria natureza do cosmos. De fato, os universos paralelos não são apenas previstos pela teoria das cordas — uma visão da física quântica sugeriu a existência teórica de um certo tipo de universo paralelo durante mais de meio século. No Capítulo 15, exploro com mais detalhes o conceito científico de universos paralelos.

Buracos de minhoca

A teoria da relatividade de Einstein prevê um espaço deformado chamado *buraco de minhoca* (também chamado *ponte de Einstein-Rosen*). Neste caso, duas regiões distantes do espaço estão ligadas por um buraco de minhoca mais curto, o que dá um atalho entre essas duas regiões distantes, como mostrado na Figura 1-4.

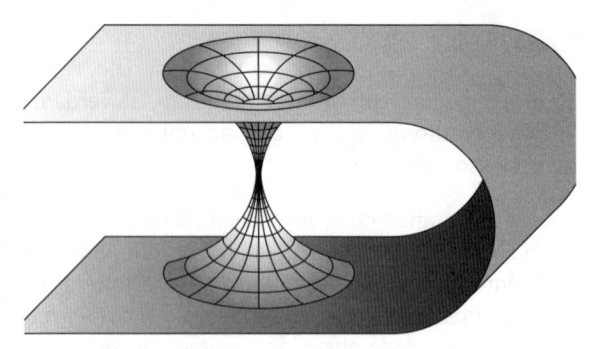

FIGURA 1-4: O espaço pode se distorcer em um buraco de minhoca.

A teoria das cordas permite a possibilidade de que os buracos de minhoca se estendam não só entre regiões distantes do nosso próprio Universo, mas também entre regiões distantes de universos paralelos. Talvez até universos que tenham leis físicas diferentes possam ser ligados por buracos de minhoca. (Os Capítulos 15 e 16 contêm mais informações sobre os buracos de minhoca.)

Na verdade, não está claro se existirão buracos de minhoca dentro da teoria das cordas. Como uma teoria da gravidade quântica, é possível que as soluções da relatividade geral, que dão origem a potenciais buracos de minhoca, possam desaparecer.

O Universo como um holograma

Em meados da década de 1990, dois físicos tiveram uma ideia chamada *princípio holográfico*. Nessa teoria, havendo um volume de espaço, é possível pegar todas as informações contidas nesse espaço e mostrar que elas correspondem com as informações "escritas" na superfície do espaço. Por mais estranho que pareça, o princípio holográfico pode ser crucial na resolução de um grande mistério de buracos negros que existe há mais de vinte anos!

Muitos físicos acreditam que o princípio holográfico será um dos princípios físicos fundamentais que permitirá uma maior compreensão da teoria das cordas. (Consulte o Capítulo 11 para obter mais informações sobre o princípio holográfico.)

Viagem no tempo

Alguns físicos acreditam que a teoria das cordas pode permitir múltiplas dimensões de tempo (de modo algum a visão dominante). À medida que nossa compreensão do tempo cresce com a teoria das cordas, é possível que os cientistas descubram novos meios de viajar através da dimensão do tempo ou mostrar que tais possibilidades teóricas são, de fato, impossíveis, como acredita a maioria dos físicos. (Vá para o Capítulo 16 se estiver pronto para reservar sua viagem no tempo.)

O Big Bang

A teoria das cordas está sendo aplicada à cosmologia, significando que ela pode nos dar percepções sobre a formação do Universo. As implicações exatas ainda estão sendo exploradas, mas alguns acreditam que a teoria das cordas dá suporte ao atual modelo cosmológico de inflação, enquanto outros acreditam que ela permite cenários de criação inteiramente universais.

A *teoria da inflação cósmica* prevê que, logo depois do Big Bang original, o Universo começou a sofrer um período de inflação rápida e exponencial. Essa teoria, que aplica princípios da física de partículas ao Universo primitivo como um todo, é vista por muitos como a única forma de explicar algumas propriedades do Universo primitivo.

Na teoria das cordas, existe também um possível modelo alternativo ao nosso modelo atual do Big Bang, no qual duas branas colidiram entre si, e o nosso Universo é o resultado. Nesse modelo, chamado *Universo ecpirótico*, o Universo passa por ciclos de criação e destruição, repetidamente. (O Capítulo 14 aborda a teoria do Big Bang e do Universo ecpirótico.)

O fim do Universo

O destino final do Universo é uma questão há muito explorada pela física, e uma versão final da teoria das cordas pode nos ajudar, em última análise, a determinar a densidade da matéria e a constante cosmológica do Universo. Ao determinar esses valores, os cosmólogos serão capazes de dizer se nosso Universo acabará se contraindo em si mesmo, terminando em um grande colapso [Big Crunch] — e talvez recomeçando tudo de novo. (Veja mais informações sobre essas especulações no Capítulo 14.)

Por que a Teoria das Cordas É Tão Importante?

A teoria das cordas rende muitos temas fascinantes para o pensamento, mas talvez você esteja se perguntando sobre a importância prática dela. Por um lado, a teoria das cordas é o próximo passo em nossa crescente compreensão do Universo. Se isso não for suficientemente prático, então há esta consideração: o dinheiro dos seus impostos também financia pesquisas científicas, e as pessoas que tentam obter esse dinheiro querem usá-lo para estudar a teoria das cordas (ou suas alternativas).

Um teórico de cordas completamente honesto seria obrigado a dizer que provavelmente não existem aplicações práticas para a teoria, pelo menos em um futuro previsível. Isso não cai bem na capa de um livro ou na manchete de uma revista, então o assunto é temperado com a conversa sobre universos paralelos, dimensões extras de tempo e a descoberta de novas simetrias fundamentais da natureza. Essas coisas talvez existam, mas as previsões da teoria fazem com que seja pouco provável que alguma vez venham a ser particularmente úteis, até onde sabemos.

Compreender melhor a natureza do Universo é um bom objetivo por si só — uma pretensão tão antiga como a humanidade, alguns poderiam dizer —, mas quando nos deparamos com o financiamento de aceleradores de partículas multibilionários ou com programas de pesquisa por satélite, talvez queiramos algo tangível para nosso dinheiro, e, infelizmente, não há razão para pensar que a teoria das cordas nos dará algo prático.

Será que isso significa que explorar a teoria das cordas não é importante? Não, e espero que a leitura da Parte 2 deste livro ajude a iluminar e a abrir as portas da pesquisa da teoria das cordas, ou de qualquer nova verdade científica.

LEMBRE-SE

Ninguém sabe aonde uma teoria científica levará até que seja desenvolvida e testada.

Em 1905, quando Albert Einstein apresentou pela primeira vez sua famosa equação $E = mc^2$, ele pensou que era uma relação intrigante, mas não fazia ideia de que resultaria em algo tão potente como a bomba atômica. Não tinha como ele saber sobre as correções aos cálculos de tempo exigidas pela relatividade especial nem que a relatividade geral seria um dia necessária para que o sistema de posicionamento global (GPS) funcionasse corretamente (como discutido no Capítulo 6).

A física quântica, que à superfície é um estudo que não poderia ser mais teórico, é a base para o laser e o transistor, duas tecnologias que estão no coração dos computadores e sistemas de comunicação modernos.

Apesar de não sabermos aonde um conceito puramente teórico como a teoria das cordas pode nos levar, a história mostrou que quase certamente nos levará a um lugar profundo.

Como exemplo da natureza inesperada do progresso científico, considere a descoberta e o estudo da eletricidade, que era originalmente vista como um mero truque de salão. É possível prevermos algumas tecnologias a partir de sua descoberta, como a lâmpada. Mas algumas das descobertas mais profundas são coisas que podem nunca ter sido previstas — rádio, televisão, computador, internet, celular, e assim por diante.

O impacto da ciência se estende também à cultura. Outro subproduto da eletricidade é a música rock and roll, que foi criada com o advento das guitarras elétricas e de outros instrumentos musicais elétricos.

Se a eletricidade pode levar ao rock and roll e à internet, então imagine a que tipo de avanços culturais e tecnológicos imprevistos (e potencialmente imprevisíveis) a teoria das cordas poderia levar!

> **NESTE CAPÍTULO**
> » Preparando-se para a briga: a gravidade e a física quântica não se dão bem
> » Vendo quatro tipos de interações de partículas
> » Esperando unir toda a física em uma equação com a gravidade quântica

Capítulo 2
A Estrada da Física Termina na Gravidade Quântica

Os físicos gostam de agrupar conceitos em caixinhas organizadas e etiquetadas, porém, às vezes as teorias que eles tentam juntar simplesmente não querem se entender. Neste momento, as leis físicas fundamentais da natureza cabem em uma de duas caixas: a relatividade geral ou a física quântica. Mas os conceitos de uma caixa simplesmente não funcionam bem em conjunto com os conceitos da outra caixa.

Qualquer teoria que conseguisse fazer esses dois conceitos físicos funcionar em conjunto seria chamada de *teoria da gravitação quântica*. A teoria das cordas é atualmente a candidata mais provável a ocupar o cargo.

Neste capítulo, explico por que os cientistas querem (e precisam de) uma teoria da gravidade quântica. Começo oferecendo uma visão geral sobre a compreensão científica da gravidade, que é definida pela teoria da relatividade geral de Einstein, e a nossa compreensão da matéria e de outras forças da natureza, em termos de mecânica quântica. Com essas ferramentas fundamentais em mãos, explico então as formas como essas duas teorias se chocam, o que constitui a base da gravidade quântica. Por fim, esboço as várias tentativas para unificar essas teorias e as forças da física em um sistema coerente, e os fracassos com que se depararam.

Entendendo Duas Escolas de Pensamento sobre a Gravidade

Os físicos estão à procura de uma teoria da gravidade quântica porque as leis atuais que regem a gravidade não funcionam em todas as situações. Especificamente, a teoria da gravidade parece "se quebrar" (ou seja, as equações se tornam fisicamente inúteis) em certas circunstâncias que descrevo mais adiante no capítulo. Para compreender o que isso significa, é preciso primeiro compreender um pouco sobre o que os físicos sabem sobre a gravidade.

A *gravidade* é uma força atrativa que une objetos, aparentemente através de qualquer distância. A formulação da teoria clássica da gravidade por Sir Isaac Newton foi uma das maiores realizações da física. Dois séculos mais tarde, a reinvenção da gravidade por Albert Einstein colocou-o no panteão dos grandes pensadores científicos de todos os tempos.

A menos que seja físico, você provavelmente acha a gravidade algo comum. É uma força incrível, capaz de manter os corpos celestes juntos enquanto é vencida pelo meu filho de 3 anos quando ele está em um balanço — mas não por muito tempo. Na escala de um átomo, a gravidade é irrelevante em comparação com a força eletromagnética. De fato, um simples ímã pode superar toda a força do planeta Terra para apanhar objetos metálicos, desde clipes de papel a automóveis.

A lei de Newton: A gravidade como força

Sir Isaac Newton desenvolveu sua teoria da gravidade no final dos anos 1600. Essa teoria espantosa envolveu a união de um entendimento da astronomia com os princípios do movimento (conhecidos como *dinâmica* ou *cinemática*) em uma estrutura abrangente que também exigia a invenção de uma nova forma de matemática: o cálculo. Na teoria gravitacional de Newton, os objetos são atraídos por uma força física que abrange vastas distâncias do espaço.

A chave é que a gravidade une todos os objetos (algo parecido com a Força em *Star Wars*). A maçã que cai de uma árvore e o movimento da Lua ao redor da Terra são duas manifestações exatamente da mesma força fundamental.

UMA QUESTÃO DE MASSA

Quando digo que a força entre objetos é proporcional à massa dos dois objetos, talvez você pense que isso significa que coisas com massas maiores caem mais depressa do que coisas mais leves. Por exemplo, uma bola de boliche não cairia mais depressa do que uma bola de futebol?

De fato, como Galileu demonstrou (embora não com bolas modernas de boliche e futebol) anos antes do nascimento de Newton, este não é o caso. Durante séculos, a maioria das pessoas achava que objetos mais massivos caíam mais depressa do que objetos leves. Newton estava ciente dos resultados de Galileu, e foi por isso que conseguiu descobrir como definir a força da forma como o fez.

Pela explicação de Newton, é preciso mais força para mover um objeto mais pesado. Se largasse uma bola de boliche e uma bola de futebol de um edifício (o que não recomendo), acelerariam exatamente na mesma taxa (ignorando a resistência do ar) — aproximadamente 9,8 metros por segundo ao quadrado.

A força que atua entre a bola de boliche e a Terra seria superior à força que atua sobre a bola de futebol, mas como é necessário mais força para que a bola de boliche se mova, a taxa real de aceleração entre as duas é idêntica.

Realisticamente, se você fizesse esse experimento, haveria uma ligeira diferença. Devido à resistência do ar, a bola de futebol, mais leve, provavelmente seria desacelerada caso fosse largada de um ponto suficientemente alto, enquanto isso não ocorreria com a bola de boliche. Mas uma experiência devidamente elaborada, na qual a resistência do ar é completamente neutralizada (como no vácuo), mostra que os objetos caem no mesmo ritmo, independentemente da massa.

A relação que Newton descobriu era matemática (afinal, ele teve que inventar o cálculo para que tudo funcionasse), assim como a relatividade, a mecânica quântica e a teoria das cordas.

Na teoria gravitacional de Newton, a força entre dois objetos se baseia no produto de suas massas, dividido pelo quadrado da distância entre eles. Em outras palavras, quanto mais pesados são os dois objetos, mais força existe entre eles, presumindo que a distância entre eles permanece a mesma. (Veja no box "Uma questão de massa" um esclarecimento sobre essa relação.)

DICA

O fato de a força ser dividida pela distância ao quadrado significa que, se os mesmos dois objetos estiverem mais próximos um do outro, o poder da gravidade aumenta. Se a distância for maior, a força diminui. A relação inversa ao quadrado significa que, se a distância duplicar, a força cai para um quarto de sua intensidade original. Se a distância for reduzida para metade, a força aumenta quatro vezes.

Se os objetos estiverem muito afastados, o efeito da gravidade se torna muito pequeno. A gravidade tem um impacto sobre o Universo porque ele é *muito* grande. Pensando nas forças, a própria gravidade é muito fraca.

LEMBRE-SE

O oposto também é verdade, se dois objetos ficarem extremamente próximos um do outro — *extremamente* próximos mesmo —, então a gravidade pode se tornar incrivelmente poderosa, mesmo entre objetos que não têm muita massa, como as partículas fundamentais da física.

Essa não é a única razão pela qual a gravidade é tão estudada. Sua força no Universo provém também do fato de sempre atrair objetos. A força eletromagnética às vezes atrai objetos e às vezes os repele, então, na escala do Universo em geral, ela tende a se neutralizar. Por fim, a gravidade interage a distâncias muito grandes, em oposição a algumas outras forças (as nucleares) que só funcionam a distâncias menores do que o tamanho de um átomo.

Damos um mergulho mais fundo no trabalho de Newton, tanto a respeito da gravidade como de outras áreas relacionadas, no Capítulo 5.

Apesar do sucesso da teoria de Newton, ele teve alguns problemas incômodos lá no profundo de sua mente. Antes de mais nada, o fato de que, embora tivesse um modelo para a gravidade, ele não sabia *por que* ela funcionava. A gravidade que descreveu era uma força quase mística (como a Força!), atuando através de grandes distâncias sem que fosse necessária uma verdadeira ligação física. Seriam necessários dois séculos e um Albert Einstein para resolver esse problema.

A lei de Einstein: A gravidade como geometria

Albert Einstein revolucionou a forma pela qual os físicos viam a gravidade. Em vez da gravidade como uma força que atua entre objetos, Einstein imaginou um Universo em que a massa de cada objeto provocava uma leve flexão do espaço (na verdade, espaço-tempo) à sua volta. O movimento de um objeto ao longo da distância mais curta neste espaço-tempo era a gravidade. Em vez de ser uma força, a gravidade era, na realidade, um efeito da geometria do próprio espaço-tempo.

Einstein propôs que o movimento no Universo poderia ser explicado em termos de um sistema de coordenadas com três dimensões espaciais — cima/baixo, esquerda/direita e para trás/frente, por exemplo — e uma dimensão de tempo. Esse sistema de coordenadas de quatro dimensões, desenvolvido pelo antigo professor de Einstein, Hermann Minkowski, foi chamado *espaço-tempo* e saiu da *teoria da relatividade especial* de Einstein de 1905.

Quando Einstein generalizou essa teoria, criando a *teoria da relatividade geral* em 1916, ele conseguiu incluir a gravidade em suas explicações do movimento. Na verdade, o conceito de espaço-tempo foi crucial para ele. O sistema de coordenadas espaço-tempo se dobrava quando a matéria era colocada nele. À medida que os objetos se movem dentro do espaço e do tempo, tentavam naturalmente tomar o caminho mais curto através do espaço-tempo deformado.

DICA

Seguimos nossa órbita em torno do Sol porque é o caminho mais curto (chamado *geodésico* em matemática) através do espaço-tempo curvo em torno da estrela.

A relatividade de Einstein é abordada em profundidade no Capítulo 6, e as principais implicações da relatividade para a evolução do Universo são analisadas no Capítulo 9. As dimensões espaço-temporais são discutidas no Capítulo 13.

Descrevendo a Matéria: Coisas e Energias

Einstein ajudou a revolucionar nossas ideias sobre a composição da matéria assim como o fez com relação ao espaço, ao tempo e à gravidade. Graças a ele, os cientistas compreendem que a massa — e, portanto, a própria matéria — é uma forma de energia. Tal percepção está no cerne da física moderna. Considerando que a gravidade é uma interação entre objetos feitos de matéria, compreender a matéria é crucial para entendermos por que os físicos precisam de uma teoria da gravidade quântica.

Vendo a matéria classicamente: Pedaços de coisas

O estudo da matéria é uma das áreas da física mais antigas, porque os filósofos tentaram compreender o que constituía os objetos. Até bem recentemente, a compreensão física da matéria era imprecisa, pois os físicos debatiam a existência de *átomos* — pedacinhos indivisíveis de matéria que já não podiam ser quebrados.

LEMBRE-SE

Um princípio físico fundamental era o de que a matéria não podia ser criada nem destruída, mas só podia mudar de uma forma para outra. Esse princípio é conhecido como a *conservação da massa*.

Embora não possa ser criada ou destruída, a matéria pode ser quebrada, o que levou à questão de saber se havia um pequeno pedaço de matéria, o átomo, como os antigos gregos tinham proposto — uma questão que, durante todo o século XIX, parecia apontar a uma resposta afirmativa.

À medida que crescia a compreensão sobre a *termodinâmica* — o estudo do calor e da energia, que possibilitou coisas como a máquina a vapor (e a Revolução Industrial) —, os físicos começaram a perceber que o calor podia ser explicado como o movimento de pequenas partículas.

O átomo estava de volta, embora as descobertas da física quântica do século XX revelassem que ele não era indivisível como todos pensavam.

Vendo a matéria em uma escala quântica: Pedaços de energia

Com o advento da física moderna no século XX, dois fatos essenciais sobre a matéria ficaram evidentes:

» Como Einstein tinha proposto com sua famosa equação $E = mc^2$, a matéria e a energia são, em certo sentido, permutáveis.

» A matéria era incrivelmente complexa, constituída por inúmeros tipos de partículas bizarras e inesperadas que se uniam para formar outros tipos de partículas.

O átomo, afinal, era composto por um núcleo rodeado de elétrons. O núcleo era composto por prótons e nêutrons, que, por sua vez, eram compostos por estranhas partículas novas chamadas quarks! Tão logo os físicos pensaram ter alcançado uma unidade fundamental de matéria, parece terem descoberto que ela podia ser quebrada e que unidades ainda menores podiam ser encontradas.

Não só isso, mas até as partículas fundamentais não pareciam ser suficientes. Verificou-se que existiam três famílias de partículas, algumas das quais apenas aparecem em energias significativamente mais elevadas do que as que os cientistas tinham explorado anteriormente.

Hoje em dia, o Modelo Padrão da física de partículas contém dezoito partículas fundamentais distintas, dezessete das quais foram observadas experimentalmente.

Tentando Entender as Forças Fundamentais da Física

Mesmo enquanto a quantidade de partículas ficava mais bizarra e complexa, as formas como esses objetos interagiram se mostrou ser surpreendentemente simples. No século XX, os cientistas descobriram que os objetos no Universo experimentavam apenas quatro tipos fundamentais de interações:

- Eletromagnetismo
- Força nuclear forte
- Força nuclear fraca
- Gravidade

Os físicos descobriram ligações profundas entre essas forças — com exceção da gravidade, que parece se destacar das outras por razões sobre as quais os físicos ainda não estão completamente seguros. Tentar incorporar a gravidade com todas as outras forças — para descobrir como as forças fundamentais estão relacionadas umas com as outras — é um insight fundamental que, na esperança de muitos físicos, uma teoria da gravidade quântica oferecerá.

Eletromagnetismo: Ondas de energia super-rápidas

Descoberta no século XIX, a *força eletromagnética* (ou *eletromagnetismo*) é uma unificação da força eletrostática e da força magnética. Em meados do século XX, essa força foi explicada em uma estrutura da mecânica quântica chamada *eletrodinâmica quântica*, ou EDQ. Nessa estrutura, a força eletromagnética é transferida por partículas de luz, chamadas *fótons*.

A relação entre a eletricidade e o magnetismo é abordada no Capítulo 5, mas a relação básica se resume à carga elétrica e ao seu movimento. A força eletrostática faz com que as cargas exerçam forças umas sobre as outras em uma relação semelhante à gravidade (porém mais poderosa que ela) — lei do inverso (da distância) ao quadrado. Desta vez, porém, a intensidade não se baseia na massa dos objetos, mas na carga.

O *elétron* é uma partícula que contém uma carga elétrica negativa, enquanto o *próton* no núcleo atômico tem uma carga elétrica positiva. Tradicionalmente, a eletricidade é vista como o fluxo de elétrons (carga negativa) ao longo de um fio. Esse fluxo de elétrons é chamado de *corrente elétrica*.

Um fio com uma corrente elétrica a passar através dele cria um campo magnético. Alternativamente, quando um ímã se move perto de um fio, ele provoca o fluxo de uma corrente. (Essa é a base da maioria dos geradores de energia elétrica.)

É assim que a eletricidade e o magnetismo estão relacionados. No século XIX, o físico James Clerk Maxwell unificou os dois conceitos em uma única teoria, chamada eletromagnetismo, que descrevia essa força como ondas de energia se movendo através do espaço.

Um componente essencial da unificação de Maxwell foi a descoberta de que a onda eletromagnética se propagava à velocidade da luz. Ou seja, as ondas eletromagnéticas que Maxwell previu a partir de sua teoria eram uma forma de ondas de luz.

A eletrodinâmica quântica (EDQ) mantém essa relação entre eletromagnetismo e luz, porque, na EDQ, a informação sobre a força é transferida entre duas partículas carregadas (ou partículas magnéticas) por outra partícula — um *fóton*, uma partícula de luz. (Os físicos dizem que a força eletromagnética é *mediada* por um fóton.)

Forças nucleares: O que a força forte une, a força fraca separa

Além da gravidade e do eletromagnetismo, a física do século XX descobriu duas forças nucleares, chamadas *força nuclear forte* e *força nuclear fraca*. Elas também são mediadas por partículas. A força forte é mediada por um tipo de partícula chamado *glúon*. A força fraca é mediada por três partículas: *bósons* Z, W+ e W-. (Leia mais sobre essas partículas no Capítulo 8.)

A força nuclear forte mantém os quarks juntos para formar prótons e nêutrons, mas também mantém os prótons e nêutrons juntos dentro do núcleo do átomo.

A força nuclear fraca, por outro lado, é responsável pelo decaimento radioativo, como quando o nêutron decai em próton. Os processos governados pela força nuclear fraca são responsáveis pelas estrelas queimarem e pela formação de elementos pesados no interior delas.

Infinitos: Por que Einstein e os Quanta Não Se Dão Bem

A teoria da relatividade geral de Einstein, que explica a gravidade, faz um excelente trabalho ao explicar o Universo na escala do cosmos. A física quântica faz um excelente trabalho de explicação do Universo na escala de um átomo ou menor. Entre essas escalas, a boa e velha física clássica é a chefe.

Infelizmente, alguns problemas trazem conflitos entre a relatividade geral e a física quântica, resultando em infinitos matemáticos nas equações. (O infinito é essencialmente um número abstrato, maior do que qualquer outro número. Embora certos personagens de desenhos animados gostem de ir "Ao infinito e além", os cientistas não gostam de ver o infinito surgir nas equações matemáticas.) Os infinitos surgem na física quântica, mas os físicos desenvolveram técnicas matemáticas para domá-los em muitos desses casos, então os resultados correspondem às experiências. Em alguns casos, no entanto, essas técnicas não se aplicam. Visto que os físicos nunca testemunham infinidades reais na natureza, tais problemas motivam uma procura pela gravidade quântica.

Cada uma das teorias funciona bem sozinha, mas quando entramos em áreas onde ambas têm algo específico a dizer sobre a mesma coisa — como o que acontece na borda de um buraco negro —, as coisas se complicam muito. As flutuações quânticas fazem a distinção entre o interior e o exterior do buraco negro, e a relatividade geral precisa dessa distinção para funcionar corretamente. Nenhuma das teorias por si só pode explicar completamente o que está acontecendo nesses casos específicos.

LEMBRE-SE

Este é o coração do porquê de os físicos precisarem de uma teoria da gravidade quântica. Com as teorias atuais, há situações que não parecem fazer sentido. Os físicos não observam infinitos, mas, como veremos, tanto a relatividade como a física quântica indicam que eles devem existir. Reconciliando esta região bizarra no meio, onde nenhuma das teorias pode descrever completamente o que se passa, é o objetivo da gravidade quântica.

Singularidades: Dobrando a gravidade a ponto de quebrar

Considerando que a matéria provoca uma deformação do espaço-tempo, abarrotar muita matéria em um espaço muito pequeno provoca uma grande dobra no espaço-tempo. De fato, algumas soluções para as equações de relatividade geral de Einstein mostram situações em que o espaço-tempo dobra uma quantidade infinita — chamada *singularidade*. Especificamente, uma singularidade no espaço-tempo aparece nas equações matemáticas da relatividade geral em duas situações:

» Durante o período inicial do Big Bang na história do Universo.

» Dentro dos buracos negros.

Falo com mais detalhes sobre esses assuntos no Capítulo 9, mas ambas as situações envolvem uma densidade de matéria (muita matéria em um espaço pequeno) que é suficiente para causar problemas com a suave geometria do espaço-tempo da qual a relatividade depende.

LEMBRE-SE

Tais singularidades representam pontos onde a teoria da relatividade geral entra em colapso total. Até mesmo falar sobre o que acontece nesta altura não faz mais sentido, assim, os físicos precisam aperfeiçoar a teoria da gravidade para incluir regras sobre como falar sobre essas situações de modo significativo.

Alguns acreditam que esse problema pode ser resolvido alterando a teoria da gravidade de Einstein (como pode ver no Capítulo 19). Os teóricos de cordas em geral não querem modificar a gravidade (pelo menos em níveis de energia que os cientistas normalmente observam); eles querem apenas criar uma estrutura que permita que a gravidade funcione sem se deparar com esses infinitos matemáticos (e físicos).

Instabilidade quântica: O espaço-tempo sob um microscópio quântico

Um segundo tipo de infinito, proposto por John Wheeler em 1955, é a *espuma quântica* ou, como é chamada pelo teórico de cordas e autor best-seller Brian Greene, a *instabilidade quântica*. Os efeitos quânticos são reflexos de que o espaço-tempo, em escalas de distância minúsculas (da ordem do *comprimento de Planck*), é um mar caótico de partículas virtuais sendo criadas e destruídas. Nesses níveis, o espaço-tempo certamente não é suave como a relatividade sugere, mas uma teia emaranhada de flutuações energéticas extremas e aleatórias, como podemos ver na Figura 2-1.

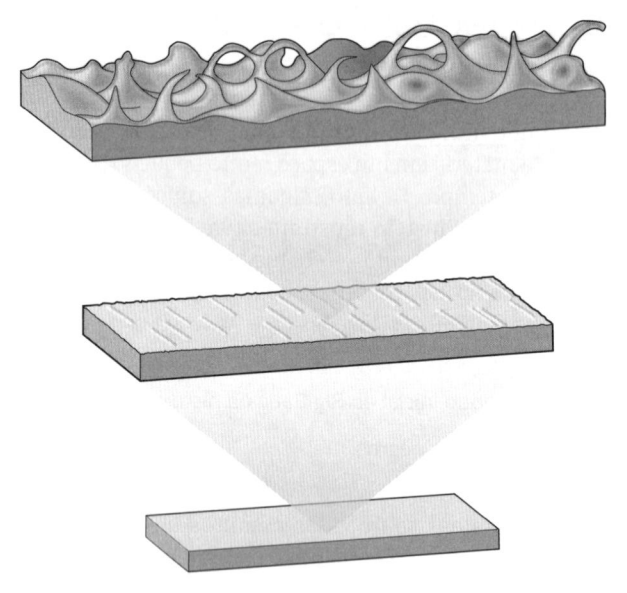

FIGURA 2-1: Com um zoom suficiente no espaço-tempo, uma "espuma quântica" caótica pode existir.

A base para a instabilidade quântica é o *princípio da incerteza*, uma das características essenciais (e mais incomuns) da física quântica. Isso é explicado com mais detalhe no Capítulo 7, mas o componente-chave do princípio da incerteza é que certos pares de quantidades — por exemplo, posição e velocidade, ou tempo e energia — estão ligados entre si, de modo que, quanto mais precisamente mensuramos uma quantidade, mais incerta é a outra. Isso não é uma afirmação apenas sobre a mensuração, é uma incerteza fundamental na natureza!

LEMBRE-SE

Dito de outro modo, a natureza é um pouco "desfocada" de acordo com a física quântica. Essa desfocagem só aparece a distâncias muito pequenas, mas o problema cria a espuma quântica.

Um exemplo de desfocagem surge sob a forma de partículas virtuais. Segundo a teoria de campo quântico (uma *teoria de campo* é aquela em que cada ponto do espaço tem um certo valor, semelhante a um campo gravitacional ou eletromagnético), mesmo o vazio do espaço tem uma leve energia associada a ele. Essa energia pode ser utilizada para, de forma muito breve, trazer à existência um par de partículas — uma partícula e sua antipartícula, para ser preciso. As partículas existem apenas por um momento, e depois destroem umas às outras. É como se pegassem emprestado uma energia suficiente do Universo para existir por apenas algumas frações de segundo.

O problema é que, quando observamos o espaço-tempo em escalas muito pequenas, os efeitos dessas partículas virtuais se tornam muito importantes. As flutuações de energia previstas pelo princípio da incerteza assumem proporções maciças. Sem uma teoria quântica da gravidade, não há maneira de descobrir realmente o que está acontecendo em tamanhos tão pequenos.

Unificando as Forças

A tentativa de unir a gravidade com as outras três forças, bem como com a física quântica, foi uma das forças motrizes da física ao longo do século XX (e ainda é). De certa forma, esses tipos de unificações de diferentes ideias são as principais descobertas da ciência ao longo dos tempos.

A eletrodinâmica quântica criou com sucesso uma teoria quântica do eletromagnetismo. Mais tarde, a teoria do eletrofraco unificou essa teoria juntamente com a força nuclear fraca. A força nuclear forte é explicada pela cromodinâmica quântica. O modelo atual da física que explica essas três forças é chamado *Modelo Padrão da física de partículas*, que é abordado com muito mais detalhe no Capítulo 8. A unificação da gravidade com as outras forças criaria uma nova versão do Modelo Padrão e explicaria como a gravidade funciona em nível quântico. Muitos físicos esperam que a teoria das cordas acabe provando ser tal teoria.

A tentativa fracassada de Einstein para explicar tudo

Depois de Einstein ter corrigido os detalhes de sua teoria da relatividade geral, ele voltou sua atenção para tentar unificar essa teoria da gravidade com o eletromagnetismo, assim como com a física quântica. De fato, Einstein passou grande parte do restante de sua vida tentando desenvolver tal teoria unificada, mas morreu sem conseguir.

Ao longo dessa busca, Einstein analisou quase todas as teorias em que conseguia pensar. Uma dessas ideias era acrescentar uma dimensão espacial extra e enrolá-la em um tamanho muito pequeno. Tal abordagem, denominada teoria de Kaluza-Klein, em homenagem aos seus criadores, é abordada no Capítulo 6. Essa mesma abordagem seria utilizada posteriormente pelos teóricos de cordas para lidar com as inoportunas dimensões extras que surgiram em suas próprias teorias.

Em última análise, nenhuma das tentativas de Einstein deu frutos. Até o dia de sua morte, ele trabalhou febrilmente para completar sua teoria de campo unificada de tal forma que muitos físicos consideraram um triste fim para uma carreira tão brilhante.

Hoje, no entanto, alguns dos trabalhos mais intensos de física teórica buscam uma teoria para unificar a gravidade e o restante da física, principalmente sob a forma da teoria das cordas.

Uma partícula de gravidade: O gráviton

O Modelo Padrão da física de partículas explica o eletromagnetismo, a força nuclear forte e a força nuclear fraca como campos que seguem as regras da teoria de gauge [ou de calibre]. A *teoria de gauge* é fortemente baseada em simetrias matemáticas. Como essas forças são teorias quânticas, os campos de calibre vêm em unidades discretas (é daí que surge a palavra quântica) — e essas unidades na verdade são partículas por mérito próprio, chamadas *bósons de calibre*. As forças descritas por uma teoria de gauge são transportadas, ou *mediadas*, por esses bósons de calibre. Por exemplo, a força eletromagnética é mediada pelo próton. Quando a gravidade é escrita sob a forma de uma teoria de calibre, o bóson de calibre para a gravidade é chamado de *gráviton*. (Se estiver confuso acerca das teorias de calibre, não se preocupe muito — lembre-se apenas de que o gráviton é o que faz a gravidade funcionar, e isso é tudo que você precisa saber para compreender sua aplicação à teoria das cordas.)

Os físicos identificaram algumas características do gráviton teórico para que, se existir, possa ser reconhecido. Por um lado, a partícula *não tem massa*, o que significa que não tem massa de repouso — a partícula está sempre em movimento, e isso provavelmente significa que viaja à velocidade da luz (embora no Capítulo 19 você vá descobrir uma teoria da gravidade modificada em que a gravidade e a luz se movem pelo espaço em velocidades diferentes).

Outra característica do gráviton é que tem um spin de 2. (*Spin* [giro] é um número quântico que indica a propriedade inerente de uma partícula que atua como impulso angular. As partículas fundamentais têm um spin inerente, o que significa que interagem com outras partículas como se estivessem girando, mesmo quando não estão.)

Um gráviton também não tem carga elétrica. É uma partícula estável, o que significa que não decairia.

LEMBRE-SE

Assim, os físicos estão à procura de uma partícula sem massa que está se movimentando a uma velocidade incrivelmente rápida, sem carga elétrica e com um spin quântico de 2. Mesmo que o gráviton nunca tenha sido descoberto por experiência, é o bóson de calibre que media a força gravitacional. Considerando a força incrivelmente fraca da gravidade em relação às outras forças, tentar identificar os grávitons é uma tarefa incrivelmente difícil.

A possível existência do gráviton na teoria das cordas é uma das principais motivações para ver a teoria como uma solução provável para o problema da gravidade quântica.

O papel da supersimetria na gravidade quântica

A *supersimetria* é um princípio que diz que dois tipos de partículas fundamentais, os bósons e os férmions, estão ligados um ao outro. O benefício desse tipo de simetria é que as relações matemáticas na teoria de gauge reduzem de tal forma que a unificação de todas as forças se torna mais viável. (Explico mais detalhadamente os bósons e os férmions no Capítulo 8 e apresento uma discussão mais detalhada da supersimetria no Capítulo 10.)

O gráfico superior da Figura 2-2 mostra as três forças descritas pelo Modelo Padrão modeladas em diferentes níveis de energia. Se as três forças se encontrassem no mesmo ponto, isso indicaria que poderia haver um nível de energia em que elas se unificariam completamente em uma superforça.

Contudo, como vemos no gráfico inferior da Figura 2-2, quando a supersimetria é introduzida na equação (literalmente, e não apenas metaforicamente), as três forças se encontram em um único ponto. Caso a supersimetria seja verdadeira, é uma forte evidência de que as três forças do Modelo Padrão se unificam a uma energia suficientemente elevada.

Muitos físicos acreditam que as quatro forças já estiveram unificadas a níveis de energia elevados, mas, à medida que o Universo se reduzia a um estado de baixa energia, a simetria inerente entre elas começou a se desfazer. Essa simetria quebrada provocou a criação de quatro forças distintas da natureza.

O objetivo de uma teoria da gravidade quântica é, em certo sentido, uma tentativa de olhar para trás no tempo, para quando essas quatro forças eram unificadas como uma só. Se bem-sucedida, a teoria afetaria profundamente nossa compreensão sobre os primeiros momentos do Universo — a última vez em que as forças se uniram dessa forma.

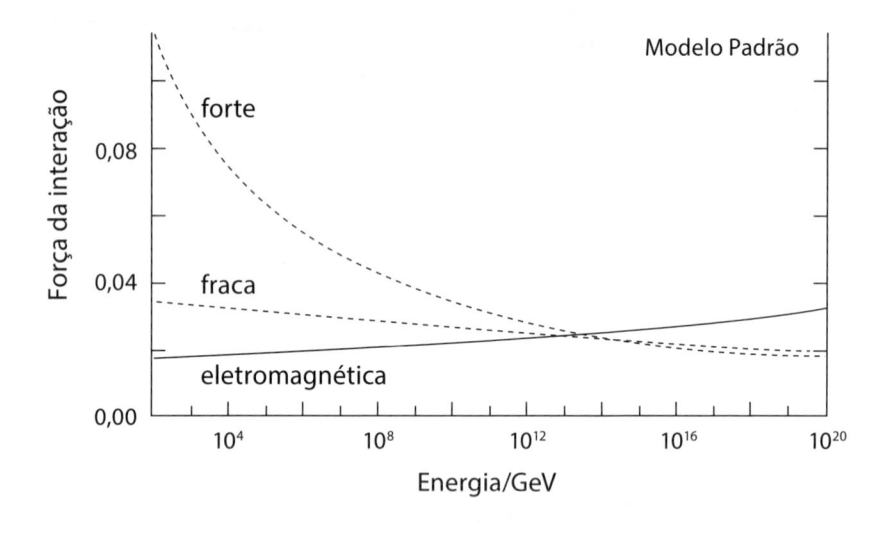

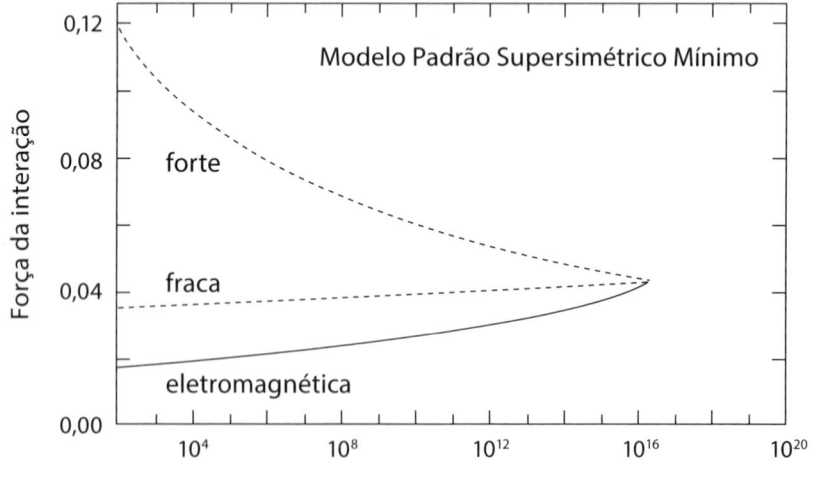

FIGURA 2-2: Se a supersimetria é acrescentada, as forças no Modelo Padrão ficam iguais em energias altas o suficiente.

> **NESTE CAPÍTULO**
> » Abraçando as conquistas da teoria das cordas
> » Encontrando falhas na teoria das cordas
> » Pensando sobre o futuro da teoria das cordas

Capítulo 3
Vitórias e Fracassos da Teoria das Cordas

A teoria das cordas é um trabalho em andamento, tendo conquistado o coração e a mente de grande parte da comunidade física teórica, ao mesmo tempo em que está aparentemente desconectada de qualquer hipótese realista de passar por uma prova experimental definitiva. Apesar disso, ela tem seus sucessos — previsões e realizações inesperadas que podem muito bem indicar que as pessoas teóricas de cordas estão no caminho certo.

Os críticos da teoria das cordas salientariam também (e muitos teóricos da teoria das cordas provavelmente concordariam) que a última década não foi gentil com a teoria das cordas, pois o impulso para uma teoria unificada de tudo perdeu o ritmo devido a uma fratura entre muitas versões diferentes da teoria, em vez de haver uma única versão dela.

Neste capítulo, você verá alguns dos maiores sucessos e fracassos da teoria das cordas, bem como os possíveis destinos aos quais ela pode ir a partir daqui. A controvérsia sobre a teoria das cordas repousa inteiramente sobre a importância que os físicos dão a esses diferentes resultados.

Celebrando os Sucessos

A teoria das cordas passou por muitas transformações desde suas origens em 1968, quando se esperava que ela fosse um modelo de certos tipos de colisões de partículas. Inicialmente, ela não concretizou esse objetivo, mas nos quarenta anos seguintes, tornou-se a principal candidata a uma teoria da gravidade quântica. Ela também trouxe grandes desenvolvimentos à matemática, e os teóricos utilizaram conhecimentos a partir dela para enfrentar outros problemas inesperados na física. Na verdade, a própria presença da gravidade dentro da teoria das cordas é um resultado inesperado!

Prevendo a gravidade a partir das cordas

O primeiro e principal sucesso da teoria das cordas é a descoberta inesperada de objetos dentro da teoria que correspondem às propriedades do gráviton. Tais objetos são um tipo específico de cordas fechadas, que também são partículas sem massa com spin de 2, exatamente como os grávitons. Em outras palavras, os grávitons são partículas sem massa com spin de 2 que, sob a teoria das cordas, pode ser formada por um certo tipo de corda vibratória fechada. A teoria das cordas não foi criada para ter grávitons — eles são uma consequência natural e necessária da teoria.

Um dos maiores problemas da física teórica moderna é que a gravidade parece estar desconectada de todas as outras forças da física que são explicadas pelo Modelo Padrão da física de partículas. A teoria das cordas resolve esse problema porque não só inclui a gravidade, mas faz dela um subproduto necessário da teoria.

Explicando (mais ou menos) o que acontece com um buraco negro

Um fator motivador importante para a procura de uma teoria da gravidade quântica é explicar o comportamento dos buracos negros, e a teoria das cordas parece ser um dos melhores métodos para atingir tal objetivo. Os teóricos de cordas criaram modelos matemáticos de buracos negros que parecem semelhantes às previsões feitas por Stephen Hawking há mais de trinta anos e que podem estar no âmago da resolução de um quebra-cabeça de longa data dentro da física teórica: o que acontece à matéria que cai dentro de um buraco negro?

A compreensão dos cientistas sobre os buracos negros sempre encontrou problemas, porque, para estudar o comportamento quântico de um buraco negro, é necessário descrever de alguma forma todos os *estados quânticos* (configurações possíveis, como definido pela física quântica) dele. Infelizmente, os buracos negros são objetos na relatividade geral, então não está claro como definir esses estados quânticos. (Veja, no Capítulo 2, uma explicação sobre os conflitos entre a relatividade geral e a física quântica.)

LEMBRE-SE

Os teóricos de cordas criaram modelos que parecem ser idênticos aos buracos negros em certas condições simplificadas e utilizam essa informação para calcular os estados quânticos dos buracos negros. Seus resultados têm demonstrado corresponder às previsões de Hawking, que ele fez sem ter qualquer maneira precisa de contar os estados quânticos do buraco negro.

Isso é o mais próximo de uma previsão experimental que a teoria das cordas já chegou. Infelizmente, não há nada de experimental nela porque os cientistas não conseguem observar diretamente os buracos negros (ainda). É uma previsão teórica que se adéqua inesperadamente à outra previsão teórica (bem-aceita) sobre buracos negros. E, além disso, a previsão só se aplica a certos tipos de buracos negros e ainda não foi estendida a todos eles.

Veja uma análise mais profunda sobre os buracos negros e a teoria das cordas nos Capítulos 9, 11 e 14.

Explicando a teoria quântica de campo usando a teoria das cordas

Um dos maiores sucessos da teoria das cordas é algo chamado de conjectura de Maldacena, ou a correspondência AdS/CFT. (Explico o que isso significa no Capítulo 11.) Desenvolvida em 1997 e logo ampliada, essa correspondência parece lançar luz sobre as teorias de gauge, como aquelas no cerne da teoria quântica de campo. (Veja uma explicação sobre as teorias de gauge no Capítulo 2.)

A correspondência original AdS/CFT, escrita por Juan Maldacena, propõe que uma certa teoria de calibre tridimensional (três dimensões espaciais, como o nosso Universo), com a maior supersimetria permitida, descreve a mesma física que uma teoria das cordas em um mundo de quatro dimensões (quatro dimensões espaciais). Isso significa que as perguntas sobre a teoria das cordas podem ser feitas na linguagem da teoria de gauge, uma teoria quântica com a qual os físicos sabem trabalhar!

"I will be back"

A teoria das cordas sofreu mais contratempos do que provavelmente qualquer outra teoria científica na história do mundo, mas esses tropeços não parecem durar tanto tempo assim. Cada vez que parece surgir alguma falha na teoria, sua resiliência matemática não só a salva, mas também a traz de volta mais forte do que nunca.

Quando dimensões extras entraram na teoria na década de 1970, ela foi abandonada por muitos, mas fez seu regresso na primeira revolução das supercordas. Verificou-se então que existiam cinco versões distintas da teoria das cordas, mas uma segunda revolução das supercordas foi desencadeada pela sua unificação. Quando os teóricos de cordas perceberam que um vasto número de soluções das teorias (cada solução é chamada de (falso) vácuo) eram possíveis, transformaram isso em uma virtude, e não em desvantagem. Infelizmente, ainda hoje, alguns cientistas acreditam que a teoria das cordas está deixando de cumprir com seus objetivos. (Veja "Considerando os Contratempos da Teoria das Cordas", mais adiante neste capítulo.)

A queridinha

Muitos físicos jovens sentem que a teoria das cordas, como teoria primária da gravidade quântica, é a melhor (ou única) via para dar uma contribuição significativa para a nossa compreensão do assunto. Ao longo das últimas duas décadas, a física teórica de alta energia (especialmente nos Estados Unidos) se tornou dominada pelos teóricos de cordas. No mundo do vale-tudo acadêmico, onde você "publica ou morre", esse é um grande sucesso.

Por que tantos físicos se voltam para esse campo quando ele não oferece provas experimentais? Alguns dos mais brilhantes físicos teóricos dos séculos XX ou XXI — Edward Witten, John Henry Schwarz, Leonard Susskind e outros que você verá ao longo deste livro — voltam continuamente às mesmas razões comuns em apoio ao seu interesse:

> » Se a teoria das cordas estivesse errada, não proporcionaria a estrutura rica que proporciona, como no caso do desenvolvimento da corda heterótica (veja o Capítulo 10), que permite uma aproximação do Modelo Padrão da física dentro da teoria das cordas.

> » Se a teoria das cordas estivesse errada, não levaria a compreensões melhores sobre a teoria dos campos quânticos, a cromodinâmica quântica (veja o Capítulo 8) ou os estados quânticos dos buracos negros,

como foram apresentadas pelo trabalho de Leonard Susskind, Andrew Strominger, Cumrun Vafa e Juan Maldacena (veja os Capítulos 11 e 14).

» Se a teoria das cordas estivesse errada, já teria entrado em estado de implosão, em vez de passar por muitas verificações de consistência matemática (como as discutidas no Capítulo 10) e fornecer formas cada vez mais elaboradas de ser interpretada, como as dualidades e simetrias que permitiram a apresentação da teoria M (como discutido no Capítulo 11).

Esse é o pensamento dos físicos teóricos e é por isso que muitos deles continuam a acreditar que é na teoria das cordas que devem estar. A beleza matemática da teoria — o fato de ser tão adaptável — é vista como uma de suas virtudes. A teoria continua a ser refinada, sem transparecer incompatibilidades com nosso Universo. Ainda não apareceram barreiras intransponíveis perante as quais a teoria deixou de fornecer algo novo e (pelo menos para alguns) significativo, sendo assim, aqueles que estudam a teoria das cordas não tiveram motivos para desistir e procurar outra coisa. (A história da teoria das cordas nos Capítulos 10 e 11 oferece uma melhor apreciação dessas realizações.)

Se essa resiliência da teoria das cordas se traduzirá um dia em prova de que ela está fundamentalmente correta ainda são cenas dos próximos episódios, mas, para a maioria das pessoas que trabalham nos problemas, a confiança é elevada.

Como você pode ler no Capítulo 17, tal popularidade também é vista por alguns críticos como uma falha. A física prospera com o debate rigoroso de ideias contraditórias, e alguns físicos estão preocupados com o fato de o forte apoio à teoria das cordas, excluindo todas as outras ideias, não ser saudável para o campo. Para alguns desses críticos, a matemática da teoria das cordas já demonstrou, realmente, que a teoria não está tendo o desempenho esperado (ou, na visão deles, o que seria necessário para ser uma teoria fundamental) e que os teóricos de cordas estão em negação.

Considerando os Contratempos da Teoria das Cordas

Visto que a teoria das cordas fez tão poucas previsões específicas, é difícil refutá-la, mas ela deixou um pouco a desejar com relação a tantas expectativas sobre como será uma teoria fundamental que explica toda a física do nosso Universo, uma "teoria de tudo". O fracasso em atingir esse objetivo sublime parece ser a base de muitos (se não da maioria) dos ataques contra ela.

No Capítulo 17, você encontrará críticas mais detalhadas sobre a teoria das cordas. Algumas delas chegam até a questionar se a teoria tem algo de científico ou se está sendo investigada da forma correta. Por ora, deixo de lado essas questões mais abstratas e me concentro em três questões com as quais até a maioria dos teóricos de cordas não está particularmente satisfeita:

> » Devido à supersimetria, a teoria das cordas requer um grande número de partículas além daquelas já observadas algum dia pelos cientistas.
>
> » Essa nova teoria da gravidade não conseguiu prever a expansão acelerada do Universo que foi detectada pelos astrônomos.
>
> » Existe atualmente um grande número de *vácuos* (soluções) matematicamente viáveis para a teoria das cordas, então parece praticamente impossível descobrir qual deles poderia descrever nosso Universo.

As próximas seções abordam tais dilemas em mais detalhes.

O Universo não tem partículas suficientes

Para que a matemática da teoria das cordas funcione, os físicos precisam presumir uma simetria na natureza chamada *supersimetria*, que cria uma correspondência entre diferentes tipos de partículas. Um problema com isso é que, em vez das 18 partículas fundamentais do Modelo Padrão, a supersimetria requer pelo menos 36 partículas fundamentais (o que significa que a natureza permite 18 partículas que os cientistas nunca viram!).

De certa forma, a teoria das cordas simplifica as coisas — os objetos fundamentais são *cordas* e *branas* ou, como previsto pela teoria da matriz S, branas de dimensão zero chamadas *pártons*. Essas cordas, branas ou possivelmente pártons compõem as partículas que os físicos observaram (ou as que esperam observar). Mas isso em um nível muito fundamental; sob um ponto de vista prático, a teoria das cordas duplica o número de partículas permitido pela natureza de 18 para 36.

Um dos maiores sucessos possíveis para a teoria das cordas seria detectar experimentalmente essas partículas parceiras supersimétricas que faltam. A esperança de muitos físicos teóricos é a de que, quando o acelerador de partículas do Grande Colisor de Hádrons [LHD — Large Hadron Collider] do CERN, na Suíça, entrar em pleno funcionamento, ele detecte partículas supersimétricas.

Mesmo se for bem-sucedida, a evidência da supersimetria não prova intrinsecamente a teoria das cordas, então o debate continuaria rolando solto, mas, pelo menos, uma grande objeção seria removida. A supersimetria pode muito bem ser verdadeira, quer a teoria das cordas como um todo descreva cuidadosamente ou não a natureza.

Energia escura: A descoberta que a teoria das cordas deveria ter previsto

Os astrônomos encontraram, em 1998, evidências de que a expansão do Universo estava de fato acelerando. Essa expansão acelerada é causada pela *energia escura* que aparece tão frequentemente nos noticiários. Além de a teoria das cordas não ter previsto a existência da energia escura, tentativas de utilizar as melhores teorias da ciência para calcular a quantidade de energia escura resultaram em um número muito maior do que o observado pelos astrônomos. A teoria simplesmente fracassou totalmente em dar qualquer sentido à energia escura.

Afirmar que isso é uma falha da teoria das cordas é algo um pouco mais controverso do que as duas falhas anteriores, mas há certa lógica por trás disso (embora questionável). O objetivo da teoria das cordas é nada menos que a completa reformulação da lei gravitacional, assim, não é irrazoável pensar que ela deveria ter antecipado de alguma forma a energia escura. Quando Einstein desenvolveu sua teoria da relatividade geral, a matemática indicou que o espaço poderia estar se expandindo (algo provado como verdadeiro mais tarde). Quando Paul Dirac formulou uma teoria quântica do elétron, a matemática indicou a existência de uma antipartícula (sua existência real foi provada posteriormente). Podemos esperar que uma teoria profunda como a teoria das cordas ilumine novos fatos sobre nosso Universo, e não que seja pega de surpresa por descobertas imprevistas.

É claro, nenhuma outra teoria previu uma expansão acelerada do Universo. Antes das evidências observacionais (algumas das quais ainda são contestadas, como se pode verificar no Capítulo 19), os cosmólogos (e os teóricos de cordas) não tinham razões para supor que a taxa de expansão do espaço estava aumentando. Anos após a descoberta da energia escura, foi demonstrado que a teoria das cordas poderia ser modificada para incluir essa energia, algo que os teóricos de cordas contam como um sucesso (embora os críticos continuem insatisfeitos).

De onde vieram todas essas teorias "fundamentais"?

Infelizmente, à medida que os teóricos de cordas faziam mais pesquisas, eles tinham um problema em expansão (trocadilho proposital). Em vez de haver o estreitamento a um único *vácuo* (solução) que poderia ser usado para explicar o Universo, aparentemente havia um número absurdamente grande de vácuos. A esperança de alguns físicos de que uma versão única e fundamental da teoria das cordas seria fruto da matemática caiu totalmente por terra.

Na verdade, esse tipo de entusiasmo raramente se justificava, para começo de conversa. Na relatividade geral, por exemplo, existe um número infinito de formas de resolver as equações, e o objetivo é encontrar soluções que correspondam ao nosso Universo. Os teóricos de cordas demasiado ambiciosos (aqueles que esperavam que um único vácuo (solução) caísse do céu) logo perceberam que eles também acabariam perante um *cenário da teoria das cordas* muito abundante, como Leonard Susskind denomina o alcance dos possíveis vácuos (veja mais sobre essa ideia de cenário proposta por Susskind no Capítulo 11). Desde então, o objetivo da teoria das cordas se tornou descobrir qual conjunto de vácuos se aplica ao nosso Universo.

Analisando o Futuro da Teoria das Cordas

Atualmente, a teoria das cordas enfrenta dois obstáculos. O primeiro é teórico, ou seja, se é possível formular um modelo que descreva nosso próprio Universo. O segundo é experimental, porque mesmo que os teóricos de cordas tenham sucesso em criar tal modelo do nosso Universo, eles precisarão então descobrir como fazer uma previsão distinta, a partir da teoria, que seja testada de alguma forma.

Neste momento, a teoria das cordas deixa a desejar em ambos os aspectos, e não está claro se em algum momento poderá ser formulada de tal forma que seja testada singularmente. Os críticos afirmam que a desilusão com a teoria das cordas está crescendo entre os físicos teóricos, enquanto seus apoiadores continuam falando sobre como ela está sendo utilizada para resolver as principais questões do Universo.

Só o tempo dirá se a teoria das cordas está certa ou errada, mas, independentemente da resposta, há anos ela vem levando cientistas a fazer perguntas fundamentais sobre nosso Universo e a explorar respostas a tais perguntas de novas maneiras. Até mesmo uma teoria alternativa teria muito de seus créditos devidos ao sucesso e ao trabalho árduo realizado pelos teóricos de cordas.

Complicações teóricas: Será que conseguimos entender a teoria das cordas?

A versão atual da teoria das cordas se chama *teoria M*, apresentada em 1995, sendo uma teoria abrangente que inclui as cinco teorias de cordas supersimétricas. A teoria M existe em onze dimensões. Só tem um probleminha: ninguém sabe o que a teoria M é.

LEMBRE-SE

Os cientistas estão à procura de uma teoria completa das cordas, mas ainda não a encontraram. E, até que isso ocorra, não há como saberem se realmente conseguirão. Até que os teóricos de cordas tenham uma teoria completa que descreva nosso próprio Universo, a teoria pode ser só fogo de palha. Embora alguns de seus aspectos possam ser demonstrados como verdadeiros, pode ser que sejam apenas aproximações de alguma teoria mais fundamental — ou então que a teoria das cordas seja, na realidade, essa própria teoria fundamental.

A teoria das cordas, a força motriz da física teórica do século XXI, *talvez* demonstre ser apenas uma ilusão matemática que fornece alguns conhecimentos aproximados da ciência, mas não é na realidade a teoria que impulsiona as forças da natureza.

Ainda não está claro quanto tempo a busca de uma teoria pode levar sem qualquer avanço específico. Há uma sensação (entre alguns) de que os físicos mais brilhantes do planeta só estão dando murro em ponta de faca há décadas, com apenas um punhado de conhecimentos significativos, e mesmo essas descobertas não parecem levar a nenhum lugar específico.

As implicações teóricas da teoria das cordas são abordadas nos Capítulos 10 e 11, enquanto as críticas à teoria mostram sua cara feia no Capítulo 17.

Complicações experimentais: Podemos provar a teoria das cordas?

Mesmo que uma versão precisa da teoria das cordas (ou teoria M) seja formulada, a questão passa então do domínio teórico para o experimental. Neste momento, os níveis de energia que os cientistas podem atingir nas experiências são provavelmente demasiado pequenos para testar a teoria de forma realística, embora aspectos dela possam ser atualmente testados.

A teoria avança seguindo as direções ditadas pela experiência, mas a última contribuição que recebeu da experiência foi a compreensão de que fracassou como uma teoria que descreve o espalhamento de partículas dentro de aceleradores de partículas. A realidade que a teoria das cordas alega explicar envolve distâncias tão pequenas que é questionável se os cientistas algum dia conseguirão uma tecnologia capaz de sondar tal comprimento, então é possível que ela seja uma teoria da natureza inerentemente não testável. (No entanto, algumas versões da teoria das cordas fazem previsões em intervalos testáveis, e os teóricos de cordas esperam que essas versões da teoria possam se aplicar ao nosso Universo.)

Você verá no Capítulo 12 algumas formas possíveis de testar a teoria das cordas, embora sejam apenas especulativas, pois no momento a ciência não tem sequer uma teoria que faça previsões únicas. O máximo que os físicos podem esperar são algumas pistas, tais como a descoberta de dimensões extras de certos tipos, novas previsões cosmológicas sobre a formação do nosso Universo ou as partículas supersimétricas ausentes, que dariam alguma direção à pesquisa teórica.

2 A Física que Sustenta a Teoria das Cordas

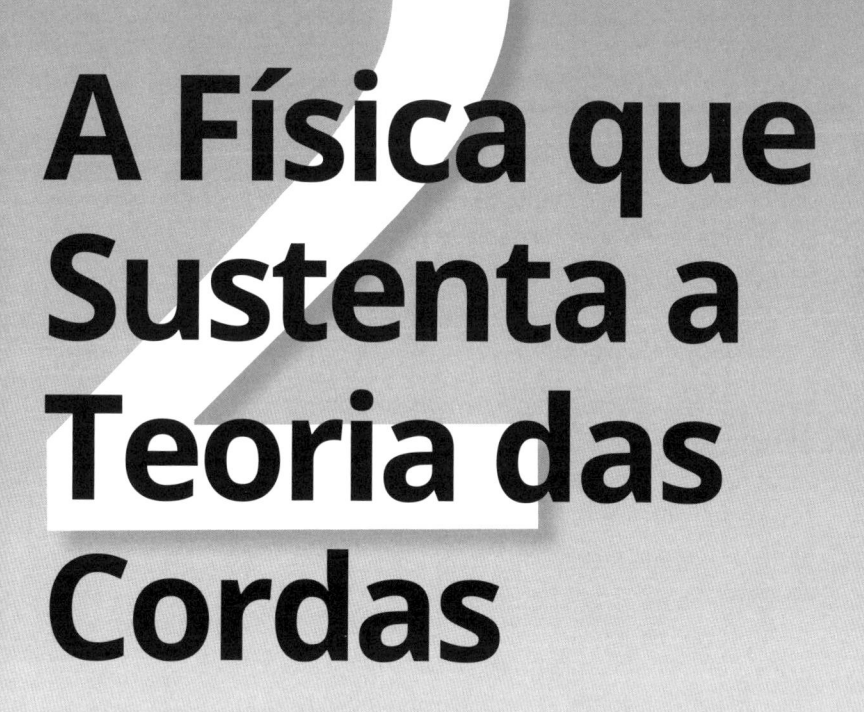

NESTA PARTE...

A teoria das cordas é uma evolução de conceitos que já existem há pelo menos trezentos anos. Para compreender a teoria e suas implicações, é necessário primeiro entender certos conceitos fundamentais, como as formas pelas quais as teorias científicas se desenvolvem.

Nesta parte, você verá como a ciência progride, e isso será útil à medida que se deparar com as várias revoluções que levaram à teoria das cordas. Apresento conceitos físicos que estão no cerne da teoria das cordas, da menor distância mensurável ao Universo inteiro. Tais perspectivas permitem que você acompanhe os tópicos posteriores sobre a teoria. Contudo, os capítulos desta parte nem sequer chegam perto de fornecer explicações completas sobre os tópicos fundamentais da física clássica, da relatividade, da física quântica, da física de partículas e da cosmologia.

Para uma introdução mais detalhada aos conceitos físicos abordados na Parte 2, leia *Física Para Leigos*, *Física II Para Leigos* e *Astronomia Para Leigos* (publicados pela Alta Books) como ótimo ponto de partida.

> **NESTE CAPÍTULO**
> » Revendo as teorias científicas que você conhece e adora
> » Então é revolução científica que você quer?
> » O que os cientistas uniram ninguém separa
> » Quebrando as regras antigas para manter as coisas interessantes

Capítulo **4**

Em Contexto: Entendendo o Método Científico

A teoria das cordas está na vanguarda da ciência. É uma teoria matemática da natureza que, atualmente, faz poucas previsões que possam ser testadas. Isso levanta a questão sobre o que é preciso para que uma teoria seja científica.

Neste capítulo, analisaremos um pouco mais de perto os métodos que os cientistas usam para investigar a estrutura da natureza. Exploro o modo como eles exercem a ciência e algumas das formas como seu trabalho é visto. Certamente, não resolvo nenhuma dessas grandes questões filosóficas neste capítulo, mas meu objetivo é deixar claro que os cientistas têm opiniões diferentes sobre a forma como a natureza da ciência deve funcionar. Embora pudesse escrever páginas e páginas sobre a evolução do pensamento científico ao longo dos tempos, abordo esses tópicos com o nível suficiente de detalhes para ajudá-lo a compreender alguns dos argumentos a favor e contra a teoria das cordas.

Explorando a Prática Científica

Antes de podermos descobrir se a teoria das cordas é científica, precisamos responder à pergunta: "O que é a ciência?"

A *ciência* é a prática metódica de tentar compreender e prever as consequências dos fenômenos naturais. Isso é feito por meio de dois meios distintos mas intimamente relacionados: teoria e experiência.

Nem toda a ciência é criada de forma igual. Parte dela é executada com diagramas e equações matemáticas. Outra parte é executada com aparelhos experimentais dispendiosos. Ainda outras formas de ciência, embora também dispendiosas, envolvem a observação de galáxias distantes para obter pistas sobre o mistério do Universo.

A teoria das cordas passou mais de trinta anos enfatizando o lado teórico da equação científica e, infelizmente, está em falta com o lado experimental, como os críticos nunca hesitam em apontar. O ideal seria que as teorias desenvolvidas acabassem sendo validadas por provas experimentais. (Veja as seções posteriores "A necessidade da falseabilidade experimental" e "A base da teoria é a matemática" para obter mais detalhes sobre a necessidade da experimentação.)

O mito do método científico

Quando eu estava na escola, me ensinaram que a ciência seguia regras agradáveis e simples chamadas de *método científico*. Essas regras são um modelo clássico de investigação científica baseado em princípios de *reducionismo* e *lógica indutiva*. Ou seja, você faz observações, as decompõe em partes (o reducionismo) e as utiliza para criar leis generalizadas (a lógica indutiva). A história da teoria das cordas certamente não segue esse simpático modelo clássico.

Na escola, os passos do método científico na verdade mudavam um pouco, dependendo do livro didático que eu tinha ao longo dos anos, embora geralmente tivessem, em sua maioria, elementos comuns. Em geral, eram delineados como um conjunto de pontos:

- **Observe um fenômeno:** Observe a natureza.
- **Formule uma hipótese:** Faça uma pergunta (ou proponha uma resposta).
- **Teste a hipótese:** Realize um experimento.
- **Analise os dados:** Confirme ou rejeite a hipótese.

> ## DECOMPONDO A NATUREZA COM BACON
>
> As ideias do método científico remontam frequentemente ao livro *Novum Organum*, de Sir Francis Bacon, publicado em 1620. Ele propunha que o reducionismo e o raciocínio indutivo poderiam ser utilizados para chegar a verdades fundamentais sobre as causas dos acontecimentos naturais.
>
> No modelo baconiano, o cientista decompõe os fenômenos naturais em componentes que são depois comparados com outros componentes baseados em temas comuns. Essas categorias reduzidas são então analisadas por meio dos princípios do raciocínio indutivo.
>
> O *raciocínio indutivo* é um sistema lógico de análise em que começamos com afirmações verdadeiras específicas e trabalhamos para criar leis generalizadas, que se aplicariam a todas as situações, encontrando pontos comuns entre as verdades observadas.

De certa forma, esse método científico é um mito. Obtive meu diploma em física, com honras não menos importantes, sem ser perguntado nem uma única vez sobre o método científico, em um curso de física. (Elas me foram feitas no curso de filosofia da ciência, ao qual você pode agradecer por grande parte deste capítulo.)

Acontece que não existe um método científico único que todos os cientistas sigam. Eles não olham para uma lista e pensam: "Bem, já observei meu fenômeno por hoje. Está na hora de formular minha hipótese." Na realidade, a ciência é uma atividade dinâmica que envolve uma análise contínua e ativa do mundo. É uma interação entre o mundo que observamos e o mundo que conceitualizamos. A ciência é uma tradução entre observações, evidências experimentais e as hipóteses e os quadros teóricos que são desenvolvidos para explicar e expandir tais observações.

Ainda assim, as ideias básicas do método científico tendem a se sustentar. Não são tão imutáveis assim, mas princípios orientadores que podem ser combinados de diferentes maneiras, dependendo do que está sendo estudado.

A necessidade da falseabilidade experimental

Tradicionalmente, a ideia é a de que uma experiência pode confirmar ou refutar uma teoria. Um resultado experimental produz *evidências positivas* se apoiar a teoria, enquanto um resultado que contradiz a hipótese é uma *evidência negativa*.

No século XX, surgiu a noção de que a chave de uma teoria — o que a torna científica — é quando podemos, de alguma forma, provar que ela é falsa. Esse *princípio da falseabilidade* pode ser controverso quando aplicado à teoria das cordas, que teoricamente explora níveis de energia que atualmente não podem ser explorados (ou possivelmente nunca poderão) diretamente a título experimental. Alguns afirmam que, como a teoria das cordas atualmente reprova no teste da falseabilidade, ela não é "ciência real". (Consulte o Capítulo 17 para saber mais sobre essa ideia.)

A ênfase na falseabilidade remonta ao livro do filósofo Karl Popper de 1934, *A Lógica da Pesquisa Científica*. Ele se opôs aos métodos reducionistas e indutivos que Francis Bacon havia popularizado três séculos antes. Em uma época caracterizada pela ascensão da física moderna, parecia que as velhas regras já não se aplicavam.

Popper argumentou que os princípios da física surgiram não apenas pela análise de pequenos grupos de informações, mas pela criação de teorias que foram testadas e repetidamente provaram não ser falsas. A observação por si só não poderia ter levado a esses insights, afirmou ele, se eles nunca tivessem sido colocados contra a parede. Na forma mais extrema, a ênfase na falseabilidade afirma que as teorias científicas não dizem nada de definitivo sobre o mundo, mas são apenas as melhores suposições sobre o futuro baseadas em experiências passadas.

Por exemplo, se eu prever que o Sol nascerá todas as manhãs, posso testar isso olhando pela minha janela todas as manhãs durante 50 dias. Se o Sol estiver lá todos os dias, não provei que ele estará lá no 51º dia. Depois de observá-lo no 51º dia, saberei que a minha previsão funcionou novamente, mas não provei nada sobre o 52º dia, o 53º, e assim por diante.

LEMBRE-SE

Por melhor que seja uma previsão científica, se conseguirmos fazer um teste que a demonstre ser falsa, teremos que descartá-la (ou, pelo menos, modificá-la para explicarmos os novos dados). Isso levou o biólogo do século XIX Thomas Henry Huxley a definir como a grande tragédia da ciência como "a matança de uma bela hipótese por um fato feio".

Para Popper, isso estava longe de ser trágico, mas era antes o brilhantismo da ciência. O componente determinante de uma teoria científica, o que a separa da mera especulação, é que ela faz uma afirmação falsificável.

A alegação de Popper é às vezes controversa, especialmente quando é utilizada por um cientista (ou filósofo) para desacreditar todo um campo da ciência. Muitos ainda acreditam que a redução e o raciocínio indutivo podem, de fato, levar à criação de quadros teóricos significativos que representam a realidade tal como ela é, mesmo que não haja nenhuma afirmação que seja falsificável.

O fundador da teoria das cordas, Leonard Susskind, levanta precisamente esse argumento. Ele não acredita na falsificação, mas na *confirmação* — podemos ter evidências positivas diretas para uma teoria, em vez de apenas uma falta de evidências negativas contra ela.

Esse ponto de vista resulta de um debate online entre Susskind e o físico Lee Smolin (disponível [em inglês] em `www.edge.org/3rd_culture/smolin_susskind04/smolin_susskind.html`). No debate, Susskind enumera vários exemplos de teorias que foram denunciadas como não falsificáveis: o behaviorismo em psicologia, e os modelos de quark e a teoria da inflação cósmica em física.

Os exemplos que ele fornece são casos em que os cientistas acreditam que certos traços não puderam ser examinados e mais tarde foram desenvolvidos métodos que permitiram que fossem testados. Há uma diferença entre não conseguir falsificar uma teoria na prática e não conseguir falsificá-la em princípio.

Pode parecer que esse debate sobre confirmação e falseabilidade é acadêmico. Talvez seja até verdade, mas alguns físicos veem a teoria das cordas como uma batalha contra o próprio significado da física. Muitos críticos da teoria das cordas acreditam que ela é inerentemente imprevisível, enquanto seus teóricos acreditam que um mecanismo para testar (e falsificar) a previsão da teoria das cordas será encontrado.

A base da teoria é a matemática

Na física, são construídos modelos matemáticos complexos que representam as leis físicas subjacentes que a natureza segue. Esses modelos matemáticos são as teorias reais da física que os físicos podem então relacionar com eventos significativos no mundo real por meio de experiências e outros meios.

A ciência requer tanto experiência como teoria para desenvolver explicações sobre o que acontece no mundo. Parafraseando Einstein, a ciência sem teoria é manca, enquanto que a ciência sem experiência é cega.

LEMBRE-SE

Se a física é construída sobre uma base de observação experimental, então a física teórica é o diagrama que explica como essas observações se encaixam. As percepções da teoria devem ir além dos detalhes de observações específicas e conectá-los de novas formas. Idealmente, essas conexões conduzem a outras previsões que são testáveis por meio de experiências. A teoria das cordas ainda não deu esse salto significativo da teoria para a experimentação.

LEMBRE-SE

Uma grande parte do trabalho em física teórica é o desenvolvimento de modelos matemáticos — não raro incluindo simplificações que não são necessariamente realistas — que podem ser utilizados para prever os resultados de experiências futuras. Quando os físicos "observam" uma partícula, estão, na realidade, olhando dados que contêm um conjunto de números que eles interpretaram como tendo certas características. Quando olham para os céus, recebem leituras de energia que se ajustam a certos parâmetros e explicações. Para um físico, esses não são "apenas" números; são pistas para compreender o Universo.

A física de altas energias (que inclui a teoria das cordas e outras físicas de altas energias) tem uma intensa interação entre os conhecimentos teóricos e as observações experimentais. Os artigos de pesquisa nessa área seguem uma destas quatro categorias:

- Experimentos
- Rede (simulações de computador)
- Fenomenologia
- Teoria

A *fenomenologia* é o estudo dos fenômenos (nunca foi dito que os físicos eram criativos quando se trata de nomear convenções) e relacioná-los com o quadro de uma teoria existente. Ou seja, a ênfase dos cientistas é pegar uma teoria existente e aplicá-la aos fatos existentes ou desenvolver modelos que descrevam fatos antecipados que possam ser descobertos em breve. Depois, fazem previsões sobre quais observações experimentais devem ser obtidas. (Obviamente, a fenomenologia faz muito mais que isso, mas é o básico que você precisa saber para compreendê-la em relação à teoria das cordas.) É uma disciplina intrigante, e que nos últimos anos, começou a se concentrar na supersimetria e na teoria das cordas. Quando discuto como possivelmente testar a teoria das cordas, no Capítulo 12, é em grande parte o trabalho dos fenomenólogos que responde aos cientistas o que eles procuram.

Embora a pesquisa científica possa ser conduzida com esses diferentes métodos, existe certamente uma sobreposição. Os fenomenólogos podem trabalhar em teoria pura e podem também, é claro, preparar uma simulação por computador. Também, de certa forma, uma simulação por computador pode ser vista como um processo que é tanto experimental como teórico. Mas o que todas essas abordagens têm em comum é que os resultados científicos são expressos na linguagem da ciência: a matemática.

A regra da simplicidade

Na ciência, um objetivo é propor o menor número possível de "entidades" ou regras necessárias para explicar como algo funciona. Em muitos aspectos, a história da ciência é vista como uma progressão de simplificação, do complexo conjunto de leis naturais para cada vez menos leis fundamentais.

LEMBRE-SE

Tomemos a *navalha de Ockham*, que é um princípio desenvolvido no século XIV pelo frade franciscano e lógico William de Ockham. Seu "princípio da parcimônia" é basicamente traduzido (do latim) como "as entidades não devem ser multiplicadas para além da necessidade". (Ou seja, simplicidade.) Albert Einstein famosamente declarou uma regra semelhante: "Tudo deveria se tornar o mais simples possível, mas não simplificado." Embora não seja uma lei científica em si, a navalha de Ockham tende a orientar a forma como os cientistas formulam suas teorias.

De certa forma, a teoria das cordas parece violar a navalha de Ockham. Por exemplo, para que a teoria das cordas funcione, faz-se necessária a adição de muitos componentes estranhos (dimensões extras, novas partículas e outras características mencionadas nos Capítulos 10 e 11) que os cientistas ainda não observaram de fato. Contudo, se esses componentes são realmente necessários, então a teoria das cordas está de acordo com a navalha de Ockham.

O papel da objetividade na ciência

Algumas pessoas acreditam que a ciência é puramente objetiva. E, claro, a ciência é objetiva no sentido de que seus princípios podem ser aplicados da mesma forma por qualquer um e serão obtidos os mesmos resultados. Mas a ideia de que os próprios cientistas são inerentemente objetivos é um bom pensamento, embora seja algo tão verdadeiro como a noção de objetividade pura no jornalismo. O debate sobre a teoria das cordas demonstra que a discussão nem sempre é puramente objetiva. Em seu âmago, o debate é a respeito de opiniões diferentes sobre como ver a ciência.

Na verdade, os cientistas fazem escolhas subjetivas continuamente, como quais questões explorar. Por exemplo, quando o fundador da teoria das cordas, Leonard Susskind se encontrou com o ganhador do Prêmio Nobel Murray Gell-Mann, este deu risada da ideia das cordas vibrantes. Dois anos depois, Gell-Mann queria saber mais a respeito delas.

Dito de outro modo, os físicos são pessoas. Eles aprenderam uma disciplina difícil, mas isso não os torna infalíveis ou imunes ao orgulho, à paixão ou a qualquer outra deficiência humana. A motivação para suas decisões pode ser financeira, estética, pessoal ou qualquer outra que influencie as decisões humanas.

O grau em que um cientista se baseia na teoria versus experiência para orientar suas atividades é outra escolha subjetiva. Einstein, por exemplo, falou das formas em que apenas as "livres invenções da mente" (princípios físicos puros, concebidos na mente e auxiliados pela aplicação precisa da matemática) poderiam ser utilizadas para perceber as verdades mais profundas da natureza de modos que a experiência pura nunca poderia.

Claro, se as experiências nunca tivessem confirmado suas "livres invenções", é improvável que eu ou qualquer outra pessoa o citasse um século mais tarde.

Entendendo Como a Mudança Científica É Vista

Os debates sobre a teoria das cordas representam diferenças fundamentais na forma de ver a ciência. Como a primeira parte deste capítulo indica, muitas pessoas propuseram ideias sobre quais devem ser os objetivos da ciência. Mas, ao longo dos anos, a ciência muda à medida que novas ideias são introduzidas, e é na tentativa de compreender a natureza dessas mudanças que o significado da ciência realmente se põe em questão.

Os métodos pelos quais os cientistas adaptam ideias antigas e adotam novas ideias também podem ser vistos de formas diferentes, e a teoria das cordas tem tudo a ver com a adaptação de ideias antigas e a adoção de novas ideias.

A fonte da juventude: Ciência como revolução

A interação entre experiência e teoria nunca é tão óbvia como nos âmbitos em que não conseguem se igualar. Quando isso ocorre, a menos que a experiência contenha uma falha, os cientistas não têm outra escolha senão adaptar a teoria existente para se adequar às novas evidências. A velha teoria deve se transformar em uma nova teoria. O filósofo da ciência Thomas Kuhn falou de tais transformações como *revoluções científicas*.

No modelo de Kuhn (com o qual nem todos os cientistas concordam), a ciência avança até acumular uma série de problemas experimentais que fazem com que os cientistas redefinam as teorias sob as quais a ciência opera. Essas teorias abrangentes são *paradigmas científicos*, e a transição de um paradigma para um novo é um período de convulsões na ciência. Sob essa perspectiva, a teoria das cordas seria um novo paradigma científico, e os físicos estariam no meio da revolução científica onde a teoria ganha domínio.

Um paradigma científico, tal como proposto por Kuhn em seu livro de 1962, *A Estrutura das Revoluções Científicas*, é um período de atividades normais para a ciência. Uma teoria explica como a natureza funciona, e os cientistas trabalham dentro desse quadro.

Para Kuhn, o método científico baconiano — atividades regulares de resolução de enigmas — ocorre dentro de um paradigma científico existente. O cientista ganha fatos e usa as regras do paradigma científico para explicá-los.

O problema é que sempre parece haver um punhado de fatos que o paradigma científico não consegue explicar. Alguns dados parecem não se encaixar. Durante os períodos de ciência normal, os cientistas fazem o seu melhor para explicar esses dados, para incorporá-los no quadro existente, mas não estão excessivamente preocupados com essas anomalias ocasionais.

Tudo bem, quando existem apenas alguns problemas desse tipo, mas, quando se acumulam, o fato pode apresentar sérios problemas para a teoria dominante.

À medida que tais anomalias começam a se acumular, a atividade da ciência normal sofre disrupção e acaba chegando a um ponto em que ocorre uma revolução científica completa. Durante uma *revolução científica*, o paradigma científico vigente é substituído por um novo paradigma que oferece um modelo conceitual diferente de como a natureza funciona.

A dada altura, os cientistas já não podem simplesmente prosseguir com suas atividades como de costume, sendo então forçados a procurar novas formas de interpretar os dados. Inicialmente, eles tentam fazer isso com pequenas modificações à teoria existente. Podem tratar de uma exceção aqui ou de um caso especial ali. Mas, se houver anomalias suficientes, e se essas correções paliativas não resolverem todos os problemas, os cientistas são forçados a criar um novo quadro teórico.

LEMBRE-SE

Em outras palavras, são forçados não só a alterar sua teoria, mas também a criar um paradigma inteiramente novo. A questão não é apenas que alguns detalhes factuais estavam errados, mas que seus pressupostos mais básicos estavam errados. Durante uma revolução científica, os cientistas começam a questionar tudo o que pensavam saber sobre a natureza. Por exemplo, no Capítulo 10, você verá que os teóricos de cordas foram forçados a questionar o número de dimensões no Universo.

Combinando forças: A ciência como unificação

A ciência pode ser vista como uma série progressiva de *unificações* entre ideias que foram, a certa altura, vistas como separadas e distintas. Por exemplo, a bioquímica surgiu por meio da aplicação do estudo da química a sistemas em biologia. Juntamente com a zoologia, isso produz a genética e o *neodarwinismo* — a moderna teoria da evolução por seleção natural, a pedra angular da biologia.

Desta forma, sabemos que todos os sistemas biológicos são fundamentalmente sistemas químicos. E que todos os sistemas químicos, por sua vez, vêm da combinação de diferentes átomos para formar moléculas, que, em última análise, seguem as várias leis definidas no Modelo Padrão da física de partículas.

Visto que a física estuda os aspectos mais fundamentais da natureza, é a ciência que mais se interessa por esses princípios de unificação. A teoria das cordas, se bem-sucedida, pode unificar todas as forças físicas fundamentais do Universo em uma única equação.

Galileu e Newton unificaram os céus e a Terra em seu trabalho de astronomia, definindo o movimento dos corpos celestes e estabelecendo firmemente que a Terra seguia exatamente as mesmas regras que todos os outros corpos do nosso sistema solar. Michael Faraday e James Clerk Maxwell unificaram os conceitos de eletricidade e magnetismo em um único conceito governado por leis uniformes — o eletromagnetismo. (Se quiser mais informações sobre a gravidade ou o eletromagnetismo, será atraído para o Capítulo 5.)

Albert Einstein, com a ajuda do seu antigo professor Hermann Minkowski, unificou as noções de espaço e tempo como dimensões do espaço-tempo, por meio de sua teoria da relatividade especial. No mesmo ano, como parte da mesma teoria, ele unificou também os conceitos de massa e energia. Anos mais tarde, na sua teoria da relatividade geral, unificou a força gravitacional e a relatividade especial em uma só teoria.

A noção de que partículas e ondas não são os fenômenos separados que aparentam ser é central para a física quântica. Na verdade, partículas e ondas podem ser vistas como o mesmo fenômeno unificado, visto de forma diferente em circunstâncias distintas.

A unificação continuou no Modelo Padrão da física de partículas, quando o eletromagnetismo foi finalmente unificado com as forças nucleares fortes e fracas em um único quadro.

LEMBRE-SE

Esse processo de unificação tem sido surpreendentemente bem-sucedido, porque quase tudo na natureza pode ser rastreado ao Modelo Padrão — exceto a gravidade. A teoria das cordas, se bem-sucedida, será a derradeira teoria da unificação, por fim trazendo a gravidade em harmonia com as outras forças.

E se quebrar? A ciência como simetria

Há uma *simetria* quando podemos pegar algo, transformá-lo de alguma forma e parece que nada muda sobre a situação. O princípio da simetria é crucial para o estudo da física e tem implicações especiais para a teoria das cordas, em particular. Quando uma transformação no sistema provoca uma mudança na situação, os cientistas dizem que ela representa uma *quebra da simetria*.

Isso é óbvio em geometria. Pegue um círculo e desenhe uma linha através do seu centro, como na Figura 4-1. Agora imagine inverter o círculo sobre essa linha. A imagem resultante é idêntica à imagem original quando invertida sobre a linha. Isso é *simetria linear* ou *simetria de reflexão*. Se girássemos a figura 180 graus, teríamos novamente a mesma imagem. Isso é *simetria rotacional*. O trapézio, por outro lado, tem *assimetria* (ou falta de simetria) porque nenhuma rotação ou reflexão da forma produzirá a forma original.

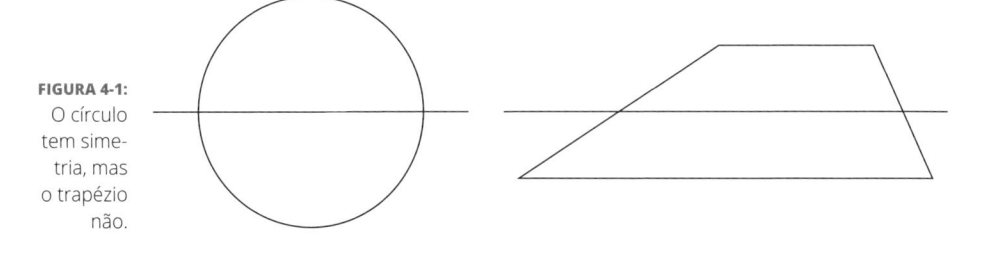

FIGURA 4-1: O círculo tem simetria, mas o trapézio não.

A forma mais fundamental de simetria em física é a ideia de *simetria translacional*, quando pegamos um objeto e o movemos de um local no espaço para outro. Se eu me mover de um local para outro, as leis da física devem ser as mesmas em ambos os locais. É com esse princípio que os cientistas utilizam as leis descobertas na Terra para estudar o Universo distante.

Na física, no entanto, simetria significa muito mais do que pegar um objeto e invertê-lo, girá-lo ou deslizá-lo pelo espaço.

Os estudos mais detalhados sobre a energia no Universo indicam que, independentemente da direção em que olhamos, o espaço é basicamente o mesmo em todas elas. Parece que até o próprio Universo é simétrico desde o início.

LEMBRE-SE

As leis da física não mudam com o tempo (pelo menos de acordo com a maioria dos físicos e certamente não em curtos períodos de tempo, como o período de vida de um humano ou da existência inteira de um país, como o Brasil). Se eu realizar uma experiência hoje e realizar a mesma experiência amanhã, obterei essencialmente o mesmo resultado. As leis da física têm uma simetria básica no que diz respeito ao tempo. Alterar o tempo de algo não altera o comportamento do sistema, embora eu discuta algumas potenciais exceções no Capítulo 16.

Essas e outras simetrias são vistas como centrais para o estudo da ciência, e, de fato, muitos físicos afirmaram que a simetria é o conceito mais importante para a física entender.

A verdade é que, enquanto os físicos falam frequentemente da elegância da simetria no Universo, o teórico das cordas Leonard Susskind tem toda a razão quando aponta que as coisas ficam interessantes quando a simetria quebra.

De fato, enquanto me preparava para este livro, o Prêmio Nobel de Física de 2008 foi concedido a três físicos — Yoichiro Nambu, Makoto Kobayashi e Toshihide Maskawa — pelo trabalho na quebra de simetria realizado há décadas.

Sem a quebra da simetria, tudo seria absolutamente uniforme em todos os lugares. O próprio fato de termos uma química que nos permite existir é a prova de que alguns aspectos da simetria não se sustentam no Universo.

Muitos físicos teóricos acreditam que existe uma simetria entre as quatro forças fundamentais (gravidade, eletromagnetismo, força nuclear fraca e força nuclear forte), uma simetria que se quebrou no início da formação do Universo e que causa as diferenças que vemos hoje. A teoria das cordas é o meio primário (se não o único) para compreendermos essa quebra de simetria, se é que realmente existe (ou existiu).

Essa quebra de simetria pode estar intimamente ligada à supersimetria, que é necessária para que a teoria das cordas se viabilize. A supersimetria vem sendo investigada em muitas áreas da física teórica, embora não haja provas experimentais diretas para ela, pois isso assegura que a teoria inclui muitas propriedades desejáveis.

A supersimetria e a unificação das forças estão no âmago da história da teoria das cordas. Ao ler mais sobre a teoria das cordas, cabe a você decidir se a falta de provas experimentais a condena desde o início.

> **NESTE CAPÍTULO**
>
> » Matéria e energia: uma afeta a outra
>
> » Transferindo energia por ondas e vibrações
>
> » As quatro inovações revolucionárias de Newton
>
> » Eletricidade e magnetismo: dois lados da mesma moeda

Capítulo 5

O que Você Deve Saber sobre Física Clássica

Por mais complexos que sejam os conceitos da física moderna, suas raízes tocam os conceitos clássicos básicos. Para compreender as revoluções que conduzem à teoria das cordas, é preciso primeiro compreender esses conceitos básicos, e então você conseguirá entender como a teoria das cordas os recupera e generaliza.

Neste capítulo, apresento alguns conceitos físicos com os quais é necessário estar familiarizado para compreender a teoria das cordas. Primeiro, analiso três conceitos fundamentais em física: matéria, energia e interação. Em seguida, explico ondas e vibrações, que são cruciais para compreender o comportamento das cordas. A gravidade também é fundamental, então as principais descobertas de Sir Isaac Newton vêm na sequência. Por fim, dou uma breve visão geral da radiação eletromagnética, um aspecto importante da física que leva diretamente à descoberta tanto da relatividade como da física quântica — as duas teorias que, em conjunto, dão origem à moderna teoria das cordas!

Uma Coisinha Maluca Chamada Física

A *física* é o estudo da matéria e de suas interações, e ela tenta compreender o comportamento dos sistemas físicos a partir das leis mais fundamentais que podemos alcançar. A teoria das cordas poderia fornecer a lei mais fundamental e explicar todo o Universo em uma única equação matemática e teoria física.

Outro princípio-chave da física é a ideia de que muitas das leis que funcionam em um local também funcionam em outro — conhecido como *simetria* (abordado em mais detalhes posteriormente nesta seção e também no Capítulo 4). Tal conexão entre a física em locais diferentes é apenas um tipo de simetria, permitindo que os conceitos da física estejam relacionados entre si. O progresso da ciência se deu ao pegar diversos conceitos e unificá-los em leis físicas coesas.

Essa é uma definição muito ampla sobre física, mas o fato é que ela é a ciência mais ampla. Porque tudo que vemos, ouvimos, cheiramos, tocamos, experimentamos ou com que interagimos de qualquer forma é feito de matéria e interage de acordo com algum tipo de regra, o que significa que a física é literalmente o estudo de tudo o que acontece. De certa forma, a química e todas as outras ciências são aproximações das leis fundamentais da física.

DICA

Mesmo que a teoria das cordas (ou alguma outra "teoria de tudo") fosse descoberta, ainda haveria a necessidade de outras ciências. Tentar entender cada sistema físico a partir da teoria das cordas seria tão absurdo como tentar estudar o clima pela análise de cada átomo na atmosfera.

Qual é a matéria: Do que somos feitos

Uma das características da matéria (a "coisa" da qual tudo é feito) é que ela requer força para fazer algo. (Há algumas exceções a isso, mas, como regra geral, a *força* é qualquer influência que produz uma mudança, ou que impede uma, em uma grandeza física.) A *massa* é a propriedade que permite à matéria resistir a uma mudança em movimento (isto é, a capacidade de resistir à força). Outra característica fundamental da matéria: ela é *conservada*, o que significa que não pode ser criada ou destruída, mas só mudar de forma. (A relatividade de Einstein mostrou que isso não era inteiramente verdade, como se pode ver no Capítulo 6.)

Sem a matéria, o Universo seria um lugar muito chato. A matéria está à nossa volta. O livro em suas mãos e a poltrona onde você está confortavelmente sentado são feitos de matéria. Você mesmo é feito de matéria. Mas o que exatamente é essa coisa chamada matéria?

Filósofos e cientistas antigos tentam entender a matéria

A questão do significado da matéria remonta pelo menos aos filósofos gregos e chineses, que se perguntavam o que diferenciava uma coisa de outra. Os pensadores gregos e chineses notaram tendências semelhantes e conceberam sistemas diferentes de categorização da matéria em cinco elementos fundamentais baseados nesses traços comuns.

Na China antiga, os cinco elementos eram o metal, a madeira, a água, o fogo e a terra. A religião e a filosofia orientais utilizavam esses elementos e as diferentes formas pelas quais interagiam para explicar não só o mundo natural, mas também o domínio moral.

Entre os filósofos gregos que discutiram uma versão dos cinco elementos, fogo, terra, ar, água e éter, Aristóteles é o mais popular. O *éter* era supostamente uma substância espiritual, não terrena, que preenchia o Universo. Nessa visão da matéria, o reino fora da Terra era composto pelo éter e não sofria alterações iguais às do nosso mundo.

Na Terra, os objetos materiais eram vistos como combinações dos elementos básicos. Por exemplo, a lama era uma combinação de água e terra. Uma nuvem era uma combinação de ar e água. A lava era uma combinação de terra e fogo.

No século XVII, a compreensão da matéria por parte dos cientistas começou a mudar à medida que astrônomos e físicos passaram a perceber que as mesmas leis governam a matéria tanto na Terra como no espaço. O Universo não é composto por um éter eterno, imutável e não terreno, mas sim por esferas rígidas de matéria comum.

O principal insight de Newton sobre o estudo da matéria foi que ela resistia à mudança em movimento (explico isso mais detalhadamente na seção posterior "Força, massa e aceleração: Colocando os objetos para se mexer"). O grau em que um objeto resiste a essa mudança em movimento é sua *massa*.

Os cientistas descobrem que a massa não pode ser destruída

O trabalho de Antoine-Laurent Lavoisier no século XVIII proporcionou à física outro grande insight quanto à matéria. Ele e sua esposa, Marie Anne, realizaram extensas experiências que indicaram que a matéria não pode ser destruída; ela apenas muda de uma forma para outra. Esse princípio é chamado de *conservação da massa*.

Essa não é uma propriedade óbvia. Se queimarmos uma tora, quando olhamos para a pilha de cinzas, parece mesmo que temos muito menos matéria do que no início. Mas, de fato, Lavoisier descobriu que, se tivermos muito cuidado para não deslocar nenhuma das partes — incluindo aquelas que normalmente flutuam durante a queima —, acabamos com tanta massa no fim da queima como no início.

Vez após outra, Lavoisier demonstrou essa característica inesperada da matéria, de tal forma que agora a tomamos como algo certo do nosso Universo. A água pode ferver do estado líquido para o gasoso, mas as partículas de água continuam existindo e podem, com as devidas precauções, ser reconstituídas em líquido. A matéria pode mudar de fase, mas não pode ser destruída (pelo menos não até as reações nucleares, que só foram descobertas muito depois da época de Lavoisier).

À medida que o estudo da matéria avança ao longo do tempo, as coisas vão ficando cada vez mais estranhas, ao invés de mais familiares. No Capítulo 8, discuto a compreensão moderna quanto à matéria, na qual somos compostos principalmente por pequenas partículas que estão ligadas a forças invisíveis ao longo de vastas (sob a escala delas) distâncias vazias. De fato, como sugere a teoria das cordas, é possível que mesmo essas partículas minúsculas não estejam realmente lá — pelo menos não da forma como normalmente as imaginamos.

Uma pitada de energia: Por que as coisas acontecem

A matéria no nosso Universo nunca faria nada de interessante se não fosse pela adição de energia. Não haveria mudança de quente para frio ou de rápido para devagar. A energia também é conservada, como se descobriu no século XIX à medida que as leis da termodinâmica eram exploradas, mas a história da conservação da energia é mais elusiva do que a da matéria. Podemos ver a matéria, porém é mais complicado rastrear a energia.

A *energia cinética* é aquela envolvida quando um objeto está em movimento. A *energia potencial* é aquela contida dentro de um objeto, esperando ser transformada em energia cinética. Acontece que a energia *total* — energia cinética mais energia potencial — é conservada sempre que um sistema físico sofre uma mudança.

A teoria das cordas faz previsões sobre sistemas físicos que contêm uma *grande* quantidade de energia envolta em um espaço muito pequeno. As energias necessárias para as previsões da teoria das cordas são tão grandes que talvez nunca seja possível criar um dispositivo capaz de gerar essa quantidade de energia e testar as previsões.

A energia do movimento: Energia cinética

A energia cinética é mais óbvia no caso de grandes objetos, mas é verdadeira em todos os níveis de tamanhos. (Refiro-me a objetos grandes em comparação com partículas, então um grão de areia e o planeta seriam ambos considerados grandes nesse caso.) O calor (ou *energia térmica*) é, na verdade, apenas um monte de átomos que se movem rapidamente, representando uma forma de energia cinética. Quando a água é aquecida, as partículas aceleram até se libertarem das ligações com outras moléculas de água e se tornarem gás. O movimento das partículas pode provocar a emissão de energia sob diferentes formas, como um pedaço de carvão queimado que brilha em vermelho-alaranjado.

O som é outra forma de energia cinética. Se duas bolas de bilhar colidirem, as partículas no ar serão forçadas a se mover, resultando em um ruído. À nossa volta, as partículas em movimento são responsáveis pelo que acontece em nosso Universo.

Energia armazenada: Energia potencial

A energia potencial, por outro lado, é energia armazenada. Ela assume muito mais formas do que a energia cinética e pode ser um pouco mais complicada de compreender.

Uma mola, por exemplo, tem energia potencial quando é esticada ou comprimida. Quando a soltamos, a energia potencial se transforma em energia cinética à medida que a mola se move para seu comprimento menos energético.

O movimento de um objeto em um campo gravitacional altera a quantidade de energia potencial nele armazenada. Uma moedinha segurada no topo do Empire State tem uma grande quantidade de energia potencial devido à gravidade, que se transforma em grande quantidade de energia cinética quando é solta (embora não o suficiente para matar um pedestre desavisado em seu impacto, como evidenciado em um episódio da série *Caçadores de Mitos*).

Falar sobre algo ter mais ou menos energia só por causa de onde está pode parecer um pouco estranho, mas o ambiente faz parte do sistema físico descrito pelas equações físicas. Essas equações dizem exatamente quanta energia potencial é armazenada em diferentes sistemas físicos e podem ser utilizadas para determinar os resultados quando a energia potencial é libertada.

Simetria: Por que algumas leis foram feitas para serem quebradas

Uma mudança de localização ou posição que mantém as propriedades do sistema é chamada de *simetria geométrica* (ou *simetria translacional*). Outro tipo é a *simetria interna*, quando algo dentro do sistema pode ser trocado por outra coisa e o sistema (como um todo) não muda. Quando uma situação de simetria em altas energias entra em colapso em um *estado fundamental* de baixas energias que é assimétrico, ela se chama *quebra espontânea da simetria*. Um exemplo seria quando uma roleta gira e vai diminuindo até um "estado fundamental". A bola acaba se assentando em uma das ranhuras — e o apostador ganha ou perde.

A teoria das cordas vai além das simetrias que observamos e prevê ainda outras que não são observadas na natureza. Ela prevê uma simetria necessária que não é observada na natureza, chamada *supersimetria*. Nas energias que observamos, a supersimetria é exemplo de uma quebra de simetria, embora os físicos acreditem que, em situações de altas energias, a supersimetria deixaria de ser quebrada (e é isso que a torna tão interessante de estudar). Analiso a supersimetria nos Capítulos 2 e 10.

Simetria translacional: Mesmo sistema, local diferente

Se um objeto tem *simetria translacional*, podemos movê-lo e ele continua a ter a mesma aparência (para uma explicação detalhada sobre isso, volte ao Capítulo 4). A movimentação de objetos no espaço não altera as propriedades físicas do sistema.

Espera aí, não acabei de dizer na última seção que a energia potencial devido à gravidade muda dependendo de onde se encontra um objeto? Sim, disse. Trocar o local de um objeto no espaço pode ter um impacto no sistema físico, mas as leis da física em si não mudam (até onde sabemos). Se a Terra, o Empire State e a moedinha que é segurada lá no topo (o "sistema" inteiro, neste caso) fossem todos deslocados na mesma distância e na mesma direção, não haveria nenhuma alteração perceptível no sistema.

Simetria interna: O sistema muda, mas o resultado permanece igual

Em uma *simetria interna*, algumas propriedades do sistema podem sofrer uma alteração sem alterar o desfecho do resultado.

Por exemplo, inverter cada partícula com sua antipartícula — mudando cargas positivas para negativas e cargas negativas para positivas — deixa as forças eletromagnéticas envolvidas completamente idênticas. Essa é uma forma de simetria interna, chamada de *simetria de conjugação de cargas*. A maioria das simetrias internas não é de simetrias perfeitas, ou seja, elas se comportam de forma um tanto diferente em algumas situações.

Quebra espontânea de simetria: Um colapso gradual

Os físicos acreditam que as leis do Universo costumavam ser ainda mais simétricas, mas passaram por um processo chamado *quebra espontânea de simetria*, no qual a simetria se desfaz no Universo que observamos.

Se tudo fosse perfeitamente simétrico, o Universo seria um lugar muito chato. São suas pequenas diferenças — as quebras de simetria — que tornam o mundo natural tão interessante, mas quando os físicos observam as leis físicas, em geral descobrem que as diferenças são bem poucas em comparação com as semelhanças.

DICA

Para compreender a quebra espontânea de simetria, considere um lápis perfeitamente equilibrado sobre sua ponta. Ele está em um estado de equilíbrio perfeito, mas é instável. Qualquer perturbaçãozinha provocará sua queda. No entanto, nenhuma lei da física diz para *qual lado* o lápis cairá. A situação é perfeitamente simétrica porque todas as direções são iguais.

No entanto, assim que o lápis começa a cair, as leis definitivas da física ditam a direção em que continuará a cair. A situação simétrica começa a colapsar espontaneamente (e, para todos os efeitos, aleatoriamente) em uma forma definitiva e assimétrica. À medida que o sistema se desmorona, as outras opções não ficam mais disponíveis para ele.

O Modelo Padrão da física de partículas, bem como a teoria das cordas (que inclui o Modelo Padrão como uma aproximação de baixa energia), prevê que algumas propriedades do Universo foram um dia altamente simétricas, mas sofreram uma quebra espontânea de simetria que invadiu o Universo que agora observamos.

Tudo Abalado: Ondas e Vibrações

Na teoria das cordas, os objetos mais fundamentais são pequenas cordas de energia que vibram ou oscilam em padrões regulares. Na física, tais sistemas são chamados *osciladores harmônicos*, e muito tem sido feito para estudá-los.

DICA

Embora as cordas da teoria das cordas sejam diferentes, compreender as vibrações dos objetos clássicos — como ar, água, cordas de pular, molas — pode ajudá-lo a entender o comportamento dessas pequenas criaturas exóticas quando as encontra. Esses objetos clássicos podem transportar as chamadas *ondas mecânicas*.

Pegando onda

As ondas (como costumamos pensar nelas) se movem através de algum tipo de meio. Se agitarmos a ponta de uma corda ou de um barbante, uma onda se move ao longo deles. As ondas se movimentam através da água, ou do ar, no caso das ondas sonoras, tendo esses materiais atuando como o meio para seu movimento.

Na física clássica, as ondas transportam energia, mas não matéria, de uma região para outra. Um conjunto de moléculas de água transfere sua energia para as moléculas de água próximas, o que significa que a onda se move através da água, mesmo que as moléculas de água na verdade não viajem todo o caminho desde o início da onda até o fim dela.

Isso fica ainda mais óbvio se eu pegar uma das extremidades de uma corda de pular e a agitar, fazendo com que uma onda viaje ao longo de seu comprimento. Claramente, as moléculas na minha extremidade da corda não estão viajando ao longo dela. Cada grupo de moléculas dessa corda está empurrando o grupo seguinte, e o resultado final é o movimento da onda ao longo do seu comprimento.

Existem dois tipos de ondas mecânicas, como mostra a Figura 5-1:

» **Onda transversal:** Uma onda em que a vibração no meio é perpendicular à direção da viagem da onda ao longo do meio, como o agito em uma corda de pular.

» **Onda longitudinal:** Uma onda que vibra na mesma direção em que a onda viaja, como um pistão empurrando um cilindro de água.

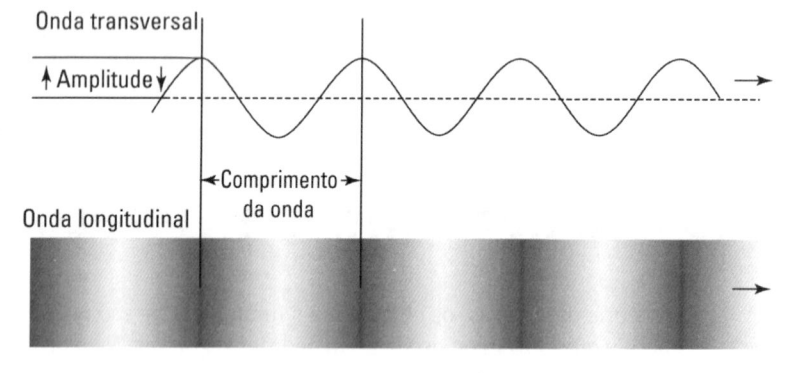

FIGURA 5-1: Dois tipos de ondas: transversal, mostrada no topo, e longitudinal, na parte de baixo.

O ponto mais alto de uma onda transversal (ou o ponto mais denso de uma onda longitudinal) é chamado de *crista*. O ponto mais baixo de uma onda transversal (ou o ponto menos denso de uma onda longitudinal) é chamado de *vale*.

O deslocamento do ponto de equilíbrio até à crista — quer dizer, a altura da onda — é chamado de *amplitude*. A distância de uma crista à outra (ou de um vale a outro) é chamada de *comprimento de onda*. Esses valores são mostrados na onda transversal na Figura 5-1. O comprimento de onda é mostrado também na onda longitudinal, embora seja difícil de mostrar a amplitude nesse tipo de onda, então ela não está incluída.

Outra coisa útil a considerarmos é a *velocidade* (rapidez e direção) da onda. Isso pode ser determinado pelo comprimento da onda e pela *frequência*, que é uma medida de quantas vezes a onda passa por um determinado ponto por unidade de tempo. Se souber a frequência e o comprimento da onda, pode calcular a velocidade. Isso, por sua vez, permite calcular a energia contida dentro da onda.

Outra característica de muitas ondas é o *princípio da sobreposição*, que afirma que, quando duas ondas se sobrepõem, o deslocamento total é a soma dos deslocamentos individuais, como mostra a Figura 5-2. Essa propriedade é também referida como *interferência de ondas*.

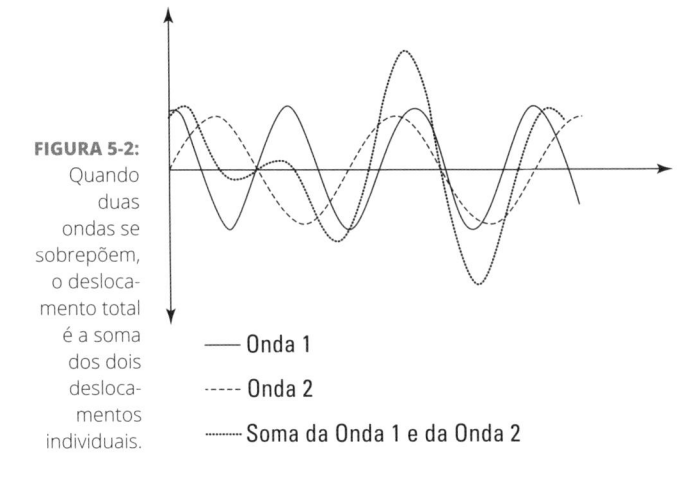

FIGURA 5-2: Quando duas ondas se sobrepõem, o deslocamento total é a soma dos dois deslocamentos individuais.

—— Onda 1
----- Onda 2
········ Soma da Onda 1 e da Onda 2

Considere ondas quando dois navios cruzam o caminho um do outro. As ondas feitas pelos navios fazem com que a água se torne mais agitada, e à medida que as ondas acrescentam altura uma à outra, provocam enormes ondulações.

LEMBRE-SE

Da mesma forma, às vezes as ondas podem se cancelar mutuamente. Se a crista da onda 1 se sobrepõe ao vale da onda 2, elas se cancelam nesse momento. Tal tipo de interferência desempenha um papel fundamental em um dos problemas de física quântica que analiso no Capítulo 7 — o experimento da dupla fenda.

Recebendo boas vibrações

A teoria das cordas descreve cordas de energia que vibram, mas elas são tão pequenas que nunca percebemos as vibrações diretamente, apenas suas consequências. Para compreendermos essas vibrações, precisamos entender um tipo clássico de onda chamada *onda estacionária* — uma onda que não parece estar em movimento.

Em uma onda estacionária, parece que certos pontos, chamados *nós*, não saem do lugar. Outros pontos, chamados *antinós*, têm o deslocamento máximo. A disposição dos nós e dos antinós determina as propriedades de vários tipos de ondas estacionárias.

O exemplo mais simples de uma onda estacionária é uma com um nó em cada ponta, como uma corda que é fixada em algum lugar pelas extremidades e puxada. Quando há um nó em cada extremidade e apenas um antinó entre elas, dizemos que a onda vibra na *frequência fundamental*.

Considere uma corda de pular que está sendo segurada por uma criança em cada ponta. As extremidades da corda representam nós porque não se movem muito. O centro da corda é o antinó, onde o deslocamento é maior e onde outra criança tentará pular. Isso é vibração na frequência fundamental, como demonstrado na Figura 5-3a.

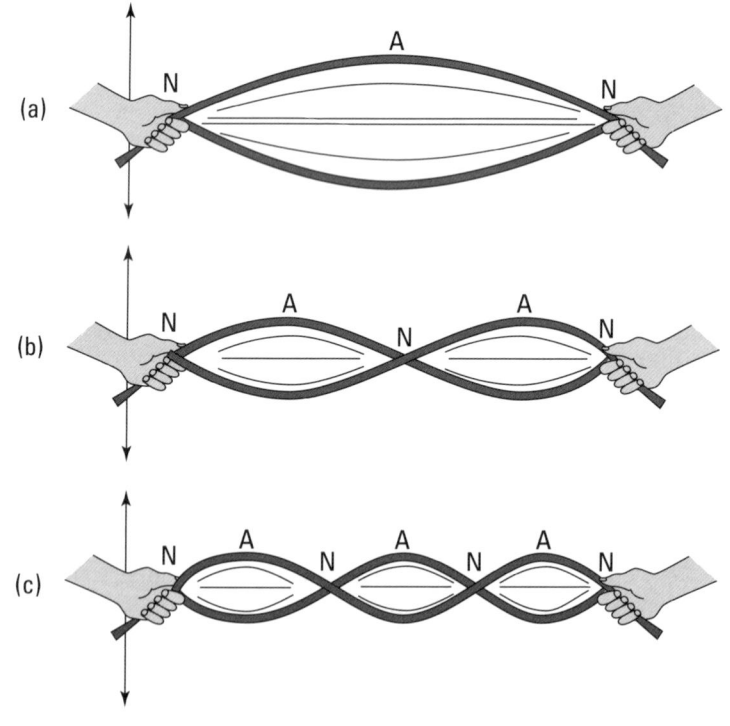

FIGURA 5-3: Exemplos de ondas estacionárias, demonstrando os primeiros três modos de uma corda presa em ambas as extremidades. A de cima representa a frequência fundamental.

Se as crianças forem ambiciosas, no entanto, e começarem a colocar mais energia no movimento de onda de sua corda, acontecerá uma coisa curiosa. Chegará um momento em que elas colocarão tanta energia na corda que, em vez de um grande antinó, são criados dois antinós menores, e o centro da corda parece estar em repouso, como mostra a Figura 5-3b. É quase como se alguém agarrasse o meio da corda e a mantivesse no lugar cuidadosamente, mas com firmeza!

Um segundo tipo de onda estacionária pode ser considerado se, em vez de uma criança segurando cada extremidade da corda, uma extremidade for presa em um anel que está ao redor de um poste. A criança segurando uma extremidade começa o movimento da onda, mas a extremidade no poste está agora sem restrições e se move para cima e para baixo. Em vez de ter um nó em cada extremidade, agora uma extremidade é um nó (segurado pela criança), e a outra é um antinó (movendo-se para cima e para baixo no poste).

Uma situação semelhante acontece na música quando se usa um tubo que está fechado em uma extremidade e aberto na outra, como um órgão. Forma-se um nó na extremidade fechada do tubo, mas sua extremidade aberta é sempre um antinó.

Um terceiro tipo de onda estacionária tem um antinó em cada extremidade. Isso representaria um tubo que está aberto em ambas as extremidades ou uma corda que está solta para se mover em ambas as extremidades.

Quanto mais energia é colocada na onda estacionária, mais nós se formam (veja a Figura 5-3c). As séries de frequências que provocam a formação de novos nós são chamadas *harmônicas*. (Na música, os harmônicos são chamados de *sobretons*.) As ondas que correspondem aos harmônicos são chamadas de *modos normais*, ou *modos vibracionais*.

A música funciona devido à manipulação e sobreposição de tons harmônicos criados por esses modos normais de vibração. Os três primeiros modos normais são mostrados na Figura 5-3, onde uma corda está fixa em ambas as extremidades.

LEMBRE-SE Na teoria das cordas, os modos vibracionais das cordas (e de outros objetos) são semelhantes aos que menciono neste capítulo. De fato, a própria matéria é vista como a manifestação de ondas estacionárias sobre cordas. Os diferentes modos vibracionais dão origem a diferentes partículas! Percebemos as partículas a partir dos modos vibracionais mais baixos, mas, com energias mais elevadas, talvez consigamos detectar outras partículas, de maior energia.

A Revolução de Newton: Como a Física Nasceu

Muitos veem as descobertas de Sir Isaac Newton como o início da física moderna (juntamente com uma pequena ajuda de seu predecessor, Galileu Galilei). As descobertas de Newton dominaram dois séculos de física, até que Albert Einstein tomou seu lugar no ápice da grandeza científica.

As realizações de Newton são diversas, mas ele é conhecido em grande parte por quatro descobertas cruciais que definem o campo da física ainda hoje:

» Três leis de movimento.
» Lei da gravitação universal.
» Ótica.
» Cálculo.

Cada uma dessas descobertas tem elementos que se revelarão importantes à medida que você busca compreender as descobertas posteriores da teoria das cordas.

NEWTON FEZ ALGUMAS LEIS

A segunda lei, e a forma como ela relaciona força, aceleração e massa, é a única lei do movimento relevante para uma discussão da teoria das cordas. Contudo, para os verdadeiros "Newton-aficionados", são as outras duas leis do movimento, parafraseadas para facilidade de compreensão:

- **Primeira lei de movimento de Newton:** Um objeto em repouso permanece em repouso, ou um objeto em movimento reto uniforme permanece em movimento, a menos que receba uma força externa. Ou seja, é necessário uma força para provocar a mudança do movimento.

- **Terceira lei de movimento de Newton:** Quando dois objetos interagem através de uma força, cada um exerce uma força sobre o outro que é igual e oposta. Ou seja, se eu exercer uma força sobre a parede com a minha mão, a parede exerce uma força igual sobre a minha mão.

Força, massa e aceleração: Colocando os objetos para se mexer

Newton formulou três leis do movimento que mostraram sua compreensão sobre o significado real do movimento e como ele se relaciona com a força. Sob suas leis do movimento, uma força cria uma aceleração proporcional sobre um objeto.

Esse entendimento foi uma base necessária sobre a qual sua lei da gravidade foi desenvolvida (veja a próxima seção). De fato, ambos foram apresentados em seu livro de 1686, *Philosophiae Naturalis Principia Mathematica*, disponível em português sob o título *Princípios Matemáticos da Filosofia Natural*. A obra é conhecida nos círculos de físicos como *Principia*.

A segunda lei do movimento diz que a força necessária para acelerar um objeto é o produto da massa e da aceleração, expressa pela equação $F = ma$, sendo que F é a força total, m é a massa do objeto, e a é a aceleração. Para calcular a aceleração total de um objeto, calculamos a força total que atua sobre ele e depois dividimos pela massa.

PAPO DE ESPECIALISTA

A rigor, Newton disse que a força era igual à mudança do momento de um objeto. Em cálculo, essa é a derivada do momento em relação ao tempo. O momento é igual à massa vezes a velocidade. Presumindo que a massa é constante e a derivada da velocidade em relação ao tempo produz a aceleração, a popular equação $F = ma$ é uma forma simplificada de encarar essa situação.

LEMBRE-SE

Essa equação também pode ser utilizada para definir a massa. Se pegarmos uma força e a dividirmos pela aceleração que provoca em um objeto, podemos determinar sua massa. Uma questão que os teóricos de cordas esperam responder é *por que* alguns objetos têm massa e outros (como o fóton) não.

A gravidade do assunto

Com as leis do movimento em mãos, Newton conseguiu realizar aquilo que o tornaria o maior físico da sua época: explicar o movimento dos céus e da Terra. Sua proposta era a *lei da gravitação universal*, que define uma força que atua entre dois objetos com base em suas massas e na distância que os separa.

Quanto mais massivos forem os objetos, maior será a força gravitacional. A relação com a distância é *inversa*, ou seja, à medida que a distância aumenta, a força diminui. (Na verdade, ela diminui com o quadrado da distância — por isso, diminui muito rapidamente à medida que os objetos são separados.) Quanto mais próximos estão os dois objetos, mais elevada é a força gravitacional.

A resistência da força gravitacional determina um valor na equação de Newton, chamado *constante gravitacional* ou constante de Newton. Esse valor é obtido pela realização de experiências e observações, e do cálculo de qual deve ser a constante. Uma questão ainda aberta à física e à teoria das cordas é por que a gravidade é tão fraca em comparação com outras forças.

LEMBRE-SE

A gravidade parece bastante simples, mas, na realidade, causa alguns problemas aos físicos, pois ela não se comporta e não se dá bem com as outras forças do Universo. O próprio Newton não se sentia à vontade com a ideia de uma força agindo a distância sem compreender o mecanismo envolvido. Mas as equações, mesmo sem uma explicação completa para o que a causou, funcionaram. Na verdade, elas funcionaram tão bem que durante mais de dois séculos, até Einstein, ninguém conseguia perceber o que faltava na teoria. Mais sobre isso no Capítulo 6.

Ótica: Iluminando as propriedades da luz

Newton também realizou um extenso trabalho para compreender as propriedades da luz, um campo conhecido como *ótica*. Ele apoiou um entendimento de que a luz se movia na forma de partículas minúsculas, em oposição a uma teoria de que ela viajava como uma onda. Newton realizou todo seu trabalho em ótica presumindo que a luz se movia na forma de bolinhas de energia voando pelo ar.

Durante quase um século, a visão de Newton sobre a luz como partículas dominou, até que as experiências de Thomas Young no início do século XIX demonstraram que a luz exibia as propriedades das ondas, especificamente o princípio da sobreposição (veja a seção anterior "Pegando onda" para saber mais a respeito da sobreposição, e mais adiante, a seção "A luz é uma onda: A teoria do éter", para saber mais sobre ondas de luz).

A compreensão sobre a luz, que começou com Newton, levaria às revoluções na física de Albert Einstein e, em última análise, às ideias que estão no cerne da teoria das cordas. Na teoria das cordas, tanto a gravidade como a luz são causadas pelo comportamento das cordas.

Cálculo e matemática: Aprimorando a compreensão científica

Para estudar o mundo físico, Newton precisou desenvolver novas ferramentas matemáticas. Uma delas foi um tipo de matemática que chamamos de *cálculo*. Na verdade, na mesma época em que ele o inventou, o filósofo e matemático Gottfried Leibniz também havia criado o cálculo de forma completamente independente! Newton precisava do cálculo para realizar sua análise do mundo natural. Leibniz, por outro lado, desenvolveu-o principalmente para explicar certos problemas geométricos.

LEMBRE-SE

Pense por um momento em como isso é realmente incrível. Um construto puramente matemático, como o cálculo, proporcionou insights fundamentais sobre os sistemas físicos que Newton explorava. Alternativamente, a análise física que ele realizou o levou a criar o cálculo. Quer dizer, este é um caso em que a matemática e a ciência pareciam se ajudar para desenvolverem uma a outra! Um dos maiores sucessos da teoria das cordas é o fato de ter proporcionado motivação para desenvolvimentos matemáticos importantes que passaram a ser úteis em outras áreas.

As Forças da Luz: Eletricidade e Magnetismo

No século XIX, a compreensão física da natureza da luz mudou completamente. As experiências começaram a mostrar fortes evidências de que a luz atuava como ondas em vez de partículas, o que contradizia Newton (veja a seção "Ótica: Iluminando as propriedades da luz" para ter mais informações sobre as descobertas de Newton). Na mesma época, as experiências sobre eletricidade e magnetismo começaram a revelar que essas forças se comportavam como a luz, só que não as conseguíamos ver!

No final do século XIX, ficou claro que a eletricidade e o magnetismo eram manifestações diferentes de uma mesma força: o *eletromagnetismo*. Um dos objetivos da teoria das cordas é desenvolver uma teoria única que incorpore tanto o eletromagnetismo como a gravidade.

A luz é uma onda: A teoria do éter

Newton havia tratado a luz como partículas, mas experiências no século XIX começaram a mostrar que ela agia como uma onda. O maior problema com isso era que as ondas requerem um meio. Alguma coisa precisa fazer a ondulação. A luz parecia viajar através do espaço vazio, sem qualquer substância. Qual era o meio pelo qual a luz viajava? O que estava ondulando?

Para explicar o problema, os físicos propuseram que o espaço estava preenchido com uma substância. Ao procurarem um nome para tal substância hipotética, os físicos voltaram-se a Aristóteles e deram-lhe o nome de *éter luminoso*.

Mesmo com esse éter hipotético, no entanto, ainda havia problemas. A ótica de Newton ainda funcionava, e sua teoria descrevia a luz em termos de pequenas bolas se movendo em linhas retas, e não como ondas! Parecia que às vezes a luz atuava como uma onda e, às vezes, como uma partícula.

A maioria dos físicos do século XIX acreditava na teoria da onda, em grande parte porque o estudo da eletricidade e do magnetismo ajudou a apoiar a ideia de que a luz era uma onda, mas eles não conseguiam encontrar provas sólidas do éter.

Linhas invisíveis de força: Campos elétricos e magnéticos

A *eletricidade* é o estudo de como as partículas carregadas afetam umas às outras. O *magnetismo*, por outro lado, é o estudo de como os objetos magnetizados afetam uns aos outros. No século XIX, as pesquisas começaram a mostrar que esses dois fenômenos aparentemente separados eram, na verdade, aspectos diferentes de uma mesma coisa. O físico Michael Faraday propôs que os campos invisíveis transmitiam a força.

A eletricidade e o magnetismo estão conectados

Uma força elétrica atua entre dois objetos que contêm uma propriedade chamada *carga elétrica*, que pode ser tanto positiva como negativa. As cargas positivas repelem outras cargas positivas, e as cargas negativas repelem outras cargas negativas, mas as cargas positivas e negativas se *atraem*, como na Figura 5-4.

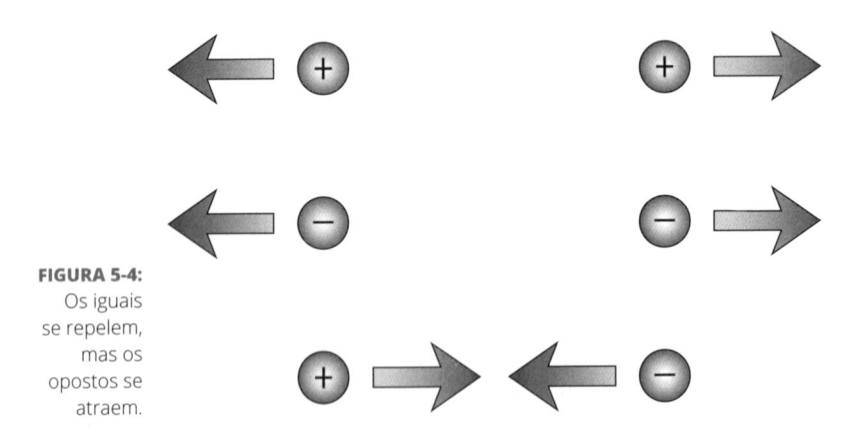

FIGURA 5-4: Os iguais se repelem, mas os opostos se atraem.

A Lei de Coulomb, que descreve o comportamento mais simples da força elétrica entre partículas carregadas (um campo chamado *eletrostática*), é uma lei do inverso do quadrado, semelhante à lei da gravidade de Newton. Isso originou alguns dos primeiros palpites de que a gravidade e as forças eletrostáticas (e, em última análise, o eletromagnetismo) poderiam ter algo em comum.

Quando as cargas elétricas se movem, elas criam uma corrente elétrica. Essas correntes podem influenciar umas às outras por meio de uma força magnética. Isso foi descoberto por Hans Christian Oersted, que descobriu que um fio com uma corrente elétrica passando por ele poderia mover a agulha de uma bússola.

Trabalhos posteriores de Michael Faraday e outros mostraram que isso também funcionava da forma inversa — uma força magnética pode influenciar uma corrente elétrica. Como demonstrado na Figura 5-5, mover um ímã no sentido do anel de metal condutor faz com que uma corrente passe através do anel.

FIGURA 5-5: Um ímã que se move em direção a um anel de metal cria uma corrente no anel.

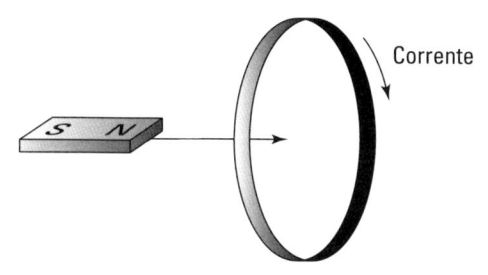

Faraday propõe os campos de força

Na década de 1840, Michael Faraday propôs a ideia de que as linhas invisíveis de força atuavam em correntes elétricas e no magnetismo. Tais linhas hipotéticas constituíam um *campo de força* que tinha um determinado valor e direção em qualquer ponto e que poderia ser usado para calcular a força total que atuava sobre uma partícula naquele ponto. O conceito foi rapidamente adaptado para que também fosse aplicado à gravidade sob a forma de um *campo gravitacional*.

LEMBRE-SE

Essas linhas invisíveis de força eram responsáveis pela força elétrica (como mostrado na Figura 5-6) e pela força magnética (como mostrado na Figura 5-7). Elas resultaram em um campo elétrico e um campo magnético que podiam ser medidos.

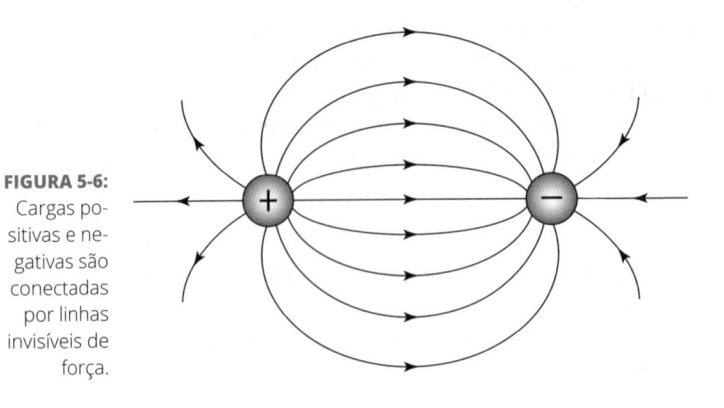

FIGURA 5-6: Cargas positivas e negativas são conectadas por linhas invisíveis de força.

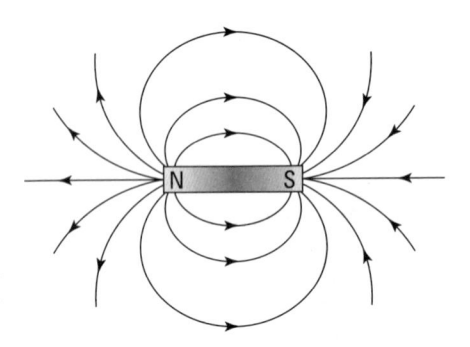

FIGURA 5-7: Os polos norte e sul de um ímã em barra são conectados por linhas invisíveis de força.

Faraday propôs as linhas invisíveis de força, mas não esclareceu nada sobre como a força era transmitida, o que atraiu a ridicularização de seus pares. Tenha em mente, porém, que Newton também não conseguia explicar completamente como a gravidade era transmitida, então havia precedentes. A ação à distância já era uma parte estabelecida da física, e Faraday estava pelo menos propondo um modelo físico de como ela poderia acontecer.

LEMBRE-SE

Os campos propostos por Faraday acabaram tendo aplicações além da eletricidade e do magnetismo. A gravidade também poderia ser escrita sob a forma de campo. A vantagem de um campo de forças é que cada ponto no espaço tem um valor e uma direção associados a ele. Se conseguirmos calcular o valor do campo em um ponto, saberemos exatamente como a força atuará sobre um objeto colocado nesse ponto. Atualmente, todas as leis da física podem ser escritas sob a forma de campos.

As equações de Maxwell unem tudo: Ondas eletromagnéticas

Os físicos sabem agora que a eletricidade e o magnetismo são ambos aspectos da mesma *força eletromagnética*. Essa força viaja sob a forma de *ondas eletromagnéticas*. Vemos uma certa amplitude dessa energia eletromagnética sob a forma de luz visível, mas existem outras formas, como raios X e micro-ondas, que não vemos.

Em meados do século XIX, James Clerk Maxwell usou o trabalho de Faraday e outros e criou um conjunto de equações, conhecidas como equações de Maxwell, que descreviam as forças da eletricidade e do magnetismo em termos de *ondas eletromagnéticas*. Uma onda eletromagnética é mostrada na Figura 5-8.

FIGURA 5-8: Os campos elétrico e magnético estão em sintonia em uma onda eletromagnética.

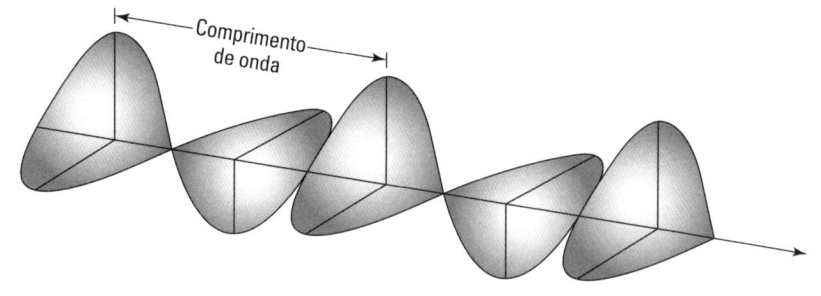

As equações de Maxwell permitiram que ele calculasse a velocidade exata em que a onda eletromagnética viajava. Quando realizou o cálculo, ficou surpreendido ao descobrir que reconhecia o valor. As ondas eletromagnéticas se moviam exatamente à velocidade da luz!

LEMBRE-SE

Assim, as equações de Maxwell mostraram que a luz visível e as ondas eletromagnéticas são manifestações diferentes dos mesmos fenômenos subjacentes. Ou seja, vemos apenas uma pequena gama de todo o espectro de ondas eletromagnéticas que existem em nosso Universo. Expandir essa unificação para incluir todas as forças da natureza, incluindo a gravidade, conduziria por fim a teorias da gravidade quântica, como a teoria das cordas.

Duas nuvens escuras e o nascimento da física moderna

Duas questões significativas não respondidas com a teoria eletromagnética permaneceram. O primeiro problema era que o éter não havia sido detectado, enquanto o segundo envolvia um problema obscuro sobre a energia da radiação, chamado problema do corpo negro (descrito no Capítulo 7). O incrível, olhando em retrospectiva, é que os físicos não viam esses problemas (ou *nuvens*, como o cientista britânico Lord Kelvin os chamou em um discurso de 1900) como especialmente significativos, mas que acreditavam se tratar de questões menores que seriam resolvidas em breve. Como você verá nos Capítulos 6 e 7, a resolução desses dois problemas culminaria nas grandes revoluções da física moderna — a relatividade e a física quântica.

> **NESTE CAPÍTULO**
>
> » Procurando algo que permita a viagem das ondas de luz
>
> » Definindo as relações entre tempo e espaço, e massa e energia
>
> » Entendendo as forças além da gravidade
>
> » Conhecendo uma das precursoras da teoria das cordas

Capítulo 6

Revolucionando o Tempo e o Espaço: A Relatividade de Einstein

Albert Einstein apresentou sua teoria da relatividade para explicar as questões decorrentes dos conceitos eletromagnéticos introduzidos no Capítulo 5. A teoria teve implicações de grande alcance, alterando nossa compreensão sobre o tempo e o espaço. Ela fornece um quadro teórico que nos diz como a gravidade funciona, mas deixou em aberto certas questões que a teoria das cordas espera responder.

Neste livro, apresento apenas um vislumbre sobre a relatividade — na medida certa para que você entenda a teoria das cordas. Caso queira se aprofundar nos fascinantes conceitos da relatividade de Einstein, sugiro o livro *Einstein For Dummies* [Einstein Para Leigos, ainda sem publicação no Brasil], de Carlos I. Calle.

Neste capítulo, explico como o modelo do éter não conseguiu igualar os resultados experimentais e como Einstein introduziu a relatividade especial para resolver o problema. Discuto a teoria da gravidade de Einstein na relatividade geral, incluindo um breve olhar sobre uma teoria concorrente da gravidade e como a teoria de Einstein foi confirmada. Aponto em seguida algumas questões que surgem da relatividade. Por fim, apresento uma teoria que tentou unificar a relatividade e o eletromagnetismo e é vista por muitos como uma predecessora da teoria das cordas.

O que Ondula as Ondas de Luz? Procurando o Éter

Na segunda metade do século XIX, os físicos procuravam o misterioso éter — o meio que acreditavam existir para as ondas de luz viajarem. Sua incapacidade de descobri-lo, apesar das boas experiências, era no mínimo frustrante. O fracasso deles abriu o caminho para a explicação de Einstein, sob a forma da teoria da relatividade.

Como explico no Capítulo 5, as ondas precisavam passar por um meio, uma substância que, na verdade, produzia a ondulação. As ondas de luz passam pelo "espaço vazio" de um *vácuo* (um espaço sem qualquer ar ou outra matéria normal), então os físicos tinham previsto um éter luminoso que deveria existir em todos os lugares, sendo um tipo de substância que os cientistas nunca haviam encontrado antes. Quer dizer, o "espaço vazio" não estava (sob a perspectiva do tempo) realmente vazio, porque continha éter.

No entanto, algumas coisas poderiam ser previstas sobre o éter. Por exemplo, se houvesse um meio para a luz, ela estaria se movendo através dele, como um nadador que se move por meio da água. E, como um nadador, a luz deveria viajar um pouco mais depressa quando se dirigisse na mesma direção e sentido que a corrente da água do que quando o nadador tentasse ir contra a corrente.

LEMBRE-SE

Isso não significa que o éter em si estava em movimento. Mesmo que estivesse completamente imóvel, a Terra estava se movimentando dentro dele, o que é efetivamente a mesma coisa. Se você caminhar em uma piscina, a sensação é basicamente a mesma como se estivesse caminhando sem sair do lugar e a água estivesse correndo à sua volta. (Na verdade, agora existem pequenas piscinas que utilizam exatamente esse princípio. Podemos nadar durante horas em uma piscina que tem apenas alguns metros de comprimento. Como há uma corrente forte criada nela, nadamos contra a corrente e nunca saímos do lugar.)

Os físicos queriam desenvolver uma experiência baseada nesse conceito que testasse se a luz viajava a diferentes velocidades em sentidos diferentes. Esse tipo de variação apoiaria a ideia de que a luz viajava através de um meio: o éter.

Em 1881, o físico Albert Michelson criou um dispositivo chamado *interferômetro*, concebido para fazer exatamente isso. Com a ajuda de seu colega Edward Morley, ele melhorou o design e a precisão do dispositivo em 1887. O interferômetro Michelson-Morley é mostrado na Figura 6-1.

FIGURA 6-1:
O interferômetro Michelson-Morley envia feixes de luz em duas direções para que se encontrem em um monitor.

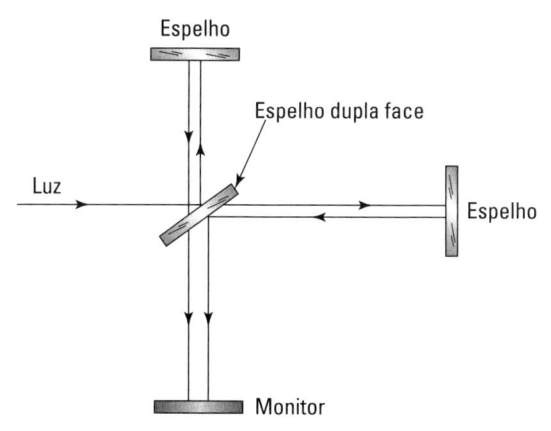

O interferômetro utilizava espelhos apenas parcialmente reflexivos, então deixava passar metade da luz e refletia a outra metade. O dispositivo fixava esses espelhos em certo ângulo, o que dividia um único feixe de luz, fazendo com que percorresse dois caminhos diferentes. Os caminhos eram perpendiculares um ao outro, mas acabavam atingindo o mesmo monitor.

Em 1887, Michelson e Morley realizaram uma série de testes com o interferômetro melhorado para descobrir o éter. Eles achavam que a luz viajando ao longo de um daqueles caminhos deveria ser levemente mais rápida do que a que viajava pelo outro caminho, visto que um deles ia a favor ou contra o éter, e o outro caminho era perpendicular ao éter. Quando a luz atingisse o monitor, cada feixe teria percorrido exatamente a mesma distância. Se um deles tivesse viajado a uma velocidade ligeiramente diferente, os dois feixes estariam um pouquinho descompassados, o que mostraria padrões distintos de interferência de ondas no monitor — faixas claras e escuras apareceriam.

Não importava quantas vezes Michelson e Morley conduzissem a experiência, eles nunca encontraram tal diferença de velocidade para os dois feixes de luz. Encontravam sempre a mesma velocidade, de aproximadamente 1,07 bilhão de quilômetros por hora, independentemente do sentido em que a luz viajava.

Os físicos não rejeitaram imediatamente o modelo do éter; em vez disso, eles (incluindo Michelson e Morley) o consideraram uma experiência que deu errado, muito embora *deveria* ter dado certo se existisse um éter. Em 1900, quando Lord Kelvin fez seu discurso das "duas nuvens escuras", haviam se passado treze anos sem ninguém ter conseguido detectar o movimento do éter, mas ainda presumiam que ele existisse.

LEMBRE-SE Às vezes os cientistas ficam relutantes em desistir de uma teoria à qual dedicaram anos, mesmo que as provas se voltem contra eles — algo que os críticos da teoria das cordas acreditam que pode estar acontecendo neste momento na comunidade da física teórica.

Não Tem Éter? Tudo Bem: Entra em Cena a Relatividade Especial

Em 1905, Albert Einstein publicou um artigo que explicava como fazer o eletromagnetismo funcionar sem éter. A teoria ficou conhecida como *teoria da relatividade especial*, que explica como interpretar o movimento entre diferentes *referenciais inerciais* — ou seja, lugares que se movem a velocidades constantes relativamente uns aos outros.

A chave da relatividade especial foi que Einstein explicou as leis da física com relação a dois objetos se movendo a uma velocidade constante como o *movimento relativo* entre os dois, em vez de apelar ao éter como um quadro absoluto de referência que definia o que estava acontecendo. Se você e um astronauta estão se movimentando em naves espaciais diferentes e querem comparar suas observações, tudo o que importa é a velocidade de movimento relativa a vocês dois.

LEMBRE-SE A relatividade especial inclui apenas o caso especial (daí o nome) em que o movimento é uniforme. O movimento por ela explicado ocorre apenas no caso em que estiver viajando em linha reta a uma velocidade constante. Assim que acelerar ou fizer uma curva — ou fizer qualquer coisa que altere de alguma forma a natureza do movimento —, a relatividade especial deixa de se aplicar. É aí que entra a teoria da relatividade geral de Einstein, porque ela pode explicar o caso geral de qualquer tipo de movimento. (Abordo essa teoria mais adiante no capítulo.)

O artigo de Einstein de 1905 que apresentou a relatividade especial, "Sobre a Eletrodinâmica dos Corpos em Movimento", baseava-se em dois princípios fundamentais:

» **O princípio da relatividade:** As leis da física não mudam, mesmo para objetos se movendo em referenciais inerciais (velocidade constante).

» **O princípio da velocidade da luz:** A velocidade da luz é a mesma para todos os observadores, independentemente de seus movimentos em relação à fonte de luz. (Os físicos escrevem essa velocidade usando o símbolo c.)

A ALBERT O QUE É DE CÉSAR?

Nenhum físico trabalha no vácuo, e isso certamente foi verdade no caso de Albert Einstein. Embora tenha revolucionado o mundo da física, ele fez isso resolvendo as maiores questões da sua época, o que significa que enfrentava problemas semelhantes nos quais muitos outros físicos também trabalhavam. Havia muitas pesquisas de outras pessoas às quais recorrer. Alguns acusaram Einstein de plágio, ou deram a entender que seu trabalho não era verdadeiramente revolucionário porque ele se baseou muito no trabalho de outros.

Por exemplo, seu trabalho em relatividade especial se baseou muito no trabalho de Hendrik Lorentz, George FitzGerald e Jules Henri Poincaré, que haviam desenvolvido transformações matemáticas as quais Einstein utilizaria mais tarde em sua teoria da relatividade. Essencialmente, eles fizeram o trabalho pesado de criar uma relatividade especial, mas deixaram a desejar em um quesito importante — para eles, tudo aquilo era um truque matemático, e não uma verdadeira representação da realidade física.

O mesmo é válido para a descoberta do fóton. Max Planck apresentou a ideia da energia em parcelas discretas, mas também achou que era apenas um truque matemático para resolver uma situação específica estranha. Einstein considerou os resultados matemáticos literalmente e criou a teoria do fóton.

As acusações de plágio são em grande parte descartadas pela comunidade científica porque Einstein nunca negou que o trabalho era feito por outros e, de fato, dava-lhes crédito quando sabia sobre o trabalho deles. Os físicos tendem a reconhecer a natureza revolucionária do trabalho de Einstein e sabem que outros contribuíram grandemente com ele.

A genialidade das descobertas de Einstein é que ele observou as experiências e presumiu que as descobertas eram verdadeiras. Foi exatamente o oposto do que outros físicos pareciam fazer. Em vez de pressupor que a teoria estava correta e que as experiências tinham dado errado, ele pressupôs que as experiências estavam corretas e que a teoria estava errada.

Na opinião de Einstein, o éter havia causado uma baita confusão ao introduzir um meio que fazia com que certas leis da física funcionassem de forma diferente dependendo de como o observador se movia em relação a ele. Einstein simplesmente removeu completamente o éter e pressupôs que as leis da física, incluindo a velocidade da luz igual a c, funcionavam da mesma forma independentemente de como nos movimentamos — exatamente como as experiências e a matemática demonstraram!

Unificando espaço e tempo

A teoria da relatividade especial de Einstein criou uma ligação fundamental entre o espaço e o tempo. O Universo pode ser visto como tendo três dimensões espaciais — cima/baixo, esquerda/direita e para a frente/trás — e uma dimensão temporal. Esse espaço com quatro dimensões é referido como o *continuum espaço-tempo*.

Se nos movermos rápido o suficiente pelo espaço, as observações que fizermos sobre o espaço e o tempo diferirão um pouco das observações que fizerem outras pessoas que estão se movendo em velocidades diferentes. As fórmulas que Einstein usou para descrever tais mudanças foram desenvolvidas por Hendrik Lorentz (veja o box "A Albert o que é de César?").

LEMBRE-SE

A teoria das cordas introduz muito mais dimensões espaciais, assim, compreendermos como elas funcionam na relatividade é um ponto de partida crucial para darmos conta de alguns dos aspectos confusos da teoria. As dimensões extras são tão importantes para a teoria das cordas que até ganham uma dimensão própria neste livro, no Capítulo 13.

Seguindo o saltitante feixe de luz

A razão para essa ligação espaço-tempo vem da aplicação muito cuidadosa dos princípios da relatividade e da velocidade da luz. A velocidade da luz é a distância percorrida pela luz dividida pelo tempo necessário para percorrer esse caminho, e (de acordo com o segundo princípio de Einstein) todos os observadores devem estar de acordo quanto a essa velocidade. No entanto, às vezes os observadores discordam quanto à distância percorrida por um feixe de luz, dependendo de como estão se movendo pelo espaço.

Isso significa que, para obter a mesma velocidade, os observadores devem *discordar* quanto ao tempo que o feixe de luz levou para percorrer certa distância.

Você mesmo pode visualizar isso ao entender o experimento mental retratado na Figura 6-2. Imagine que está em uma nave espacial segurando um laser, de modo que ele dispara um feixe de luz diretamente para cima, atingindo um espelho que você colocou no teto. O feixe de luz então desce e atinge um detector.

Contudo, a nave espacial viaja a uma velocidade constante que é a metade da velocidade da luz ($0,5c$, como os físicos a escreveriam). De acordo com Einstein, isso não faz diferença para você, que nem percebe que está se movendo. No entanto, se um astronauta o estivesse espiando, como na parte inferior da Figura 6-2, seria uma história diferente.

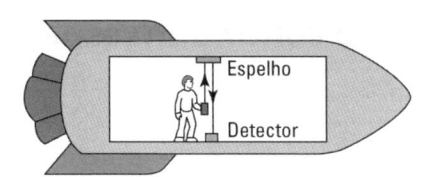

FIGURA 6-2: (Acima) Você vê um feixe de luz subir, bater no espelho e descer direto. (Abaixo) O astronauta vê o feixe viajar ao longo de um caminho diagonal.

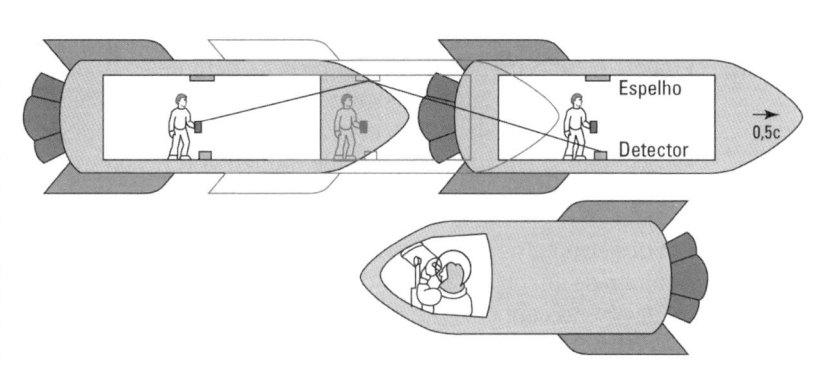

O astronauta veria seu feixe de luz viajar para cima ao longo de um caminho diagonal, bater no espelho, e depois viajar para baixo ao longo de outra trajetória diagonal antes de atingir o detector. Quer dizer, você e o astronauta veriam caminhos *diferentes* para a luz e, mais importante ainda, esses caminhos nem sequer têm o mesmo comprimento. Isso significa que o tempo necessário para o feixe ir do laser ao espelho e depois ao detector também deve ser diferente entre vocês, para que ambos estejam de acordo sobre a velocidade da luz.

Esse fenômeno é conhecido como *dilatação temporal*, em que o tempo em uma nave se movendo muito rápido parece passar mais lentamente do que na Terra. No Capítulo 16, explico algumas maneiras pelas quais esse aspecto da relatividade pode ser utilizado para permitir viagens no tempo. Na verdade, ele permite a única forma de viagem no tempo que os cientistas sabem com certeza que é fisicamente possível.

Por estranho que pareça, esse exemplo (e muitos outros) demonstra que, na teoria da relatividade de Einstein, o espaço e o tempo estão intimamente ligados. Se aplicarmos as equações de transformação de Lorentz, elas funcionam de modo que a velocidade da luz fique perfeitamente consistente para ambos os observadores.

LEMBRE-SE

Esse estranho comportamento do espaço e do tempo só fica evidente se viajarmos perto da velocidade da luz, então ninguém jamais o observou. As experiências realizadas desde a descoberta de Einstein confirmaram que é verdade: o tempo e o espaço são percebidos de forma diferente, precisamente como Einstein descreveu, para objetos que se movem perto da velocidade da luz.

Criando o continuum espaço-tempo

O trabalho de Einstein havia mostrado a ligação entre o espaço e o tempo. De fato, sua teoria da relatividade especial permite que o Universo seja mostrado como um modelo 4D — três dimensões espaciais e uma dimensão temporal. Nesse modelo, o percurso de qualquer objeto através do Universo pode ser descrito por sua *linha do universo* através das quatro dimensões.

Embora o conceito de espaço-tempo seja inerente ao trabalho de Einstein, foi de fato um antigo professor seu, Hermann Minkowski, que o desenvolveu em um modelo matemático completo e elegante de coordenadas espaço-tempo em 1907. Na verdade, Minkowski ficou especialmente indiferente com Einstein, celebremente chamando-o de "cão preguiçoso".

Um dos elementos desse trabalho é o diagrama de Minkowski, que mostra o caminho de um objeto através do espaço-tempo. Ele mostra o objeto em um gráfico, sendo um eixo o espaço (as três dimensões são tratadas como uma dimensão para simplificar), e o outro, o tempo. Conforme o objeto se move através do Universo, sua sequência de posições representa uma linha ou uma curva no gráfico, dependendo de como viaja. Esse caminho é chamado de *linha do universo* do objeto, como mostrado na Figura 6-3. Na teoria das cordas, a ideia de uma linha do universo se expande para incluir o movimento das cordas em objetos denominados *folhas do universo*. (Veja mais informações no Capítulo 16. Uma folha do universo pode ser vista na Figura 16-1.)

Unificando massa e energia

A obra mais famosa da vida de Einstein data também de 1905 (um ano muito movimentado para ele), quando aplicou as ideias do seu artigo sobre a relatividade para chegar à equação $E=mc^2$, que representa a relação entre massa (m) e energia (E).

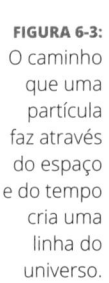

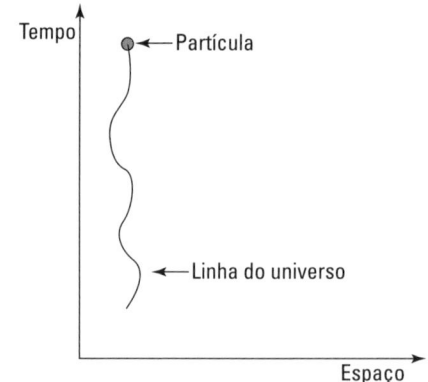

FIGURA 6-3: O caminho que uma partícula faz através do espaço e do tempo cria uma linha do universo.

A razão para essa ligação é um pouco mais complicada, mas está essencialmente relacionada com o conceito de energia cinética discutido no Capítulo 5. Einstein descobriu que, à medida que um objeto se aproximava da velocidade da luz, c, a massa do objeto aumentava. Ele vai mais depressa, mas também fica com uma massa maior. De fato, se fosse realmente capaz de se mover a c, a massa e a energia do objeto seriam ambas infinitas. Um objeto mais pesado é mais difícil de acelerar, por isso é impossível que de fato a partícula chegue a uma velocidade de c.

Em seu artigo de 1905, "A Inércia de um Corpo Depende do seu Conteúdo Energético?", Einstein mostrou esse trabalho e o estendeu à matéria estacionária, mostrando que a massa em repouso contém uma quantidade de energia igual à massa vezes c^2.

LEMBRE-SE

Até Einstein, os conceitos de massa e energia eram vistos como completamente separados. Ele provou que os princípios de conservação de massa e de conservação de energia fazem parte do mesmo princípio maior e unificado de *conservação de massa-energia*. A matéria pode ser transformada em energia e a energia pode ser transformada em matéria porque existe uma ligação fundamental entre os dois tipos de substâncias.

DICA

Caso esteja interessado em mais detalhes sobre a relação entre massa e energia, confira o livro *E=mc²: A Biography of the World's Most Famous Equation* [E=mc²: Uma biografia da equação mais famosa do mundo, em tradução livre], de David Bodanis.

Mudando de Rumo: Entra em Cena a Relatividade Geral

A *relatividade geral* foi a teoria da gravidade de Einstein, publicada em 1915, que estendeu a relatividade especial de modo que ela abarcasse *referenciais não inerciais* — locais que estão acelerando em relação uns aos outros. A relatividade geral toma a forma de equações de campo, descrevendo a curvatura do espaço-tempo e a distribuição da matéria ao longo do espaço-tempo. Os efeitos da matéria e do espaço-tempo um sobre o outro são o que percebemos como gravidade.

Gravidade como aceleração

Einstein percebeu imediatamente que sua teoria da relatividade especial só funcionava quando um objeto se movia em linha reta a uma velocidade constante. E o que acontece quando uma das naves espaciais acelera ou faz uma curva?

Ele veio a entender o princípio que se revelaria crucial para desenvolver sua teoria da relatividade geral e o chamou de *princípio da equivalência*, o qual afirma que um sistema acelerado tem uma equivalência física completa com um sistema dentro de um campo gravitacional.

Quando Einstein posteriormente relacionou a descoberta, ele estava sentado em uma cadeira pensando no problema quando percebeu que, se alguém caísse do telhado de uma casa, a pessoa não sentiria seu próprio peso. Isso lhe deu subitamente uma compreensão do princípio da equivalência.

Tal como a maioria dos principais insights de Einstein, ele introduziu a ideia como um experimento mental. Se um grupo de cientistas estivesse em uma nave espacial em aceleração e realizasse uma série de experiências, eles obteriam exatamente os mesmos resultados como se estivessem sentados imóveis em um planeta cuja gravidade proporcionasse essa mesma aceleração, como mostra a Figura 6-4.

FIGURA 6-4: (Esquerda) Cientistas realizando experimentos em uma nave em aceleração. (Direita) Os cientistas obtêm os mesmos resultados após pousarem em um planeta.

O brilhantismo de Einstein foi que, depois de ter percebido uma ideia aplicada à realidade, ele a aplicou uniformemente a todas as situações físicas em que podia pensar.

Por exemplo, se um feixe de luz entrasse em uma nave espacial em aceleração, pareceria que ele se curvava levemente, como no desenho à esquerda da Figura 6-5. O feixe está tentando ir reto, mas a nave está acelerando, então o caminho, como visto no interior da nave, seria uma curva.

FIGURA 6-5: Tanto a aceleração como a gravidade curvam um feixe de luz.

Pelo princípio da equivalência, isso significava que a gravidade também deveria curvar a luz, como mostra o desenho à direita na Figura 6-5. Quando Einstein percebeu isso pela primeira vez em 1907, não havia como ele calcular o efeito, a não ser prever que seria provavelmente muito pequeno. No entanto, esse exato efeito seria afinal utilizado para dar à relatividade geral seu apoio mais forte.

Gravidade como geometria

A teoria do continuum espaço-tempo já existia, mas sob a relatividade geral, Einstein conseguiu descrever a gravidade como a geometria de dobra do espaço-tempo. Ele definiu um conjunto de *equações de campo*, que representavam a forma como a gravidade se comportava em resposta à matéria no espaço-tempo. Essas equações de campo puderam ser usadas para representar a geometria do espaço-tempo que estava no cerne da teoria da relatividade geral.

À media que desenvolvia sua teoria da relatividade geral, Einstein precisou refinar a noção de Minkowski sobre o continuum espaço-tempo em um quadro matemático mais preciso (veja mais informações sobre esse conceito na seção anterior "Criando o continuum espaço-tempo"). Ele também introduziu o *princípio da covariância*, que afirma que as leis da física devem assumir a mesma forma em todos os sistemas de coordenadas.

DICA Quer dizer, todas as coordenadas espaço-tempo são tratadas da mesma forma pelas leis da física — sob a forma de equações de campo de Einstein. Isso é semelhante ao princípio da relatividade, que afirma que as leis da física são as mesmas para todos os observadores que se movem a velocidades constantes. De fato, após o desenvolvimento da relatividade geral, ficou claro que os princípios da relatividade especial eram de fato um caso especial.

LEMBRE-SE

O princípio básico de Einstein era o de que, não importa onde você esteja — Toledo, Monte Everest, Júpiter ou na galáxia Andrômeda —, as mesmas leis se aplicam. Dessa vez, no entanto, as leis eram as equações de campo, e seu movimento poderia muito definitivamente impactar as soluções que saíssem das equações de campo.

A aplicação do princípio da covariância significava que as coordenadas espaço-tempo em um campo gravitacional tinham de funcionar exatamente da mesma forma que as coordenadas espaço-tempo em uma nave espacial que se encontrava em aceleração. Caso estivesse acelerando através do espaço vazio (onde o campo espaço-tempo é plano, como no desenho à esquerda na Figura 6-6), a geometria do espaço-tempo pareceria se curvar. Isso significava que, se houvesse um objeto com massa geradora de um campo gravitacional, ele precisaria curvar também o campo espaço-tempo (como mostra o desenho à direita na Figura 6-6).

FIGURA 6-6: Sem matéria, o espaço-tempo é plano (à esquerda), mas ele se curva quando a matéria está presente (à direita).

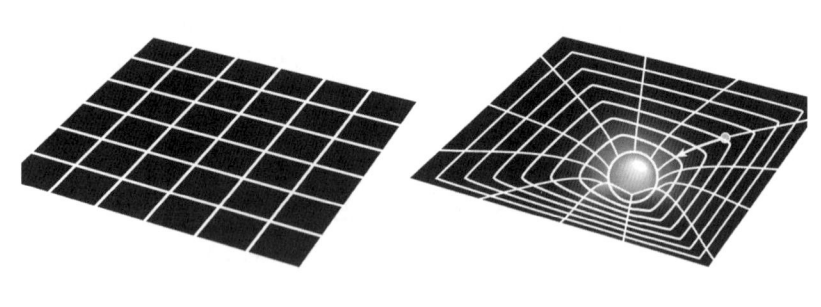

LEMBRE-SE

Dito de outro modo, Einstein havia conseguido explicar o mistério newtoniano sobre a origem da gravidade! Ela resultava de objetos maciços que dobravam a própria geometria espaço-tempo.

Visto que o espaço-tempo se curvava, os objetos em movimento através do espaço seguiriam o caminho "mais reto" ao longo da curva, o que explica o movimento dos planetas. Eles seguem uma trajetória curva em torno do Sol porque este curva o espaço-tempo em torno dele.

DICA

Mais uma vez, podemos pensar nisso por analogia. Se estiver voando em um avião sobre a Terra, seguirá um caminho que se curva em torno dela. De fato, se pegar um mapa plano e desenhar uma linha reta entre os pontos inicial e final de uma viagem, esse não seria o caminho mais curto a seguir. O caminho mais curto é, na realidade, aquele formado por uma "grande curva" que você obteria se cortasse a Terra diretamente ao meio, com ambos os pontos ao longo do exterior do corte. Viajar de Nova York para a Austrália envolve passar pelo sul do Canadá e do Alasca — de forma alguma parecido com uma linha reta nos mapas planos com os quais estamos habituados.

Da mesma forma, os planetas do sistema solar seguem os caminhos mais curtos — os que requerem menos energia —, e isso resulta no movimento que observamos.

Testando a relatividade geral

Para a maioria dos fins, a teoria da relatividade geral correspondia às previsões da gravidade de Newton e também incorporava a relatividade especial — era uma teoria relativística da gravidade. Mas, por mais impressionante que seja uma teoria, ela ainda precisa ser confirmada pelas experiências antes que a comunidade física a abrace plenamente. Hoje em dia, os cientistas têm visto extensas provas da relatividade geral.

Um impressionante exemplo moderno de aplicação da relatividade é o sistema de posicionamento global (GPS). O sistema de satélite do GPS envia feixes cuidadosamente sincronizados em todo o planeta. É isso que permite que dispositivos militares e comerciais saibam onde estão com a precisão de poucos metros ou melhor. Mas todo o sistema é baseado na sincronização desses satélites que tiveram de ser programados com correções para levar em conta a curvatura do espaço-tempo próximo da Terra. Sem as correções, pequenos erros de sincronização se acumulariam dia após dia, fazendo com que o sistema caísse totalmente.

É claro que tal equipamento não estava disponível para Einstein quando ele publicou sua teoria em 1915, então ela precisou ganhar apoio de outras formas.

Uma solução a que Einstein chegou imediatamente foi explicar uma anomalia na órbita de Mercúrio. Durante anos, sabia-se que a gravidade newtoniana não correspondia exatamente às observações dos astrônomos com relação ao caminho de Mercúrio ao redor do Sol. Tendo em conta os efeitos do espaço-tempo curvo da relatividade, a solução de Einstein coincidia precisamente com o caminho observado pelos astrônomos.

Ainda assim, isso não foi suficiente para convencer todos os críticos, porque outra teoria da gravidade tinha seu próprio apelo.

Nova mudança de curso: Einstein tem concorrência

Dois anos antes de Einstein completar sua teoria da relatividade geral, o físico finlandês Gunnar Nordström apresentou sua teoria métrica da gravidade que também combinava a gravidade com a relatividade especial. Ele foi mais longe, pegando a teoria eletromagnética de James Clerk Maxwell e aplicando uma dimensão espacial extra, significando que a força eletromagnética também foi incluída na teoria. Era mais simples e mais abrangente do que a relatividade geral de Einstein, mas acabou por estar errada (de uma forma que a maioria dos físicos de então e de hoje veem como bastante óbvia). Mas essa foi a primeira tentativa de utilizar uma dimensão extra em uma teoria de unificação, então vale a pena darmos uma olhada.

O próprio Einstein apoiou o trabalho de Nordström para incorporar a relatividade especial à gravidade. Em um discurso de 1913 sobre o estado de unificação das duas, ele disse que apenas sua obra e a de Nordström preenchiam os critérios necessários. Em 1914, porém, Nordström introduziu um truque matemático que aumentava os riscos da unificação. Ele pegou as equações eletromagnéticas de Maxwell e as formulou em quatro dimensões espaciais, em vez das três habituais que Einstein tinha utilizado. As equações resultantes incluíam a equação que descrevia a força da gravidade!

LEMBRE-SE

Incluir a dimensão do tempo fez da teoria de Nordström uma teoria da gravidade espaço-tempo 5D. Ele tratou nosso Universo como uma projeção 4D de um espaço-tempo 5D. (É tipo como sua sombra projetada sobre uma parede é uma projeção bidimensional do seu corpo tridimensional.) Ao acrescentar uma dimensão extra a uma teoria física estabelecida, Nordström unificou a eletromagnética e a gravidade! Isso deu um exemplo primitivo de um princípio da teoria das cordas — que a adição de dimensões extras pode fornecer um meio matemático para unificar e simplificar as leis físicas.

Quando Einstein publicou sua teoria completa da relatividade geral em 1915, Nordström abandonou o barco de sua própria teoria porque Einstein podia explicar a órbita de Mercúrio, enquanto sua própria teoria não.

No entanto, a teoria de Nordström tinha muito a seu favor, porque era muito mais simples do que a teoria da gravidade de Einstein. Em 1917, um ano depois de Nordström ter desistido dela, alguns físicos consideraram sua teoria métrica uma alternativa válida à relatividade geral. No entanto, nada de notável resultou dos esforços daqueles cientistas, pois tinham claramente apoiado a teoria errada.

O eclipse que confirmou a obra-prima de Einstein

Uma grande diferença entre as teorias de Einstein e de Nordström era que elas faziam previsões diferentes sobre o comportamento da luz. Segundo a teoria de Nordström, a luz viajava sempre em linha reta. De acordo com a relatividade geral, um feixe de luz se curvaria dentro de um campo gravitacional.

De fato, já no final do século XVII, os físicos haviam previsto que a luz se curvaria sob a gravidade newtoniana. As equações de Einstein mostraram que aquelas previsões anteriores estavam erradas por um fator de 2.

A deflexão da luz prevista por Einstein se deve à curvatura do espaço-tempo em torno do Sol. Como o Sol é tão maciço que faz o espaço-tempo se curvar, um feixe de luz que viaja perto dele percorrerá um caminho curvo — o caminho mais "curto" ao longo do espaço-tempo curvo, como mostrado na Figura 6-7.

FIGURA 6-7: A luz das estrelas distantes segue o caminho mais curto ao longo do espaço-tempo curvo, de acordo com a teoria da relatividade geral de Einstein.

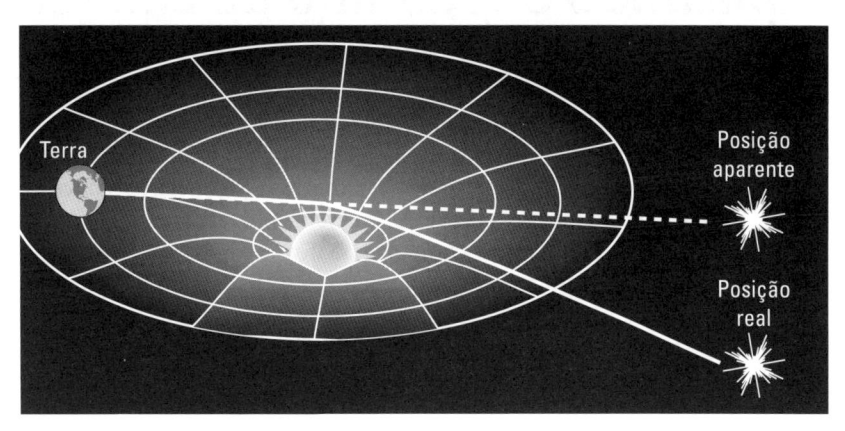

Em 1911, Einstein havia realizado trabalho suficiente sobre a relatividade geral para prever o quanto a luz deveria curvar nessa situação, algo que deveria ser visível para os astrônomos durante um eclipse.

Astrônomos que estavam em uma expedição à Rússia em 1914 tentaram observar o desvio da luz pelo Sol, mas a equipe se deparou com um pequeno obstáculo: a Primeira Guerra Mundial. Presos como prisioneiros de guerra e libertados algumas semanas depois, eles perderam o eclipse que teria testado a teoria da gravidade de Einstein.

Isso acabou sendo uma ótima notícia para Einstein, pois seus cálculos de 1911 continham um erro! Se os astrônomos tivessem conseguido ver o eclipse em 1914, os resultados negativos poderiam ter levado Einstein a desistir de seu trabalho sobre a relatividade geral.

Quando publicou sua teoria completa da relatividade geral em 1915, ele corrigiu o problema, fazendo uma previsão levemente modificada sobre como a luz seria desviada. Em 1919, outra expedição partiu, desta vez para a Ilha do Príncipe, na África Ocidental. O líder da expedição era o astrônomo britânico Arthur Eddington, um forte apoiador de Einstein.

Apesar das dificuldades da expedição, Eddington regressou à Inglaterra com as fotografias de que precisava, e seus cálculos mostraram que a deflexão da luz correspondia precisamente às previsões de Einstein. A relatividade geral havia feito uma previsão que coincidia com a observação.

Albert Einstein tinha criado com sucesso uma teoria que explicava as forças gravitacionais do Universo, e havia feito isso pela aplicação de alguns princípios básicos. Na medida do possível, o trabalho tinha sido confirmado, e a maior parte do mundo da física concordou com ele.

Quase da noite para o dia, o nome de Einstein se tornou mundialmente famoso. Em 1921, ele viajou pelos Estados Unidos em um circo midiático que provavelmente só foi igualado pela Beatlemania dos anos 1960.

Aplicando o Trabalho de Einstein aos Mistérios do Universo

O trabalho de Einstein no desenvolvimento da teoria da relatividade mostrou resultados surpreendentes, unificando conceitos-chave e esclarecendo simetrias importantes no Universo. Ainda assim, há alguns casos em que a relatividade prevê comportamentos estranhos, como *singularidades*, em que a curvatura do espaço-tempo se torna infinita e as leis da relatividade parecem se quebrar. A teoria das cordas continua hoje esse trabalho tentando expandir os conceitos da relatividade para essas áreas, na esperança de encontrar novas regras que funcionem nessas regiões.

Com a relatividade em vigor, os físicos podiam olhar para o céu e começar um estudo de como o Universo evoluiu ao longo do tempo, um campo chamado *cosmologia*. No entanto, as equações de campo de Einstein também permitem certos comportamentos estranhos — como buracos negros e viagens no tempo — que causaram grande angústia a Einstein e a outros ao longo dos anos.

Se nunca leu sobre relatividade antes, este capítulo pode parecer um turbilhão de conceitos estranhos e exóticos — e certamente foi o que os físicos da época sentiram a respeito dessas novas teorias. Conceitos fundamentais — movimento, massa, energia, espaço, tempo e gravidade — foram transformados em um período de apenas quinze anos!

O movimento, em vez de ser apenas um comportamento incidental de objetos, era agora crucial para a compreensão de como as leis da física se manifestavam. As leis não mudam — algo fundamental para todo o trabalho de Einstein —, mas podem se manifestar de formas diferentes, dependendo de onde estamos e como estamos nos movendo, ou de como o espaço-tempo está se movendo à nossa volta.

No Capítulo 9, abordo as ideias da cosmologia moderna decorrentes do trabalho de Einstein, tais como os buracos negros que podem se formar quando grandes quantidades de massa fazem com que o espaço-tempo se curve infinitamente para longe e problemas semelhantes que surgem quando tentamos aplicar a relatividade ao Universo primitivo. Ou, como verá no Capítulo 16, algumas soluções para as equações de Einstein que permitem viajarmos no tempo.

O próprio Einstein se sentiu extremamente desconfortável com essas soluções incomuns para suas equações. Na medida de suas possibilidades, ele tentou refutá-las. Quando não conseguia, às vezes violava sua própria crença básica na matemática e alegava que tais soluções representavam situações fisicamente impossíveis.

Apesar das estranhas implicações, a teoria da relatividade geral de Einstein existe há quase um século e tem enfrentado todos os desafios — pelo menos quando aplicada a objetos maiores do que uma molécula. Como saliento no Capítulo 2, em escalas muito pequenas os efeitos quânticos se tornam importantes, e a descrição utilizando a relatividade geral começa a cair por terra. As equações não fazem sentido, e o espaço-tempo se torna uma confusão exótica e tumultuosa de flutuações de energia. A força da gravidade explode a um valor infinito. A teoria das cordas (esperemos) representa uma forma de conciliar a gravidade neste domínio, como explico nos Capítulos 10 e 11.

Teoria de Kaluza-Klein: A Predecessora da Teoria das Cordas

Uma das primeiras tentativas para unificar a gravidade e as forças eletromagnéticas veio sob a forma da *teoria de Kaluza-Klein*, que teve vida curta mas, novamente, unificou as forças ao introduzir uma dimensão espacial extra. Nessa teoria, a dimensão espacial extra foi enrolada até uma dimensão microscópica. Embora tenha fracassado, muitos dos mesmos conceitos acabaram sendo aplicados ao estudo da teoria das cordas.

A teoria de Einstein havia se mostrado tão elegante na explicação da gravidade, que os físicos queriam aplicá-la à outra força conhecida na época — a força eletromagnética. Seria possível que essa outra força também fosse uma manifestação da geometria do espaço-tempo?

Em 1915, mesmo antes de Einstein completar suas equações gerais do campo da relatividade, o matemático britânico David Hilbert disse que as pesquisas de Nordström e outros indicaram "que a gravitação e a eletrodinâmica não são diferentes". Einstein respondeu: "Tenho frequentemente torturado minha mente a fim de preencher a lacuna entre a gravitação e o eletromagnetismo."

Uma teoria a esse respeito foi desenvolvida e apresentada a Einstein em 1919 pelo matemático alemão Theodor Kaluza. Em 1914, Nordström tinha escrito as equações de Maxwell em cinco dimensões e obtido as equações da gravidade (veja a seção "Nova mudança de curso: Einstein tem concorrência"). Kaluza pegou as equações do campo gravitacional da relatividade geral e as escreveu em cinco dimensões, obtendo resultados que incluíam as equações de Maxwell sobre o eletromagnetismo!

Quando Kaluza escreveu a Einstein para apresentar a ideia, o fundador da relatividade respondeu dizendo que "nunca tinha me dado conta" do aumento das dimensões (o que significa que ele talvez não soubesse da tentativa de Nordström de unificar o eletromagnetismo e a gravidade, apesar de estar claramente ciente da teoria da gravidade de Nordström).

Na visão de Kaluza, o Universo era um cilindro em 5D, e o nosso mundo 4D era uma projeção em sua superfície. Einstein não estava pronto para dar esse salto sem qualquer prova da dimensão extra. Ainda assim, ele incorporou alguns dos conceitos de Kaluza em sua própria teoria de campo unificada que publicou e quase imediatamente se retratou em 1925.

Um ano mais tarde, em 1926, o físico sueco Oskar Klein desenterrou a teoria de Kaluza e a reformulou no que ficou conhecida como a *teoria de Kaluza-Klein*. Klein introduziu a ideia de que a quarta dimensão espacial estava enrolada em um círculo minúsculo tão pequeno que não havia essencialmente maneira de o detectarmos diretamente.

Na teoria de Kaluza-Klein, a geometria dessa dimensão espacial extra e oculta ditou as propriedades da força eletromagnética — o tamanho do círculo e o movimento de uma partícula nessa dimensão extra, relacionados com a carga elétrica de uma partícula. A física caiu a tal nível porque as previsões de carga e massa de um elétron nunca correspondeu ao valor real. Além disso, muitos físicos já intrigados com a teoria de Kaluza-Klein ficaram mais intrigados ainda com o campo crescente da mecânica quântica, que tinha provas experimentais reais (como se pode ver no Capítulo 7).

Outro problema com a teoria é que ela previu uma partícula com massa zero, spin zero e carga zero. Não só tal partícula nunca foi observada (apesar de que deveria ter sido, porque é uma partícula de baixa energia), como também correspondia ao raio das dimensões extras. Não fazia sentido acrescentar uma teoria com dimensões extras e depois, como resultado, ver que as dimensões extras efetivamente não existiam.

Há outra forma (embora menos convencional) de descrever o fracasso da teoria de Kaluza-Klein, entendendo-a como uma limitação teórica fundamental: para que o eletromagnetismo funcione, a geometria da dimensão extra precisava ser completamente fixa.

LEMBRE-SE

Nessa perspectiva, a introdução de uma dimensão extra em uma teoria do espaço dinâmico deveria resultar em uma teoria que ainda é dinâmica. Ter uma quinta dimensão fixa (enquanto as outras quatro dimensões são flexíveis) não faz sentido sob essa ótica. Tal conceito, denominado *dependência de fundo*, regressa como uma crítica séria à teoria das cordas no Capítulo 17.

Seja qual for a razão final de seu fracasso, a teoria de Kaluza-Klein durou pouco tempo, embora haja indícios de que Einstein continuou a mexer com ela até o início da década de 1940, incorporando elementos em suas várias tentativas fracassadas de ter uma teoria de campo unificada.

Nos anos 1970, quando os físicos começaram a perceber que a teoria das cordas continha dimensões extras, a teoria original de Kaluza-Klein serviu como um exemplo do passado. Os físicos mais uma vez enrolaram as dimensões extras, como Klein havia feito, então elas eram essencialmente indetectáveis (explico isso com mais detalhes no Capítulo 10). Tais teorias são chamadas de teorias de Kaluza-Klein.

> **NESTE CAPÍTULO**
> » Explorando os primeiros dias da física quântica
> » Pegando uma onda de novas ideias sobre a luz e as partículas
> » Percebendo que algumas quantidades não podem ser mensuradas precisamente
> » Considerando modelos diferentes de física quântica
> » Aumentando (ou diminuindo) as unidades de Planck

Capítulo **7**

Revendo o Básico da Teoria Quântica

Por mais estranho que a relatividade possa lhe parecer (veja o Capítulo 6), ela é fichinha em comparação com a compreensão da física quântica. Neste estranho reino da física — das coisas extremamente pequenas —, as partículas não têm posições ou energias definidas. Elas podem existir não só como partículas, mas também como ondas, mas apenas quando não as observamos. Uma esperança que os cientistas têm é a de que a teoria das cordas explique alguns dos resultados pouco usuais da física quântica ou, pelo menos, que a reconcilie com a relatividade geral. A física de partículas, por outro lado, está no centro das origens da teoria das cordas e é uma consequência direta desse trabalho inicial na física quântica (veja o Capítulo 8). Sem a física quântica, a teoria das cordas não poderia existir.

Assim como nos outros capítulos desta parte, o objetivo deste capítulo não é fornecer uma visão completa de toda a física quântica — existem outros livros que fazem um bom trabalho nisso, incluindo *Quantum Physics For Dummies* [Física Quântica Para Leigos, ainda sem publicação em português], de Steven Holzner. Meu objetivo aqui é apresentar uma visão geral necessária sobre a física quântica para que você possa compreender certos aspectos da teoria das cordas. Pode não parecer que essas ideias estejam diretamente relacionadas com a teoria das cordas, mas estar familiarizado com esses conceitos será útil quando eu explicar a teoria das cordas em si.

Neste capítulo, faço uma breve introdução à história e aos princípios da física quântica, apenas o suficiente para que você possa compreender os conceitos posteriores relacionados com a teoria das cordas. Explico como a teoria quântica permite que os objetos atuem como partículas e como ondas, exploro as implicações do princípio da incerteza e da probabilidade na física quântica (e não precisaremos de um gato morto) e enumero algumas das muitas interpretações do que todas essas estranhas regras quânticas podem realmente significar — embora ninguém realmente saiba (ou possa saber) com certeza. Por fim, discuto a ideia de que unidades naturais especiais podem ser usadas para descrever a realidade.

Desvendando os Primeiros Quanta: Nasce a Física Quântica

A física quântica tem suas raízes em 1900, quando o físico alemão Max Planck propôs uma solução para um problema termodinâmico — problema esse relacionado com o calor. Ele resolveu o problema introduzindo um truque matemático — se ele presumisse que a energia era agrupada em pacotes discretos, ou *quanta*, o problema desapareceria. (E foi algo brilhante, pois funcionou. Não havia nenhuma razão teórica para fazer isso, até que Einstein apareceu com uma cinco anos mais tarde, como discutido na seção seguinte.) Nesse processo, Planck utilizou uma quantidade conhecida como *constante de Planck*, que se revelou essencial para a física quântica — e para a teoria das cordas.

Planck utilizou esse conceito quântico — o de que muitas quantidades físicas vêm em unidades discretas — para resolver um problema em física, mas até ele mesmo presumiu que era apenas um processo matemático inteligente para remover o infinito. Seriam necessários cinco anos para que Albert Einstein continuasse a revolução quântica na física.

O problema da radiação do corpo negro, que Planck tentava resolver, é um problema básico de termodinâmica em que há um objeto tão quente que ele brilha em seu interior. Um buraquinho permite que a luz escape, e então ele pode ser estudado. O problema é que, na década de 1800, as experiências e as teorias nessa área não se igualavam.

Um objeto quente irradia calor sob a forma de luz (as brasas quentes em um fogo ou os anéis metálicos nos fogões elétricos são ambos bons exemplos disso). Se esse objeto estivesse aberto no interior, como um forno ou uma caixa metálica, o calor ricochetearia no interior. Esse tipo de objeto era chamado de *corpo negro* — porque o objeto em si não reflete a luz, apenas irradia calor — e, ao longo do século XIX, vários trabalhos teóricos em termodinâmica haviam examinado a forma como o calor se comportava dentro de um corpo negro.

Agora, pressuponha que haja uma pequena abertura — como uma janela — no forno, através da qual a luz pode escapar. O estudo dessa luz revela informações sobre a energia térmica no interior do corpo negro.

Essencialmente, o calor dentro de um corpo negro tomou a forma de ondas eletromagnéticas, e como o forno é de metal, são ondas estacionárias, com nós na parte em que tocam a lateral do forno (veja, no Capítulo 5, mais detalhes sobre ondas). Esse fato — juntamente com uma compreensão do eletromagnetismo e da termodinâmica — pode ser utilizado para calcular a relação entre a intensidade da luz (ou brilho) e o comprimento da onda.

LEMBRE-SE

O resultado é que, à medida que o comprimento da onda de luz se torna muito pequeno (na faixa do ultravioleta da energia eletromagnética), a intensidade deverá aumentar drasticamente, aproximando-se do infinito.

Na natureza, os cientistas nunca de fato observam o infinito, e aqui não seria diferente (veja mais sobre o infinito no Capítulo 2). Pesquisas mostraram que havia intensidades máximas no alcance ultravioleta, o que contradizia completamente as expectativas teóricas, como se pode ver na Figura 7-1. Tal discrepância veio a ser conhecida como a *catástrofe do ultravioleta*.

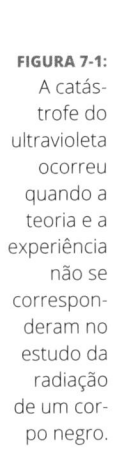

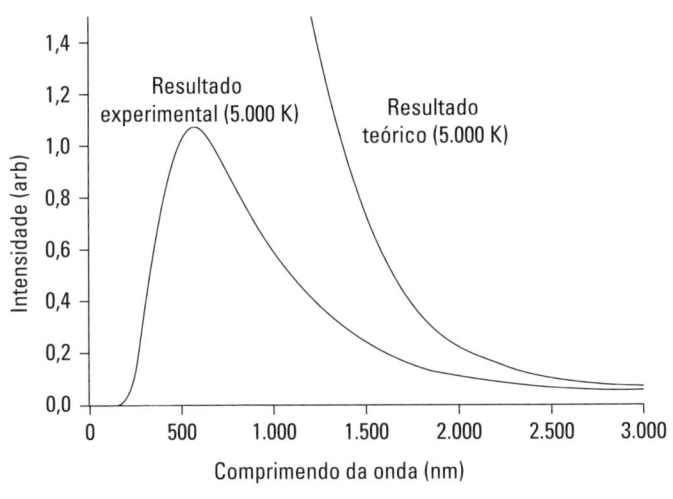

FIGURA 7-1: A catástrofe do ultravioleta ocorreu quando a teoria e a experiência não se corresponderam no estudo da radiação de um corpo negro.

CAPÍTULO 7 **Revendo o Básico da Teoria Quântica**

A catástrofe do ultravioleta ameaçava minar as teorias do eletromagnetismo e/ou da termodinâmica. Claramente, se não correspondessem à experiência, então uma ou ambas as teorias continham erros.

Quando Planck resolveu a catástrofe do ultravioleta em 1900, o que ele fez foi introduzir a ideia de que o átomo só podia absorver ou emitir luz em *quanta* (ou pacotes discretos de energia). Uma implicação dessa suposição radical foi a de que haveria menos radiação emitida a energias mais elevadas. Ao introduzir a ideia de pacotes de energia discretos — quantificando a energia —, Planck trouxe uma solução que resolveu a situação sem ser necessário rever drasticamente as teorias existentes (pelo menos naquela época).

O insight de Planck surgiu quando ele observou os dados e tentou descobrir o que estava acontecendo. Claramente, as previsões sobre o comprimento longo da onda estavam quase correspondendo à experiência, mas o comprimento de onda curto da luz não estava. A teoria estava prevendo uma quantidade de luz em excesso que seria produzida em comprimentos de onda curtos, assim ele precisava de uma forma de limitá-los.

Conhecendo algumas coisinhas sobre ondas, Planck sabia que o comprimento da onda e a frequência estavam inversamente relacionados. Assim, se estamos falando de ondas com comprimento curto, também estamos falando de ondas com alta frequência. Tudo que ele tinha de fazer era encontrar uma forma de diminuir a quantidade de radiação em frequências altas.

Planck retrabalhou as equações, pressupondo que os átomos só poderiam emitir ou absorver energia em quantidades finitas. A energia e a frequência estavam relacionadas por uma proporção chamada *constante de Planck*. Os físicos usaram a variável *h* para representar a constante de Planck em suas equações físicas resultantes.

A equação resultante funcionou para explicar os resultados experimentais da radiação do corpo negro. Planck, e aparentemente todos os outros, achavam que fora apenas um artifício matemático que havia resolvido o problema em um caso estranho e especial. Mal sabiam que Planck tinha acabado de lançar as bases para as descobertas científicas mais estranhas da história do mundo.

A FORÇA VEM DO EFEITO FOTOELÉTRICO

As células solares modernas funcionam com o mesmo princípio do efeito fotoelétrico. Compostas de materiais fotoelétricos, elas recebem radiação eletromagnética sob a forma de luz solar e a convertem em elétrons livres. Os elétrons livres passam então por fios para criar uma corrente elétrica que pode alimentar dispositivos como luzes ornamentais em seu jardim ou os "rovers" marcianos da NASA.

Divertindo-se com os Fótons: O Nobel Pisca para a Luz de Einstein

Einstein recebeu o Prêmio Nobel não pela relatividade, mas sim por seu trabalho em usar a ideia de Planck sobre o quanta para explicar outro problema — o efeito fotoelétrico. Ele foi além de Planck, sugerindo que *toda* a energia eletromagnética era quantizada. A luz, disse Einstein, movia-se não em ondas, mas em pacotes de energia. Tais pacotes passaram a se chamar *fótons*. Os fótons são uma das partículas fundamentais da física que os físicos esperam explicar usando a teoria das cordas.

O *efeito fotoelétrico* ocorre quando incide luz sobre certos materiais, que, então, emitem elétrons. É quase como se a luz batesse nos elétrons, fazendo-os voar para fora do material. Esse efeito foi observado pela primeira vez em 1887 por Heinrich Hertz, mas continuou a intrigar os físicos até a explicação de Einstein, em 1905.

No início, não parecia ser tão difícil explicar o efeito fotoelétrico. Os elétrons absorviam a energia da luz, fazendo com que voassem para fora da placa metálica. Os físicos ainda sabiam muito pouco sobre os elétrons — e praticamente nada sobre o átomo —, mas isso fazia sentido.

Como era de se esperar, aumentando a *intensidade* da luz (a energia total por segundo transportada pelo feixe), mais elétrons eram definitivamente emitidos (veja o topo da Figura 7-2). No entanto, houve dois problemas inesperados:

» Acima de um determinado comprimento de onda, os elétrons não são emitidos — por mais intensa que seja a luz (como mostra a parte inferior da Figura 7-2).

» Quando aumentamos a intensidade da luz, a velocidade dos elétrons não muda.

Einstein viu uma ligação entre esse primeiro problema e a catástrofe do ultravioleta enfrentada por Max Planck (veja a seção anterior para obter mais informações sobre o trabalho de Planck), mas na direção oposta. A luz com um comprimento maior de onda (ou luz com menor frequência) não conseguiu fazer coisas que a luz com um comprimento mais curto de onda conseguia (luz com maior frequência).

Planck havia criado uma relação proporcional entre energia e frequência. Einstein mais uma vez exerceu sua especialidade — ele acreditou na matemática de olhos fechados e a aplicou de forma consistente. O resultado foi que a luz de alta frequência tinha fótons de maior energia, então ela conseguia transferir energia suficiente para o elétron de modo que ele se soltasse. Os fótons de baixa frequência não tinham energia suficiente para ajudar qualquer elétron a escapar. Os fótons precisavam ter energia acima de um determinado limiar para soltarem os elétrons.

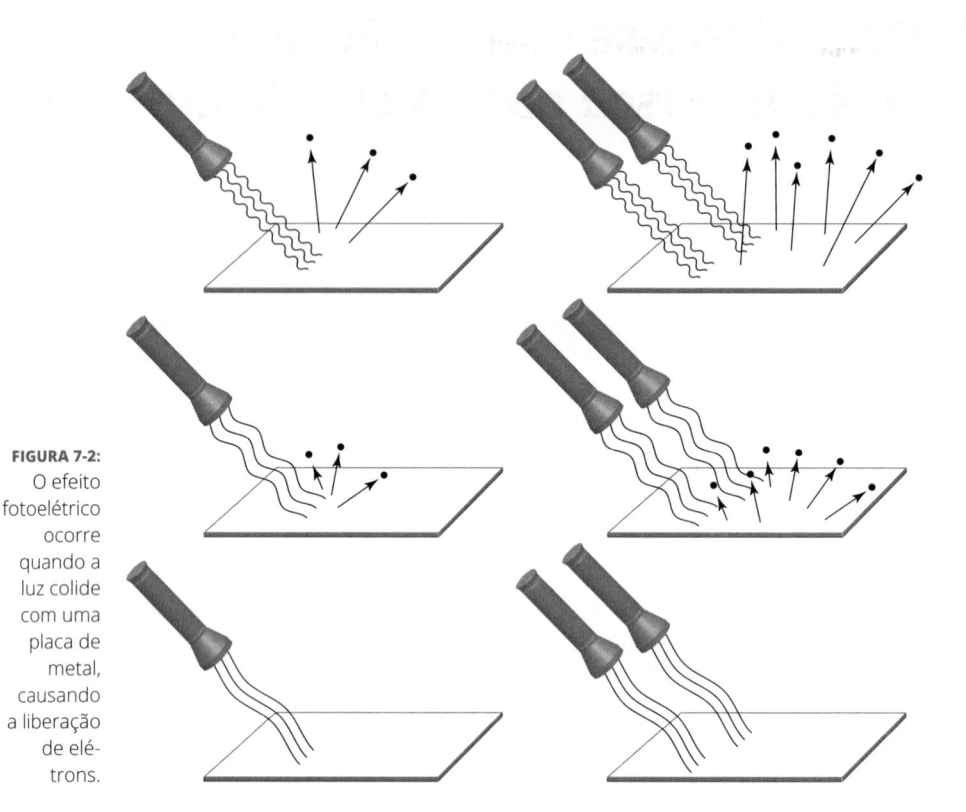

FIGURA 7-2: O efeito fotoelétrico ocorre quando a luz colide com uma placa de metal, causando a liberação de elétrons.

Do mesmo modo, o segundo problema do não efeito da intensidade da luz sobre a velocidade de um elétron também é resolvido pela compreensão quântica de Einstein quanto à luz. A energia de cada fóton se baseia em sua frequência (ou no comprimento de onda), então, aumentar a intensidade não altera a energia de cada fóton; isso só aumenta o número total de fótons. É por isso que o aumento da intensidade provoca a emissão de mais elétrons, mas cada um deles mantém a mesma velocidade. O fóton individual derruba um elétron com a mesma energia que antes, mas há mais fótons fazendo o mesmo trabalho. Nenhum elétron obtém o benefício do aumento da intensidade.

LEMBRE-SE

Com base no princípio de que a velocidade da luz era constante (a base de sua teoria especial da relatividade), Einstein sabia que esses fótons se moveriam sempre à mesma velocidade, c. Sua energia seria proporcional à frequência da luz, com base nas definições de Planck.

Ondas e Partículas em Perfeita União

No âmbito da física quântica, há duas explicações alternativas viáveis sobre a luz, dependendo das circunstâncias. Às vezes, a luz atua como uma onda, outras, como uma partícula, o fóton. Conforme a física quântica continuava se desenvolvendo, tal *dualidade partícula-onda* voltava a surgir repetidamente, pois até as partículas pareciam começar a agir como ondas. A explicação para esse estranho comportamento reside na *função de onda quântica*, que descreve o comportamento de partículas individuais em forma de onda. Esse estranho comportamento quântico das partículas e das ondas é crucial para compreendermos as teorias quânticas, como a teoria das cordas.

A teoria da relatividade especial de Einstein aparentemente havia destruído a teoria de um meio de éter, e com sua teoria do fóton, ele provou como a luz poderia funcionar sem o éter. O problema era que, durante mais de um século, havia provas de que a luz atuava, de fato, como uma onda.

Olha a onda: O experimento da fenda dupla

A experiência que provou que a luz atua como uma onda foi o *experimento da fenda dupla*. Ele mostrava um feixe de luz passando por duas fendas em uma barreira, resultando em faixas claras e escuras de interferência em uma tela. Esse tipo de interferência é uma marca do comportamento das ondas, o que significa que a luz tinha de estar sob a forma de ondas.

Esses padrões de interferência na luz tinham sido observados na época de Isaac Newton, nos trabalhos de Francesco Maria Grimaldi. Eles foram muito melhorados pelo jovem experimentador Thomas Young, em 1802.

Para que a experiência funcionasse, a luz que passa pelas duas fendas precisava ter o mesmo comprimento de onda. Hoje em dia, é possível conseguir isso com lasers, mas eles não estavam disponíveis na época de Young, assim ele inventou uma forma engenhosa de obter um único comprimento de onda. Ele criou uma única fenda e deixou a luz passar através dela, e depois essa luz passou por duas fendas. Como a luz que passava pelas duas fendas vinha da mesma fonte, elas estavam em fase uma com a outra, e a experiência funcionou. A configuração experimental é mostrada na Figura 7-3.

FIGURA 7-3: No experimento da fenda dupla, a luz cria faixas claras e escuras em uma tela.

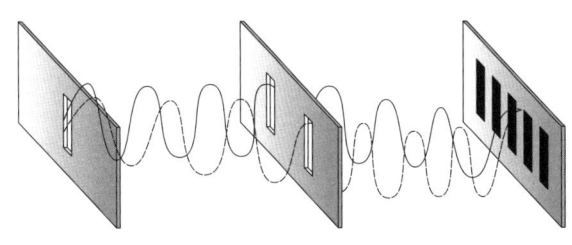

Como se pode observar na figura, o resultado final é uma série de faixas brilhantes e escuras na tela final. Isso vem da interferência das ondas de luz, mostradas na Figura 5-2 do Capítulo 5. Recorde-se que a *interferência* significa que a amplitude das ondas são somadas. Quando as amplitudes alta e baixa se sobrepõem, elas se anulam, resultando em faixas escuras. Se as amplitudes altas se sobrepõem, a amplitude da onda total é a soma delas, e o mesmo acontece com as baixas amplitudes, resultando nas faixas de luz.

Esse comportamento duplo era o problema enfrentado por Einstein com sua teoria do fóton da luz, porque, embora o fóton tivesse um comprimento de onda, de acordo com Einstein, ele ainda era uma partícula! Como é que uma partícula poderia ter um comprimento de onda? Conceitualmente, não fazia sentido, até que um jovem francês ofereceu uma solução para a situação.

Partículas como onda: A hipótese de De Broglie

Em 1923, o francês Louis de Broglie propôs uma nova teoria ousada: as partículas de matéria também tinham comprimentos de onda e podiam se comportar como ondas, assim como os fótons.

Veja como era a linha de raciocínio dele. Sob a relatividade especial, matéria e energia eram manifestações diferentes de uma mesma coisa. O fóton, uma partícula de energia, tinha um comprimento de onda associado a ele. Portanto, as partículas de matéria, como os elétrons, também deveriam ter comprimentos de onda. Sua tese de doutorado propunha calcular qual deveria ser esse comprimento de onda (e outras propriedades da onda).

Dois anos mais tarde, dois físicos norte-americanos demonstraram a experiência de De Broglie realizando experiências que mostravam padrões de interferência com elétrons, como se pode ver na Figura 7-4. (A experiência de 1925 não foi de fato um experimento de fenda dupla, mas mostrou claramente a interferência. O experimento de fenda dupla com elétrons foi realizado em 1961.)

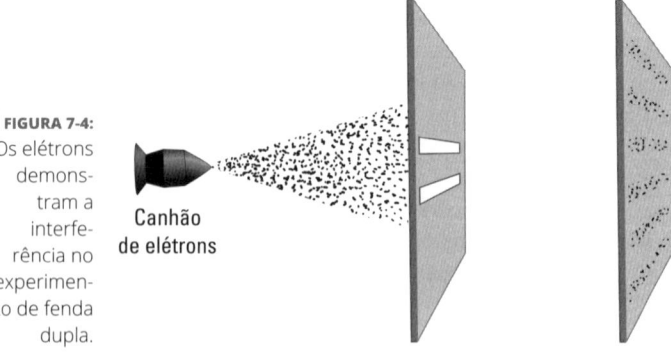

FIGURA 7-4: Os elétrons demonstram a interferência no experimento de fenda dupla.

LEMBRE-SE

Esse comportamento mostrou que, independentemente da lei quântica que governava os fótons, ela também governava as partículas. O comprimento de onda das partículas como o elétron é muito pequeno em comparação com o do fóton. Para objetos maiores, o comprimento de onda é ainda menor, ficando rapidamente tão pequeno a ponto de se tornar imperceptível. É por isso que esse tipo de comportamento não aparece para objetos maiores. Se lançássemos bolas de beisebol através das duas fendas, nunca notaríamos um padrão de interferência.

Ainda assim, isso deixou em aberto a questão do que causava o comportamento das ondas nessas partículas de energia ou de matéria. A resposta estaria no cerne do novo campo da mecânica quântica. (A teoria das cordas diria mais tarde que ambos os tipos de partículas — matéria e energia — são manifestações de cordas vibratórias, mas isso ocorreu cerca de cinquenta anos depois da época de De Broglie.)

Você pode visualizar o problema se observar a forma como a experiência é montada na Figura 7-5. A onda de luz passa por *ambas* as fendas, e é por isso que as ondas interferem uma na outra. Mas um elétron — ou um fóton, que seja — *não pode* passar pelas duas fendas ao mesmo tempo se pensarmos nelas da forma como estamos habituados a fazer; ele precisa escolher uma fenda. Neste caso clássico (em que o fóton é um objeto sólido que tem uma certa posição), não deve haver qualquer interferência. O feixe de elétrons deve atingir a tela em um ponto geral, assim como se estivéssemos lançando bolas de beisebol através de um buraco contra uma parede. (É por isso que a física quântica desafia nosso pensamento clássico sobre objetos e foi considerada tão controversa em seus primeiros anos.)

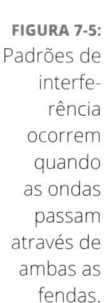

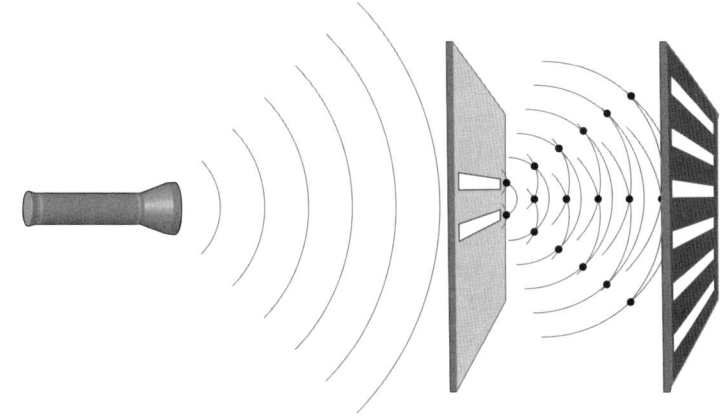

FIGURA 7-5: Padrões de interferência ocorrem quando as ondas passam através de ambas as fendas.

De fato, se fecharmos uma das fendas, é exatamente isso que acontece. Quando uma fenda é fechada, o padrão de interferência desaparece — os fótons ou elétrons se juntam em uma única faixa que se espalha a partir do ponto mais brilhante no centro.

Assim, os padrões de interferência não podem ser explicados por partículas que ricocheteiam no lado das fendas ou por qualquer coisa normal como isso. É um comportamento genuinamente estranho que exigia uma solução genuinamente estranha — na forma da mecânica quântica.

Física quântica ao resgate: A função de onda

A solução do problema tomou a forma da *função de onda quântica*, desenvolvida por Erwin Schrödinger. Nela, a localização da partícula é ditada por uma equação de onda que descreve a probabilidade da existência da partícula em um determinado ponto, mesmo que a partícula tenha uma localização definida quando medida.

A função de onda de Schrödinger se baseou parcialmente em sua leitura da hipótese de De Broglie sobre a matéria ter um comprimento de onda. Ele utilizou esse comportamento para analisar modelos atômicos criados por Niels Bohr (sobre os quais falo no Capítulo 8). A função de onda resultante explicou o comportamento desses átomos em termos de ondas. (O aluno de Bohr, Werner Heisenberg, tinha inventado uma representação matemática diferente para resolver o problema atômico. O método matricial de Heisenberg demonstrou mais tarde ser matematicamente equivalente à função de onda de Schrödinger. Esse tipo de trabalho paralelo surge frequentemente na física, como se verá nos Capítulos 10 e 11, que falam sobre o desenvolvimento da teoria das cordas.)

A função de onda criou o comportamento de onda. Sob esse ponto de vista, a onda passou por ambas as fendas, ainda que nenhuma partícula individual clássica pudesse passar por ambas. A função de onda, que descreve a probabilidade de a partícula chegar a um ponto, pode ser pensada como se passasse através de ambas as fendas e criasse o padrão de interferência. Esse é um padrão de interferência de probabilidades, ainda que as próprias partículas acabem tendo uma localização definida (e por isso precisem passar por uma das fendas).

Ainda assim, esse não é o fim da estranha história do experimento de fenda dupla. O estranho comportamento duplo — onda e partícula — ainda estava lá. Mas agora existia uma estrutura matemática que permitia aos físicos falar sobre a dualidade de uma forma que fazia algum tipo de sentido matemático. A teoria ainda continha diversos outros mistérios a serem descobertos.

Impossível Mensurar Tudo: O Princípio da Incerteza

Werner Heisenberg é mais conhecido na física quântica por sua descoberta do *princípio da incerteza*, que afirma que, quanto mais precisamente mensuramos uma quantidade, menos precisamente podemos saber outra quantidade associada. As quantidades às vezes estão em pares definidos que não podem ser ambos completamente medidos. Uma consequência disso é que, para as medições de distâncias muito curtas — como as exigidas pela teoria das cordas —, são necessárias energias muito elevadas.

O que Heisenberg descobriu foi que a observação de um sistema em mecânica quântica perturba o sistema suficientemente de modo que não podemos saber tudo sobre ele. Quanto mais precisamente mensuramos a posição de uma partícula, por exemplo, menos possível será medir seu momento com precisão. O grau de tal incerteza estava diretamente relacionado com a constante de Planck — o mesmo valor que Max Planck havia calculado em 1900 nos seus cálculos quânticos originais de energia térmica. (Daqui a pouquinho você verá que a constante de Planck tem muitas implicações incomuns.)

Heisenberg descobriu que certas quantidades complementares na física quântica estavam ligadas por este tipo de incerteza:

» Posição e momento (momento é massa vezes a velocidade).

» Energia e tempo.

Essa incerteza é um resultado muito estranho e inesperado da física quântica. Até então, ninguém tinha feito qualquer tipo de previsão de que o conhecimento fosse de alguma forma inacessível a um nível fundamental. Claro, havia limitações tecnológicas à forma como uma medição era feita, mas o princípio da incerteza de Heisenberg foi mais longe, dizendo que a própria natureza não nos permite fazer medições de ambas as quantidades além de um certo nível de precisão.

DICA

Uma maneira de pensarmos sobre isso é imaginar que estamos tentando observar a posição de uma partícula com muita precisão. Para tanto, precisamos observá-la. Mas queremos ser muito precisos, o que significa que precisamos usar um fóton com um comprimento de onda muito curto, e um comprimento de onda curto está relacionado com uma energia elevada. Se o fóton com alta energia atingir a partícula — que é exatamente o que precisa acontecer se quisermos observar com precisão a posição da partícula —, ele dará um pouco da sua energia à partícula. Isso significa que qualquer medição que também tentemos fazer do momento da partícula não vai rolar. Quanto mais precisamente tentamos medir a posição, mais estragamos a medição do momento!

Explicações semelhantes funcionam se observarmos com precisão o momento da partícula, assim estragando a mensuração da posição. A relação da energia e do tempo tem uma incerteza semelhante. São resultados matemáticos que resultam diretamente da análise da função da onda e das equações de De Broglie utilizadas para descrever suas ondas de matéria.

Como essa incerteza se manifesta no mundo real? Para isso, permita-me voltar à experiência quântica favorita — a fenda dupla. Ela continua ficando cada vez mais esquisita ao longo dos anos, produzindo resultados cada vez mais estranhos. Por exemplo:

» Se enviarmos fótons (ou elétrons) através das fendas, um de cada vez, o padrão de interferência aparece ao longo do tempo (gravado em um filme), mesmo que cada fóton (ou elétron) não tenha aparentemente nada com que interferir.

» Se montarmos um detector perto de uma (ou de ambas) as fendas para detectar o fóton (ou o elétron) que atravessou, o padrão de interferência desaparece.

» Se montarmos o detector mas o deixarmos desligado, o padrão de interferência volta.

» Se criarmos um meio de determinar mais tarde por qual fenda o fóton (ou o elétron) atravessou, mas não fizermos nada para impactá-lo agora, o padrão de interferência desaparece.

LEMBRE-SE

O que tudo isso tem a ver com o princípio da incerteza? O denominador comum entre os casos nos quais o padrão de interferência desaparece é que foi feita uma medição sobre qual fenda os fótons (ou elétrons) atravessaram.

Quando tal medição não é feita, a incerteza na posição permanece elevada, e o comportamento da onda parece dominante. Assim que a medição é realizada, a incerteza na posição cai significativamente, e o comportamento da onda desaparece. (Há também um caso em que podemos observar *alguns* dos fótons ou elétrons. Previsivelmente, nesse caso, obtemos ambos os comportamentos, na proporção exata de quantas partículas estamos medindo.)

Acho que Vi um Gatinho! Probabilidade na Física Quântica

Na interpretação tradicional da física quântica, a função de onda é vista como uma representação da probabilidade de uma partícula estar em determinado local. Após uma medição, a função de onda colapsa, dando à partícula um valor definido para a quantidade medida.

Nos experimentos de fenda dupla, a função de onda se divide entre as duas fendas e resulta em uma interferência de probabilidades na tela. Quando as medições são feitas na tela, as probabilidades são distribuídas de modo que seja mais provável encontrar partículas em alguns locais e menos provável em outros, resultando nas faixas de interferência claras e escuras. A partícula nunca se divide, mas a probabilidade de onde ela estará se divide. Até que a medição seja feita, a distribuição das probabilidades é tudo o que existe.

Essa interpretação foi desenvolvida pelo físico Max Born e depois se transformou no núcleo da interpretação da mecânica quântica de Copenhague (que explico no final deste capítulo). Por essa explicação, Born recebeu (três décadas depois) o Prêmio Nobel da Física de 1954.

Quase na mesma época em que a explicação das probabilidades foi proposta, Erwin Schrödinger apresentou um mórbido experimento mental destinado a mostrar como ela era absurda. Ele se tornou um dos conceitos mais importantes e mais mal compreendidos em toda a física: a experiência do gato de Schrödinger.

No experimento, Schrödinger formulou a hipótese de uma partícula radioativa com 50% de probabilidade de decair dentro de uma hora. Ele propôs que o material radioativo fosse colocado dentro de uma caixa fechada, ao lado de um contador Geiger que detectaria a radiação. Quando o dispositivo detectar a radiação do decaimento, ele quebrará um recipiente de vidro contendo gás venenoso. Há também um gato dentro da caixa. Se o frasco quebrar, o gato morre. (Eu avisei que era mórbido.)

Pois bem, de acordo com a interpretação de Born da função de onda, após uma hora, o átomo terá um estado quântico em que estará tanto decaído como não decaído — há 50% de chances para cada resultado. Isso significa que o contador Geiger estará em um estado no qual, ao mesmo tempo, foi e não foi disparado. O vidro que contém o gás venenoso está tanto quebrado como não quebrado. O gato está ao mesmo tempo vivo e morto!

Isso pode parecer absurdo, mas é a extensão lógica do fato de a partícula estar tanto decaída como não decaída. Schrödinger acreditava que a física quântica não podia descrever um mundo tão insano, mas que o gato precisava estar completamente vivo ou completamente morto mesmo antes de a caixa ser aberta e observada.

Após abrir a caixa, de acordo com essa interpretação, o estado do gato fica bem definido de uma forma ou de outra, mas na ausência de uma medição, ele está em ambos os estados. Embora a experiência do gato de Schrödinger tenha sido criada para fazer oposição a essa interpretação da mecânica quântica, ela acabou virando o exemplo mais dramático utilizado para ilustrar a estranha natureza quântica da realidade.

A Pergunta de Um Milhão: O que É Teoria Quântica?

A física quântica se baseia em provas experimentais, grande parte das quais obtida na primeira metade do século XX. O comportamento estranho tem sido observado em laboratórios do mundo todo, corroborando continuamente a teoria, apesar de todo o senso comum. O comportamento realmente estranho ocorre apenas em pequenas escalas; chegando ao tamanho dos gatos, os fenômenos quânticos parecem assumir sempre um valor definido. Até hoje, o significado exato desse estranho comportamento quântico está no ar — algo que não incomoda a maioria dos físicos modernos que trabalham nesses problemas.

Alguns físicos esperam que uma "teoria de tudo", talvez até a teoria das cordas, possa fornecer explicações claras para o significado físico subjacente da física quântica. Entre eles, Lee Smolin citou o fracasso da teoria das cordas em explicar a física quântica como um motivo para procurar uma teoria fundamental do Universo em outro lugar — uma visão que certamente não é mantida pela maioria dos teóricos de cordas. Essa maioria acredita que o importante é que a física quântica funciona (ou seja, faz previsões que correspondem à experiência) e que as preocupações filosóficas sobre por que funciona são menos importantes. Todas as interpretações do porquê do trabalho da física quântica produzem as mesmas previsões experimentais, sendo assim efetivamente equivalentes.

Einstein passou os últimos trinta anos de sua vida protestando contra as implicações científicas e filosóficas da física quântica. Foi uma época animada de debates na física, à medida que ele e Niels Bohr se confrontavam. "Deus não joga dados com o Universo", é a frase atribuída a Einstein. Bohr respondeu: "Einstein, pare de dizer a Deus o que Ele deve fazer!"

Uma era semelhante pode estar agora perante nós, conforme os físicos teóricos tentam desvendar os princípios fundamentais que guiam a teoria das cordas. Ao contrário da teoria quântica, há poucos resultados experimentais (se é que há algum) para usar como base de novos trabalhos, mas há muitos críticos einsteinianos — novamente, em bases tanto científicas como filosóficas. (Chegaremos neles na Parte V.)

Mesmo com uma teoria firme que claramente funciona, os físicos continuam a questionar o que a física quântica realmente significa. O que é a realidade física por trás das equações matemáticas? O que de fato acontece com o gato de Schrödinger? Alguns físicos esperam que a teoria das cordas possa dar uma resposta a essa pergunta, embora seja algo distante da visão dominante. Ainda assim, qualquer tentativa bem-sucedida de estender a física quântica a um novo âmbito poderia fornecer uma compreensão inesperada que talvez resolva as questões.

Transformando os sistemas quânticos: A interpretação de Copenhague

A *interpretação de Copenhague* representa a visão ortodoxa da física quântica tal como é ensinada na maioria dos cursos de graduação, e é sobretudo a forma como interpretei a física quântica neste capítulo: uma observação ou medição provoca o colapso da função de onda, de um estado geral de probabilidades para um estado específico.

O nome vem do Instituto de Copenhague em (adivinhou) Copenhague, Dinamarca, onde Niels Bohr e seus alunos ajudaram a formar a física quântica nas décadas de 1920 e início da de 1930, antes da Segunda Guerra Mundial ter feito com que muitos deixassem os Países Baixos à medida que tomavam posição.

Hoje em dia, a maioria dos físicos entende que as partículas na função de onda estão interagindo continuamente com o mundo à sua volta. Essas interações são suficientes para que a função da onda passe por um processo chamado *decoerência*, que basicamente faz com que a função da onda colapse a um valor definido. Ou seja, o próprio ato de interagir com outra matéria faz com que um sistema quântico se torne um sistema clássico. Só isolando cuidadosamente o sistema quântico para evitar tais interações é que ele permanecerá em um estado coerente, continuando como uma onda o tempo suficiente para exibir comportamentos quânticos exóticos, como a interferência.

Seguindo essa explicação, não é necessário abrir a caixa para que o gato de Schrödinger assuma um estado definido. O colapso provavelmente ocorre no contador Geiger, e a realidade faz uma "escolha" sobre se a partícula decaiu ou não. A decoerência da função de onda ocorre muito antes de chegar ao gato.

Se ninguém está vendo o Universo, ele existe? O princípio antrópico participativo

O *princípio antrópico participativo* (PAP) foi proposto pelo físico John Archibald Wheeler quando ele disse que as pessoas existem em um "Universo participativo". Na opinião dele (extremamente controversa), é necessário um observador real para causar o colapso da função de onda, e não apenas pedacinhos e partículas saltando uns sobre os outros.

Essa posição vai significativamente mais longe do que os princípios estritos da interpretação de Copenhague, mas não pode ser completamente descartada quando observamos profundamente as evidências quânticas. Se nunca observarmos o sistema quântico, então, para todos os efeitos, ele permanece sempre um sistema quântico. O gato de Schrödinger está realmente vivo e morto até que uma pessoa olhe dentro da caixa.

Para John Barrow e Frank Tipler (em seu popular e amplamente controverso livro de 1986, *The Anthropic Cosmological Principle* [O Princípio Cosmológico Antrópico, em tradução livre]), isso significa que o Universo em si só existe se alguém estiver lá para o observar. Essencialmente, o Universo requer alguma forma de vida presente para que a função da onda colapse, para começar, o que significa que o Universo em si não poderia existir sem vida nele.

A maioria dos físicos acredita que a abordagem do PAP coloca o ser humano em um papel crucial no Universo, uma posição que caiu em desagrado quando Copérnico percebeu que a Terra não era o centro do Universo. Assim, eles (corretamente, creio eu) rejeitam essa interpretação em favor daquelas em que os humanos não são componentes necessários do Universo.

Essa é uma afirmação especialmente forte de um conceito conhecido como o *princípio antrópico*. Descobertas recentes na teoria das cordas levaram alguns físicos teóricos, que antes se opunham fortemente contra qualquer forma de princípio antrópico, a começar a adotar versões mais fracas desse princípio como o único meio de fazer previsões a partir da vasta gama de possibilidades da teoria das cordas. Explico mais sobre esse conceito no Capítulo 11.

Vale-tudo: A interpretação de muitos mundos

Em contraste, a *interpretação de muitos mundos (IMM)* de Hugh Everett III propõe que a função da onda nunca colapsa, mas que todas as possibilidades se tornam realidade — porém, em realidades alternadas. O Universo se divide continuamente à medida que cada questão quântica é resolvida de todas as formas possíveis ao longo de um imenso multiverso de universos paralelos.

Esse é um dos conceitos mais incomuns provenientes da física quântica, mas tem seu próprio mérito. Assim como o trabalho de Einstein descrito no Capítulo 6, Everett chegou a essa teoria em parte usando a matemática da teoria quântica e pressupondo que poderia ser entendida literalmente. Se a equação mostra que existem duas possibilidades, então por que não presumir que isso é verdade?

Quando observamos dentro da caixa, em vez de algo estranho acontecendo com o sistema quântico, na verdade nós nos tornamos parte do sistema. Agora, existimos em dois estados — um estado que encontrou um gato morto e um estado que encontrou um gato vivo.

LEMBRE-SE: Embora a ideia de universos paralelos pareça material de ficção científica, um conceito relacionado de universos paralelos pode surgir como uma previsão da teoria das cordas. De fato, é possível que haja um vasto número de universos paralelos — um vasto multiverso. Mais sobre isso no Capítulo 15.

Quais as hipóteses? Histórias consistentes

Na visão das *histórias consistentes*, os muitos mundos não se concretizam de fato, mas a probabilidade de suas existências pode ser calculada. Isso elimina a necessidade de observadores, presumindo que a complexidade infinita do Universo não pode ser completamente entendida, mesmo matematicamente, então é feita a média de um grande número de histórias possíveis para se chegar às probabilidades das mais prováveis, incluindo o Universo que contém o resultado realmente testemunhado — o nosso.

A rigor, a interpretação consistente da história não exclui a interpretação de mundos múltiplos, mas se concentra apenas no único resultado sobre o qual temos certeza, deixando de lado aqueles sobre os quais só podemos conjecturar.

Sob um ponto de vista físico, isso se assemelha à ideia da decoerência. As funções de onda interagem continuamente com as partículas apenas o suficiente para impedir que todas as possibilidades se realizem. Depois de analisarmos todos os caminhos possíveis, muitos deles se cancelam, deixando apenas algumas histórias possíveis — o gato está ou vivo ou morto. Fazer a medição determina qual delas é a verdadeira história e qual era apenas uma possibilidade.

Buscando mais dados fundamentais: A interpretação das variáveis ocultas

Uma interpretação final é a *interpretação das variáveis ocultas*, em que as equações da teoria quântica escondem outro nível da realidade física. As estranhas probabilidades da física quântica (sob essa explicação) são o resultado da nossa ignorância. Se compreendêssemos essa camada oculta, o sistema seria totalmente *determinista*. (Quer dizer, se soubéssemos todas as variáveis, saberíamos exatamente o que aconteceria, e as probabilidades quânticas desapareceriam.)

A primeira teoria das variáveis ocultas foi desenvolvida na década de 1920 por Louis de Broglie, mas uma prova de 1932 apresentada por John von Neumann mostrou que tais teorias não podiam existir na física quântica. Em 1952, o físico David Bohm usou um erro daquela prova e retrabalhou a teoria de De Broglie, criando sua própria variante (que se tornou a versão mais popular).

PAPO DE ESPECIALISTA: A essência do argumento de Bohm era um contraexemplo matemático ao princípio da incerteza, mostrando que a teoria quântica podia ser consistente com a existência de partículas que tinham posição e velocidade definidas. Ele pressupôs que essas partículas reproduziam (em média) os resultados da função de onda de Schrödinger. Assim, ele conseguiu desenvolver uma onda quântica potencial que poderia guiar as partículas para que se comportassem dessa forma.

LEMBRE-SE: Na teoria das variáveis ocultas de Bohm, há outra camada oculta de lei física que é mais fundamental do que a mecânica quântica. A aleatoriedade quântica seria eliminada se essa camada adicional pudesse ser compreendida. Se tal camada oculta existir, deveria, em princípio, ser possível que a física um dia a revelasse de alguma forma — talvez por meio de uma "teoria de tudo". (Obviamente, a existência de uma "camada oculta" ou de uma "teoria de tudo" são ideias nas quais a maioria dos físicos atuais não acredita.)

Unidades Quânticas da Natureza: As Unidades de Planck

Ocasionalmente, os físicos utilizam um sistema de unidades naturais, chamado *unidades de Planck*, calculadas com base em constantes fundamentais da natureza como a constante de Planck, a constante gravitacional e a velocidade da luz.

A constante de Planck surge frequentemente na discussão da física quântica. De fato, caso fôssemos colocar em prática a matemática da física quântica, encontraríamos essa pequena variável h em todo lado. Os físicos até descobriram que é possível definirmos um conjunto de quantidades em termos da constante de Planck e de outras constantes fundamentais, como a velocidade da luz, a constante gravitacional e a carga de um elétron.

As unidades de Planck têm várias formas. Há uma carga de Planck e uma temperatura de Planck, e podemos usar várias unidades de Planck para derivar outras unidades, tais como o momento de Planck, a pressão de Planck, a força de Planck... você pegou a ideia.

LEMBRE-SE: Para os efeitos da discussão da teoria das cordas, apenas algumas unidades de Planck são relevantes. Elas são criadas pela combinação da constante gravitacional, a velocidade da luz e a constante de Planck, o que faz delas as unidades naturais a serem usadas quando falamos sobre fenômenos que envolvem essas três constantes, como a gravidade quântica. Os valores exatos não são importantes, mas estas são as escalas gerais das unidades de Planck relevantes:

- » Comprimento de Planck: 10^{-35} metros (se um átomo de hidrogênio tivesse o tamanho da nossa galáxia, o comprimento de Planck teria o tamanho de um fio de cabelo).

- » Tempo de Planck: 10^{-43} segundos (o tempo que a luz leva para viajar pelo comprimento de Planck — um período *curtíssimo*).

- » Massa de Planck: 10^{-8} quilogramas (quase a mesma massa de uma bactéria grande, ou de um inseto muito pequeno).

- » Energia de Planck: 10^{28} elétron-volts (aproximadamente o mesmo que uma tonelada de explosivos TNT).

AS UNIDADES DE PLANCK E O PARADOXO DE ZENÃO

Se o comprimento Planck representa a distância mais curta permitida na natureza, ele poderia ser utilizado para resolver o antigo enigma grego chamado *paradoxo de Zenão*. Veja como ele é:

Você quer atravessar um rio, por isso, entra em seu barco. Para chegar ao outro lado, deve atravessar metade do rio. Depois, precisa atravessar metade do que resta. Agora, atravesse metade do que resta. Não importa quão perto se chegue do outro lado do rio, sempre precisará percorrer metade dessa distância, então levará uma eternidade para atravessar o rio, visto que terá de atravessar um número infinito de metades.

A forma tradicional de resolver esse problema é com o cálculo, onde podemos demonstrar que, embora haja um número infinito de metades, é possível cruzá-las todas em um período finito de tempo. (Infelizmente, durante gerações de filósofos frustrados, o cálculo foi inventado por Newton e Leibnitz 2 mil anos depois de Zenão ter apresentado seu problema.)

O fato é que consegui resolver o paradoxo de Zenão enquanto estava no segundo ano da faculdade durante o curso de cálculo, no mesmo semestre em que aprendi sobre as unidades de Planck. Tive o insight de que, se o comprimento de Planck fosse realmente a distância mais curta permitida pela natureza, o quanta da distância, ele oferecia uma resolução física ao paradoxo.

Na minha opinião, quando sua distância da margem oposta atinge o comprimento de Planck, *não* poderá mais atravessar a metade. Suas únicas opções são percorrer o comprimento de Planck inteiro ou não ir a lugar nenhum. Em essência, visualizei você "escorregando" ao longo desse último espacinho sem nunca realmente cortar a distância ao meio.

Quando essa ideia me ocorreu no curso de física, fiquei extremamente impressionado comigo mesmo. Desde então, aprendi que não sou a única pessoa a ter criado essa ligação entre o comprimento de Planck e o paradoxo de Zenão. Apesar disso, ainda estou um pouco impressionado comigo mesmo.

DICA Tenha em mente que os expoentes representam o número de zeros, então a energia de Planck é 1 seguido de 28 zeros, em elétron-volts. O acelerador de partículas mais poderoso da Terra, o Grande Colisor de Hádrons, que começou a operar em 2008, pode produzir energia apenas na ordem de grandeza de TeV — ou seja, 1 seguido de 12 zeros, em elétron-volts.

Os expoentes negativos, por sua vez, representam o número de casas decimais em números muito pequenos, então o tempo de Planck tem 42 zeros entre o ponto decimal e o primeiro dígito não zero. É uma quantidade de tempo muito pequena!

Algumas dessas unidades foram propostas pela primeira vez em 1899 pelo próprio Max Planck, antes da relatividade ou da física quântica. Tais propostas de *unidades naturais* — baseadas em constantes fundamentais da natureza — haviam sido feitas pelo menos já em 1881. A constante de Planck dá as caras pela primeira vez no artigo do físico, em 1899. Ela voltaria a aparecer mais tarde em seu artigo sobre a solução quântica para a catástrofe do ultravioleta.

As unidades de Planck podem ser calculadas em relação umas às outras. Por exemplo, leva exatamente o tempo de Planck para que a luz percorra o comprimento de Planck. A energia de Planck é calculada tomando a massa de Planck e aplicando a fórmula de Einstein, $E = mc^2$ (significando que a massa de Planck e a energia de Planck são basicamente duas maneiras de escrevermos o mesmo valor).

Em física quântica e cosmologia, essas unidades de Planck aparecem o tempo todo. A massa de Planck representa a quantidade de massa necessária a ser comprimida no comprimento de Planck a fim de criar um buraco negro. Um campo na teoria da gravidade quântica deveria ter uma energia de vácuo com uma densidade aproximadamente igual a uma energia de Planck por comprimento cúbico de Planck — traduzindo, é uma unidade de Planck de densidade de energia.

Por que essas quantidades são tão importantes para a teoria das cordas?

LEMBRE-SE

O comprimento de Planck representa a distância onde a suavidade do espaço-tempo da relatividade e a natureza quântica da realidade começam a se friccionar. Essa é a espuma quântica que explico no Capítulo 2. É a distância em que as duas teorias, cada uma à sua maneira, se desfazem. A gravidade explode e se torna incrivelmente poderosa, enquanto as flutuações quânticas e a energia do vácuo correm de forma desenfreada. É nesse âmbito que uma teoria da gravidade quântica, como a teoria das cordas, é necessária para explicar o que está acontecendo.

Em certo sentido, essas unidades são às vezes consideradas como quantidades quânticas de tempo e espaço, e talvez também algumas das outras quantidades. A massa e a energia vêm claramente em escalas menores, mas o tempo e a distância não parecem ser muito menores do que o tempo de Planck e o comprimento de Planck. As flutuações quânticas, devido ao princípio da incerteza, tornam-se tão grandes que até perde o sentido falar sobre algo menor. (Veja o box "Unidades de Planck e o paradoxo de Zenão".)

LEMBRE-SE

Na maioria das teorias das cordas, o comprimento delas (ou comprimento das dimensões de espaço extra compactado) é calculado para ser aproximadamente o tamanho do comprimento de Planck. O problema com isso é que o comprimento de Planck e a energia de Planck estão ligados por meio do princípio da incerteza, o que significa que, para explorarmos o comprimento de Planck — o possível comprimento de uma corda na teoria das cordas — com precisão, introduziríamos uma incerteza na energia igual à energia de Planck.

É uma energia de dezesseis ordens de magnitude (adicione dezesseis zeros!) mais potente do que o mais recente e mais potente acelerador de partículas da Terra pode alcançar. A exploração de distâncias tão pequenas requer uma vasta quantidade de energia, muito mais do que podemos produzir com a tecnologia atual.

> **NESTE CAPÍTULO**
>
> » Aceitando o átomo e examinando suas partes
>
> » Aplicando a física quântica aos pedacinhos do átomo
>
> » Categorizando as partículas em bósons e férmions
>
> » Usando o Modelo Padrão para revelar quatro forças da física
>
> » Considerando o alcance das energias e massas observadas

Capítulo **8**

O Modelo Padrão da Física de Partículas

Em meados do século XIX, os físicos continuaram a explorar os fundamentos da física quântica e os componentes da matéria. Eles focaram o estudo das partículas em um campo que ficou conhecido como *física de partículas*. Parecia que aquelas partículas minúsculas se multiplicavam sempre que os físicos as procuravam! Em 1974, eles determinaram um conjunto de regras e princípios denominado *Modelo Padrão da Física de Partículas* — que inclui todas as interações, com exceção da gravidade.

Aqui, exploro o Modelo Padrão da física de partículas e como ele se relaciona com a teoria das cordas. Qualquer teoria completa das cordas precisará incluir as características do Modelo Padrão e também ir além dele para incluir a gravidade. Neste capítulo, descrevo a estrutura do átomo, incluindo as menores partículas contidas nele, e os métodos científicos utilizados para explicar as interações que mantêm a matéria unida. Identifico as duas categorias de partículas que existem no nosso Universo, férmions e bósons, e as diferentes regras que elas seguem. Por fim, destaco os problemas ainda em aberto do Modelo Padrão, que a teoria das cordas espera resolver.

Os tópicos relacionados com o desenvolvimento do Modelo Padrão da física de partículas são detalhados e fascinantes por si sós, mas este livro é sobre a teoria das cordas. Assim, minha revisão sobre o assunto neste capítulo é necessariamente breve e não pretende de modo algum ser uma visão completa do assunto. Muitos dos tópicos iniciais relativos à descoberta da estrutura do átomo são relatados em *Einstein For Dummies* [Einstein Para Leigos, ainda sem publicação no Brasil], e muitos outros livros populares estão disponíveis para você explorar alguns dos conceitos mais complexos da física de partículas que surgem mais tarde.

Átomos em Tudo Quanto É Canto: Apresentando a Teoria Atômica

O físico Richard P. Feynman disse certa vez que, se pudesse resumir os princípios mais importantes da física em uma única frase, seria: "Todas as coisas são feitas de átomos." (Na verdade, ele até a expande, o que de fato significa que conseguiu resumir a física em uma frase composta. Mas, para nossos propósitos imediatos, essa primeira parte é suficiente.) A estrutura dos átomos determina propriedades fundamentais da matéria no nosso Universo, tais como a forma como os átomos interagem uns com os outros em combinações químicas. O estudo da física na escala de um átomo é chamado de *teoria atômica*, ou física atômica. Embora ela esteja várias escalas acima daquela na qual a teoria das cordas opera, entendermos a menor estrutura de matéria exige certo conhecimento sobre a estrutura em nível atômico.

Os gregos antigos consideraram a questão sobre se era possível dividir um objeto para sempre. Alguns — como o filósofo Demócrito, do século V a.C. — acreditavam que se chegaria a um pedaço de matéria que não poderia mais ser dividido, e chamavam esses menores pedacinhos de *átomos*.

A opinião de Aristóteles de que a matéria era composta por cinco elementos básicos foi adotada pela maioria dos filósofos da época e permaneceu como a forma dominante de pensamento durante muitos anos, até quando a "filosofia natural" iniciou sua transição para a "ciência". Afinal, nenhum cientista ou filósofo jamais havia visto o menor pedaço de matéria, assim, não havia realmente qualquer razão para supor que eles existiam.

Isso começou a mudar em 1738, quando o matemático suíço David Bernoulli explicou como o gás pressurizado se comportava ao pressupor que o gás era composto por partículas minúsculas. O calor de um gás estava relacionado com a velocidade das partículas. (Baseado no trabalho de Robert Boyle, de quase um século antes.)

A CONTRIBUIÇÃO DE EINSTEIN PARA A TEORIA ATÔMICA

Como se já não tivesse créditos o bastante, Albert Einstein é também muitas vezes citado como a pessoa que deu as últimas contribuições definitivas para a teoria atômica da matéria em dois de seus artigos de 1905.

Um deles foi sua tese de doutorado, na qual calculou a massa aproximada de um átomo e o tamanho das moléculas de açúcar. O trabalho lhe rendeu um doutorado pela Universidade de Zurique.

O outro artigo envolvia a análise de movimentos aleatórios na fumaça e em líquidos. Esse tipo de movimento se chama *movimento browniano* e já confundia os físicos há algum tempo. Einstein imaginou o movimento como o resultado do choque entre átomos de fumaça ou líquido com átomos do gás ou do líquido circundantes, o que explicava perfeitamente o fenômeno. Suas previsões foram comprovadas por descobertas experimentais.

Em 1808, o químico britânico John Dalton tentou explicar o comportamento dos *elementos* — substâncias que não podem ser quimicamente decompostas em substâncias mais simples — pressupondo que eram constituídos por átomos.

De acordo com Dalton, cada átomo de um elemento era idêntico a outros átomos do mesmo elemento, e eles se combinavam de formas específicas para formar as substâncias mais complexas que vemos em nosso Universo.

Ao longo do século seguinte, as evidências corroborando a teoria atômica foram aumentando (veja o box "A contribuição de Einstein para a teoria atômica"). As estruturas complexas formadas por diferentes átomos eram chamadas *moléculas*, embora ainda não estivesse claro como exatamente funcionava o mecanismo de formação de moléculas pelos átomos.

Foram precisos mais de 150 anos desde a época de Bernoulli para que os físicos adotassem plenamente o modelo atômico. Depois, como se pode verificar na próxima seção, após ter sido por fim adotado, descobriram que estava incompleto! Talvez as complicações surgidas no estudo da teoria das cordas também levem bastante tempo assim, além da possibilidade de que também seja demonstrado que estão incompletas. Mas isso não significa que estejam necessariamente "erradas", assim como a teoria atômica não está "errada".

Adivinha o que Tem Dentro?

Hoje os cientistas sabem que esses átomos não são, como os gregos imaginavam, as menores partes da matéria. Os cientistas rapidamente perceberam que os átomos tinham múltiplas partes dentro deles:

» Elétrons dotados de carga negativa circulando o núcleo.

» Um núcleo dotado de carga positiva.

As partículas que compõem o núcleo (que também é composto por partes menores) e os elétrons estão entre as partículas, juntamente com várias outras, que o Modelo Padrão da física de partículas explica e que futuramente a teoria das cordas também deve explicar.

Descobrindo o elétron

O *elétron* é uma partícula com carga negativa contida no interior do átomo. Foi descoberto em 1897 pelo físico britânico J.J. Thomson, embora as partículas com cargas (incluindo o nome "elétron") já houvessem sido conjeturadas.

Alguns físicos já tinham formulado a hipótese de que unidades de carga poderiam fluir em aparelhos elétricos. (Benjamin Franklin propôs tal ideia já na década de 1700.) A tecnologia só acompanhou a ideia no final da década de 1800, com a criação do tubo de raios catódicos, mostrado na Figura 8-1.

FIGURA 8-1: Os tubos de raios catódicos permitem que as partículas com cargas sejam estudadas em um vácuo.

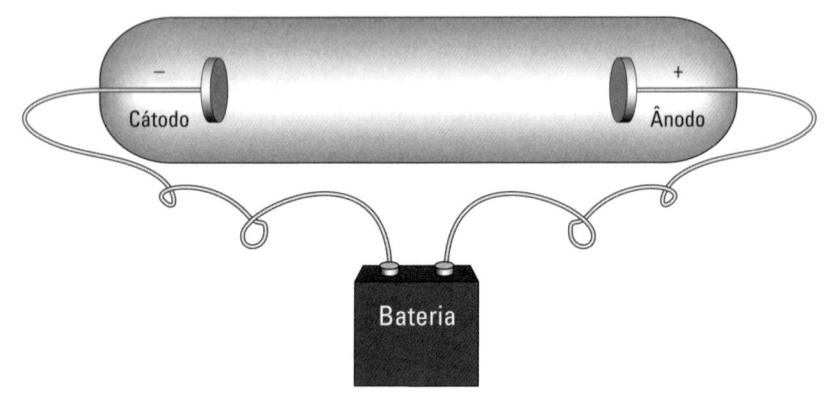

Em um tubo de raios catódicos, um par de discos de metal é ligado a uma bateria. Os discos de metal são colocados dentro de um tubo de vidro selado que não contém ar — um tubo a vácuo. A voltagem elétrica faz com que uma das placas metálicas fique com carga positiva (um *ânodo*), e outra, com carga negativa (o *cátodo*, do qual o dispositivo recebe o nome). Os tubos catódicos são a base dos tubos tradicionais de televisão e dos monitores de computador.

Quando a corrente elétrica era ligada, o tubo começava a brilhar com uma cor verde. Em 1897, Thomson era chefe do laboratório Cavendish em Cambridge, Inglaterra, e estava iniciando os testes das propriedades desse brilho do tubo de raios catódicos. Ele descobriu que o brilho era devido a um feixe de partículas com carga negativa voando entre as placas. Posteriormente, elas vieram a ser chamadas elétrons. Thomson também descobriu que os elétrons eram incrivelmente leves — 2 mil vezes mais leves do que um átomo de hidrogênio.

DICA

Thomson não só descobriu o elétron como teorizou que ele fazia parte do átomo (os átomos não eram uma ideia completamente aceita àquela altura) que de alguma forma foi libertado do cátodo e fluiu através do vácuo para o ânodo. Com essa descoberta, os cientistas começaram a descobrir formas de explorar o interior dos átomos.

O núcleo é aquela coisinha no meio

No centro do átomo há uma esfera densa de matéria, chamada *núcleo*, com uma carga elétrica positiva. Pouco depois da descoberta dos elétrons, ficou claro que, caso um elétron fosse extraído do átomo, o átomo ficava com uma carga elétrica levemente positiva. Durante algum tempo, a suposição foi a de que o átomo era uma massa carregada positivamente que continha elétrons negativos em seu interior, como pedaços de fruta com carga negativa em um panetone com carga positiva. O panetone como um todo seria neutro, a menos que extraíssemos alguma fruta dele. (Os cientistas da época, tendo hábitos alimentares diferentes da maioria de nós hoje em dia, explicaram o caso com um pudim de ameixa, em vez de panetone. Pudim de ameixa ou panetone remontam, de forma pouco apetitosa, ao mesmo cenário básico.)

Em 1909, contudo, uma experiência de Hans Geiger e Ernest Marsden, trabalhando sob a direção de Ernest Rutherford, desafiou esse cenário. Esses cientistas dispararam partículas com carga positiva sobre uma fina folha de ouro. A maioria das partículas passou diretamente através da folha, mas de vez em quando uma delas ricocheteava bruscamente. Rutherford concluiu que a carga positiva do átomo de ouro não se espalhava pelo átomo no modelo de panetone, mas que estava concentrada em um pequeno núcleo com carga positiva, e que o restante do átomo era espaço vazio. As partículas que ricochetearam foram as que atingiram esse núcleo.

Bailão dentro do átomo

Ao tentar descobrir a estrutura do átomo, um modelo natural para os cientistas usarem como base era o modelo planetário, como mostrado na Figura 8-2. Os elétrons se movimentam em volta do núcleo em órbitas.

O físico Niels Bohr determinou que essas órbitas eram governadas pelas mesmas regras quânticas que Max Planck tinha originalmente aplicado em 1900 — que a energia tinha que ser transferida em pacotes discretos.

FIGURA 8-2: O modelo atômico de Rutherford-Bohr tem elétrons se movendo em órbitas em torno de um núcleo com carga positiva.

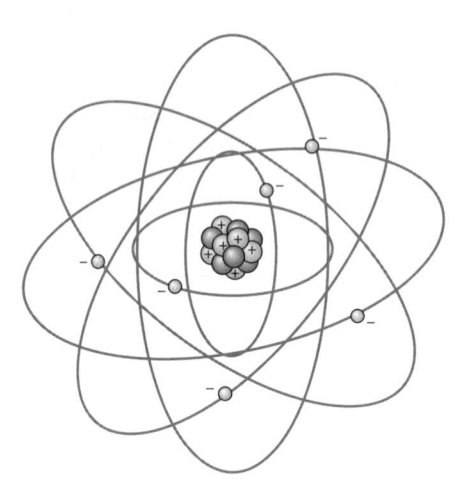

Em astronomia, a Terra e o Sol são atraídos um ao outro pela gravidade, mas, como a Terra está em movimento à volta do Sol, nunca entram em contato. Um modelo semelhante poderia explicar por que as porções negativas e positivas do átomo nunca entravam em contato.

O primeiro modelo planetário foi proposto em 1904 por Hantaro Nagaoka, laureado com o Prêmio Nobel. Ele se baseava nos anéis de Saturno e foi chamado modelo saturniano. Alguns detalhes do modelo foram refutados pelas experiências, e Nagaoka o abandonou em 1908, mas Ernest Rutherford reformulou o conceito para criar seu próprio modelo planetário em 1911, que era mais consistente com a evidência experimental.

Quando os átomos emitiam elétrons, a energia dos elétrons seguia certos padrões precisos. Bohr percebeu em 1913 que isso significava que o modelo de Rutherford necessitava de certa reformulação. Para se ajustar aos padrões, ele aplicou a ideia de que a energia estava *quantizada*, ou agrupada em certas quantidades, o que permitia órbitas estáveis (em vez das órbitas em colapso previstas pelo eletromagnetismo). Cada elétron só podia existir em um determinado estado energético, definido com precisão dentro de sua órbita. Para passar de uma órbita para outra órbita diferente, era necessário que o elétron tivesse energia suficiente para saltar de um estado energético para outro.

DICA Devido à natureza quântica do sistema, adicionar metade da quantidade de energia para passar de uma órbita para outra não deslocou o elétron a meio caminho entre essas órbitas. Ele permaneceu na primeira órbita até receber energia suficiente para chegar até ao estado de maior energia. Esse é mais um caso do comportamento estranho que podemos esperar da física quântica.

O modelo de Rutherford-Bohr funciona muito bem para descrever o átomo de hidrogênio, mas à medida que os átomos se tornam mais complexos, o modelo começa a ruir. Ainda assim, os princípios básicos se sustentam para todos os átomos:

» Um núcleo está no centro de um átomo.

» Os elétrons se movem em órbitas ao redor do núcleo.

» As órbitas dos elétrons são quantizadas (têm níveis discretos de energia) e são regidas pelas regras da física quântica (embora tenham sido necessários vários anos para que essas regras se desenvolvessem, como descrito no Capítulo 7).

Vamos Tirar Fóton: Eletrodinâmica Quântica

O desenvolvimento da teoria da *eletrodinâmica quântica* (EDQ) foi uma das grandes realizações intelectuais do século XX. Os físicos conseguiram redefinir o eletromagnetismo ao usarem as novas regras da mecânica quântica, unificando a teoria quântica e a teoria eletromagnética. A eletrodinâmica quântica foi uma das primeiras abordagens quânticas a uma teoria quântica de campo (descrita na seção seguinte), tendo assim introduzido muitas características tidas pela teoria das cordas (que também é uma teoria quântica de campo).

A eletrodinâmica quântica começou com a tentativa de descrever partículas em termos de campos quânticos, no final da década de 1920. Na década de 1940, a EDQ foi completada em três diferentes momentos — pelo físico japonês Sin-Itiro Tomonaga durante a Segunda Guerra Mundial e, mais tarde, pelos físicos norte-americanos Richard Feynman e Julian Schwinger. Os três dividiram o Prêmio Nobel de Física de 1965 pelo trabalho.

Os desenhos do Dr. Feynman explicam como as partículas trocam informações

Embora os princípios da eletrodinâmica quântica tenham sido trabalhados por três indivíduos, o fundador mais famoso da EDQ foi inegavelmente Richard P. Feynman. Ele também era muito bom em matemática e na explicação de uma teoria, o que resultou na sua criação dos *diagramas de Feynman* — uma representação visual da matemática que se desenrolou na EDQ.

Richard Phillips Feynman é um dos personagens mais interessantes da física do século XX, podendo ser facilmente comparado com Einstein em personalidade, se não em pura fama. No início de sua carreira, Feynman tomou a decisão consciente de trabalhar apenas em problemas que considerava interessantes, algo que certamente o serviu bem. Felizmente para o mundo da física, um desses problemas era a eletrodinâmica quântica.

LEMBRE-SE

Visto que eletromagnetismo é uma teoria de campo, o resultado da EDQ foi uma *teoria quântica de campo* — uma teoria quântica que contém um valor em cada ponto do espaço. Podemos imaginar que a matemática de tal teoria era, no mínimo, intimidante, mesmo para graduados e graduadas em física e matemática.

Feynman era brilhante não só com teoria física e matemática, mas também para explicar. Uma forma de simplificar as coisas foi por meio da aplicação dos seus diagramas de Feynman. Embora a matemática ainda fosse complexa, os diagramas significavam que era possível falar sobre física sem precisar de toda a complexidade das equações. E, quando precisava dos números reais, os diagramas ajudavam a organizar seus cálculos.

Na Figura 8-3, temos um diagrama de Feynman de dois elétrons se aproximando um do outro. O diagrama está situado em um espaço Minkowski, como mostrado no Capítulo 6, que retrata eventos no espaço-tempo. Os elétrons são as linhas sólidas (chamadas *propagadores*), e à medida que se aproximam um do outro, um fóton (o propagador ondulado; veja os princípios básicos dos fótons no Capítulo 7) é trocado entre os dois elétrons.

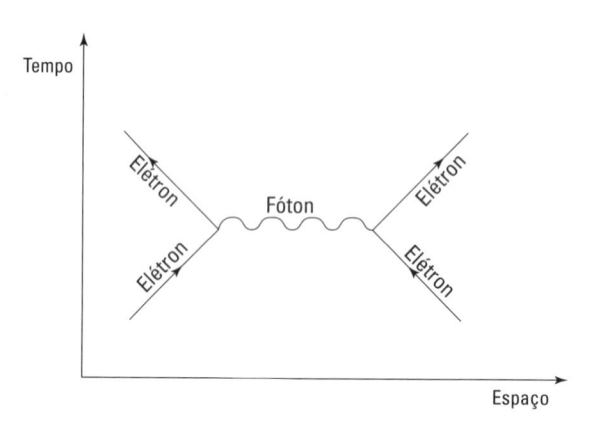

FIGURA 8-3: Um diagrama de Feynman demonstra como as partículas interagem entre si.

LEMBRE-SE

Quer dizer, na EDQ, duas partículas comunicam sua informação eletromagnética por meio da emissão e da absorção de um fóton. Um fóton que atua dessa forma é chamado *fóton virtual* ou *fóton mensageiro*, porque é criado unicamente com o objetivo de trocar tal informação. Esse foi o insight essencial da EDQ, pois sem essa troca de um fóton, não havia maneira de explicar como a informação era comunicada entre os dois elétrons.

Também (e talvez mais importante sob o ponto de vista da física), uma teoria quântica de campo (pelo menos aquelas que parecem corresponder ao nosso mundo real) atinge rapidamente o infinito se as distâncias ficarem pequenas demais. Para ver como esses infinitos podem surgir, considere tanto o fato de que as forças eletromagnéticas ficam maiores a pequenas distâncias (infinitamente maiores a distâncias infinitamente pequenas), como também a relação de distância e momento do princípio da incerteza da mecânica quântica (veja mais detalhes sobre o princípio da incerteza no Capítulo 6). Até mesmo falar dos casos em que dois elétrons estão incrivelmente próximos um do outro (como dentro de um comprimento de Planck) fica totalmente impossível em um mundo governado pela física quântica.

LEMBRE-SE

Ao quantizar o eletromagnetismo, como a EDQ faz, Feynman, Schwinger e Tomonaga conseguiram usar a teoria apesar dessas infinidades. Os infinitos ainda estavam presentes, mas, como o fóton virtual significava que os elétrons não precisavam se aproximar tanto um do outro, não havia tantos infinitos, e os que restavam não entravam nas previsões físicas. Os três pegaram uma teoria infinita e extraíram previsões finitas. Uma das principais motivações para o impulso de desenvolvimento de uma teoria das cordas bem-sucedida é ir ainda mais longe e obter uma teoria realmente finita.

PAPO DE ESPECIALISTA

O processo matemático de remoção de infinitos chama-se *renormalização*. Trata-se de um conjunto de técnicas matemáticas que podem ser aplicadas para fornecer um limite muito cuidadosamente definido para o continuum de valores contidos no campo. Em vez de acrescentar todos os termos infinitos no cálculo e obter um resultado infinito, os físicos descobriram que a aplicação da renormalização permite que redefinam os parâmetros dentro da soma, de modo que ela resulte em uma quantidade finita! Sem introduzir a renormalização, os valores ficam infinitos, e certamente não observamos esses infinitos na natureza. Com a renormalização, contudo, os físicos têm previsões inequívocas que estão entre os resultados mais precisos e mais bem testados em toda a ciência.

Descobrindo outro tipo de matéria: A antimatéria

Juntamente com a compreensão da eletrodinâmica quântica, veio um entendimento crescente de que existia a *antimatéria*, uma forma diferente de matéria que era idêntica à matéria conhecida, mas com carga oposta. A teoria quântica de campos indicou que, para cada partícula, existia uma antipartícula. A antipartícula do elétron é chamada *pósitron*.

Em 1928, o físico Paul Dirac estava criando a teoria quântica do elétron (um precursor necessário para uma teoria completa da EDQ), quando percebeu que a equação só funcionava se permitisse que essas partículas extras — idênticas aos elétrons, mas com carga oposta — existissem. Apenas quatro anos mais tarde, os primeiros pósitrons foram descobertos e nomeados por Carl D. Anderson enquanto ele analisava os raios cósmicos.

LEMBRE-SE

A matemática da teoria sugeria uma simetria entre as partículas conhecidas e as partículas idênticas com carga oposta, uma previsão que acabou se revelando correta. A teoria exigia que a antimatéria existisse. A teoria das cordas sugere outro tipo de simetria, chamada supersimetria (veja o Capítulo 10), que ainda precisa ser provada, mas que muitos físicos acreditam que será, mais cedo ou mais tarde, descoberta na natureza.

Quando a antimatéria entra em contato com matéria comum, os dois tipos de matéria se aniquilam em uma explosão de energia sob a forma de um fóton. Isso também pode ser representado na EDQ com um diagrama de Feynman, como mostrado no lado esquerdo da Figura 8-4. Aqui, o pósitron é como um elétron que se move para trás no tempo (indicado pela direção da seta no propagador).

FIGURA 8-4: (Esquerda) Uma partícula e uma antipartícula se aniquilam, libertando um fóton. (Direita) Um fóton se divide em uma partícula e em uma antipartícula, que se aniquilam imediatamente.

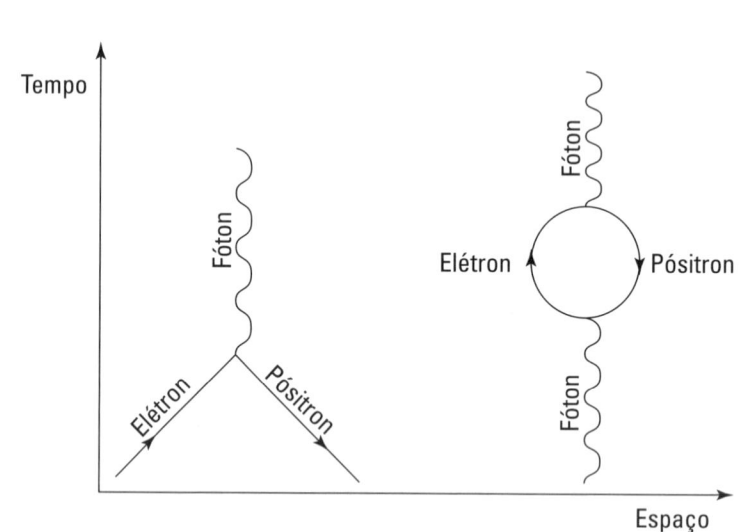

Às vezes uma partícula é só virtual

Na eletrodinâmica quântica, as *partículas virtuais* podem existir brevemente, resultantes das flutuações de energia dos campos quânticos que existem em todos os pontos do espaço. Algumas partículas virtuais — como o fóton da Figura 8-3 — existem apenas pelo tempo suficiente para comunicar informações sobre uma força. Outras partículas virtuais surgem, aparentemente sem outra finalidade que não seja a de tornar a vida dos físicos mais interessante.

LEMBRE-SE

A existência de partículas virtuais é um dos aspectos mais estranhos da física, mas é uma consequência direta da física quântica. Elas podem existir porque o princípio da incerteza, em essência, permite que transportem uma grande flutuação de energia, desde que existam apenas durante um breve período de tempo.

O lado direito da Figura 8-4 mostra duas partículas virtuais — desta vez, um elétron e um pósitron. Em alguns casos, o fóton pode de fato se dividir em um elétron e em um pósitron e depois se recombinar de novo em um fóton.

O problema é que, embora essas partículas sejam virtuais, seus efeitos precisam ser levados em consideração ao fazermos os cálculos sobre o que acontece em determinada área. Portanto, não importa o que você esteja fazendo, um número infinito de estranhas partículas virtuais está entrando e saindo de existência à sua volta, causando estragos com os cálculos ordenados que gostaria de efetuar! (Se isso lhe soa familiar, é porque essa é a espuma quântica discutida no Capítulo 2.)

Vasculhando o Núcleo: Cromodinâmica Quântica

À medida que a física quântica tentava se expandir para o núcleo do átomo, eram necessárias novas táticas. A teoria quântica do núcleo atômico e das partículas que o compõem é chamada *cromodinâmica quântica (CDQ)*. A teoria das cordas surgiu de uma tentativa de explicar esse mesmo comportamento.

Na explicação da EDQ na seção anterior, os únicos participantes nela eram o fóton e o elétron (e, brevemente, o pósitron). De fato, a EDQ tentou simplificar a situação apenas analisando esses dois aspectos do átomo, o que poderia fazer tratando o núcleo como um objeto gigante e muito distante. Com a EDQ finalmente em prática, os físicos estavam prontos para dar uma boa olhada no núcleo do átomo.

As partes que compõem o núcleo: Núcleons

O núcleo de um átomo é composto por partículas chamadas *núcleons*, de dois tipos: os *prótons* com carga positiva e os *nêutrons* sem carga. Os prótons foram descobertos em 1919, enquanto os nêutrons, em 1932.

O próton é cerca de 1.836 vezes mais maciço que o elétron. O nêutron tem aproximadamente o mesmo tamanho que o próton, então um par deles é substancialmente maior do que o elétron. Apesar dessa diferença de tamanho, o próton e o elétron têm cargas elétricas idênticas, mas de sinal contrário; o próton é positivo, mas o elétron é negativo.

O desenvolvimento da tecnologia permitiu o projeto e a construção de *aceleradores de partículas* maiores e mais poderosos, que os físicos utilizam para chocar partículas umas nas outras e ver o que acontece. Foi com grande satisfação que os físicos começaram a colidir prótons, na esperança de descobrir o que estava dentro deles.

De fato, esse trabalho sobre a tentativa de desvendar os segredos dos núcleos levaria diretamente às primeiras ideias sobre a teoria das cordas. Um jovem físico do CERN aplicou uma fórmula matemática obscura para descrever o comportamento das partículas em um acelerador de partículas, e isso é visto por muitos como o ponto de partida da teoria das cordas. (Tais eventos são abordados com mais detalhes no Capítulo 10.)

As partes que compõem as partes do núcleon: Quarks

Hoje em dia, sabe-se que os núcleons são tipos de *hádrons*, que são partículas compostas de partículas ainda menores chamadas *quarks*. O conceito de quarks foi proposto independentemente por Murray Gell-Mann e George Zweig em 1964 (embora o nome, retirado do livro *Finnegan's Wake*, de James Joyce, foi dado por Gell-Mann), o que em parte valeu a Gell-Mann o Prêmio Nobel de Física de 1969. Os quarks são mantidos juntos por ainda outras partículas, chamadas *glúons*.

Nesse modelo, tanto o próton como o nêutron são compostos por três quarks. Esses quarks têm propriedades quânticas, como massa, carga elétrica e spin (veja uma explicação sobre spin na próxima seção). Há de fato um total de seis *sabores* (ou tipos) de quarks, todos os quais foram experimentalmente observados:

» Up [para cima]
» Down [para baixo]
» Charm [charme]
» Strange [estranho]
» Top [topo]
» Bottom [fundo]

As propriedades do próton e do nêutron são determinadas pela combinação específica dos quarks que os compõem. Por exemplo, a carga de um próton é alcançada pela soma da carga elétrica dos três quarks que o compõem — dois quarks up e um quark down. De fato, cada próton é composto por dois quarks up e um down, então são todos exatamente iguais. Todos os nêutrons são idênticos a todos os outros nêutrons (compostos por um quark up e dois quarks down).

Além das propriedades padrão da mecânica quântica (carga, massa e spin), os quarks têm outra propriedade, que saiu da teoria, chamada *carga de cor*. Isso é algo semelhante à carga elétrica em princípio, mas é uma propriedade inteiramente distinta dos quarks. Há três variedades, chamadas *vermelho*, *verde* e *azul*. (Os quarks não têm realmente essas cores, porque são muitíssimo menores do que o comprimento de onda da luz visível. São apenas termos para acompanhar os tipos de carga.)

Considerando que a EDQ descreve a teoria quântica da carga elétrica, a CDQ descreve a teoria quântica da carga da cor. A carga de cor é a fonte do nome cromodinâmica quântica, porque "chroma", do grego, significa "cor".

Além dos quarks, existem partículas chamadas *glúons*. Elas ligam os quarks, como se fossem uma espécie de elástico (em um sentido muito metafórico). Esses glúons são os bósons de calibre [ou de gauge] para a força nuclear forte, assim como os fótons são os bósons de calibre para o eletromagnetismo (veja a seção posterior sobre os bósons de calibre para obter mais informações sobre essas partículas).

Analisando os Tipos de Partículas

Os físicos encontraram um grande número de partículas, e uma coisa que se revela útil é que podem ser divididas em categorias com base em suas propriedades. Os físicos encontraram muitas formas de fazer isso, mas nas seções seguintes discuto brevemente algumas das categorias mais relevantes para a teoria das cordas.

De acordo com a mecânica quântica, as partículas têm uma propriedade conhecida como *spin* [girar, giro]. Não é um movimento real da partícula, mas, no sentido da mecânica quântica, significa que a partícula interage sempre com outras partículas como se estivesse girando de certa forma. Na física quântica, o spin tem um valor numérico que pode ser inteiro (0, 1, 2 etc.) ou semi-inteiro (½, ⅔ etc.). As partículas que têm um spin inteiro são chamadas *bósons*, e as que tem um spin semi-inteiro são chamadas *férmions*.

Partículas de força: Bósons

Os *bósons*, que receberam o nome em homenagem a Satyendra Nath Bose, são partículas com um valor inteiro de spin quântico. Os bósons conhecidos atuam como portadores de forças na teoria quântica de campo, como o fóton na Figura 8-3. O Modelo Padrão da física de partículas prevê cinco bósons fundamentais, quatro dos quais foram observados:

- Fóton
- Glúon (há cinco tipos de glúons)
- Bóson Z
- Bóson W (na verdade, são dois: bósons W^+ e W^-)
- Bóson de Higgs

Além disso, muitos físicos acreditam que provavelmente existe um bóson chamado *gráviton*, que está relacionado com a gravidade. A relação entre esses bósons e as forças da física é abordada na seção "Bósons de Gauge: Ninguém Solta a Mão de Ninguém", mais adiante neste capítulo.

Também podem existir bósons compostos; são formados pela combinação de um número par de diferentes férmions. Por exemplo, um átomo de carbono-12 contém seis prótons e seis nêutrons, todos eles férmions. O núcleo de um átomo de carbono-12 é, portanto, um bóson composto. Os *mésons*, por outro lado, são partículas compostas de exatamente dois quarks, então também são bósons compostos.

Partículas de matéria: Férmions

Os *férmions*, que receberam o nome em homenagem a Enrico Fermi, são partículas com um valor semi-inteiro de spin quântico. Ao contrário dos bósons, eles obedecem ao *princípio de exclusão de Pauli*, o que significa que não podem existir vários férmions no mesmo estado quântico.

Enquanto os bósons são vistos como mediadores das forças da natureza, os férmions são partículas um pouco mais "sólidas" e são o que tendemos a pensar quanto às partículas de matéria. Os quarks são férmions.

Além dos quarks, existe uma segunda família de férmions, chamada *léptons*. Os léptons são partículas elementares que não podem (até onde os cientistas sabem) ser decompostas em partículas menores. O elétron é um lépton, mas o Modelo Padrão da física de partículas nos diz que há de fato três gerações de partículas, cada uma mais pesada que a anterior. (As três gerações de partículas foram previstas por considerações teóricas antes de serem descobertas por experiência, um excelente exemplo de como a teoria pode preceder a experiência na teoria quântica de campo.)

Também dentro de cada geração de partículas há dois sabores de quarks. A Tabela 8-1 mostra os doze tipos de férmions fundamentais, todos os quais foram observados. Os números apresentados na tabela são as massas, em termos de energia, para cada uma das partículas conhecidas. (Os neutrinos têm, virtualmente, mas não exatamente, massa zero.)

TABELA 8-1   **Famílias de Partículas Elementares de Férmions**

	Quarks		Léptons	
Primeira Geração	Quark Up	Quark Down	Neutrino do Elétron	Elétron
	3 MeV	7 MeV		0,5 MeV
Segunda Geração	Quark Charm	Quark Strange	Neutrino do Múon	Múon
	1,2 GeV	120 MeV		106 MeV
Terceira Geração	Quark Top	Quark Bottom	Neutrino do Tau	Tau
	174 GeV	4,3 GeV		1,8 GeV

Existem também, naturalmente, férmions compostos, feitos quando um número ímpar de férmions se combina para criar uma nova partícula, como, por exemplo como os prótons e os nêutrons são formados pela combinação de quarks.

Bósons de Gauge: Ninguém Solta a Mão de Ninguém

No Modelo Padrão da física de partículas, as forças podem ser explicadas em termos de teorias de gauge [ou de calibre], que têm certas propriedades matemáticas. Essas forças transmitem sua influência através de partículas denominadas *bósons de gauge [ou bósons de calibre]*. A teoria das cordas permite que a gravidade seja expressa em termos de uma teoria de gauge, que é um de seus benefícios. (Um exemplo disso é a correspondência AdS/CFT discutida no Capítulo 11.)

Ao longo do desenvolvimento do Modelo Padrão, ficou claro que todas as forças (ou, como muitos físicos preferem, *interações*) na física podiam ser decompostas em quatro tipos básicos:

» Eletromagnetismo

» Gravidade

» Força nuclear forte

» Força nuclear fraca

A força eletromagnética e a força nuclear fraca foram consolidadas na década de 1960 por Sheldon Lee Glashow, Abdus Salam e Steven Weinberg em uma única força chamada *força eletrofraca*. É a essa força, em combinação com a cromodinâmica quântica (que definiu a força nuclear forte), que os físicos se referem quando falam do Modelo Padrão da física das partículas.

Um elemento fundamental do Modelo Padrão da física de partículas é que ele é uma *teoria de gauge*, o que significa que certos tipos de simetrias são inerentes à teoria; ou seja, a dinâmica do sistema permanece a mesma sob certos tipos de transformações. Uma força que opera por meio de um campo de gauge é transmitida com um *bóson de gauge*. Os seguintes bósons de gauge foram observados pelos cientistas para três das forças da natureza:

» Eletromagnetismo — fóton

» Força nuclear forte — glúon

» Força nuclear fraca — bósons Z, W^+ e W^-

LEMBRE-SE — Além disso, a gravidade pode ser escrita como uma teoria de gauge, o que significa que deve existir um bóson de gauge que media a gravidade. O nome para tal bóson de gauge teórico é *gráviton*. (No Capítulo 10, você verá como a descoberta do gráviton nas equações da teoria das cordas levou ao seu desenvolvimento como uma teoria da gravidade quântica.)

Explorando a Teoria de Onde a Massa Vem

No Modelo Padrão da física de partículas, as partículas obtêm sua massa por meio de algo chamado *mecanismo de Higgs*. Ele tem como base a existência de um *campo de Higgs*, que permeia todo o espaço. O campo de Higgs cria um tipo de partícula chamada *bóson de Higgs*. Para o campo de Higgs criar um bóson de Higgs é necessária muita energia, e até agora os físicos não conseguiram criar um — assim, é a única partícula prevista pelo Modelo Padrão da física de partículas que ainda não foi observada. Isso, juntamente com as tentativas de encontrar novas partículas, tais como as motivadas pela teoria das cordas, está entre as principais razões pelas quais os cientistas precisam de aceleradores de partículas avançados para mais experiências de altas energias.

A força nuclear fraca cai muito rapidamente acima de distâncias curtas. Segundo a teoria quântica de campo, isso significa que as partículas que portam a força, os bósons W e Z, devem ter uma massa (em oposição aos glúons e aos fótons, que não tem massa).

O problema é que as teorias de gauge descritas na seção anterior são mediadas apenas por partículas sem massa. Se os bósons de gauge têm massa, então uma teoria de gauge não pode ser definida de forma sensata. O mecanismo de Higgs evita esse problema ao introduzir um novo campo chamado campo de Higgs. Em altas energias, onde a teoria de gauge é definida, os bósons de gauge não têm massa, e a teoria funciona como previsto. Em baixas energias, o campo desencadeia quebras de simetria que permitem que as partículas tenham massa.

Se o campo de Higgs existir, ele criaria partículas conhecidas como bósons de Higgs. A massa do bóson de Higgs não é algo que a teoria nos diz, mas a maioria dos físicos prevê que chegue a 150 GeV. Felizmente, isso está dentro do domínio do que podemos procurar experimentalmente. Encontrar o bóson de Higgs seria a confirmação final do Modelo Padrão da física de partículas.

O mecanismo de Higgs, o campo de Higgs e o bóson de Higgs levam o nome do físico escocês Peter Higgs. Embora ele não tenha sido o primeiro a propor esses conceitos, foi ele quem lhes deu o nome, o que é mais uma daquelas coisas que às vezes acontecem na física.

DICA

Caso queira acompanhar uma análise profunda sobre o mecanismo de Higgs, recomendo o livro *Warped Passages: Unraveling the Mysteries of the Universe's Hidden Dimensions* [Passagens Distorcidas: Desvendando os Mistérios das Dimensões Escondidas do Universo, em tradução livre] de Lisa Randall. O Capítulo 10 do livro dela se dedica inteiramente a esse tópico. Outra fonte que recomendo é o livro *The God Particle: If the Answer is the Universe, What is the Question?* [A Partícula de Deus: Se a Resposta É o Universo, Qual É a Pergunta?, em tradução livre], do ganhador do Prêmio Nobel Leon Lederman, e Dick Teresi; o livro é dedicado inteiramente ao tema da busca do bóson de Higgs.

Do Pequeno ao Grande: O Problema da Hierarquia em Física

O Modelo Padrão da física de partículas é um sucesso espantoso, mas não respondeu a todas as questões que a física lhe apresentou. Uma das principais questões que subsiste é o *problema da hierarquia*, que procura uma explicação para os diversos valores com os quais o Modelo Padrão permite que os físicos trabalhem. Muitos físicos sentem que a teoria das cordas conseguirá resolver o problema da hierarquia.

Por exemplo, se contarmos o bóson de Higgs (e ambos os tipos de bósons W), o Modelo Padrão da física de partículas tem dezoito partículas elementares. As massas dessas partículas não são previstas pelo Modelo Padrão. Os físicos tiveram de encontrá-las por meio de experimentos e, depois, inseri-las nas equações para que tudo funcionasse corretamente.

Se voltar à Tabela 8-1, perceberá que há três famílias de partículas entre os férmions, o que parecem ser duplicações desnecessárias. Se já temos um elétron, por que a natureza precisa de um múon que seja duzentas vezes mais pesado? Por que temos tantos tipos de quarks?

Além disso, quando observamos as escalas de energia associadas às teorias quânticas de campo do Modelo Padrão, como mostrado na Figura 8-5, podem surgir ainda mais perguntas. Por que existe um intervalo de dezesseis ordens de magnitude (dezesseis zeros!) entre a intensidade da energia da escala de Planck e a escala fraca?

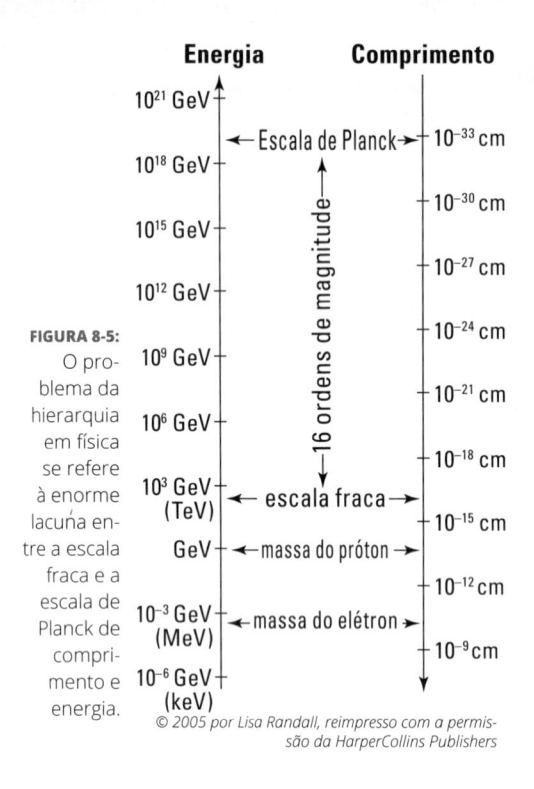

```
                    Energia        Comprimento
                 10²¹ GeV ┤
                          │ ←─Escala de Planck→┤ 10⁻³³ cm
                 10¹⁸ GeV ┤     ↑
                          │     │               ┤ 10⁻³⁰ cm
                 10¹⁵ GeV ┤     │
                          │     │               ┤ 10⁻²⁷ cm
                 10¹² GeV ┤     │
FIGURA 8-5:               │  16 ordens          ┤ 10⁻²⁴ cm
   O pro-         10⁹ GeV ┤  de magnitude
  blema da                │     │               ┤ 10⁻²¹ cm
  hierarquia      10⁶ GeV ┤     │
  em física               │     │               ┤ 10⁻¹⁸ cm
  se refere       10³ GeV ┤     ↓
  à enorme         (TeV)  ┤ ←─escala fraca→
  lacuna en-              │                     ┤ 10⁻¹⁵ cm
  tre a escala      GeV   ┤ ←─massa do próton→
   fraca e a                                    ┤ 10⁻¹² cm
   escala de
  Planck de      10⁻³ GeV ┤ ←─massa do elétron→
   compri-        (MeV)                         ┤ 10⁻⁹ cm
  mento e
  energia.       10⁻⁶ GeV ┤
                  (keV)
```

© 2005 por Lisa Randall, reimpresso com a permissão da HarperCollins Publishers

No fundo dessa escala está a *energia de vácuo*, que é a energia gerada por todo o estranho comportamento quântico no espaço vazio — partículas virtuais de repente surgindo e campos quânticos flutuando de forma selvagem devido ao princípio da incerteza.

O problema da hierarquia ocorre porque os parâmetros fundamentais do Modelo Padrão não revelam nada sobre tais escalas de energia. Assim como os físicos precisam colocar à mão as partículas e suas massas na teoria, da mesma forma tiveram que desenvolver à mão as escalas de energia. Os princípios fundamentais da física não dizem aos cientistas como ir suavemente da escala fraca para a escala de Planck.

Como explico no Capítulo 2, tentar compreender a "lacuna" entre a escala fraca e a escala de Planck é um dos principais fatores motivadores por trás da tentativa de procurar uma teoria da gravidade quântica geral, e a teoria das cordas em particular. Muitos físicos gostariam de uma teoria única que pudesse ser aplicada a todas as escalas, sem a necessidade de renormalização (o processo matemático de remover infinitos), ou pelo menos de compreender quais propriedades da natureza determinam as regras que funcionam para as diferentes escalas. Outros estão perfeitamente satisfeitos com a renormalização, que tem sido uma importante ferramenta da física há quase quarenta anos e funciona em praticamente todos os problemas com que os físicos se deparam.

> **NESTE CAPÍTULO**
>
> » Colocando as coisas em seu lugar no Universo
>
> » Regressando aos primórdios do Universo
>
> » Explicando a matéria e a energia escuras
>
> » Vendo como os buracos negros dobram e quebram o espaço

Capítulo **9**

Física no Espaço: Cosmologia e Astrofísica

Um dos primeiros atos científicos da humanidade foi provavelmente olhar para os céus e fazer perguntas sobre a natureza daquele Universo expansivo. Hoje em dia, os cientistas ainda estão fascinados por essas questões, e com razão. Embora saibamos muito mais do que nossos antepassados das cavernas sobre o que constitui os céus, o espaço escuro entre as estrelas ainda guarda muitos mistérios — e a teoria das cordas é quem puxa a fila da procura de respostas a muitos desses mistérios.

Neste capítulo, você descobrirá o que físicos, astrônomos, astrofísicos e cosmólogos descobriram sobre o funcionamento do Universo, independentemente da teoria das cordas. À medida que foram descobrindo tais coisas, suas descobertas levaram a perguntas mais difíceis, que os teóricos de cordas esperam responder. Falo sobre alguns desses pontos mais complexos sobre o Universo no Capítulo 14. Este capítulo lhe dá o pano de fundo que ajudará você a compreender os laços entre cosmologia, astrofísica e a teoria das cordas.

Nas páginas seguintes, exploro as consequências da relatividade de Einstein, em que os cientistas descobrem que parece que o Universo teve um começo. Nessa altura, os cientistas conseguiram determinar de onde vêm as partículas do nosso Universo. A teoria da origem do Universo fica cada vez mais complexa com a introdução de um Universo primitivo em rápida expansão. Também apresento dois dos maiores mistérios da cosmologia: a presença de matéria escura invisível e da gravidade repulsiva sob a forma de energia escura. Por fim, damos uma espiada nos buracos negros, objetos que mais tarde se tornam importantes para a teoria das cordas.

Criando um Modelo Incorreto do Universo

Antes da teoria das cordas, havia a relatividade de Einstein, e antes disso era a gravidade de Newton, e durante cerca de dois séculos antes de Newton, acreditava-se, na maior parte do mundo ocidental, que as leis que governavam o Universo eram as estabelecidas por Aristóteles. A compreensão das revoluções posteriores na cosmologia começa com os modelos originais do Universo desenvolvidos pelos antigos gregos.

Aristóteles confere esferas ao Universo

Aristóteles retratou um Universo feito de uma substância chamada *éter* (veja, no Capítulo 5, mais sobre esse elemento elusivo). Os céus, para ele e para seus seguidores, eram um lugar de elegância e beleza geométrica insuperáveis que não mudava com o tempo.

Em alguns aspectos, Aristóteles é visto como um dos primeiros cientistas. Ele passou muito tempo discutindo como a observação é importante para compreendermos a natureza. Na descrição de Aristóteles, o Universo continha cinco elementos fundamentais: terra, ar, fogo, água e éter. O céu era a esfera do éter, mas estávamos presos à terra, ao ar, ao fogo e à água.

Aristóteles sabia que a Terra era uma esfera, e pensava que cada elemento tinha uma localização natural dentro dessa esfera, como mostra a Figura 9-1. A localização natural do elemento terra estava no centro da esfera — essa era considerada a esfera da Terra. Depois vinha a esfera da água, seguida pelo ar, fogo e finalmente a esfera do éter. (A Lua ficava em algum lugar na fronteira da esfera do éter, provavelmente bem no limite da esfera do fogo.)

As nuvens — compostas por elementos de ar e água — flutuavam no ar, ao longo da fronteira das esferas do ar e da água. Podemos misturar água e terra para fazer lama, mas a parte da terra tende a se assentar no fundo posteriormente, porque sua esfera está abaixo da esfera da água. Ao acender um fogo, as chamas alcançavam o céu em um esforço de chegar ao reino do fogo, onde o Sol residia.

TANTOS CIENTISTAS, MUITOS NOMES

Os nomes dos diferentes tipos de cientistas espaciais podem se tornar bastante confusos. Já se foram os dias em que qualquer pessoa que olhasse através de um telescópio poderia ser chamada de astrônoma. A distinção entre astrônomo e astrofísico praticamente não existe mais, e a linha entre astrofísico e cosmólogo se confunde na esfera da teoria das cordas. O termo utilizado é frequentemente escolhido por preferência pessoal, mas existem algumas diretrizes:

- **Astrônomo:** É o termo clássico para um cientista que estuda os céus. Desde Galileu, os telescópios óticos têm sido o principal instrumento utilizado para examinar corpos celestes. Hoje em dia, há telescópios de rádio, de raios X ou de raios gama, que captam a luz no espectro não visual. Tradicionalmente, os astrônomos dedicam mais tempo à classificação e descrição dos corpos no espaço do que à tentativa de explicar os fenômenos.

- **Astrólogo:** Da época de Ptolomeu à de Copérnico, os termos *astrólogo* e *astrônomo* eram essencialmente sinônimos. Depois de Copérnico, tornaram-se mais distintos; hoje, representam disciplinas radicalmente diferentes, com a astrologia bem fora dos limites da ciência. O astrólogo tenta encontrar uma ligação entre os comportamentos humanos e o movimento dos corpos celestes, geralmente com a introdução de um mecanismo vago ou sobrenatural como base para tais ligações. Obtenha mais informações sobre essa ciência no livro *Astrologia Para Leigos*, 3ª Edição, de Rea Orion (Alta Books).

- **Astrofísico:** O termo se aplica a alguém que estuda a física das interações dentro e entre corpos estelares. Os astrofísicos procuram aplicar os princípios da física para criar leis gerais que regem o comportamento dessas interações.

- **Cosmólogo:** É o termo usado para um tipo de astrofísico que se concentra na evolução do Universo — os processos de como o Universo muda ao longo do tempo. Um cosmólogo raramente se preocupa com um corpo estelar ou sistema solar específico, e as galáxias são em geral um assunto pequeno demais para esses exploradores do espaço. É comum que concentrem sua atenção em teorias que utilizam escalas inimaginavelmente grandes de tempo, espaço e energia. O estudo do Big Bang ou do fim do Universo é um exemplo do domínio do cosmólogo.

No modelo aristotélico, a esfera exterior era a do éter, relativamente intocada pelos elementos mundanos, além da Lua (dificilmente mundana) e sua fronteira com a esfera do fogo. Era uma esfera perfeita, que continha as estrelas, fixas em seu lugar sobre um fundo sereno e eterno. Essa crença definiu os céus durante mais de mil anos.

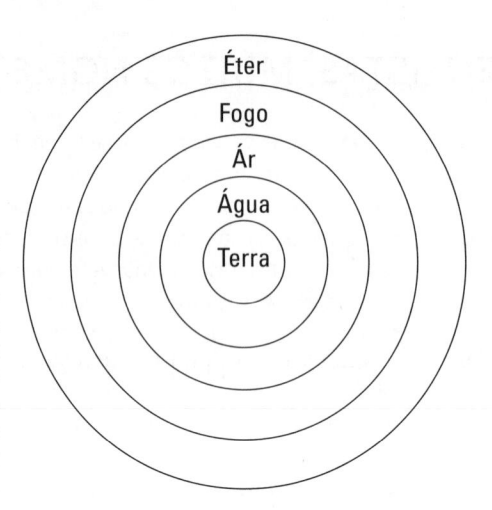

FIGURA 9-1: Na visão de Aristóteles, cada elemento tinha uma esfera natural que tentava alcançar.

Ptolomeu coloca a Terra no centro do Universo (e a Igreja Católica concorda)

O modelo cosmológico dos movimentos das estrelas desenvolvido com base na filosofia de Aristóteles foi chamado de *modelo ptolomaico*, levando o nome do homem que o inventou.

Ptolomeu viveu no Egito Romano durante o século II d.C., fazendo seu principal trabalho na cidade de Alexandria. Seu livro sobre astronomia, *Almagesto* (que pode ser traduzido como "o maior"), foi escrito aproximadamente em 150 d.C. A maior realização da obra foi tentar descrever o movimento dos céus em linguagem matemática precisa.

O modelo descrito por Ptolomeu, e mantido pela maioria dos estudiosos até o tempo de Copérnico e Galileu, era um *modelo geocêntrico* dos céus, no qual a Terra estava no centro do Universo. A razão para tal modelo fica óbvia a partir das esferas elementares de Aristóteles representadas na Figura 9-1: a Terra tem um lugar distinto e único no universo.

No modelo geocêntrico de Ptolomeu, a Lua, os planetas e o Sol são organizados em esferas rotativas à volta da Terra. Além dos planetas está a maior esfera, que tem as estrelas organizadas sobre ela. Esse modelo previu com precisão o movimento dos planetas, então foi bem recebido.

A Igreja Católica adotou esse modelo do Universo por uma série de razões. Uma delas é que ele proporcionou uma forma de o Sol ficar "parado" no céu para corresponder a um relato bíblico. Outra é que a teoria nada disse sobre o que estava fora das esferas repletas de estrelas, deixando assim muito espaço para o céu e o inferno.

Talvez mais significativamente, a Igreja abraçou a crença de que a Terra e os céus eram feitos de coisas diferentes. Nossa esfera era especial. Em todo o espaço, não havia nada mais como a Terra, e certamente nenhum outro lugar que pudesse dar origem a algo que se assemelhasse à humanidade. Com o aval oficial da Igreja Católica, o modelo ptolomaico do Universo se tornou não apenas uma teoria científica, mas um fato religioso.

O Universo Iluminado: Algumas Mudanças Permitidas

Na década de 1500, o modelo geocêntrico foi substituído pelo *modelo heliocêntrico*, no qual o Sol estava no centro do sistema solar. (Os modelos heliocêntricos haviam sido originalmente propostos por gregos como Aristarco, mas o modelo de Aristóteles ganhou maior popularidade.) O trabalho de Nicolau Copérnico e Galileu Galilei foi fundamental para essa revolução, que nos desalojou do nosso lugar especial no centro do Universo. O resultado ficou conhecido como o *modelo de Copérnico*, que diz que o espaço parece o mesmo, não importa de onde o vejamos.

Onde estamos no Universo: A correção de Copérnico

O modelo ptolomaico se baseou na ideia de que todos os objetos celestes — planetas, luas, estrelas etc. — estavam em esferas concêntricas, cada uma das quais centrada na Terra. Ao longo dos séculos (de cerca de 150 a.C. a 1500 d.C.), contudo, as observações deixaram claro que não era esse o caso.

Para preservar o modelo ptolomaico, ele foi modificado ao longo dos anos. Os objetos celestes estavam organizados em esferas que, depois, se organizavam em outras esferas. A própria elegância que tornava o modelo ptolomaico tão apelativo desapareceu, substituído por uma miscelânea de disparates geométricos que apenas se conformavam parcialmente com as observações científicas — que ficavam cada vez mais precisas devido às novas tecnologias.

Era o melhor momento para uma revolução científica. A teoria existente estava falhando, mas sem outro sistema a ser adotado (os modelos heliocêntricos de Aristarco foram ignorados, por alguma razão), o sistema prevalecente continuou a ser modificado de formas cada vez mais improváveis (consulte o Capítulo 4 para saber mais sobre esse processo). No caso do modelo ptolomaico, o fato de que contradizê-lo era uma heresia também não ajudou a incitar uma revolução científica.

Em seu livro, *Da Revolução das Esferas Celestes*, o astrônomo polonês Nicolau Copérnico explicou seu modelo heliocêntrico, deixando claro que o Sol, e não a Terra, se encontrava no centro do palco. Contudo, ele ainda usava esferas, e fez outras suposições que não resistiram ao tempo, mas foi uma grande melhoria em relação ao modelo de Ptolomeu.

Copérnico publicou o livro com seu modelo heliocêntrico após sua morte em 1543, temendo retaliação da Igreja se o publicasse antes (embora tenha distribuído versões da teoria a amigos cerca de trinta anos antes). Alguns escritores indianos haviam esboçado esse modelo heliocêntrico já no século VII d.C., e alguns astrônomos e matemáticos islâmicos também estudaram a ideia, mas não fica claro até que ponto Copérnico estava ciente desses trabalhos.

LEMBRE-SE

Copérnico era um teórico, não um astrônomo observacional. Sua principal percepção era a ideia de que a Terra não tinha uma posição distinta dentro do Universo, um conceito que foi nomeado *modelo de Copérnico* em meados do século XX.

Contemplando o movimento dos corpos celestes

Um dos maiores astrônomos de observação dessa era revolucionária foi Tycho Brahe, um nobre dinamarquês que viveu entre 1546 e 1601. Brahe fez um número assombroso de observações astronômicas detalhadas. Ele usou a riqueza da sua família para fundar um observatório que corrigiu quase todos os registros astronômicos da época, incluindo os do *Almagesto* de Ptolomeu.

Usando as métricas de Brahe, seu assistente Johannes Kepler conseguiu criar regras que regem o movimento dos planetas no nosso sistema solar. Em suas três leis do movimento planetário, Kepler percebeu que as órbitas planetárias eram elípticas, e não circulares.

LEMBRE-SE

Mais importante ainda, Kepler descobriu que o movimento dos planetas não era uniforme. A velocidade de um planeta muda à medida que ele se move ao longo de seu caminho elíptico. Kepler mostrou que os céus eram um sistema dinâmico, um detalhe que mais tarde ajudou Newton a mostrar que o Sol influencia constantemente o movimento dos planetas.

Galileu, ao utilizar o telescópio, percebeu mais tarde que outros planetas tinham luas e determinou que os céus não eram estáticos. A Igreja Católica acusou-o de heresia. Para escapar e ser condenado apenas à prisão domiciliar, Galileu foi forçado a retratar suas observações sobre os movimentos dos corpos celestes. Supostamente, as últimas palavras em seu leito de morte foram: "Mas se movem!" (Algumas versões dessa história indicam que ele proferiu a declaração ao ser condenado, então pode ser um mito.)

O trabalho de Galileu, juntamente com o de Kepler, lançou as bases para a lei da gravidade de Isaac Newton. Com a introdução da gravidade, foi dado o golpe de misericórdia no consenso científico por trás do modelo geocêntrico. Astrônomos e físicos sabiam agora que a Terra circulava o Sol, como o modelo heliocêntrico descrevia. (A Igreja Católica endossou oficialmente a visão heliocêntrica no século XIX. Em 1992, o Papa João Paulo II pediu desculpas oficialmente pelo tratamento a Galileu.)

Apresentando a Ideia do Universo em Expansão

Ainda dois séculos depois de Newton, Albert Einstein foi fortemente influenciado pelo conceito de um Universo imutável. Sua teoria da relatividade geral previa um Universo dinâmico — que muda substancialmente ao longo do tempo —, então ele introduziu um termo na teoria, chamado *constante cosmológica*, para tornar o Universo estático e eterno. Haveria a prova de que era um erro quando, vários anos mais tarde, o astrônomo Edwin Hubble descobriu que o Universo estava se expandindo! Ainda hoje, a consequência da constante cosmológica na relatividade geral tem um enorme impacto na física, fazendo com que os teóricos de cordas repensem toda sua abordagem.

As equações de relatividade geral que Einstein desenvolveu mostraram que o próprio tecido do espaço estava se expandindo ou se contraindo. Isso não fazia sentido para Einstein, então, em 1917, ele adicionou a constante cosmológica às equações. O termo representava uma forma de gravidade repulsiva que equilibrava exatamente a atração da gravidade.

Quando Hubble mostrou que o Universo estava de fato se expandindo, Einstein denominou a introdução da constante cosmológica como seu "maior erro" e a removeu das equações. Porém, o conceito regressaria ao longo dos anos, como se pode ver na seção "Energia Escura: Separando o Universo", mais adiante neste capítulo. Com a descoberta da energia escura, o "erro" de Einstein foi considerado um parâmetro necessário na teoria (embora os físicos tenham presumido durante a maior parte de um século que o valor da constante cosmológica era zero).

Descobrindo que a energia e a pressão têm gravidade

Na gravidade de Newton, os corpos com massa eram atraídos uns pelos outros. A relatividade de Einstein mostrou que a massa e a energia estavam relacionadas entre si. Portanto, massa e energia exerciam ambas uma influência gravitacional. Não só isso, mas também era possível que o próprio espaço pudesse exercer uma pressão que distorcesse a si mesmo.

Vários modelos foram desenvolvidos para mostrar como tal energia e pressão afetavam a expansão e contração do espaço.

Quando Einstein criou seu primeiro modelo baseado na teoria da relatividade geral, percebeu que isso implicava um Universo em expansão. Na época, ninguém tinha nenhuma razão particular para pensar que o Universo estava se expandindo, e Einstein pressupôs que isso era uma falha em sua teoria.

As equações da relatividade geral de Einstein permitiram a adição de um termo extra ao mesmo tempo em que se mantinha matematicamente viável. Ele descobriu que o termo poderia representar uma energia positiva (ou pressão negativa) uniformemente distribuída por todo o tecido do próprio espaço-tempo, que atuaria como uma *antigravidade*, ou uma forma repulsiva de gravidade. O termo foi escolhido para cancelar precisamente a contração do Universo, assim o Universo seria estático (ou imutável no tempo).

Em 1917, no mesmo ano em que Einstein publicou suas equações contendo a constante cosmológica, o físico holandês Willem de Sitter as aplicou a um Universo sem matéria. (Como explico no Capítulo 4, esse é um passo frequente na análise científica — tirar todas as complicações de uma teoria científica e a considerar nos casos mais simples.)

LEMBRE-SE

Nesse *espaço de De Sitter*, a única coisa que existe é a energia do vácuo — a própria constante cosmológica. Mesmo em um Universo que não contém matéria alguma, isso significa que o espaço se expandirá. Um espaço de De Sitter tem um valor positivo para a constante cosmológica, que também pode ser descrito como uma curvatura positiva do espaço-tempo. Um modelo semelhante com uma constante cosmológica negativa (ou uma curvatura negativa, em que a expansão está diminuindo) é chamado de *espaço anti de De Sitter*. (Mais sobre a curvatura do espaço-tempo daqui a pouco.)

Em 1922, o físico russo Alexander Friedmann se voltou à resolução das elaboradas equações da relatividade geral, mas decidiu fazer isso no caso mais geral, aplicando o *princípio cosmológico* (que pode ser visto como um caso mais geral do modelo de Copérnico), que consiste em dois pressupostos:

» O Universo parece igual em todas as direções (é *isotrópico*).

» O Universo é uniforme não importa aonde vá (é *homogêneo*).

Com esses pressupostos, as equações se tornam muito mais simples. O modelo original de Einstein e o modelo de De Sitter acabaram ambos sendo casos especiais dessa análise mais geral. Friedmann pôde definir a solução dependendo apenas de três parâmetros:

» A constante de Hubble (a taxa de expansão do Universo).

» Lambda (a constante cosmológica).

» Ômega (densidade média da matéria no Universo).

LEMBRE-SE

Até hoje, cientistas tentam determinar esses valores com a maior precisão possível, mas, mesmo sem valores reais, eles conseguem definir três soluções possíveis. Cada uma corresponde a certa "geometria" do espaço, que pode ser representada de forma simplificada pelo modo que o espaço se curva naturalmente no Universo, como mostra a Figura 9-2.

» **Universo fechado:** Há matéria suficiente no Universo, de modo que a gravidade acabará ultrapassando a expansão do espaço. A geometria de tal Universo é uma curvatura positiva, como a esfera na imagem à esquerda na Figura 9-2. (O modelo correspondeu ao modelo original de Einstein sem uma constante cosmológica.)

» **Universo aberto:** Não há matéria suficiente para interromper a expansão, então o Universo continuará se expandindo para sempre ao mesmo ritmo. O espaço-tempo tem uma curvatura negativa, como a forma da sela mostrada na imagem do meio na Figura 9-2.

» **Universo plano:** A expansão do Universo e a densidade da matéria equilibram-se perfeitamente, assim a expansão do Universo diminui com o tempo mas nunca para completamente. O espaço não tem nenhuma curvatura geral, como mostra a imagem à direita na Figura 9-2. (O próprio Friedmann não descobriu essa solução; isso ocorreu anos mais tarde.)

FIGURA 9-2: Três tipos de Universos: fechado, aberto e plano.

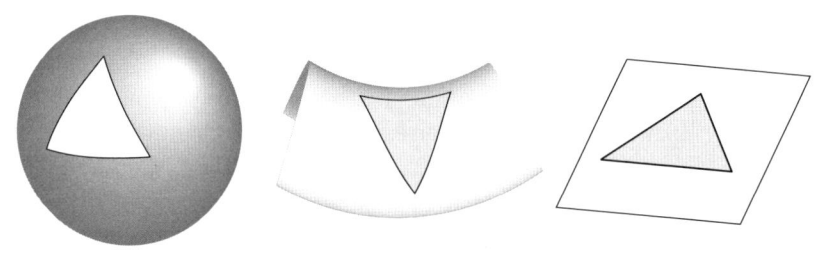

Esses modelos são altamente simplificados, mas precisavam ser assim, pois as equações de Einstein se tornaram muito complexas nos casos em que o Universo estava povoado de muita matéria, e os supercomputadores ainda não existiam para realizar todos os cálculos (e até os físicos gostam de tirar um descanso de vez em quando).

Hubble esclarece tudo

Em 1927, o astrônomo Edwin Hubble provou que o Universo está em expansão. Com essa nova evidência, Einstein removeu a constante cosmológica de suas equações.

Edwin Hubble tinha mostrado em 1925 que havia galáxias fora da nossa. Até aquela altura, os astrônomos tinham observado manchas brancas de estrelas no céu, o que chamaram de *nebulosas*, mas eles discordavam quanto à sua distância. Em seu trabalho no Observatório Mount Wilson na Califórnia, Hubble provou que eram, de fato, galáxias distantes.

Ao estudar essas galáxias distantes, ele notou que a luz das estrelas distantes tinha um comprimento de onda que foi ligeiramente deslocado para a extremidade vermelha do espectro eletromagnético, em comparação com o que ele esperava.

Isso é uma consequência da natureza ondulatória da luz — um objeto que se move (em relação ao observador) emite luz com um comprimento de onda levemente diferente. Isso se baseia no *efeito Doppler*, o que acontece com o comprimento de onda das ondas sonoras de uma fonte em movimento. Se você alguma vez ouviu o tom de uma sirene mudar à medida que ela se aproxima e passa, já experimentou o efeito Doppler.

De forma semelhante, quando uma fonte de luz está em movimento, o comprimento de onda da luz muda. Um *desvio para o vermelho* (*redshift*) na luz de uma estrela significa que ela está se afastando do observador.

LEMBRE-SE

Hubble viu esse desvio nas estrelas que observou, causado não só pelo movimento das estrelas, mas pela expansão do próprio espaço-tempo, e, em 1929, determinou que a quantidade de deslocamento estava relacionada com a distância da Terra. As estrelas mais distantes se afastavam mais rapidamente do que as estrelas próximas. O próprio espaço estava se expandindo.

Claramente, neste caso, Einstein tinha errado, e Friedmann estava certo em explorar todos os cenários possíveis previstos pela relatividade geral. (Infelizmente, Friedmann morreu em 1925, então nunca soube que estava certo.)

Encontrando um Início: A Teoria do Big Bang

Logo ficou claro que um Universo em expansão já tinha sido muito menor — tão pequeno, de fato, que esteve comprimido a um único ponto (ou, pelo menos, uma área muito pequena). A teoria de que o Universo partiu de um ponto tão primordial e se expandiu desde então é conhecida como *teoria do Big Bang*. Ela foi proposta pela primeira vez em 1927, mas permaneceu controversa até 1965, quando uma descoberta acidental a sustentou. Atualmente, as observações astronômicas mais avançadas mostram que a teoria do Big Bang é provavelmente verdadeira. Espera-se que a teoria das cordas ajude os físicos a compreender com maior precisão o que aconteceu nesses primeiros momentos do Universo, então compreendermos a teoria do Big Bang é um componente fundamental do trabalho cosmológico da teoria das cordas.

NEM "BIG", NEM "BANG"

O nome "Big Bang" [grande explosão] foi dado à teoria por Fred Hoyle, um dos maiores críticos da teoria. Em uma série de programas de rádio da BBC de 1949, Hoyle falava desdenhosamente da ideia de que tudo no Universo foi criado por uma "grande explosão" [big bang] repentina, em um passado distante.

O nome pegou, para grande consternação dos teóricos do Big Bang. Estritamente falando, a teoria não inclui uma grande explosão. Pelo contrário, ela afirma que uma minúscula partícula primordial começou a se expandir, criando o Universo. Não tem nem "big" nem "bang" na teoria.

O homem originalmente responsável pela teoria do Big Bang era um padre e físico belga, Georges Lemaître, que trabalhou independentemente em teorias semelhantes às de Friedmann. Tal como Friedmann, Lemaître percebeu que o Universo definido pela relatividade geral se expandiria ou se contrairia.

Em 1927, Lemaître soube da descoberta de Hubble sobre galáxias distantes que se afastavam da Terra. Ele percebeu que isso significava que o espaço estava se expandindo e publicou uma teoria que veio a ser chamada teoria do Big Bang. (Veja o box, "Nem 'big', nem 'bang'".)

Sabendo que o espaço está se expandindo, podemos fazer o vídeo do Universo retroceder no tempo em nossa mente (rebobinar, por assim dizer). Quando fazemos isso, percebemos que o Universo precisava ser muito menor do que é agora. À medida que a matéria do Universo se comprime em uma quantidade cada vez menor de espaço, as leis da termodinâmica (que regem o fluxo de calor) nos dizem que a matéria deveria ser incrivelmente quente e densa.

A teoria do Big Bang revela que o Universo surgiu de um estado de matéria densa e quente, mas não diz nada sobre como a matéria chegou lá, ou se alguma outra coisa existia antes do Big Bang (ou mesmo se a palavra "antes" tem algum significado quando estamos falando sobre o início dos tempos). Exploro esses tópicos especulativos nos Capítulos 14 e 15.

Fazendo oposição ao Big Bang: A teoria do estado estacionário

Em oposição à teoria do Big Bang, Fred Hoyle propôs uma teoria alternativa, chamada *teoria do estado estacionário*. Nela, novas partículas estavam sendo criadas continuamente. Conforme o espaço se expandia, essas novas partículas eram criadas rápido o suficiente para que a densidade da massa global do Universo permanecesse constante.

LEMBRE-SE

Para compreendermos o motivo de tal teoria, é preciso percebermos que poucos físicos pensavam ser provável que uma esfera densa de matéria pudesse surgir do nada, violando a lei da conservação da massa (ou da conservação da massa-energia). A matéria precisava vir de algum lugar.

Na opinião de Hoyle, se a matéria podia ser criada do nada uma vez, então por que isso não acontecia o tempo todo?

Embora a teoria do estado estacionário de Hoyle viesse a fracassar, ao tentar prová-la, Hoyle se mostrou digno aos olhos da história ao desenvolver uma teoria sobre a origem dos átomos densos do nosso Universo (que abordo na seção posterior "Entendendo a origem dos elementos químicos").

Saindo em defesa do Big Bang: Radiação cósmica de fundo em micro-ondas

Um dos maiores convertidos à teoria do Big Bang foi o físico George Gamow, que percebeu que, se a teoria fosse verdadeira, um vestígio residual de radiação cósmica de fundo em micro-ondas (RCFM) seria espalhado por todo o Universo. Tentativas de encontrar essa radiação deram errado por muitos anos, até que um problema inesperado em 1965 a detectou acidentalmente.

Gamow é conhecido por muitos como o autor de vários livros populares sobre ciência, mas era também um teórico e experimental que gostava de lançar tudo quanto é tipo de ideias, aparentemente sem se importar se dariam fruto.

Voltando sua atenção para a cosmologia e o Big Bang, Gamow observou em 1948 que a densa bola de matéria (provavelmente nêutrons, em sua hipótese) emitiria radiação de corpo negro, que havia sido trabalhada em 1900 por Max Planck. Um corpo negro emite radiação a um comprimento de onda definível com base na temperatura.

Dois alunos de Gamow, Ralph Alpher e Robert Herman, publicaram um trabalho em 1948 com o cálculo da temperatura, e, portanto, da radiação, daquela bola original de matéria. Eles calcularam a temperatura como estando cerca de 5 graus acima do zero absoluto, embora tenha sido necessário quase um ano para que Gamow concordasse com o cálculo. A radiação está na faixa do micro-ondas do espectro eletromagnético, então é chamada de *radiação cósmica de fundo em micro-ondas (RCFM)*.

Embora tenha sido um avanço teórico bem-sucedido, passou em grande parte despercebido na época. Ninguém conduziu uma experiência séria para procurar essa radiação, muito embora Gamow, Alpher e Herman tentassem ganhar apoio.

Em 1965, uma equipe da Universidade de Princeton liderada por Robert Dicke tinha desenvolvido a teoria de forma independente e tentava testá-la. Porém, a equipe de Dicke não conseguiu descobrir a RCFM, porque, enquanto davam os retoques finais em seu equipamento, alguém a descobriu antes.

A alguns quilômetros de distância, trabalhando no radiotelescópio Holmdell Horn no Laboratório Bell de Nova Jersey, Arno Penzias e Robert Wilson enfrentavam seus próprios problemas. Seu telescópio — que era mais sofisticado que o da Universidade de Princeton — captava uma estática horrível quando tentavam detectar sinais de rádio no espaço. Não importava para onde apontassem aquela coisa, continuavam a captar a mesma estática. Os dois até limparam os excrementos de aves do telescópio, mas em vão. Na verdade, a estática piorou no telescópio limpo.

Felizmente, Penzias e Dicke tinham um amigo em comum, o astrônomo Bernard Burke, que, ao descobrir os problemas que os dois enfrentavam, apresentou um ao outro. Penzias e Wilson ganharam o Prêmio Nobel da Física de 1978 por terem descoberto acidentalmente a RCFM (a uma temperatura de 2,7 graus acima do zero absoluto — os cálculos de Gamow ficaram um pouquinho acima).

Outros 40 anos de investigação apenas confirmaram a teoria do Big Bang, mais recentemente pela imagem da RCFM obtida pelo satélite Wilkinson Microwave Anisotropy Probe (WMAP). A imagem obtida por essa sonda, mostrada na Figura 9-3, é como uma imagem da infância do Universo quando tinha apenas 380 mil anos (13,7 bilhões de anos atrás). Antes disso, o Universo era opaco devido à alta densidade, então não há luz que alcance antes disso.

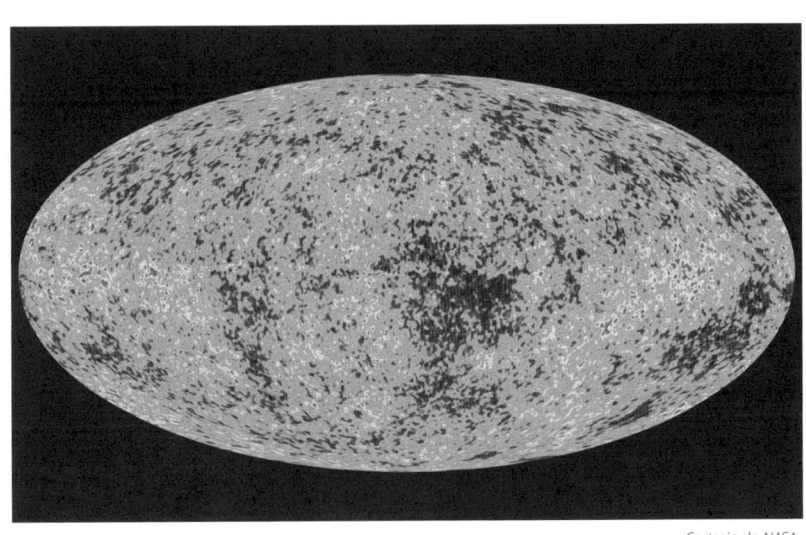

FIGURA 9-3: Imagem do satélite WMAP da NASA mostra uma radiação cósmica de fundo em micro-ondas (quase) uniforme.

Cortesia da NASA

DICA

Para mais informações sobre o satélite WMAP, visite o site oficial do Centro de Voo Espacial Goddard, da NASA: `map.gsfc.nasa.gov` [conteúdo em inglês].

Entendendo a origem dos elementos químicos

Tanto George Gamow quanto Fred Hoyle, embora divergindo fortemente sobre a teoria do Big Bang, foram as figuras centrais na determinação do processo de *nucleossíntese estelar*, em que os átomos são feitos dentro das estrelas. Gamow teorizou que os elementos foram criados pelo calor do Big Bang. Hoyle mostrou que os elementos mais pesados foram realmente criados pelo calor intenso das estrelas e das supernovas.

A teoria original de Gamow era a de que, à medida que o calor intenso do Universo em expansão arrefecia, o elemento mais leve, o hidrogênio, era formado. Naquela altura, a energia ainda era suficiente para causar a interação das moléculas de hidrogênio, talvez se fundindo em átomos de hélio. As estimativas mostram que quase 75% do Universo visível é composto por hidrogênio e 25% é hélio, com o restante dos elementos da tabela periódica compondo quantidades mínimas na escala de todo o Universo.

Isso provou ser bom, porque Gamow não conseguiu descobrir como inserir muitos desses elementos mais pesados na teoria do Big Bang. Hoyle resolveu o problema ao pressupor que, se conseguisse descobrir todos os elementos nas estrelas, então a teoria do Big Bang fracassaria. O trabalho de Hoyle sobre a nucleossíntese estelar foi publicado em 1957.

No método da nucleossíntese de Hoyle, o hélio e o hidrogênio se juntam no interior das estrelas e passam pela fusão nuclear. Mesmo isso, porém, não é suficientemente quente para tornar os átomos mais maciços do que o ferro. Esses elementos mais pesados — zinco, cobre, urânio e muitos outros — são criados quando estrelas maciças morrem e explodem em *supernovas* gigantes. Essas supernovas produzem energia suficiente para fundir os prótons no núcleo atômico pesado.

Os elementos são então soprados para o espaço pela explosão da supernova, flutuando como nuvens de poeira estelar. Parte desse pó acaba caindo sob a influência da gravidade e forma planetas, como a nossa Terra.

Resolvendo os Problemas da Planicidade e do Horizonte com Inflação

Na tentativa de compreender o Universo, dois grandes problemas permaneceram: o *problema da planicidade* e o *problema do horizonte*. Para resolvê--los, a teoria do Big Bang é modificada pela *teoria da inflação*, que afirma que o Universo se expandiu rapidamente pouco depois de ter sido criado. Hoje em dia, os princípios no âmago da teoria da inflação têm um impacto profundo na forma em que a teoria das cordas é vista por muitos físicos, como fica claro no Capítulo 14.

LEMBRE-SE

Os dois problemas podem ser apresentados de forma simples assim:

» **Problema do horizonte:** A RCFM tem basicamente a mesma temperatura em todas as direções.

» **Problema da planicidade:** Parece que o Universo tem uma geometria plana.

Problemas do Universo: Longe e plano demais

O problema do horizonte (às vezes também chamado *problema da homogeneidade*) é que, independentemente da direção que olhamos no Universo, vemos basicamente a mesma coisa (veja a Figura 9-3). As temperaturas da RCFM em todo o Universo são, em um nível de medição *muito* elevado, quase exatamente as mesmas em todas as direções. Na realidade, não deveria ser assim, se pensarmos bem no assunto.

Se olharmos em uma direção no espaço, estamos na realidade olhando para trás no tempo. A luz que atinge nosso olho (ou telescópio) viaja à velocidade da luz, por isso foi emitida há anos. Isso significa que há um limite de 14 bilhões (ou mais) de anos-luz em todas as direções. (O limite é, na verdade, mais distante, porque o espaço em si está expandindo, mas podemos ignorar isso para os fins deste exemplo.) Se houver algo mais distante do que isso, não há maneira de que tenha jamais se comunicado conosco. Então, você pode observar em seu poderoso telescópio e ver a RCFM que veio de 14 bilhões de anos-luz de distância (chamaremos isso de Ponto A).

Agora, se olhar 14 bilhões de anos-luz na direção oposta (este é o Ponto B), verá exatamente o mesmo tipo de RCFM nessa direção. Normalmente, consideraríamos isso como o fato de que toda a RCFM se difundiu de alguma forma por todo o Universo, como o aquecimento de um forno. De algum modo, a informação térmica é comunicada entre os pontos A e B.

LEMBRE-SE

Mas os pontos A e B estão separados por 28 bilhões de anos-luz, o que significa que, como nenhum sinal pode ir mais rápido que a velocidade da luz, *não há como eles terem se comunicado durante toda a idade do Universo*. Como é que chegaram à mesma temperatura se não há maneira de o calor se transferir entre eles? Esse é o problema do horizonte.

O problema da planicidade tem a ver com a geometria do nosso Universo, que parece ter uma geometria plana (especialmente com provas recentes do WMAP), como ilustrado na Figura 9-2. A densidade da matéria e a taxa de expansão do Universo parecem estar quase perfeitamente equilibradas, mesmo 14 bilhões de anos mais tarde, quando variações menores deveriam ter crescido drasticamente. Como isso não aconteceu, os físicos precisam de uma explicação para o fato de as variações menores não terem aumentado drasticamente. Será que não existiram? Será que não cresceram em variações de grande escala? Aconteceu alguma coisa para suavizá-las? O problema da planicidade procura uma razão pela qual o Universo tem uma geometria que parece ser perfeitamente plana.

Rápida expansão inicial: A solução dos problemas

Em 1980, o astrofísico Alan Guth propôs a teoria da inflação para resolver os problemas do horizonte e da planicidade (embora fossem necessários aperfeiçoamentos posteriores por Andrei Linde, Andreas Albrecht, Paul Steinhardt e outros para fazê-la funcionar). Nesse modelo, a expansão universal inicial acelerou a um ritmo muito mais rápido do que vemos hoje.

Acontece que a teoria da inflação resolve tanto o problema da planicidade como o problema do horizonte (pelo menos para a satisfação da maioria dos cosmólogos e astrofísicos). O problema do horizonte é resolvido porque as diferentes regiões que vemos costumavam estar perto o suficiente para se comunicarem, mas durante a inflação, o espaço se expandiu tão rápido que essas regiões próximas foram espalhadas, cobrindo todo o Universo visível.

O problema da planicidade é resolvido porque a inflação em si, na realidade, achata o Universo. Imagine um balão vazio, que pode ter todo o tipo de rugas e outras anomalias. No entanto, à medida que se expande, a superfície se suaviza. De acordo com a teoria da inflação, isso também acontece com o tecido do Universo.

Além de resolver os problemas do horizonte e da planicidade, a inflação também lança as sementes para a estrutura que vemos hoje em nosso Universo. Pequenas variações de energia durante a inflação, devido simplesmente à incerteza quântica, tornam-se as fontes para a matéria se agrupar, vindo a compor galáxias e aglomerados de galáxias.

Uma questão com a teoria da inflação é que o mecanismo exato que causaria — e depois desligaria — o período inflacionário não é conhecido. Muitos aspectos técnicos dessa teoria permanecem sem resposta, embora os modelos incluam um campo escalar chamado *campo ínflaton* e uma partícula teórica correspondente chamada *ínflaton*. A maioria dos cosmólogos hoje em dia acredita que alguma forma de inflação provavelmente aconteceu no Universo primitivo.

Algumas variações e alternativas a esse modelo são levantadas pelos teóricos de cordas e outros físicos. Dois criadores da teoria da inflação, Andreas Albrecht e Paul J. Steinhart, trabalharam também em teorias alternativas; veja, no Capítulo 14, a teoria ecpirótica de Steinhart, e no Capítulo 19, a cosmologia da velocidade variável da luz, de Albrecht.

Matéria Escura: Fonte de Gravidade Extra

Os astrônomos descobriram que os efeitos gravitacionais observados em nosso Universo não correspondem à quantidade de matéria vista. Para explicar tais diferenças, parece que o Universo contém uma forma misteriosa de matéria que não podemos observar, chamada *matéria escura*. Em todo o Universo, há aproximadamente seis vezes mais matéria escura do que a matéria visível normal — e a teoria das cordas pode explicar de onde ela vem!

Na década de 1930, o astrônomo suíço Fritz Zwicky observou pela primeira vez que algumas galáxias giravam tão rápido que as estrelas nelas deveriam voar para longe umas das outras. Infelizmente, Zwicky teve conflitos de personalidade com muitos na comunidade astronômica, então suas opiniões não foram levadas muito a sério.

Em 1962, a astrônoma Vera Rubin fez as mesmas descobertas e teve quase o mesmo resultado. Embora ela não tivesse os mesmos problemas de temperamento que Zwicky, muitos ignoraram seu trabalho só porque era mulher.

Rubin manteve seu foco no problema e, em 1978, tinha estudado onze galáxias espirais, todas (incluindo a nossa Via Láctea) girando tão depressa que as leis da física diziam que deveriam voar para longe. Juntamente com o trabalho de outros, isso foi suficiente para convencer a comunidade astronômica de que algo estranho estava acontecendo.

Seja o que for que mantém essas galáxias juntas, as observações indicam agora que deve haver muito mais do que a matéria visível que compõe a *matéria bariônica* à qual estamos habituados — a matéria que constitui você, este livro, nosso planeta e as estrelas.

Os físicos fizeram várias sugestões sobre o que poderia constituir tal matéria escura, mas até agora ninguém sabe ao certo. Os teóricos de cordas têm algumas ideias, que podem ser lidas no Capítulo 14.

Energia Escura: Separando o Universo

A constante cosmológica de Einstein permitiu a existência de uma energia repulsiva uniforme em todo o Universo. Desde que Hubble descobriu a expansão do Universo, a maioria dos cientistas acreditava que a constante cosmológica era zero (ou talvez levemente negativa). Descobertas recentes indicaram que a taxa de expansão do Universo está, na verdade, aumentando, o que significa que a constante cosmológica tem um valor positivo. Essa gravidade repulsiva — ou *energia escura* — está de fato afastando o

Universo. É uma característica importante do Universo que a teoria das cordas talvez possa explicar.

Em 1998, duas equipes de astrônomos anunciaram os mesmos resultados: estudos de *supernovas* distantes (estrelas em explosão) mostraram que as estrelas pareciam mais fracas do que o esperado. A única forma de explicar isso era que talvez elas estivessem de alguma forma mais distantes do que o esperado, mas os físicos já haviam contabilizado a expansão do Universo. A explicação encontrada foi assustadora: a taxa de expansão do Universo estava acelerando.

Para explicar isso, os físicos perceberam que deveria haver algum tipo de gravidade repulsiva que funcionasse em grandes escalas (veja a Figura 9-4). Em escalas pequenas, a gravidade normal governa, mas, em escalas maiores, a força de gravidade repulsiva da energia escura parecia tomar conta. (Isso não contradiz a ideia de que o Universo é plano, mas torna o fato de ser plano, embora ainda em expansão, um conjunto de circunstâncias muito incomum e inesperado, o que exigiu parâmetros muito estreitos sobre as condições iniciais do nosso Universo.)

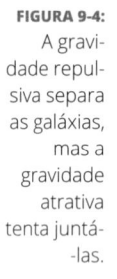

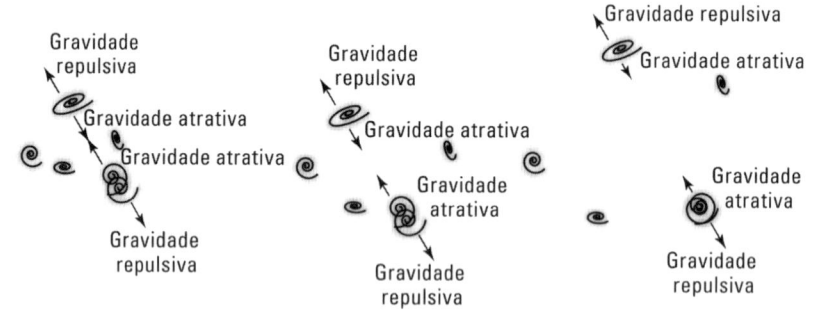

FIGURA 9-4: A gravidade repulsiva separa as galáxias, mas a gravidade atrativa tenta juntá-las.

LEMBRE-SE

A gravidade repulsiva é teorizada pela teoria da inflação, mas isso é uma hiperexpansão rápida nas fases iniciais do Universo. A expansão atual devido à energia escura pode ser um resquício da gravidade repulsiva da inflação, ou talvez seja um fenômeno totalmente distinto.

A descoberta da energia escura (ou de uma constante cosmológica positiva, à qual é mais ou menos semelhante) cria grandes obstáculos teóricos, especialmente tendo em conta o quão fraca é a energia escura. Durante anos, a teoria quântica de campo previu uma enorme constante cosmológica, mas a maioria dos físicos presumiu que algumas propriedades (como a supersimetria, que reduz o valor da constante cosmológica) a anulavam a zero. Porém, o valor é não zero, mas difere das previsões teóricas em quase 120 casas decimais! (Você pode encontrar uma explicação mais detalhada dessa discrepância no Capítulo 14.)

De fato, os resultados do WMAP mostram que a grande maioria do material no nosso Universo presente — cerca de 73% — é constituída por energia escura (lembre-se de que, de acordo com a relatividade, a matéria e a energia são formas diferentes da mesma coisa: $E = mc^2$, afinal de contas). Dados de cinco anos fornecidos pelo WMAP, divulgados em 2008 e mostrados na Figura 9-5, permitem também que comparemos a composição do Universo atual com o material presente no Universo de 13,7 bilhões de anos atrás. A energia escura era uma fatiazinha de pizza desaparecendo há 13,7 bilhões de anos, mas hoje em dia ela ofusca a matéria e impulsiona a expansão do Universo.

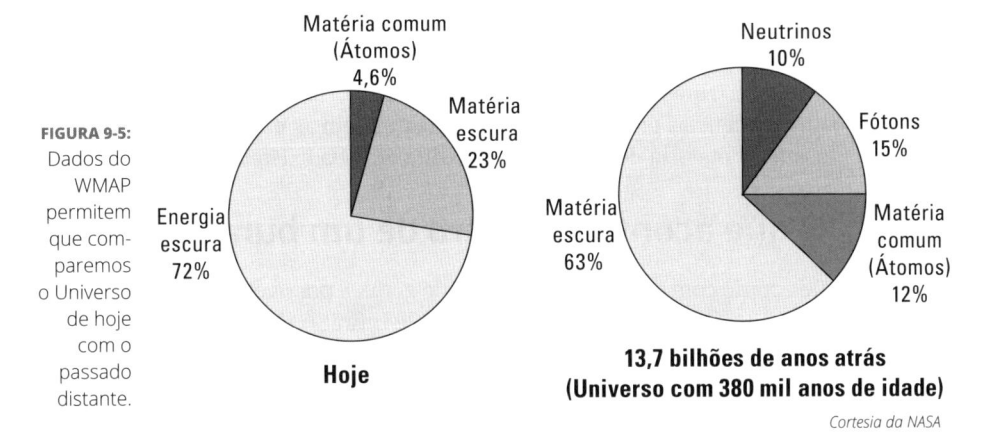

FIGURA 9-5: Dados do WMAP permitem que comparemos o Universo de hoje com o passado distante.

Hoje:
- Matéria comum (Átomos) 4,6%
- Matéria escura 23%
- Energia escura 72%

13,7 bilhões de anos atrás (Universo com 380 mil anos de idade):
- Neutrinos 10%
- Fótons 15%
- Matéria comum (Átomos) 12%
- Matéria escura 63%

Cortesia da NASA

A história do Universo é um tema de estudo fascinante, e tentar compreender o significado dessa energia escura é um dos aspectos fundamentais da cosmologia moderna. É também um dos principais desafios às variações modernas da teoria das cordas, como se pode ver no Capítulo 11.

Hoje em dia, muitos teóricos de cordas dedicam atenção a esses mistérios cosmológicos das origens e evolução do Universo porque fornecem um campo universal no qual as ideias da teoria das cordas podem ser exploradas, potencialmente a níveis energéticos nos quais o comportamento das cordas pode se manifestar. Nos Capítulos 12, 14 e 15, você descobrirá quais comportamentos os teóricos de cordas podem estar procurando, bem como suas implicações ao Universo.

Esticando o Tecido do Espaço-Tempo em um Buraco Negro

Uma das consequências da teoria da relatividade geral de Einstein foi uma solução em que o espaço-tempo curvou tanto que até um feixe de luz ficou encurralado. Tais soluções passaram a se chamar *buracos negros*, e seu estudo é um dos campos mais intrigantes da cosmologia. A aplicação da teoria das cordas para estudar os buracos negros é uma das provas mais significativas em seu favor.

Acredita-se que os buracos negros se formam quando as estrelas morrem e seu enorme volume desmorona para dentro, criando campos gravitacionais intensos. Ninguém "viu" um buraco negro, mas os cientistas observaram evidências gravitacionais consistentes com as previsões a seu respeito, assim, a maioria dos cientistas acredita em sua existência.

O que acontece dentro de um buraco negro?

De acordo com a teoria da relatividade geral, é possível que o próprio tecido do espaço-tempo curve uma quantidade infinita. Um ponto com essa curvatura infinita é chamado de *singularidade* espaço-tempo. Se seguirmos o espaço-tempo de volta ao Big Bang, chegaríamos a uma singularidade. As singularidades também existem dentro dos buracos negros, como mostra a Figura 9-6.

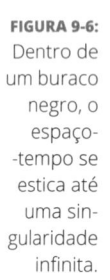

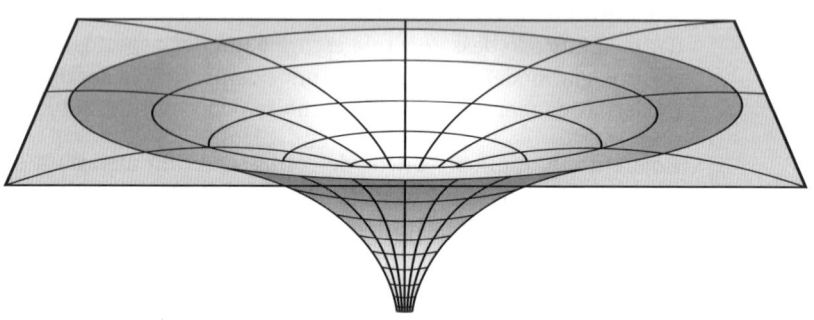

FIGURA 9-6: Dentro de um buraco negro, o espaço-tempo se estica até uma singularidade infinita.

Considerando que a relatividade geral diz que a curvatura do espaço-tempo é equivalente à força da gravidade, a singularidade de um buraco negro tem uma gravidade infinita. Qualquer matéria que entrasse em um buraco negro seria rasgada por essa intensa energia gravitacional à medida que se aproximasse da singularidade.

Por esse motivo, os buracos negros proporcionam um excelente campo de testes teóricos para a teoria das cordas. A gravidade é normalmente tão fraca que os efeitos quânticos não são observados, mas dentro de um buraco negro, ela se torna a força dominante em operação. Uma teoria da gravidade quântica, como a teoria das cordas, explicaria exatamente o que acontece dentro de um buraco negro.

O que acontece na fronteira de um buraco negro?

A fronteira de um buraco negro é chamada de *horizonte de eventos* e representa uma barreira da qual nem a luz consegue sair. Caso se aproximasse da borda de um buraco negro, ocorreriam efeitos relativistas, incluindo a *dilatação temporal*. Para um observador exterior, pareceria que o tempo está indo mais devagar, chegando a parar. (Você, por outro lado, não notaria nada — até que as intensas forças gravitacionais do buraco negro o esmagassem, é claro.)

Anteriormente, acreditava-se que as coisas eram apenas sugadas para um buraco negro, mas o físico Stephen Hawking mostrou, celebremente, que os buracos negros emitem uma energia chamada *radiação Hawking*. (Isso foi proposto em 1974, um ano após a igualmente inovadora descoberta do israelense Jacob Bekenstein de que os buracos negros possuíam *entropia* — uma medida termodinâmica de desordem em um sistema. A entropia mede o número de diferentes formas de organizar as coisas em um sistema.)

A física quântica prevê que partículas virtuais são continuamente criadas e destruídas devido a flutuações quânticas de energia no vácuo. Hawking aplicou esse conceito aos buracos negros e percebeu que, se essa ação dupla acontecesse perto do horizonte de eventos, seria possível que uma das partículas fosse puxada para o buraco negro, enquanto a outra não. Isso seria idêntico ao buraco negro que emite radiação. Para preservar a energia, a partícula que caiu no buraco negro deve ter energia negativa e reduzir a energia global (ou massa) do buraco negro.

O comportamento dos buracos negros é curioso de várias maneiras, muitas delas demonstradas por Hawking na década de 1970:

» A entropia de um buraco negro é proporcional à sua área da superfície (a área do horizonte de eventos), ao contrário dos sistemas convencionais, em que a entropia é proporcional ao volume. Essa foi a descoberta de Bekenstein.

» Se colocarmos mais matéria em um buraco negro, ele esfria.

» Como um buraco negro emite radiação Hawking, a energia vem do buraco negro, então ele perde massa. Isso significa que o buraco negro aquece, perdendo energia (e, portanto, massa) mais rapidamente.

Dito de outro modo, Stephen Hawking mostrou em meados da década de 1970 que um buraco negro evaporará (a menos que seja "alimentado" com mais massa do que perde em energia). Ele fez isso aplicando princípios de física quântica a um problema de gravidade. Depois de o buraco negro evaporar até chegar ao tamanho do comprimento de Planck, é necessária uma teoria quântica da gravidade para explicar o que acontece com ele.

A solução de Hawking é que o buraco negro evapora nesse ponto, emitindo uma explosão final de energia aleatória. Essa solução resulta no chamado *paradoxo da informação em buracos negros*, porque a mecânica quântica não permite que a informação seja perdida, mas parece que a energia da evaporação não transmite a informação sobre a matéria que originalmente foi para o buraco negro. Discuto esse paradoxo e suas potenciais resoluções com mais detalhes no Capítulo 14.

3 Desenvolvendo a Teoria das Cordas: Uma Teoria de Tudo

NESTA PARTE...

A teoria das cordas existe há quase quatro décadas. É uma das teorias científicas mais incomuns de todos os tempos, pois foi desenvolvida de trás para a frente. Começou como uma teoria de interações de partículas e fracassou nisso (só para mais tarde incorporar a teoria que a substituiu). Tornou-se então uma teoria da gravidade quântica, mas fez previsões que não pareciam corresponder à realidade.

Hoje, a teoria das cordas se tornou tão complexa e produziu tantos resultados inesperados que seus proponentes começaram a citar tal flexibilidade dentro da teoria como uma de suas maiores forças.

Esta parte explica como a teoria das cordas começou e como se transformou ao longo dos anos. Explico as interpretações básicas de conceitos-chave e como os teóricos de cordas têm se adaptado a novas descobertas. Por fim, analiso algumas formas pelas quais os cientistas talvez consigam provar — ou refutar — a teoria das cordas.

NESTE CAPÍTULO

» Sabendo como a teoria das cordas começou

» Enfatizando os conceitos básicos da teoria

» Salvando a ciência com supercordas e supergravidade

» Celebrando a primeira revolução das supercordas

Capítulo **10**

Primeiras Cordas e Supercordas: Revelando o Início da Teoria

Um ano antes de os astronautas pisarem na lua, ninguém nunca tinha ouvido falar da teoria das cordas. Os conceitos centrais da teoria não eram discutidos nem debatidos. Os físicos lutavam para completar o Modelo Padrão da física de partículas, mas abandonaram as esperanças de uma teoria de tudo (se é que jamais tiveram tal esperança, para começo de conversa).

Ou seja, ninguém estava à procura de cordas quando os físicos as encontraram.

Neste capítulo, falo sobre os primórdios da teoria das cordas, que rapidamente fracassou em fazer qualquer coisa que seus criadores esperavam (ou queriam) que fizesse. Depois explico como, a partir desse humilde começo, vários elementos da teoria das cordas começaram a surgir, o que levou cada vez mais cientistas a investigá-la.

Teoria das Cordas Bosônicas: A Primeira

A primeira teoria das cordas ficou conhecida como *teoria das cordas bosônicas* e dizia que todas as partículas que os físicos têm observado são, na realidade, a vibração das "cordas" multidimensionais. Mas a teoria teve consequências que tornaram irrealista sua utilização para descrever nossa realidade.

Um grupo dedicado de físicos trabalhou na teoria das cordas bosônicas entre 1968 e o início da década de 1970, quando o desenvolvimento da teoria das supercordas (que dizia a mesma coisa, mas se encaixava melhor na realidade) a suplantou. (Explico essa teoria superior mais à frente na seção "Supersimetria ao Resgate: Teoria das Supercordas".)

Embora a teoria das cordas bosônicas fosse imperfeita e incompleta, os teóricos de cordas ocasionalmente fazem trabalho matemático com esse modelo para testar novos métodos e teorias antes de avançar para os modelos mais modernos de supercordas.

Explicando o espalhamento de partículas com os modelos iniciais de ressonância dupla

A teoria das cordas nasceu em 1968 como uma tentativa de explicar o espalhamento de partículas (especificamente hádrons, como prótons e nêutrons) dentro de um acelerador de partículas. Originalmente, não tinha nada a ver com cordas. Os primeiros predecessores eram conhecidos como *modelos de ressonância dupla*.

O estado inicial e final das interações de partículas pode ser registrado em um conjunto de números chamado *matriz S*. Na época, encontrar uma estrutura matemática para essa matriz foi considerado um passo significativo para a criação de um modelo coerente de física de partículas.

Gabriele Veneziano, físico do laboratório do acelerador de partículas do CERN, percebeu que uma fórmula matemática existente parecia explicar a estrutura matemática da matriz S. (Veja o box "Aplicações da matemática pura à física" para obter mais informações sobre essa fórmula.) (O físico Michio Kaku afirmou que Mahiko Suzuki, também do CERN, fez a mesma descoberta ao mesmo tempo, mas foi persuadido por um mentor a não publicá-la.)

A explicação de Veneziano é denominada *modelo de ressonância dupla, amplitude de Veneziano* ou apenas *modelo de Veneziano*. O modelo estava próximo do resultado correto com relação a como os hádrons interagiam, mas ainda com falhas. Na época em que Veneziano o desenvolveu, os aceleradores de partículas não eram suficientemente precisos para detectar as diferenças entre o modelo e a realidade. (Futuramente, seria demonstrado que a teoria alternativa da cromodinâmica quântica era a explicação correta do comportamento do hádron, como discutido no Capítulo 8.)

APLICAÇÕES DA MATEMÁTICA PURA À FÍSICA

É comum que os físicos descubram que a matemática de que necessitam foi criada muito antes de ser necessária. Por exemplo, a equação que o físico Gabriele Veneziano utilizou para explicar o espalhamento de partículas foi a função beta de Euler, descoberta no século XVII pelo matemático suíço Leonhard Euler. Além disso, quando Einstein começou a estender a relatividade especial à relatividade geral, logo percebeu que a geometria euclidiana tradicional não funcionaria. Seu espaço precisava se curvar, e a geometria de Euclides descrevia apenas superfícies planas.

Felizmente para Einstein, em meados do século XIX, o matemático alemão Bernhard Riemann havia desenvolvido uma forma de geometria não euclidiana (chamada *geometria Riemanniana*). A matemática de que Einstein precisava para a teoria da relatividade geral tinha sido criada meio século antes como um exercício intelectual, sem qualquer objetivo prático em mente. (Por mais fascinante que fosse revolucionar os fundamentos da geometria, raramente era algo prático.)

Isso aconteceu várias vezes na história da teoria das cordas. As variedades de Calabi-Yau, analisadas no final deste capítulo, são um exemplo. Outro é quando os teóricos de cordas tentavam determinar o número apropriado de dimensões para tornar suas teorias estáveis e consistentes. Uma chave para esse problema veio do diário do gênio matemático indiano Srinivasa Ramanujan (retratado no filme *Gênio Indomável*), que morreu em 1920. A matemática específica nesse caso foi a *função de Ramanujan*.

Após a formação do modelo de ressonância dupla, centenas de artigos teóricos foram publicados como tentativas de modificar um pouco os parâmetros. As teorias eram abordadas assim na física; afinal, é raro que um palpite inicial sobre uma teoria esteja precisamente correto e em geral requer ajustes sutis — para ver como a teoria reage, até onde pode ser dobrada e modificada, e assim por diante — para que, em última análise, se ajuste aos resultados experimentais.

O modelo de ressonância dupla não teria nada a ver com esse tipo de remendo — qualquer alteração simplesmente o invalidaria. Os parâmetros matemáticos da teoria estavam estabelecidos com muita precisão. Tentativas de modificar a teoria de alguma forma levaram rapidamente ao seu colapso total. Como uma adaga equilibrada pela ponta, a menor perturbação faria com que tombasse. Matematicamente, estava presa a um certo conjunto de valores. De fato, alguns disseram que a teoria de forma alguma tinha parâmetros ajustáveis — pelo menos até ser transformada em um conceito completamente diferente: teoria das supercordas!

Não é assim que as teorias devem se comportar. Se você tem uma teoria e a modifica para que a massa das partículas, por exemplo, mude um pouco, a teoria não deve entrar em colapso — deve apenas apresentar um resultado diferente.

Quando uma teoria não pode ser modificada, só há duas razões possíveis: ou está completamente errada ou está completamente certa! Durante vários anos, os modelos de ressonância dupla pareciam estar completamente certos, então os físicos continuaram a ponderar o que eles significavam.

Explorando o primeiro modelo físico: Partículas como cordas

A interpretação física básica da teoria das cordas foi como cordas vibrantes. Conforme as cordas colidiam umas com as outras, cada uma representando uma partícula, a matriz S descrevia o resultado.

DICA

Considere esta maneira muito informal de ver a teoria das cordas, mostrada na Figura 10-1. Cada partícula é composta por uma corda vibratória. No caso de um próton, há três cordas de quark. Quando elas entram em contato, se unem para formar um próton. Assim, o próton é criado pela interação das três cordas de quark que se tocam. O próton é um tipo de nó dentro das cordas.

FIGURA 10-1: A maioria das pessoas pensa nas partículas como esferas sólidas. Na teoria das cordas, no entanto, os cientistas as veem como cordas vibratórias.

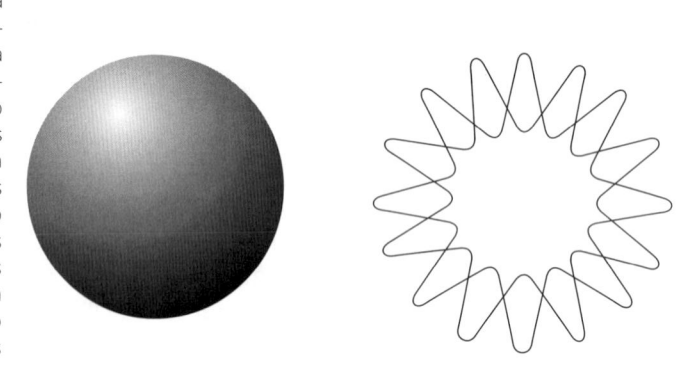

Como são essas cordas? As cordas descritas eram quase como elásticos. Há uma certa "elasticidade" nelas. Para mim, uma frase que as descreve bem é "filamentos de energia" (como o teórico das cordas Brian Greene e outros as chamaram). Embora a maioria das pessoas pense em partículas como bolas de matéria, os físicos há muito pensam nelas como pequenos feixes de ondas (chamados *pacotes de ondas*), o que se alinha com sua descrição como cordas. (Em algumas outras situações, os físicos podem tratar as partículas como não tendo nenhum tamanho, mas isso é uma simplificação para tornar a matemática e a teoria mais manejáveis. A forma como os físicos tratam as partículas depende muito da situação com que estão trabalhando.)

Essa interpretação foi apresentada independentemente por Yoichiro Nambu, Holger Nielsen e Leonard Susskind em 1970, angariando aos três o título de fundadores da teoria das cordas.

De acordo com o trabalho de Einstein, a massa era uma forma de energia, um insight demonstrado drasticamente pela criação da bomba atômica. A teoria quântica mostrou aos físicos que a matéria era representada pela matemática da mecânica das ondas, então até mesmo uma partícula tinha um comprimento de onda associado a ela.

Na teoria das cordas, a matéria volta a assumir uma nova forma. Partículas de diferentes tipos são diferentes modos vibracionais destas entidades fundamentais: elásticos energéticos, ou *cordas*. (Vibrações e cordas clássicas são discutidas no Capítulo 5.) Em essência, quanto mais a corda vibra, mais energia (e, portanto, massa) tem.

Ao longo de todas as transformações que a teoria das cordas sofreu nos anos desde sua descoberta, esse conceito central permanece (razoavelmente) constante, embora nos últimos anos tenham sido introduzidos novos objetos além das cordas (que explico no Capítulo 11, quando analiso as branas).

LEMBRE-SE

O modelo físico básico não poderia ter sido mais simples: as partículas e as forças da natureza são realmente interações entre cordas vibrantes de energia.

A teoria das cordas bosônicas perde para o Modelo Padrão

O modelo de ressonância dupla foi criado com o objetivo expresso de explicar o espalhamento de partículas da matriz S, que foi agora explicado em termos do Modelo Padrão da física de partículas — campos de gauge e cromodinâmica quântica. (Veja mais informações sobre esses conceitos no Capítulo 8.) À luz do sucesso do Modelo Padrão, a teoria das cordas não fazia sentido.

Além disso, à medida que as medições das experiências em aceleradores de partículas ficavam mais precisas, tornou-se claro que os modelos de dupla ressonância estavam apenas aproximadamente corretos. Em 1969, os físicos mostraram que Veneziano havia descoberto apenas o primeiro termo em uma série infinita de termos. Embora esse termo fosse o mais importante, ainda não estava completo. Parecia que a teoria precisava de mais alguns aperfeiçoamentos para que correspondesse perfeitamente aos resultados.

Os termos poderiam ser acrescentados (o que Michio Kaku fez em 1972), corrigindo as diferentes formas de colisão das cordas, mas deixando a teoria menos elegante. Havia indicações crescentes de que a teoria das cordas poderia não funcionar como todos pensavam e que, de fato, a cromodinâmica quântica explicava melhor o comportamento das colisões de partículas.

Os primeiros teóricos de cordas haviam, portanto, passado muito tempo dando sentido a uma teoria que parecia (quase) prever com precisão a matriz S, apenas para descobrir que a maioria dos físicos de partículas não estava interessada nela. Deve ter sido muito frustrante ter um modelo tão elegante que estava caindo rapidamente na obscuridade.

Porém, alguns teóricos de cordas não estavam a fim de jogar a toalha ainda.

Por que a Teoria das Cordas Bosônicas Não Descreve Nosso Universo

Em 1974, a teoria das cordas bosônicas estava rapidamente se tornando uma confusão matemática, e as tentativas de deixar a teoria matematicamente consistente causavam mais problemas para o modelo do que ele já tinha. Brincar com a matemática introduziu quatro condições que deveriam, por todos os motivos, ter declarado o fim da teoria inicial das cordas:

» Partículas sem massa.
» Táquions, que se movimentam mais rápido que a velocidade da luz.
» Férmions, como elétrons, não podem existir.
» Vinte e cinco dimensões espaciais.

A causa desses problemas foi uma restrição razoável incorporada na teoria das cordas. Independentemente do que a teoria fizesse, ela precisava ser consistente com a física existente — a relatividade especial e a teoria quântica.

O Modelo Padrão da física de partículas era consistente com ambas as teorias (embora ainda tivesse problemas de conciliação com a relatividade geral), então a teoria das cordas também tinha que ser consistente com ambas. Caso violasse meio século de física estabelecida, não havia maneira de ser uma teoria viável.

Os físicos acabaram encontrando formas de modificar a teoria para que estivesse consistente com essas leis físicas existentes. Infelizmente, as modificações resultaram nas quatro características problemáticas destacadas há pouco. Além do fato de essas características serem impossíveis, agora eram aparentemente componentes essenciais da teoria.

Partículas sem massa

Um efeito secundário da criação de uma teoria consistente das cordas é que ela precisava conter certos objetos que nunca podem parar. Como a massa é a medida de um objeto enquanto está em repouso, esses tipos de partículas são chamados *partículas sem massa*. Seria um grande problema para a teoria das cordas se as partículas sem massa previstas realmente não existissem.

No geral, porém, esse não foi um problema terrivelmente perturbador porque os cientistas sabem com certeza que pelo menos uma partícula só existe em estado de movimento: o fóton. (O glúon, embora na época não fosse conhecido com certeza, também é uma partícula sem massa.)

Segundo o Modelo Padrão da física de partículas da época, acreditava-se que uma partícula chamada *neutrino* talvez tivesse uma massa de zero. (Hoje sabemos que a massa do neutrino é ligeiramente superior a zero.)

Havia também outra possível partícula sem massa: o *gráviton*. Ele é o bóson de gauge teórico que poderia ser responsável pela força da gravidade sob a teoria do campo quântico.

A existência de partículas sem massa na teoria das cordas era infeliz, mas era um problema superável. Os teóricos de cordas precisavam descobrir as propriedades das partículas sem massa e provar que suas propriedades eram consistentes com o Universo conhecido.

Táquions

Um problema maior do que as partículas sem massa era o táquion, uma partícula prevista pela teoria das cordas bosônicas que viaja mais rápido que a velocidade da luz. Sob uma teoria consistente das cordas bosônicas, as fórmulas matemáticas exigem a existência de táquions, mas sua presença na teoria representa uma instabilidade fundamental nela. Soluções que contém táquions sempre decairão em outra solução de menor energia — possivelmente em um ciclo interminável. Por essa razão, os físicos não acreditam que os táquions realmente existam, mesmo que, inicialmente, pareça que uma teoria contém tais partículas.

A rigor, a teoria da relatividade de Einstein não proíbe absolutamente um objeto de viajar mais rápido que a velocidade da luz. Ela diz que seria necessária uma quantidade infinita de energia para que um objeto *acelerasse* até à velocidade da luz. Portanto, de certa forma, o táquion ainda seria consistente com a relatividade, porque *sempre* estaria se movimentando mais rápido que a velocidade da luz (e nunca teria que acelerar até atingir essa velocidade).

Matematicamente, ao calcularmos a massa e a energia de um táquion utilizando a relatividade, ele conteria números imaginários. (Um *número imaginário* é a raiz quadrada de um número negativo.)

Era exatamente assim que as equações da teoria das cordas previam o táquion: só eram consistentes se existissem partículas com massa imaginária. Mas o que é massa imaginária? O que é uma energia imaginária? Essas impossibilidades físicas dão origem aos problemas com os táquions.

A presença de táquions não é de forma alguma exclusiva da teoria das cordas bosônicas. Por exemplo, o Modelo Padrão contém um certo vácuo no qual o bóson de Higgs também é, na realidade, um tipo de táquion. Nesse caso, a teoria não é inconsistente; significa apenas que a solução que foi aplicada não era uma solução estável. É como tentar colocar uma bola no topo de uma colina — qualquer movimento leve fará com que ela role para um vale próximo. Da mesma forma, a solução dos táquions decai para uma solução estável sem eles.

Infelizmente, no caso da teoria das cordas bosônicas, não havia uma forma clara de descobrir o que aconteceu durante o decaimento, nem mesmo se a solução acabou em uma solução estável após o decaimento para um estado de energia inferior.

Com todos esses problemas, os físicos não veem os táquions como partículas que realmente existem, mas sim como artefatos matemáticos que saem da teoria como um sinal de certos tipos de instabilidades inerentes. Qualquer solução que contenha táquions rapidamente se decompõe devido a tais instabilidades.

Alguns físicos (e autores de ficção científica) exploraram noções de como tratar os táquions como partículas reais, um conceito especulativo que surgirá brevemente no Capítulo 16. Mas, por ora, saiba apenas que os táquions foram uma das coisas que fizeram os físicos decidir, na época, que a teoria bosônica das cordas era um fracasso.

Entrada proibida para elétrons

A verdadeira falha na teoria das cordas bosônicas foi a que lhe deu o nome. A teoria previa apenas a existência de bósons, não de férmions. Os fótons podiam existir, mas os quarks ou elétrons não.

Cada partícula elementar observada na natureza tem uma propriedade chamada *spin* [giro], que é um valor inteiro (-1, 0, 1, 2, e assim por diante) ou um valor meio inteiro (-½, ½ etc.). As partículas com spins inteiros são *bósons*, e as partículas com spins semi inteiros são *férmions*. Uma descoberta fundamental da física de partículas é que todas as partículas se enquadram em uma dessas duas categorias.

Para que a teoria das cordas se aplicasse ao mundo real, precisava incluir ambos os tipos de partículas, e a formulação original não o fazia. As únicas partículas permitidas sob o primeiro modelo da teoria das cordas eram os bósons. É por isso que passaria a ser conhecida pelos físicos como a *teoria das cordas bosônicas*.

Vinte e cinco dimensões espaciais, mais uma de tempo

As *dimensões* são informações necessárias para determinar um ponto preciso no espaço. (As dimensões são geralmente pensadas em termos de cima/baixo, esquerda/direita, para a frente/para trás.) Em 1974, Claude Lovelace descobriu que a teoria das cordas bosônicas só poderia ser fisicamente consistente se fosse formulada em 25 dimensões espaciais (o Capítulo 13 mergulha na ideia das dimensões adicionais com mais profundidade), mas, até onde se sabe, só temos 3 dimensões espaciais!

A relatividade trata o espaço e o tempo como um continuum de coordenadas, o que significa que o Universo tem um total de 26 dimensões na teoria das cordas, em oposição às 4 dimensões que tem sob as teorias da relatividade especial e geral de Einstein.

O fato de que essa necessidade ficasse implícita na teoria é algo incomum. A relatividade de Einstein tem três dimensões espaciais e uma dimensão temporal porque são essas as condições utilizadas para criar a teoria. Ele não começou a trabalhar na relatividade e simplesmente se deparou com três dimensões espaciais, mas as inseriu intencionalmente na teoria desde o início. Caso quisesse uma relatividade bidimensional ou com cinco dimensões, poderia ter desenvolvido a teoria para que funcionasse nessas dimensões.

Com a teoria das cordas bosônicas, as equações de fato exigiam um certo número de dimensões para serem matematicamente consistentes. A teoria vira ruínas com qualquer outro número de dimensões!

O motivo para as dimensões extras

DICA

A razão para essas dimensões extras pode ser vista por analogia. Pense em uma mola longa e solta (como uma mola maluca), que é flexível e elástica, semelhante às cordas da teoria das cordas. Se colocar a mola em linha reta no chão e puxá-la para fora, as ondas se movem ao longo do comprimento da mola. Essas são chamadas *ondas longitudinais* e são semelhantes à forma como as ondas sonoras se movem pelo ar.

O essencial é que essas ondas, ou vibrações, só se movimentam para trás e para a frente ao longo da mola. Quer dizer, são ondas unidimensionais.

Agora imagine que a mola permanece no chão, mas tem uma pessoa segurando em cada ponta. Cada pessoa pode mover as extremidades da mola para onde quiser, desde que o objeto permaneça no chão. Podem movê-la para a esquerda e para a direita, ou para trás e para a frente, ou misturando esses movimentos. À medida que as extremidades da mola se movem dessa forma, as ondas que são geradas requerem duas dimensões para descrever o movimento.

Por fim, imagine que cada pessoa está segurando uma ponta da mola, mas pode movê-la para qualquer lugar — esquerda ou direita, para trás ou para a frente, e para cima ou para baixo. As ondas geradas pela mola requerem três dimensões para explicar o movimento. Tentar usar equações bidimensionais ou unidimensionais para explicar o movimento não faria sentido.

De forma análoga, a teoria bosônica das cordas exigia 25 dimensões espaciais para que as simetrias das cordas pudessem ser totalmente consistentes. (*Simetria conformal* é o nome exato do tipo de simetria na teoria das cordas que requer esse número de dimensões.) Se os físicos deixassem de fora qualquer uma dessas dimensões, seria o mesmo que tentar analisar a mola tridimensional em apenas uma dimensão... ou seja, não tem como.

Encarando as dimensões extras

A concepção física dessas dimensões extras foi (e ainda é) a parte mais difícil de compreendermos na teoria. Todos conseguem entender três dimensões espaciais e uma dimensão temporal. Dê-me uma latitude, longitude, altitude e tempo, e posso encontrá-lo em qualquer parte do planeta. Podemos medir altura, largura, e comprimento, e experimentamos a passagem do tempo, então temos uma familiaridade regular com o que essas dimensões representam.

E quanto às outras 22 dimensões espaciais? Era evidente que elas deviam estar escondidas de alguma forma. A teoria de Kaluza-Klein previa que dimensões extras estavam enroladas, mas era difícil enrolá-las de modo que surgissem resultados que fizessem sentido. Isso foi conseguido para a teoria das cordas em meados da década de 1980 pela utilização das variedades de Calabi-Yau, como analiso mais adiante neste capítulo.

Ninguém tem nenhuma experiência direta com essas outras dimensões estranhas. Certamente não havia muita motivação no fato de a ideia sair das relações de simetria associadas a uma nova conjectura teórica relativamente obscura da física para que os físicos a aceitassem. E, durante mais de uma década, a maioria dos físicos não a aceitou.

Supersimetria ao Resgate: Teoria das Supercordas

Apesar dos aparentes fracassos da teoria das cordas bosônicas, alguns físicos corajosos continuaram empenhados em seu trabalho. Por quê? Bem, eles podem ser um bando apaixonado (quase obsessivo, alguns diriam). Outra razão foi que, quando esses problemas se tornaram realidade, muitos teóricos de cordas já haviam largado a teoria das cordas bosônica de qualquer forma.

Com o desenvolvimento da *supersimetria* em 1971, que permite a coexistência de bósons e férmions, os teóricos de cordas conseguiram desenvolver a *teoria das cordas supersimétricas*, ou, abreviando, a *teoria das supercordas*, que tratou dos principais problemas que destruíram a teoria das cordas bosônicas. Esse trabalho abriu possibilidades totalmente novas para a teoria das cordas.

LEMBRE-SE

Quase todas as vezes que ouvimos ou lemos a frase "teoria das cordas", a pessoa que a escreveu ou falou provavelmente quis dizer "teoria das supercordas". Desde a descoberta da supersimetria, ela tem sido aplicada a praticamente todas as formas de teoria das cordas. A única teoria das cordas que realmente não tem nada a ver com a supersimetria é a teoria das cordas bosônicas, que foi criada antes da supersimetria. Para todos os fins de discussão prática (com qualquer pessoa que não seja um físico teórico), "teoria das cordas" e "teoria das supercordas" significam a mesma coisa.

Férmions e bósons coexistem... só que não

As simetrias existem em toda a física. Uma *simetria* em física é basicamente qualquer situação em que duas propriedades podem ser trocadas em todo o sistema e os resultados são precisamente os mesmos.

Pierre Ramond foi quem primeiramente percebeu a noção de simetria em 1970, seguido pelo trabalho de John Schwarz e Andre Neveu em 1971, para dar esperança aos teóricos de cordas. Utilizando duas técnicas diferentes, eles mostraram que a teoria das cordas bosônicas podia ser generalizada de outra forma para obter spins não inteiros. Não só isso, mas também eram spins precisamente meio inteiros, o que caracteriza o férmion. Nenhuma partícula com spin de 1/4 apareceu na teoria, o que é bom, visto que não existem na natureza.

LEMBRE-SE

A inclusão de férmions no modelo significava introduzir uma nova simetria poderosa entre férmions e bósons, chamada *supersimetria*. Ela pode ser resumida assim:

» Cada bóson está relacionado com um férmion correspondente.
» Cada férmion está relacionado com um bóson correspondente.

No Capítulo 11, discuto as razões para acreditarmos que a supersimetria é verdadeira e como ela pode ser provada. Por ora, basta saber que ela é necessária para que a teoria das cordas funcione.

Obviamente, como você perceberá se buscar tendências na história da teoria das cordas, as coisas não saíram muito bem. Férmions e bósons têm propriedades muito diferentes, então fazê-los mudar de lugar sem afetar os possíveis resultados de uma experiência não é fácil.

QUEM DESCOBRIU A SUPERSIMETRIA?

As origens da supersimetria são um pouco confusas, porque foi descoberta por quatro grupos separados por volta da mesma época.

Em 1971, os russos Evgeny Likhtman e Yuri Golfand criaram uma teoria consistente que continha supersimetria. Um ano depois, foram seguidos por mais dois russos, Vladimir Akulov e Dmitri Volkov. No entanto, essas teorias estavam em apenas duas dimensões.

Devido à Guerra Fria, a comunicação entre a Rússia e o mundo não comunista não era muito boa, então muitos físicos não ficaram sabendo da pesquisa russa. Em 1973, os físicos europeus Julius Wess e Bruno Zumino conseguiram criar uma teoria quântica tridimensional supersimétrica, provavelmente sabendo da pesquisa russa. A pesquisa deles foi notada pela comunidade física ocidental em geral.

Depois, é claro, temos Pierre Ramond, John Schwarz e Andre Neveu, que desenvolveram a supersimetria em 1970 e 1971 no contexto de suas teorias das supercordas. Foi apenas em análises posteriores que os físicos compreenderam sua pesquisa e o trabalho posterior levantou a hipótese das mesmas relações.

Muitos físicos consideram essa descoberta repetida como uma boa indicação de que há provavelmente algo na ideia da supersimetria na natureza, mesmo que provem que a própria teoria esteja errada.

Os físicos conhecem vários bósons e férmions, mas, quando começaram a analisar as propriedades da teoria, descobriram que a correspondência não existia entre as partículas conhecidas. Um fóton (que é um bóson) não parece estar ligado por supersimetria a nenhum dos férmions conhecidos.

Felizmente para os físicos teóricos, tal fato experimental confuso foi visto apenas como um pequeno obstáculo. Eles se voltaram a um método que tem funcionado desde os primórdios dos tempos. Se não conseguir encontrar evidências para sua teoria, crie uma hipótese!

Diversão em dobro: As superparceiras

Sob a supersimetria, os bósons e férmions correspondentes são chamados *superparceiros*. O superparceiro de uma partícula padrão é chamado de *s-partícula*.

Como nenhuma das partículas existentes é superparceira, isso significa que, se a supersimetria for verdadeira, há duas vezes mais partículas do que as que conhecemos atualmente. Para cada partícula padrão, deve existir uma partícula que nunca tenha sido detectada experimentalmente. A detecção de s-partículas será uma das evidências fundamentais que o Grande Colisor de Hádrons procurará.

LEMBRE-SE

Se eu mencionar uma partícula com nome estranho que você nunca encontrou, é provavelmente uma s-partícula. Visto que a supersimetria introduz tantas partículas novas, é importante estarmos a par. Os físicos apresentaram uma convenção de nomes à la Dr. Seuss para identificar as novas partículas hipotéticas:

» A superparceira de um férmion começa com um "s" antes do nome padrão da partícula; assim, a superparceira de um "elétron" é "selétron", e a de um "quark" é "squark".

» A superparceira de um bóson termina com "ino", então a superparceira de um "fóton" é "fótino", e a do "gráviton" é "gravitino".

A Tabela 10-1 mostra as partículas padrão e suas superparceiras correspondentes.

TABELA 10-1 Algumas Superparceiras

Partícula Padrão	Superparceira
Lépton	Slépton
Múon	Smúon
Neutrino	Sneutrino
Quark Top	Squark Stop
Glúon	Gluíno
Bóson de Higgs	Higgsino
Bóson W	Wino
Bóson Z	Zino

Muito embora haja uma superparceira elementar chamada "sneutrino", não há uma partícula elementar chamada "snêutron".

Alguns problemas são resolvidos, mas a dimensão não

A introdução da supersimetria na teoria das cordas ajudou com alguns dos principais problemas da teoria das cordas bosônica. Férmions existiam agora dentro da teoria, o que tinha sido o maior problema. Os táquions desapareceram da teoria das supercordas. As partículas sem massa ainda estavam presentes na teoria, mas não eram vistas como um grande problema. Mesmo o problema dimensional melhorou, caindo de 26 dimensões espaço-temporais para meras 10.

A solução de supersimetria era elegante. Os bósons — o fóton, o gráviton e os bósons Z e W — são unidades de força. Os férmions — o elétron, os quarks e os neutrinos — são unidades de matéria. A supersimetria criou uma nova simetria, entre matéria e forças.

Em 1972, Andre Neveu e Joel Scherk resolveram a questão das partículas sem massa, mostrando que os estados vibracionais das cordas podiam corresponder aos bósons de calibre, tais como o fóton sem massa.

O problema dimensional permaneceu, embora estivesse em melhores condições agora. Em vez de 25 dimensões espaciais, a teoria das supercordas alcançava consistência com "meras" 9 dimensões espaciais (mais uma dimensão temporal, totalizando 10 dimensões). Muitos teóricos de cordas da época acreditavam que ainda eram dimensões demais para trabalhar, assim abandonaram a teoria e foram para outras linhas de investigação.

Michio Kaku, um dos defensores mais francos da teoria das cordas atualmente, foi um que deu as costas à teoria na época. Sua tese de doutorado envolveu a conclusão de todos os termos da série infinita do modelo de Veneziano. Ele havia criado uma teoria de campo das cordas, por isso trabalhava no grosso da teoria. Mesmo assim, abandonou esse trabalho acreditando que não havia maneira de ser uma teoria válida. Era esse o nível de seriedade do problema dimensional.

As poucas pessoas que permaneceram dedicadas à teoria das cordas depois de 1974 enfrentaram sérios problemas sobre como proceder. Com exceção do problema dimensional, tinham resolvido quase todas as questões com a teoria das cordas bosônicas quando a transformaram em teoria das supercordas.

A única questão era o que fazer com ela.

Supersimetria e Gravidade Quântica na Era da Música Disco

Em 1974, o Modelo Padrão havia se tornado a explicação teórica da física de partículas e era confirmado em experiência após experiência. Com uma base estável, os físicos teóricos procuraram agora novos mundos para conquistar, e muitos decidiram enfrentar o mesmo problema que tinha atormentado Albert Einstein nas últimas décadas de sua vida: a gravidade quântica.

E, como consequência do sucesso do Modelo Padrão, a teoria das cordas não era necessária para explicar a física das partículas. Então, quase por acidente, os teóricos de cordas começaram a perceber que a teoria das cordas poderia ser exatamente aquela que resolveria o problema da gravidade quântica.

O esconderijo do gráviton

O gráviton é uma partícula que, nas previsões da teoria do campo unificado, mediaria a força gravitacional (veja mais informações sobre o gráviton no Capítulo 2). Em um sentido muito real, ele *é* a força da gravidade. Uma grande descoberta da teoria das cordas foi que ela não só inclui o gráviton, mas requer sua existência como uma das partículas sem massa discutidas anteriormente neste capítulo.

Em 1974, Joel Scherk e John Schwarz demonstraram que uma partícula sem massa de spin 2 na teoria das supercordas poderia, na realidade, ser o gráviton. Essa partícula foi representada por uma corda fechada (que formava um loop), em oposição a uma corda aberta, em que as extremidades ficam soltas. Esses dois tipos de cordas são demonstrados na Figura 10-2.

FIGURA 10-2: A teoria das cordas permite a existência de cordas abertas e fechadas. As abertas são opcionais, mas as fechadas precisam existir.

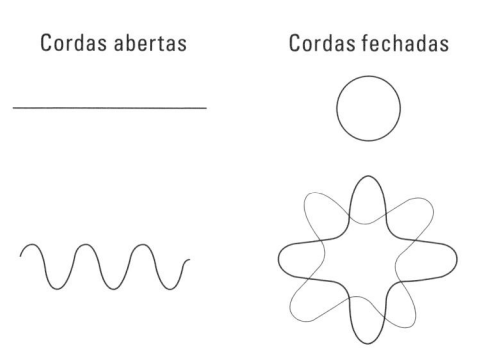

LEMBRE-SE

A teoria das cordas exige a existência das cordas fechadas, embora as cordas abertas possam existir ou não. Algumas versões da teoria tem uma consistência matemática perfeita, mas contêm *apenas* as cordas fechadas. Nenhuma teoria contém apenas cordas abertas, porque assim é possível criarmos uma situação em que as pontas das cordas se encontram e, *voilà*, temos uma corda fechada. (Cortar cordas fechadas para obter cordas abertas nem sempre é permitido.)

Sob um ponto de vista teórico, isso foi espantoso (de uma boa maneira). Em vez de tentar enfiar a gravidade na teoria, o gráviton caiu do céu como uma consequência natural. Se a teoria das supercordas era a lei fundamental da natureza, então exigia a existência da gravidade de uma forma que nenhuma outra teoria proposta jamais havia feito!

Imediatamente, ficou claro para Schwarz e Scherk que tinham em suas mãos uma potencial candidata à gravidade quântica.

Mesmo enquanto todos os outros fugiam das múltiplas dimensões previstas em sua teoria, Scherk e Schwarz ficaram mais convencidos do que nunca de que estavam no caminho certo.

A outra: Supergravidade

Supergravidade é o nome das teorias que tentam aplicar a supersimetria diretamente à teoria da gravidade sem o uso da teoria das cordas. No final da década de 1970, esse trabalho prosseguiu a um ritmo mais rápido do que a teoria das cordas, principalmente porque era popular, enquanto o campo da teoria das cordas havia virado uma cidade fantasma. As teorias da supergravidade se revelaram importantes no desenvolvimento posterior da teoria M, que abordo no Capítulo 11.

Em 1976, Daniel Freedman, Sergio Ferrara e Peter van Nieuwenhuizen aplicaram a supersimetria à teoria da gravidade de Einstein, resultando em uma teoria da supergravidade. Fizeram isso introduzindo o superparceiro do gráviton, o gravitino, na teoria da relatividade geral.

Com base nessa pesquisa, Eugene Cremmer, Joel Scherk e Bernard Julia conseguiram demonstrar em 1978 que a supergravidade podia ser escrita, na sua forma mais geral, como uma teoria de onze dimensões. As teorias da supergravidade com mais de onze dimensões caíram por terra.

A supergravidade acabou sucumbindo às inconsistências matemáticas que atormentavam a maioria das teorias da gravidade quântica (funcionava bem como uma teoria clássica, desde que ficasse longe do domínio quântico), deixando espaço para a teoria das supercordas voltar a surgir em meados da década de 1980, mas sem desaparecer completamente. Volto à ideia da teoria da supergravidade de onze dimensões no Capítulo 11.

Corda no pescoço dos teóricos de cordas

Durante o final da década de 1970, os teóricos de cordas tinham dificuldade em ser levados a sério, que dirá em encontrar trabalho acadêmico estável. Sua busca por respeito no campo da física me faz lembrar do jovem Einstein quando trabalhava no escritório de patentes de Bern e lhe recusavam trabalho atrás de trabalho enquanto ele pensava em massa e energia.

Já tinha havido problemas anteriores na obtenção de reconhecimento para o trabalho da teoria das cordas. O periódico *Physics Review Letters* não considerou o trabalho de Susskind de 1970 — interpretando o modelo de ressonância dupla como cordas vibrantes — suficientemente significativo para ser publicado. O próprio Susskind conta como o gigante da física Murray Gell-Mann riu dele por mencionar a teoria das cordas em 1970. (A história termina bem, com Gell-Mann demonstrando interesse pela teoria em 1972.)

À medida que a década avançava, duas das principais forças por trás da teoria das cordas se deparavam com obstáculos atrás de obstáculos na obtenção de um trabalho estável. Para John Schwarz, negaram a estabilidade em Princeton em 1972, e ele passou os doze anos seguintes na CalTech em um cargo temporário, nunca tendo a certeza de se a bolsa para sua pesquisa seria renovada. Pierre Ramond, que havia descoberto a supersimetria e ajudado a resgatar a teoria das cordas do esquecimento, teve a estabilidade em Yale negada em 1976.

Nesse contexto de incerteza profissional, os poucos teóricos de cordas continuaram seu trabalho durante o final dos anos 1970 e início dos anos 1980, ajudando a lidar com alguns dos obstáculos dimensionais adicionais da supergravidade e de outras teorias, até que chegou o dia em que as coisas mudaram, e eles puderam reivindicar a posição de destaque da física teórica.

Uma Teoria de Tudo: A Primeira Revolução das Supercordas

O ano de 1984 é marcado por muitos como o início da "primeira revolução das supercordas". A grande descoberta que desencadeou a revolução foi a prova de que a teoria das cordas não continha anomalias, ao contrário de muitas das teorias da gravidade quântica, incluindo a supergravidade, estudadas durante a década de 1970.

Durante quase uma década, John Schwarz trabalhou continuamente para demonstrar que a teoria das supercordas poderia ser uma teoria da gravidade quântica. Seu principal parceiro nessa empreitada, Joel Scherk, morrera em 1980, um golpe trágico para a causa. Em 1983, Schwarz estava trabalhando com Michael Green, um dos poucos indivíduos que tinham sido persuadidos a trabalhar na teoria das cordas na época.

Tipicamente, dois grandes problemas surgiram nas teorias da gravidade quântica: anomalias e infinitos. Nenhum deles é um bom sinal para uma teoria científica.

» **Infinitos** ocorrem quando os valores — como energia, probabilidade ou curvatura — começam a aumentar rapidamente até um valor infinito.

» **Anomalias** são os casos em que processos mecânicos quânticos podem violar uma simetria que, supostamente, deve ser preservada.

Na verdade, a teoria das supercordas evitava muito bem os infinitos.

DICA

Uma simplificação que lhe permite compreender, em termos muito gerais, como a teoria das supercordas evita o infinito é que o valor da distância nunca chega completamente a zero. Dividir por zero (ou um valor que pode chegar arbitrariamente perto de zero) é a operação matemática que resulta em um infinito. Como as cordas têm um pouquinho de comprimento (que denomino L), a distância nunca fica menor que L, e assim, a força gravitacional é obtida dividindo por um número que nunca fica menor que L^2. Isso significa que a força gravitacional nunca explodirá até o infinito, como acontece quando a distância se aproxima de zero sem um limite.

A teoria das cordas também não tinha anomalias (pelo menos sob certas condições específicas), como Schwarz e Green provaram em 1984. Eles mostraram que certas versões da teoria das supercordas com dez dimensões tinham exatamente as limitações necessárias para anular todas as anomalias.

Isso mudou todo o panorama da física teórica. Durante uma década, a teoria das supercordas havia sido ignorada enquanto todos os outros métodos de criação de uma teoria da gravidade quântica caíam por terra por causa de infinitos e anomalias. Agora, aquela teoria descartada tinha ressurgido das cinzas como uma fênix matemática — finita e livre de anomalias.

Os teóricos começaram a pensar que a teoria das supercordas tinha o potencial de unificar todas as forças da natureza sob um simples conjunto de leis físicas com um modelo elegante em que tudo consistia em níveis diferentes de energia de cordas vibrantes. Era o ideal que havia escapado a Einstein: uma teoria fundamental de todas as leis naturais que explicava todos os fenômenos observados.

Mas Temos Cinco Teorias!

Na sequência da revolução das supercordas de 1984, os trabalhos sobre a teoria das cordas atingiram um tom febril. Ainda assim, revelaram-se bem-sucedidos demais. Acontece que, em vez de uma teoria das supercordas para explicar o Universo, existiam cinco, que receberam nomes pitorescos:

- » Tipo I
- » Tipo IIA
- » Tipo IIB
- » Tipo HO
- » Tipo HE

E, de novo, cada uma *quase* correspondia ao nosso mundo... mas não totalmente.

Quando a década terminou, os físicos haviam desenvolvido e descartado muitas variantes da teoria das cordas, na esperança de encontrar a única formulação verdadeira da teoria.

No entanto, em vez de uma formulação, cinco versões distintas da teoria das cordas provaram ser autoconsistentes. Cada uma tinha algumas propriedades que faziam os físicos pensar que refletiriam a realidade física do nosso mundo — e algumas propriedades que claramente não são verdadeiras no nosso Universo.

As distinções entre essas teorias são matematicamente sofisticadas. Apresento seus nomes e suas definições básicas principalmente devido ao papel fundamental que desempenham na teoria M, que introduzo no Capítulo 11.

Teoria das cordas tipo I

A teoria das cordas do *tipo I* envolve cordas abertas e fechadas. Ela contém uma forma de simetria designada matematicamente como um grupo de simetria chamado O(32). (Tentarei fazer com que isso seja o máximo de matemática necessária que você precisa saber com relação aos grupos de simetria.)

Teoria das cordas tipo IIA

A teoria das cordas do *tipo IIA* envolve cordas fechadas nas quais os padrões vibracionais são simétricos, independentemente de irem à esquerda ou à direita ao longo da corda fechada. As cordas abertas do tipo IIA são anexadas a estruturas denominadas "D-branas" (que analiso com mais detalhes no Capítulo 11) com um número ímpar de dimensões.

Teoria das cordas tipo IIB

A teoria das cordas do *tipo IIB* envolve cordas fechadas nas quais os padrões vibracionais são assimétricos, dependendo de se viajam à esquerda ou à direita ao longo da corda fechada. As cordas abertas do tipo IIB estão anexadas às D-branas (descobertas em 1995 e analisadas no Capítulo 11) com um número par de dimensões.

Duas em uma: Cordas heteróticas

Uma nova forma de teoria das cordas, chamada *teoria das cordas heteróticas*, foi descoberta em 1985 pela equipe de Princeton composta por David Gross, Jeff Harvey, Emil Martinec e Ryan Rohm. Essa versão da teoria das cordas agia às vezes como a teoria das cordas bosônica e às vezes como a teoria das supercordas.

Uma distinção das cordas heteróticas é que as vibrações da corda em diferentes sentidos resultaram em comportamentos distintos. As vibrações de "movimento à esquerda" se assemelhavam à antiga corda bosônica, enquanto as vibrações de "movimento à direita" se assemelhavam às cordas do Tipo II. A corda heterótica parecia conter exatamente as propriedades de que Green e Schwarz precisavam para cancelar as anomalias dentro da teoria.

Foi por fim demonstrado que apenas dois grupos de simetria matemática podiam ser aplicados à teoria das cordas heteróticas, o que resultou em teorias estáveis em dez dimensões — simetria $O(32)$ e simetria $E_8 \times E_8$. Esses dois grupos deram origem às teoria das cordas Tipo HO e Tipo HE.

Teoria das cordas tipo HO

O *tipo HO* é uma forma de teoria de cordas heteróticas. O nome é uma abreviação de teoria das cordas Heteróticas $O(32)$, que descreve o grupo de simetria da teoria. Contém apenas cordas fechadas cujas vibrações de movimento à direita se assemelham às das cordas de Tipo II e cujas vibrações de movimento à esquerda se assemelham às das cordas bosônicas. A teoria semelhante, Tipo HE, tem diferenças matemáticas sutis, mas importantes no que diz respeito ao grupo de simetria.

Teoria das cordas tipo HE

O *tipo HE* é outra forma de teoria de cordas heteróticas, baseada em um grupo de simetria diferente da teoria do Tipo HO. O nome é uma abreviação de teoria das cordas Heteróticas $E_8 \times E_8$, com base no grupo de simetria da teoria. Também contém apenas cordas fechadas cujas vibrações de movimento à direita se assemelham às das cordas de Tipo II e cujas vibrações de movimento à esquerda se assemelham às das cordas bosônicas.

Como Dobrar o Espaço: Apresentando os Espaços de Calabi-Yau

O problema das dimensões extras continuava a atormentar a teoria das cordas, mas foram resolvidas com a introdução da ideia da *compactificação*, na qual as dimensões extras se enrolam ao redor umas das outras, tornando-se tão pequenas que são extremamente difíceis de detectar. A matemática sobre como isso poderia ser conseguido já tinha sido desenvolvida sob a forma das complexas *variedades de Calabi-Yau*, e você pode ver um exemplo na Figura 10-3. O problema é que a teoria das cordas não oferece nenhuma maneira real de determinar exatamente qual das muitas variedades de Calabi-Yau está certa!

FIGURA 10-3: De acordo com a teoria das cordas, o Universo tem dimensões extras que se enrolam nas variedades de Calabi-Yau.

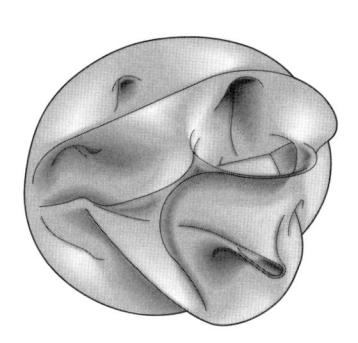

Quando as dimensões extras foram descobertas nos anos 1970, ficou claro que elas devem estar escondidas de alguma forma. Afinal, é certo que não vemos mais do que três dimensões espaciais.

Uma sugestão foi a que tinha sido proposta por Kaluza e Klein meio século antes: as dimensões podiam se enrolar em um tamanho muito pequeno.

As primeiras tentativas de enrolar essas dimensões extras tiveram problemas porque tendiam a manter a simetria entre partículas destras e canhotas (chamada *paridade* pelos físicos), que nem sempre é retida na natureza. Tal violação é crucial para compreender o funcionamento da força nuclear fraca.

Para que a teoria das cordas funcionasse, era necessária uma forma de compactar as seis dimensões extras, mantendo ao mesmo tempo uma distinção entre as partículas destras e canhotas.

Em 1985, as variedades de Calabi-Yau (criadas anos antes e para outros fins pelos matemáticos Eugenio Calabi e Shing-Tung Yau) foram utilizadas por Edward Witten, Philip Candelas, Gary Horowitz e Andrew Strominger para compactar as seis dimensões espaciais extras corretamente. As variedades não só preservaram a paridade das partículas, como também a supersimetria exata para replicar certos aspectos do Modelo Padrão.

Um dos benefícios das variedades de Calabi-Yau foi que a geometria das dimensões dobradas dá origem a diferentes tipos de partículas observáveis no nosso Universo. Se a forma de Calabi-Yau tiver três furos (ou melhor, análogos de furos de dimensões superiores), três famílias de partículas serão previstas pelo Modelo Padrão da física de partículas. (Obviamente, por extensão, uma forma com cinco furos terá cinco famílias, mas os físicos só estão preocupados com as três famílias de partículas que sabem que existem neste Universo.)

Infelizmente, há dezenas de milhares de possíveis variedades de Calabi-Yau para seis dimensões, e a teoria das cordas não oferece nenhum meio razoável para determinar qual é a mais correta. Por isso, mesmo que os físicos pudessem determinar qual delas é a correta, ainda assim iriam querer saber por que o Universo dobrou as seis dimensões extras nessa configuração em particular.

Quando as variedades de Calabi-Yau foram descobertas, alguns defensores barulhentos da teoria das cordas esperavam que uma variedade específica fosse a certa. Não foi bem isso que aconteceu, e é o que muitos teóricos da teoria das cordas esperavam que acontecesse — que a variedade de Calabi-Yau específica é uma quantidade que precisa ser determinada em experimentos. Na verdade, agora sabemos que algumas outras geometrias para espaços dobrados também podem manter as propriedades necessárias. Falo sobre as implicações do espaço dobrado — o que poderia realmente significar — nos Capítulos 13 e 14.

A Teoria das Cordas Perde Energia

A maré crescente de pesquisas sobre a teoria das cordas não podia durar para sempre, e no início da década de 1990, alguns já perdiam a esperança de encontrar uma teoria única. Assim como a introdução anterior de múltiplas dimensões havia afastado os novos físicos, a ascensão de tantas versões distintas mas consistentes da teoria das cordas deu a muitos físicos uma pausa. Os que estavam motivados puramente pela vontade de encontrar uma "teoria de tudo" rápida e fácil começaram a se afastar da teoria das cordas quando ficou claro que não havia nada de rápido e fácil nela. À medida que os problemas mais fáceis se resolviam e apenas os mais difíceis permaneciam, os verdadeiramente dedicados mantinham a motivação para superar as complicações.

Em 1995, uma segunda revolução da teoria das cordas apareceria, com o surgimento de novos insights que ajudariam a convencer até muitos céticos de que o trabalho na teoria das cordas daria frutos significativos mais cedo ou mais tarde. Essa segunda revolução é o tema do Capítulo 11.

> **NESTE CAPÍTULO**
> » A teoria M reenergiza o movimento
> » Considerando as branas
> » Superando o enigma da energia escura
> » Tantas teorias das cordas, por que escolher só uma?

Capítulo **11**

Teoria M e Além: Conciliando a Teoria das Cordas

O último capítulo terminou com cinco versões de teorias das cordas. Os teóricos continuaram seu trabalho, mas não sabiam o que fazer com essas descobertas. Uma nova visão era necessária para gerar mais progressos no campo.

Neste capítulo, explico como esse insight surgiu na forma da teoria M, que unificou aquelas teorias das cordas em uma só, discuto como a teoria das cordas foi expandida para incluir objetos com mais de uma dimensão, chamados branas, apresento alguns possíveis insights que podem ajudar a explicar o que a teoria M tenta descrever e mostro como a descoberta da energia escura, não prevista pela teoria das cordas, complicou a teoria das cordas, bem como introduziu um grande número de possíveis soluções corretas para as teorias. Por fim, examino como alguns físicos têm utilizado o princípio antrópico para tentar dar sentido a esse cenário da teoria das cordas.

Apresentando a Unificadora: Teoria M

Durante uma conferência realizada em 1995, o físico Edward Witten propôs uma resolução ousada para o problema das cinco teorias distintas das cordas. Em sua teoria, baseada em dualidades recém-descobertas, cada uma das teorias existentes era um caso especial de uma teoria abrangente sobre cordas, que ele enigmaticamente chamou de teoria M. Um dos conceitos-chave necessários para a teoria M era a introdução de branas (abreviatura de membranas) na teoria das cordas. As *branas* são objetos fundamentais na teoria das cordas com mais de uma dimensão.

Witten não explicou completamente o verdadeiro significado do nome da teoria M, deixando-a como algo que cada pessoa pode definir por si só. Há várias possibilidades para o que "M" poderia significar: membrana, magia, mãe, mistério ou matriz. Witten provavelmente tirou o "M" de membrana, pois esta figurava proeminentemente na teoria, mas ele não quis se comprometer a exigi-las tão cedo no desenvolvimento da nova teoria.

LEMBRE-SE

Embora Witten não tenha proposto uma versão completa da teoria M (na verdade, ainda estamos à espera de uma), ele esboçou certas definições que a teoria M teria:

- » Onze dimensões (dez espaciais e uma temporal).
- » Dualidades que resultam em cinco teorias das cordas existentes sendo explicações diferentes sobre a mesma realidade física.
- » Branas — como cordas, porém com mais de uma dimensão.

Traduzindo uma teoria das cordas em outra: Dualidade

A essência da teoria M é a ideia de que cada uma das cinco teorias das cordas apresentadas no Capítulo 10 é, na realidade, a variação de uma teoria. A nova teoria — teoria M — tem 11 dimensões e permite que cada uma das teorias existentes (que possui 10 dimensões) seja equivalente caso façamos certas suposições sobre a geometria do espaço envolvido.

A base para essa sugestão foi a compreensão de dualidades que estavam sendo reconhecidas entre as várias teorias das cordas. Uma *dualidade* ocorre quando podemos olhar o mesmo fenômeno de duas formas distintas, pegando uma teoria e mapeando-a para outra. Em certo sentido, as duas teorias são equivalentes. Em meados da década de 1990, provas crescentes mostraram que existiam pelo menos duas dualidades entre as várias teorias das cordas; foram chamadas de *dualidade T* e *dualidade S*.

Essas dualidades se basearam em dualidades anteriores especuladas em 1977 por Claus Montonen e David Olive. No início dos anos 1990, o físico indiano Ashoke Sen e o físico nascido em Israel Nathan Seiberg fizeram um trabalho que se expandiu sobre as noções dessas dualidades. Witten recorreu ao trabalho deles, bem como a pesquisas mais recentes de Chris Hull, Paul Townsend e às suas próprias, para apresentar a teoria M.

Dualidade topológica: Dualidade T

Uma das dualidades descobertas na época se chamava *dualidade T*, que se refere à *dualidade topológica* ou à *dualidade toroidal*, dependendo da fonte. (*Toroidal* é uma referência ao caso mais simples, que é um *toroide*, ou forma de rosquinha. *Topológica* é uma forma precisa de definir a estrutura desse espaço, como explicado no box "Topologia: A matemática do espaço dobrável". Em alguns casos, a dualidade T não tem nada a ver com um toroide, e em outros, não é topológica.) A dualidade T relacionou as teorias das cordas Tipo II entre si bem como as teorias de cordas heteróticas umas com as outras, indicando que eram manifestações diferentes da mesma teoria fundamental.

Na dualidade T, temos uma dimensão que é compactificada em um círculo (de raio R), então o espaço se parece com um cilindro. É possível que uma corda fechada se enrole ao redor do cilindro, como uma linha em um fuso. (Isso significa que tanto a dimensão como a corda têm raio R.) O número de vezes que a corda fechada se enrola no cilindro é chamado de *winding number* [*número de enrolamento*]. Há um segundo número que representa o momento da corda fechada.

É aqui que as coisas se tornam interessantes. Para certos tipos de teoria das cordas, se enrolarmos uma corda em torno de um espaço cilíndrico de raio R e a outra em torno de um espaço cilíndrico de raio $1/R$, então o número de voltas de uma teoria parece corresponder ao número do momento (o momento, como todas as outras coisas, é quantizado) da outra teoria.

Quer dizer, a dualidade T pode relacionar uma teoria das cordas que tem um raio grande compactificado com uma teoria das cordas diferente que tem um raio pequeno compactificado (ou, alternativamente, cilindros largos com cilindros estreitos). Especificamente, para cordas fechadas, a dualidade T relaciona os seguintes tipos de teorias das cordas:

» Teorias das supercordas de Tipo IIA e Tipo IIB.

» Teorias das supercordas de Tipo HO e Tipo HE.

O caso das cordas abertas é um pouco menos claro. Quando uma dimensão do espaço-tempo das supercordas é compactificada em um círculo, uma corda aberta não gira em torno dessa dimensão, então seu winding number é 0. Isso significa que ela corresponde a uma corda com momento 0 — uma corda estacionária — na teoria das supercordas duplas.

> ## TOPOLOGIA: A MATEMÁTICA DO ESPAÇO DOBRÁVEL
>
> A topologia nos permite estudar espaços matemáticos eliminando todos os detalhes do espaço com exceção de certos conjuntos de propriedades que nos interessam. Dois espaços são topologicamente equivalentes se compartilharem tais propriedades, mesmo que sejam diferentes em outros detalhes. Certas ações podem ser mais facilmente realizadas em um dos espaços do que no outro. Depois, executamos as ações nesse espaço e podemos trabalhar de forma reversa para encontrar o efeito resultante no espaço topologicamente equivalente. Pode ser muito mais fácil do que tentar realizar essas ações diretamente no espaço original.
>
> Um dos principais componentes da topologia é o estudo de como diferentes espaços topológicos se relacionam. Na maior parte do tempo, eles envolvem algum tipo de manipulação do espaço, e é isso que acrescenta complexidade. Se a manipulação puder ser realizada sem quebrar ou reconectar o espaço de uma nova forma, os dois espaços são topologicamente equivalentes.
>
> Para visualizar isso, imagine uma rosquinha (ou toroide) de barro que você vai remodelando lenta e meticulosamente na forma de uma xícara de café. O buraco no centro da rosquinha nunca precisa ser rompido para ser transformado na alça da xícara. Por outro lado, se começar com a rosquinha, não há maneira de transformá-la em um pretzel sem introduzir quebras no espaço — são topologicamente distintos.

O resultado final da dualidade T é uma implicação de que as teorias das supercordas Tipo IIA e IIB são, na verdade, duas manifestações da mesma teoria, assim como as de Tipo HO e HE.

Forte e fraca: Dualidade S

Outra dualidade já conhecida em 1995 chama-se *dualidade S*, que representa uma *dualidade forte e fraca* [a letra "S" vem da palavra "strong" — forte em inglês]. Ela está ligada ao conceito da *constante de acoplamento*, que é o valor que indica a força de interação da corda ao descrever a probabilidade de que a corda se rompa ou se una com outras cordas.

PAPO DE ESPECIALISTA

A constante de acoplamento, g, na teoria das cordas descreve a força de interação devida a uma quantidade conhecida como *operador de dilatação*, ϕ. Com um campo de dilatação alto e positivo ϕ, a constante de acoplamento $g = e^{\phi}$ fica muito grande (ou a teoria fica fortemente acoplada). Já no caso de um operador de dilatação negativo $-\phi$, a constante de acoplamento $g = e^{-\phi}$ fica muito pequena (ou a teoria fica fracamente acoplada).

TEORIA DA PERTURBAÇÃO: O MÉTODO DE APROXIMAÇÃO DA TEORIA DAS CORDAS

As equações da teoria das cordas são incrivelmente complexas, então muitas vezes só podem ser resolvidas por meio de um método matemático de aproximação chamado *teoria da perturbação*. O método é utilizado em mecânica quântica e na teoria quântica de campo o tempo todo e é um processo matemático bem estabelecido.

No método, os físicos chegam a uma aproximação de primeira ordem, que é depois expandida com outros termos que refinam a aproximação. O objetivo é que os termos subsequentes fiquem tão pequenos tão rapidamente, que deixem de ter importância. Até mesmo a adição de um número infinito de termos resultará na convergência para um determinado valor. Em termos matemáticos, *convergir* significa continuar a nos aproximar do número sem nunca o passar.

Considere o seguinte exemplo de convergência: se acrescentarmos uma série de frações, começando com ½ e dobrando o denominador a cada vez, e depois somarmos todas (½ + ¼ + ⅛ +... você entendeu, né?), sempre chegaremos perto do valor de 1, sem nunca o alcançar. Isso acontece porque os números na série ficam pequenos muito rápido e permanecem assim, de modo que estamos sempre quase buscando o 1.

Contudo, se acrescentarmos números que dupliquem (2 + 4 + 8 + ... e assim vai), a série não converge de jeito nenhum. A solução continua aumentando à medida que acrescentamos mais termos. Aqui, dizemos que a solução *diverge* ou se torna infinita.

Descobriu-se que o modelo de ressonância dupla que Veneziano propôs originalmente — e que desencadeou toda a teoria das cordas — era apenas uma aproximação de primeira ordem do que mais tarde veio a ser conhecida como teoria das cordas. As pesquisas dos últimos quarenta anos se concentram em grande parte na tentativa de encontrar situações nas quais a teoria construída em torno dessa aproximação original de primeira ordem possa ser absolutamente provada como finita (ou convergente), e que também corresponda aos detalhes físicos observados em nosso próprio Universo.

Considerando os métodos matemáticos (veja o box "Teoria da Perturbação: O método de aproximação da teoria das cordas") que os teóricos de cordas precisam utilizar para aproximar as soluções nos problemas da teoria das cordas, era muito difícil determinar o que aconteceria às teorias das cordas que estivessem fortemente acopladas.

Na dualidade S, um acoplamento forte em uma teoria se relaciona com um acoplamento fraco em outra, em certas condições. Em uma teoria, as cordas se rompem e se unem facilmente a outras cordas, enquanto, na outra teoria, isso quase nunca acontece. Na teoria em que as cordas se rompem e se juntam facilmente, acabamos tendo um mar caótico de cordas em constante interação.

DICA

Tentar acompanhar o comportamento de cordas individuais é como tentar acompanhar o comportamento de moléculas individuais de água no oceano — algo simplesmente impossível. Então, o que fazer? Analisamos o panorama geral. Em vez de olharmos as partículas menores, fazemos uma média delas e colocamos nossa atenção na superfície intacta do oceano, o que, nesta analogia, é o mesmo que olhar as cordas fortes que praticamente nunca se partem.

LEMBRE-SE

A dualidade S introduz a teoria das cordas de Tipo I ao conjunto de teorias duplas que a dualidade T começou. Especificamente, ela mostra que as seguintes dualidades estão relacionadas:

- » Teorias de supercordas de Tipo I e Tipo HO.
- » O Tipo IIB tem dualidade S com si mesmo.

Se tivermos uma teoria de supercordas de Tipo I com uma constante de acoplamento muito forte, ela será teoricamente idêntica a uma teoria de supercordas de Tipo HO com uma constante de acoplamento muito fraca. Assim, esses dois tipos, sob essas condições, produzem exatamente as mesmas previsões para as massas e cargas.

Usando duas dualidades para unir cinco teorias de supercordas

As dualidades T e S relacionam diferentes teorias das cordas. Dê uma olhada nas relações existentes:

- » Teorias das supercordas Tipo I e Tipo HO se relacionam pela dualidade S.
- » Teorias das supercordas Tipo HO e Tipo HE se relacionam pela dualidade T.
- » Teorias das supercordas Tipo IIA e Tipo IIB se relacionam pela dualidade T.

Com essas dualidades (e outras mais sutis, que relacionam os tipos IIA e IIB com as teorias das cordas heteróticas), há relações para transformar uma versão da teoria das cordas em outra — pelo menos para certas condições especialmente selecionadas da teoria das cordas.

LEMBRE-SE

Para resolver as equações de dualidade, precisamos pressupor algumas coisas, e nem todas são necessariamente válidas em uma teoria das cordas que descreveria nosso próprio Universo. Por exemplo, as teorias só podem ser provadas em casos de supersimetria perfeita, enquanto o nosso próprio Universo exibe (na melhor das hipóteses) uma quebra de supersimetria.

Os céticos da teoria das cordas não estão convencidos de que tais dualidades em alguns estados específicos das teorias estejam relacionadas com uma dualidade mais fundamental das teorias a todos os níveis. O físico (e cético da teoria das cordas) Lee Smolin denomina isso de visão pessimista, enquanto chama a crença da teoria das cordas na natureza fundamental dessas dualidades de visão otimista.

Ainda assim, em 1995, era difícil não estar no time otimista (e, de fato, muitos nunca perderam o otimismo quanto à teoria das cordas). O próprio fato de essas dualidades existirem era assustador para os teóricos de cordas. Não foi planejado, mas saiu da análise matemática da teoria. Isso foi visto como uma prova poderosa de que a teoria das cordas estava no caminho certo. Em vez de se desfazer em um conjunto de teorias diferentes, ela estava de fato se juntando em uma única teoria — a teoria M de Edward Witten — que se manifestava de várias formas.

Tem início a segunda revolução das supercordas: Conectando a teoria de onze dimensões

O período imediatamente depois da proposta da teoria M foi chamado de "segunda revolução das supercordas", pois, mais uma vez, inspirou uma série de pesquisas sobre a teoria das supercordas. Dessa vez, a ênfase era compreender as ligações entre as teorias das supercordas existentes e a teoria das onze dimensões que Witten havia proposto.

Witten não foi o primeiro a propor esse tipo de ligação. A ideia de unir as diferentes teorias das cordas em uma só acrescentando uma 11ª dimensão tinha sido proposta por Mike Duff da Universidade A&M do Texas, mas nunca pegou entre os teóricos de cordas. O trabalho de Witten sobre o assunto, contudo, resultou em um quadro em que a dimensão extra poderia emergir das unificações inerentes à teoria M — levando a comunidade da teoria das cordas a considerá-la mais seriamente.

Em 1994, Witten e o colega Paul Townsend descobriram uma dualidade entre a teoria das supercordas de dez dimensões e uma teoria de onze dimensões, que havia sido proposta nos anos 1970: a supergravidade.

A supergravidade resultou quando a supersimetria foi aplicada nas equações da relatividade geral. Ou seja, a partícula chamada gravitino — superparceira do gráviton — foi introduzida na teoria. Nos anos 1970, essa era basicamente a abordagem dominante na tentativa de obter uma teoria da gravidade quântica.

O que Witten e Townsend fizeram em 1994 foi pegar a teoria 11D da supergravidade da década de 1970 e enrolar uma das dimensões. Eles então demonstraram que uma membrana em onze dimensões com uma dimensão enrolada se comporta como uma corda em dez dimensões.

LEMBRE-SE

Mais uma vez, essa é uma recorrência da antiga ideia de Kaluza-Klein, que surge vez após vez na história da teoria das cordas. Ao pegar a ideia de Kaluza de acrescentar uma dimensão extra (e a ideia de Klein de enrolá-la muito pequena), Witten mostrou que era possível — pressupondo certas condições de simetria — mostrar que existiam dualidades entre as teorias das cordas existentes.

Havia ainda problemas com um Universo de onze dimensões. Os físicos haviam mostrado que a supergravidade não funcionava porque permitia infinitos. De fato, todas as teorias, exceto a teoria das cordas, permitiam infinitos. Contudo, Witten não estava preocupado com isso, pois a supergravidade era apenas uma aproximação da teoria M, que, por necessidade, precisa ser finita.

É importante perceber que nem Witten nem ninguém mais provou que as cinco teorias das cordas poderiam ser transformadas umas nas outras em nosso Universo. De fato, Witten nem sequer propôs o que a teoria M era na realidade.

LEMBRE-SE

O que ele fez em 1995 foi apresentar um argumento teórico para apoiar a ideia de que *poderia haver* uma teoria — que ele chamou de teoria M — que unisse as teorias existentes das cordas. Cada teoria das cordas conhecida era apenas uma aproximação da hipotética teoria M, que ainda não era conhecida. A baixos níveis de energia, ele também acreditava que a teoria M era aproximada pela teoria da supergravidade de onze dimensões.

Branas: Esticando a Corda

De certo modo, a introdução da teoria M marca o fim da "teoria das cordas", porque deixa de ser uma teoria que contém apenas cordas fundamentais. A teoria M também contém membranas multidimensionais, chamadas *branas*. As cordas são apenas objetos unidimensionais e, portanto, apenas um dos tipos de objetos fundamentais que compõem o Universo, de acordo com a nova teoria M.

A branas têm pelo menos três traços fundamentais:

» Existem em determinado número de dimensões, de zero a nove.
» Podem conter uma carga elétrica.
» Têm tensão, indicando sua resistência contra influência ou interação.

A teoria das cordas se tornou mais complexa com a introdução das branas multidimensionais. As primeiras, chamadas *D-branas*, entraram na teoria das cordas em 1989. Outro tipo, chamado *p-brana*, foi mais tarde introduzido. Trabalhos posteriores mostraram que esses dois tipos de branas eram, de fato, a mesma coisa.

As branas são objetos de múltiplas dimensões que existem dentro do espaço total de dez dimensões exigido pela teoria das cordas. Na linguagem dos teóricos de cordas, esse espaço completo é chamado *bulk*.

Uma das principais razões pelas quais os teóricos de cordas não abraçaram originalmente as branas foi porque a introdução de objetos físicos mais elaborados ia contra o objetivo da teoria. Em vez de simplificar a teoria e torná-la mais fundamental, as branas a complicavam mais e introduziam mais tipos de objetos, aparentemente desnecessários. Essas eram exatamente as características do Modelo Padrão que os teóricos de cordas esperavam evitar.

No entanto, em 1995, Joe Polchinski provou que era impossível evitá-las. Qualquer versão consistente da teoria M precisava incluir branas com mais dimensões.

A descoberta das D-branas: Dando às cordas abertas algo em que se segurar

A motivação para as D-branas veio do trabalho de Joe Polchinski, Jin Dai e Rob Leigh, da Universidade do Texas, e do trabalho independente realizado ao mesmo tempo pelo físico checo Petr Hořava. Ao analisar as equações da teoria das cordas, esses físicos perceberam que as pontas das cordas abertas não pairavam apenas no espaço vazio. Era como se estivessem ligadas a um objeto, mas, na época, a teoria das cordas não tinha objetos (além de cordas) a que pudesse se ligar.

Para resolver esse problema, os físicos introduziram a *D-brana*, uma superfície que existe dentro da teoria das supercordas de dez dimensões, de modo que as cordas abertas possam se ligar a ela. As branas e as cordas a elas ligadas são mostradas na Figura 11-1. (O "D" em D-brana tem origem em Johann Peter Gustav Lejeune Dirichlet, um matemático alemão cuja relação com a D-brana vem de um tipo especial de condição de limite, chamada *condição de contorno de Dirichlet*, que as D-branas exibem.)

FIGURA 11-1: As cordas abertas se ligam às branas em cada ponta. As pontas podem se ligar à mesma brana, ou a branas diferentes.

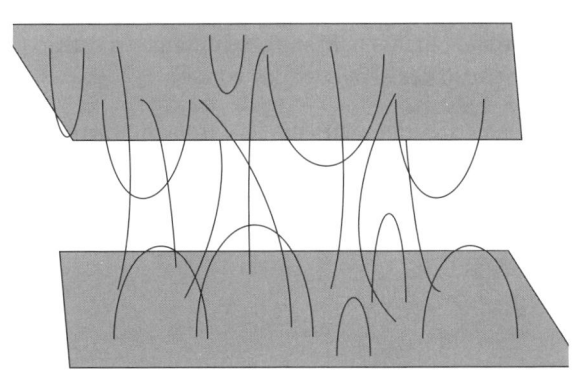

DICA É mais fácil visualizar as branas como superfícies planas, mas as D-branas podem existir em qualquer número de dimensões, de zero a nove, dependendo da teoria. Uma D-brana de cinco dimensões seria chamada D5-brana.

É fácil ver a rapidez com que as D-branas podem se multiplicar. Poderíamos ter uma D5-brana intersectando uma D3-brana, que tem uma D1-brana estendendo-se para fora dela. As supercordas abertas poderiam ter uma extremidade na D1-brana, e a outra, na D5-brana, ou em alguma outra D5-brana em outra posição, e as D9-branas (estendidas em todas as nove dimensões do espaço-tempo) poderiam estar no fundo de todas elas. Aqui, fica claro que começa a ser bastante difícil imaginar esse espaço de dez dimensões ou de acompanhar todas as configurações possíveis de qualquer forma significativa.

Além disso, as D-branas podem ter tamanho finito ou infinito. Os cientistas honestamente não conhecem as verdadeiras limitações de como elas se comportam. Antes de 1995, poucas pessoas lhes davam muita atenção.

Criando partículas a partir das *p*-branas

Em meados da década de 1990, Andrew Strominger realizou um trabalho sobre outro tipo de brana, chamada *p-brana*, que eram soluções para as equações de campo da relatividade geral de Einstein. O *p* representa o número de dimensões, que mais uma vez pode ir de zero a nove. (Uma *p*-brana de quatro dimensões é chamada 4-brana.)

As *p*-branas se expandiram infinitamente em certas direções, mas finitamente em outras. Nas dimensões finitas, elas pareciam, na realidade, prender qualquer coisa que se aproximasse delas, semelhante à influência gravitacional de um buraco negro. O trabalho proporcionou um dos resultados mais surpreendentes da teoria das cordas — uma forma de descrever alguns aspectos de um buraco negro (veja a seção "Usando as branas para explicar os buracos negros").

Além disso, as *p*-branas resolveram um problema na teoria das cordas: nem todas as partículas existentes podiam ser explicadas em termos de interações de cordas. Com as *p*-branas, Strominger mostrou que era possível criar novas partículas sem o uso de cordas.

Uma *p*-brana pode criar uma partícula se enrolando firmemente em torno de uma região de espaço muito pequena e encaracolada. Strominger mostrou que, se levarmos isso ao extremo — imagine uma região do espaço enrolada o mais pequena possível —, a *p*-brana embrulhada se torna uma partícula sem massa.

LEMBRE-SE: De acordo com as pesquisas de Strominger com as *p*-branas, nem todas as partículas na teoria das cordas são criadas por cordas. Às vezes, as *p*-branas também podem criá-las. Isso é importante porque as cordas por si só não são responsáveis por todas as partículas conhecidas.

Deduzindo a necessidade das branas na teoria M

Fortemente motivado pela proposta da teoria M feita por Edward Witten, Joe Polchinski começou a trabalhar intensamente nas D-branas. Seu trabalho provou que elas não eram apenas uma construção hipotética permitida pela teoria das cordas, mas essenciais para qualquer versão da teoria M. Além disso, ele provou que as D-branas e *p*-branas descreviam os mesmos objetos.

Em uma sequência intensa de atividades que caracterizaria a segunda revolução das supercordas, Polchinski mostrou que as dualidades necessárias para a teoria M só funcionavam de forma consistente nos casos em que a teoria também continha objetos de dimensão superior. Uma teoria M que contivesse *apenas* cordas unidimensionais seria inconsistente.

Polchinski definiu quais tipos de D-branas a teoria das cordas permite e algumas de suas propriedades. As D-branas de Polchinski tinham carga, o que significava que interagiam umas com as outras por meio de algo parecido com a força eletromagnética.

Uma segunda propriedade das D-branas é a tensão. A tensão indica a facilidade com que uma interação influencia a D-brana, como as ondulações que se movem através de uma piscina de água. Uma tensão baixa significa uma leve perturbação que resulta em grandes efeitos sobre a D-brana. Uma tensão elevada significa que é mais difícil influenciar a D-brana (ou alterar sua forma).

Se uma D-brana tivesse uma tensão de zero, então uma interação menor teria um resultado maior — por exemplo, alguém sopra a superfície do oceano e o separa, como o Mar Vermelho no filme *Os Dez Mandamentos*. Uma tensão infinita significaria exatamente o oposto: nenhuma quantidade de trabalho causaria mudanças na D-brana.

DICA: Se imaginar uma D-brana como a superfície de um trampolim, será mais fácil visualizar a situação. Quando a massa do seu corpo cai sobre um trampolim, a tensão no trampolim é suficientemente fraca de modo que cede um pouco, mas forte o suficiente para que ricocheteie, lançando você ao ar. Se a tensão na superfície do trampolim fosse significativamente mais fraca ou mais forte, um trampolim não seria nada divertido; ou abaixaria até você cair no chão, ou você pousaria sobre um trampolim plano e imóvel que não abaixa (nem salta) nada.

LEMBRE-SE

Juntas, essas duas características das D-branas — carga e tensão — significam que não são apenas construções matemáticas, mas objetos tangíveis por si sós. Se a teoria M for verdadeira, as D-branas têm a capacidade de interagir com outros objetos e de se mover de um lugar para outro.

Juntando D-branas e *p*-branas

Embora Polchinski estivesse ciente do trabalho de Strominger sobre as *p*-branas — eles conversavam sobre seus projetos durante o almoço regularmente —, ambos os cientistas pensavam que os dois tipos de branas eram distintos. Parte do trabalho de Polchinski sobre as branas em 1995 incluía a percepção de que elas eram de fato um e o mesmo objeto. Nos níveis energéticos em que as previsões da teoria das cordas e da relatividade geral coincidem, as duas são equivalentes.

Pode parecer estranho que nenhum deles tenha pensado sobre isso antes de 1995, mas não havia razão para esperar que os dois tipos de branas estivessem relacionados um com o outro. Para um leigo, parecem basicamente a mesma coisa — superfícies multidimensionais existentes em um espaço-tempo de dez dimensões. Por que *não considerar* pelo menos que são as mesmas coisas?

Bem, parte da razão pode estar baseada na natureza específica da investigação científica. Ao trabalhar em um campo científico, é necessário ser bastante específico quanto às perguntas feitas e também às formas como são feitas. Polchinski e Strominger faziam perguntas diferentes de maneiras diferentes, então nunca ocorreu a nenhum deles que as respostas às suas perguntas pudessem ser as mesmas. Seus conhecimentos impediram que vissem os pontos em comum. Esse tipo de visão de túnel é bastante comum e parte da razão pela qual o compartilhamento da pesquisa é tão encorajado dentro da comunidade científica.

Do mesmo modo, para um leigo, as diferenças drásticas entre esses dois tipos de branas são menos claras. Assim como alguém que não estuda muito sobre religião pode se confundir com a diferença entre as doutrinas teológicas episcopal e católica, para um sacerdote de qualquer uma dessas religiões as diferenças são bem conhecidas, e as duas são vistas como extremamente distintas.

No caso das branas, porém, os leigos teriam tido uma visão mais clara da questão do que qualquer um dos especialistas. Os próprios pormenores que tornaram as D-branas e as *p*-branas tão intrigantes para Polchinski e Strominger dificultaram sua capacidade de ver os pontos em comum, que estavam além dos detalhes — pelo menos até 1995, quando Polchinski finalmente viu a ligação.

DICA

Devido à equivalência, tanto as D-branas como as *p*-branas são tipicamente referidas apenas como branas. Quando se faz referência à sua dimensionalidade, a notação *p*-brana é geralmente a utilizada. Alguns físicos ainda usam a notação da D-brana porque existem outros tipos de branas sobre as quais eles falam. (Durante o restante deste livro, refiro-me a elas principalmente como branas, poupando assim o desgaste na tecla D do meu teclado.)

Usando as branas para explicar os buracos negros

Uma das principais descobertas teóricas que a teoria das cordas ofereceu é a capacidade de compreender um pouco da física dos buracos negros. Elas estão diretamente relacionadas com a pesquisa sobre *p*-branas, que, em certas configurações, podem atuar de forma parecida com os buracos negros.

A conexão entre as branas e os buracos negros foi descoberta por Andrew Strominger e Cumrun Vafa em 1996. Esse é um dos poucos aspectos da teoria das cordas que pode ser citado como algo que confirma ativamente a teoria de uma forma testável, sendo assim muito importante.

O ponto de partida é semelhante ao trabalho de Strominger sobre as *p*-branas para criar partículas: considere uma região bem enrolada de uma dimensão espacial que tem uma brana enrolada à sua volta. Nesse caso, porém, estamos considerando uma situação em que a gravidade não existe, o que significa que podemos enrolar múltiplas branas ao redor do espaço.

A massa da brana limita a quantidade de carga eletromagnética que ela pode conter. Um fenômeno semelhante acontece com os buracos negros carregados eletromagneticamente. Essas cargas criam uma densidade de energia, que contribui para a massa do buraco negro. Isso coloca um limite à quantidade de carga eletromagnética que um buraco negro estável pode conter.

No caso em que a brana tem a quantidade máxima de carga — chamada *configuração extrema* — e no caso em que o buraco negro tem a quantidade máxima de carga — chamado *buraco negro extremo* —, os dois casos compartilham algumas propriedades. Isso permite que os cientistas utilizem um modelo termodinâmico de uma brana de configuração extrema enrolada em torno de dimensões extras para extrair as propriedades termodinâmicas que os cientistas esperariam obter de um buraco negro extremo. Além disso, é possível utilizar esses modelos para relacionar configurações quase extremas com buracos negros quase extremos.

Os buracos negros são um dos mistérios do Universo para o qual os físicos adorariam ter uma explicação clara. Para mais detalhes sobre como a teoria das cordas se relaciona com os buracos negros, vá para o Capítulo 14.

LEMBRE-SE A teoria das cordas não foi desenvolvida com a intenção de conceber essa relação entre as branas embrulhadas e os buracos negros. O fato de que um artefato extraído puramente da matemática da teoria das cordas se correlacionar tão precisamente com um objeto científico conhecido como buraco negro, que os cientistas querem especificamente estudar de novas formas, foi visto por todos como um passo importante no apoio à teoria das cordas. É perfeito demais, muitos pensam, para ser mera coincidência.

Admirável mundo novo das branas

Com a introdução de todos esses novos objetos, os teóricos de cordas começaram a explorar seu significado. Um passo importante é a introdução de cenários do *mundo das branas*, onde o nosso Universo tridimensional é, na realidade, 3-branas.

Desde o início da teoria das cordas, um dos maiores obstáculos conceituais tem sido a adição de dimensões extras. Elas são necessárias para que a teoria seja consistente, mas é certo que aparentemente não experimentamos mais do que três dimensões espaciais. A explicação típica tem sido a compactificação das seis dimensões extras em um objeto enrolado de forma apertada, aproximadamente do tamanho do comprimento de Planck.

LEMBRE-SE Nos cenários do mundo das branas, a razão pela qual percebemos apenas três dimensões espaciais é o fato de vivermos dentro de 3-branas. Há uma diferença fundamental entre as dimensões espaciais na brana e as que estão fora dela.

Os cenários do mundo das branas são uma adição fascinante às possibilidades da teoria das cordas, em parte porque podem oferecer algumas maneiras de termos teorias das cordas consistentes sem recorrer a cenários elaborados de compactificação. No entanto, nem todos estão convencidos de que as compactificações podem ser eliminadas da teoria, e até mesmo algumas teorias do mundo das branas também as incluem.

Na seção "Dimensões Infinitas: Modelos de Randall-Sundrum", mais adiante neste capítulo, analiso alguns cenários específicos do mundo das branas que foram propostos e que oferecem algumas explicações intrigantes para aspectos do nosso Universo, tais como a forma de resolver o problema da hierarquia (do Capítulo 8). No Capítulo 15, a ideia de mundos de branas permite que consideremos a possibilidade de escaparmos do nosso Universo e de viajarmos para um Universo diferente em outra brana!

Teoria M: "M" de Matriz?

Um ano após a proposta da teoria M, Leonard Susskind apresentou uma sugestão para o que o "M" poderia significar. A *teoria da matriz* propõe que as unidades fundamentais do Universo são pontos materiais de dimensão

0, a que Susskind chama *pártons* (ou D0-branas). (Não, essas partículas não têm nada a ver com a cantora Dolly Parton.) Os pártons podem se reunir ao redor de todos os tipos de objetos, criando as cordas e as branas necessárias para a teoria M. De fato, a maioria dos teóricos de cordas acredita que a teoria da matriz é equivalente à teoria M.

A teoria da matriz foi desenvolvida por Leonard Susskind, Tom Banks, Willy Fischler e Steve Shenker no ano seguinte a Witten ter proposto a teoria M. (O artigo sobre o tema só foi publicado em 1997, mas Susskind apresentou o conceito em uma conferência sobre a teoria das cordas em 1996, antes da publicação.) A teoria é também aproximada pela supergravidade de onze dimensões, sendo uma das razões pelas quais os teóricos de cordas consideram apropriado considerá-la igual à teoria M.

O nome "párton", que Susskind usa em seu livro *The Cosmic Landscape* [O Cenário Cósmico, em tradução livre] (e que uso aqui) para descrever essas D0-branas, vem de um termo usado pelo físico quântico ganhador do Prêmio Nobel (e cético da teoria das cordas), Richard P. Feynman. Tanto Feynman como seu colega e rival Murray Gell-Mann tentavam descobrir o que constituía os hádrons. Embora Gell-Mann tenha proposto o modelo quark, Feynman havia descrito uma teoria mais vaga na qual os hádrons eram compostos por partes menores e que acabou denominando pártons.

Um aspecto intrigante dos pártons, observado por Witten, é que, à medida que se aproximam um do outro, fica impossível dizer onde realmente estão. Isso pode se assemelhar ao princípio da incerteza na mecânica quântica, no qual a posição de uma partícula não pode ser determinada com precisão absoluta, mesmo matematicamente (quanto mais experimentalmente). É impossível testar isso da mesma forma que os cientistas podem testar o princípio da incerteza, porque não há forma de isolar e observar um párton individual. A própria luz seria constituída por um vasto número de pártons, assim, é impossível "ver" um párton.

Infelizmente, a matemática envolvida na análise da teoria da matriz é difícil, mesmo pelos padrões que os teóricos de cordas utilizam. Por enquanto, as pesquisas continuam, e os teóricos de cordas esperam que novos conhecimentos possam mostrar mais claramente como a teoria da matriz pode ajudar a lançar luz sobre a estrutura subjacente da teoria M.

Obtendo Insights com o Princípio Holográfico

Outro insight fundamental da teoria das cordas vem do *princípio holográfico*, que relaciona uma teoria no espaço com uma teoria definida apenas na fronteira desse espaço. O princípio holográfico não é estritamente um aspecto da teoria das cordas (ou da teoria M), mas se aplica mais geralmente às teorias sobre a gravidade em qualquer tipo de espaço. Considerando que a teoria das cordas pertence a esse grupo, alguns físicos acreditam que o princípio holográfico estará em seu âmago.

Captando informações multidimensionais em uma superfície plana

Acontece que, como mostrou Gerard 't Hooft em 1993 (com grande ajuda de Leonard Susskind), a quantidade de "informação" que um espaço contém pode estar relacionada com a área da fronteira de uma região, não com seu volume. (Na teoria quântica de campo, tudo pode ser visto como informação.) Em suma, o princípio holográfico equivale aos dois postulados seguintes:

» Uma teoria gravitacional que descreve uma região do espaço é equivalente a uma teoria definida apenas na área de superfície que cerca a região.

» O limite ou a fronteira de uma região do espaço contém, no máximo, uma informação por comprimento de Planck ao quadrado.

DICA

Ou seja, o princípio holográfico diz que tudo o que acontece em um espaço pode ser explicado em termos de informações que de alguma forma são armazenadas na superfície desse espaço. Por exemplo, imagine um espaço tridimensional que reside no interior da superfície bidimensional enrolada de um cilindro, como na Figura 11-2. Você reside dentro desse espaço, mas talvez algum tipo de sombra ou reflexo resida na superfície.

FIGURA 11-2: O princípio holográfico diz que as informações sobre um espaço estão contidas na superfície.

Vejamos um aspecto essencial dessa situação e que falta no nosso exemplo: uma sombra contém apenas o seu contorno, mas no princípio holográfico de Hooft, *todas* as informações são retidas. (Veja o box "Dentro de um holograma".)

DENTRO DE UM HOLOGRAMA

Um *holograma* é uma imagem bidimensional que contém toda a informação tridimensional de um objeto. Ao visualizar um holograma, podemos inclinar a imagem e ver a orientação do formato mudar. É como se víssemos o objeto na imagem a partir de um ângulo diferente. O processo de criação de um holograma é chamado *holografia*.

Isso é possível por meio dos padrões de interferência em ondas de luz. O processo envolve a utilização de um laser — para que toda a luz tenha exatamente o mesmo comprimento de onda —, fazendo com que sua reflexão saia do objeto e vá para um filme. (Quando realizei essa experiência durante as aulas de ótica na universidade, usei um cavalinho de plástico.)

Quando a luz atinge o filme, ela registra padrões de interferência que, quando devidamente desenvolvidos, permitem que o filme codifique a informação sobre a forma tridimensional que foi holografada. A informação codificada precisa então ser descodificada, o que significa que a luz do laser precisa ser novamente mostrada através do filme para que veja a imagem.

Existem hologramas de "luz branca", que não precisam de luz de laser para serem visualizados. É com esses hologramas que você está mais familiarizado, aqueles que manifestam sua imagem à luz normal.

Outro exemplo, e talvez mais claro, é se imaginar dentro de um grande cubo. Cada parede do cubo é uma tela gigante de TV, que contém imagens dos objetos no interior do cubo. Você poderia usar a informação contida na superfície bidimensional do espaço para reconstruir os objetos dentro do espaço.

Mais uma vez, porém, esse exemplo fica aquém das expectativas porque nem toda a informação está codificada. Se eu tivesse objetos que me bloqueassem em todos os seis sentidos, minha imagem não estaria em nenhuma das telas. Mas na visão do princípio holográfico do Universo, a informação na superfície contém tudo que existe dentro do espaço.

Conectando o princípio holográfico com nossa realidade

O princípio holográfico é totalmente inesperado. Seria de pensar que a informação necessária para descrever um espaço seria proporcional ao volume desse espaço. (Observe que, no caso em que há mais de três dimensões espaciais, "volume" não é um termo preciso. Um "hipervolume" em 4D seria comprimento vezes largura vezes altura vezes alguma outra direção espacial. Por ora, podemos ignorar a dimensão do tempo.)

Podemos considerar esse princípio de duas maneiras:

> » Nosso Universo é um espaço em 4D equivalente a alguma fronteira 3D.
>
> » Nosso Universo é uma fronteira em 4D de um espaço 5D, que contém as mesmas informações.

No primeiro cenário, vivemos no espaço dentro da fronteira, e no segundo, estamos na fronteira, refletindo uma ordem superior de realidade que não percebemos diretamente. Ambas as teorias têm profundas implicações sobre a natureza do universo em que vivemos.

Considerando a correspondência AdS/CFT

Embora tenha sido apresentado em 1993, até Leonard Susskind diz que achava que passariam décadas antes de haver qualquer maneira de confirmar o princípio holográfico. Depois, em 1997, o físico argentino Juan Maldacena publicou um artigo, inspirado pelo princípio holográfico, que propunha a *correspondência anti de De Sitter/da teoria de campo conformal*, ou *correspondência AdS/CFT*, que colocou o princípio holográfico sob os holofotes da teoria das cordas.

Na correspondência AdS/CFT, Maldacena propôs uma nova dualidade entre uma teoria de gauge definida em uma fronteira 4D (três dimensões espaciais e uma dimensão temporal) e uma região 5D (quatro dimensões espaciais e uma dimensão temporal). Basicamente, ele mostrou que há circunstâncias em que o segundo cenário do princípio holográfico é possível (veja a seção anterior).

Como é habitual na teoria das cordas, uma dessas condições é a supersimetria inquebrável. De fato, o mundo teórico por ele estudado tinha a maior quantidade de supersimetria possível — era maximamente supersimétrico.

Outra condição era que a região 5D era algo chamado *espaço anti de De Sitter*, indicando que tinha uma curvatura negativa. Nosso Universo (pelo menos no presente) é mais semelhante a um espaço de De Sitter, como mencionado no Capítulo 9. Como tal, ainda não foi provado que a correspondência AdS/CFT (ou algo semelhante) se aplica especificamente ao nosso próprio Universo (embora tenham sido escritos milhares de artigos sobre o assunto).

Mesmo que a dualidade não seja completamente verdadeira, um conjunto crescente de trabalhos teóricos apoia a ideia de que existe algum tipo de correspondência entre a teoria das cordas e a teoria de gauge, mesmo que apenas em alguns níveis baixos de aproximação. Cálculos que são difíceis em uma versão da teoria podem, na verdade, ser fáceis na outra, indicando que isso pode ser crucial para descobrirmos como completar a teoria. O fato vem dando suporte à ideia de que o princípio holográfico talvez seja um dos princípios fundamentais da teoria M.

O princípio holográfico, e especificamente a correspondência AdS/CFT, também podem ajudar os cientistas a compreender melhor a natureza dos buracos negros. A entropia (ou desordem) de um buraco negro é proporcional à área da sua superfície, e não ao seu volume. Esse é um dos argumentos a favor do princípio holográfico, pois acredita-se que ele ofereceria mais explicações físicas sobre os buracos negros.

Surpresa! A Energia Escura Chegou

A descoberta da energia escura em 1998 mostrou que nosso Universo precisava ter uma constante cosmológica positiva. O problema é que todas as teorias das cordas foram desenvolvidas em universos com constantes cosmológicas negativas (ou com um valor zero). Quando as pesquisas descobriram formas possíveis de incorporar uma constante cosmológica positiva, o resultado foi uma teoria que tem um vasto número de possibilidades!

Parece que a energia escura preenche grande parte do Universo e faz com que o espaço-tempo se expanda. Segundo as estimativas atuais, mais de 70% do Universo é composto por energia escura.

Antes da descoberta de 1998, o pressuposto era o de que o Universo tinha uma constante cosmológica zero, então todas as pesquisas na teoria das cordas se concentravam nesse tipo de universo. Com a descoberta da matéria escura, as prioridades precisaram mudar. Foi aberta a temporada de caça em busca de um universo que tivesse uma constante cosmológica positiva.

Joe Polchinski e Raphael Bousso estenderam a pesquisa anterior de outros, fazendo experimentos com dimensões extras que tinham *fluxo elétrico* (um número que representa a intensidade de um campo elétrico através de uma superfície) enrolado ao redor delas. As branas transportavam carga, assim, também podiam ter fluxo. Essa construção tinha o potencial de limitar alguns parâmetros da teoria de uma forma que não podia variar continuamente.

Em 2003, um grupo de Stanford, incluindo Renata Kallosh, Andrei Linde, Shamit Kachru e Sandip Trivedi, publicou um artigo que mostrava maneiras de estender o pensamento de Polchinski-Bousso para desenvolver teorias das cordas com uma constante cosmológica positiva. O truque era criar um universo e depois envolvê-lo com branas e antibranas para conter o fluxo elétrico e magnético. Isso introduziu o potencial para dois efeitos:

» Permitir uma pequena constante cosmológica positiva.

» Estabilizar as dimensões extras na teoria das cordas.

Na superfície, indicava ser um excelente resultado, fornecendo dois componentes necessários para a teoria das cordas. Infelizmente, houve um probleminha: soluções demais!

Considerando Por que as Dimensões se Desenrolam às Vezes

A maioria das propostas de teorias das cordas se baseia no conceito de que as dimensões extras exigidas pela teoria são tão pequenas que não podem ser observadas. Com a teoria M e os mundos das branas, talvez seja possível superar tal restrição.

Foram propostos alguns cenários para tentar descrever uma versão matematicamente coerente da teoria M, o que permitiria estender as dimensões extras. Se algum desses cenários se confirmar, haverá profundas implicações sobre como (e onde) os físicos devem procurar as dimensões extras da teoria das cordas.

Dimensões mensuráveis

Um modelo que tem recebido bastante atenção foi proposto em 1998 por Savas Dimopoulos, Nima Arkani-Hamed e Gia Dvali. Nessa teoria, algumas das dimensões extras poderiam ter um milímetro de tamanho sem contradizer experiências conhecidas, o que significa que talvez seja possível observar seus efeitos em experiências conduzidas no Grande Colisor de Hádrons (LHC — Large Hadron Collider) do CERN. (A proposta não tem um nome único, mas eu a chamo de *MDM — modelo de dimensão milimétrica*. Quem sabe, talvez pegue!)

Quando Dimopoulos apresentou o MDM em uma conferência sobre supersimetria em 1998, foi, na realidade, um ato subversivo. Sua afirmação era ousada: as dimensões extras eram tão importantes quanto a supersimetria, se não mais.

Muitos físicos acreditam que a supersimetria é o princípio físico essencial que provará ser o fundamento da teoria M. Dimopoulos propôs que as dimensões extras — anteriormente vistas como uma infeliz complicação matemática a ser ignorada tanto quanto possível — poderiam ser o princípio físico fundamental que a teoria M procurava.

No MDM, um par de dimensões extras poderia se estender até um milímetro de distância da brana tridimensional em que residimos. Caso se estendam muito mais do que um milímetro, alguém já teria reparado, mas a um milímetro, o desvio da lei da gravidade de Newton seria tão leve que ninguém conseguiria perceber. Assim, considerando que a gravidade irradia para fora em dimensões extras, seria possível explicar por que ela é tão mais fraca do que as forças presas à brana.

Isso funciona assim: tudo em nosso Universo está preso na nossa brana tridimensional, *exceto a gravidade*, que pode se estender para fora da nossa brana e afetar outras dimensões. Ao contrário da teoria das cordas, as dimensões extras não seriam perceptíveis nas experiências, exceto nas

E LÁ VEM MAIS UMA: TEORIA F

Outra teoria às vezes discutida é a teoria F (o nome faz uma referência irônica à ideia de que o M na teoria M significa mãe, sendo que o F indica "father", pai em inglês). Cumrun Vafa propôs a teoria F em 1996, após reparar que certas soluções complicadas da teoria das cordas do Tipo IIB poderiam ser descritas em uma solução mais simples de uma teoria diferente com doze dimensões, acima das dez dimensões das supercordas ou das onze dimensões da teoria M. Ao contrário da teoria M, na qual todas as dimensões do espaço-tempo são tratadas igualmente, duas das dimensões da teoria F são fundamentalmente diferentes das restantes: precisam estar *sempre* enroladas. Então, para chegarmos a três dimensões espaciais, temos oito pequenas dimensões, em vez de seis!

Assim, parece que a teoria está ficando mais complicada, mas, na realidade, a descrição da teoria F é, em geral, mais simples. Essas oito dimensões incluem não só todas as informações das seis anteriores, mas também sobre quais branas existem na solução (essas configurações podem, sim, ficar complicadas). Aqui temos o exemplo de um tema comum no desenvolvimento da teoria das cordas; cada vez mais detalhes da teoria, como quais partículas existem e como interagem ou quais branas vivem onde, podem ser descritos simplesmente em termos da geometria das dimensões extras. Essa geometria é, muitas vezes, mais fácil de compreender e analisar.

A teoria F tem recebido mais atenção nos últimos anos porque sua rica estrutura permite soluções que reproduzem muitos dos fenômenos do Modelo Padrão e das teorias da grande unificação (TGU — veja mais sobre elas no Capítulo 12).

sondas de gravidade, e em 1998, a gravidade não tinha sido testada a distâncias inferiores a um milímetro.

Calma aí e não se anime muito ainda. Foram feitas experiências para procurar tais dimensões extras milimétricas, e, afinal, provavelmente não existem. As experiências mostram que as dimensões precisam ter pelo menos um décimo de milímetro, mas isso ainda é muito maior do que na maioria dos outros cenários da teoria das cordas. Em vez de exigir os 10^{19} GeV (gigaelétron-volts, uma unidade de energia) necessários para explorar o comprimento de Planck, explorar um milímetro exigiria apenas 1.000 GeV — ainda dentro do alcance do LHC do CERN!

Dimensões Infinitas: Modelos de Randall-Sundrum

Se uma dimensão milimétrica já chamou a atenção, a proposta feita em 1999 por Lisa Randall e Raman Sundrum era ainda mais espetacular. Nos *modelos*

Randall-Sundrum, a gravidade se comporta de forma distinta em dimensões diferentes, dependendo da geometria das branas.

No modelo original Randall-Sundrum, chamado RS1, eles propõem uma brana que define a força da gravidade. Nessa *brana da gravidade*, a força da gravidade é extremamente grande. Quando nos movemos para uma quinta dimensão longe da brana da gravidade, a força da gravidade cai exponencialmente.

LEMBRE-SE

Um aspecto importante do modelo RS1 é que a força da gravidade depende apenas da posição dentro da quinta dimensão. Visto que toda nossa 3-brana (esse é um cenário do mundo das branas, onde estamos presos em uma 3-brana do espaço) está na mesma posição da quinta dimensão, a gravidade é consistente em todos os lugares na 3-brana.

Em um segundo cenário, chamado *RS2*, Randall e Sundrum perceberam que a 3-brana na qual estamos presos poderia ter sua própria influência gravitacional. Embora os grávitons consigam se afastar da 3-brana para outras dimensões, não podem ir muito longe por causa da atração da nossa 3-brana. Mesmo com as grandes dimensões, os efeitos da gravidade que vazam para outras dimensões seriam incrivelmente pequenos. Randall e Sundrum chamaram o modelo RS2 de *gravidade localizada*.

Em ambos os modelos, a característica fundamental é que a gravidade em nossa própria 3-brana é essencialmente sempre a mesma. Se não fosse assim, já teríamos percebido as dimensões extras antes.

Em 2000, Lisa Randall propôs outro modelo com Andreas Karch, chamado *gravidade localizada localmente*. Nesse modelo, a dimensão extra continha alguma energia de vácuo negativa. Ele vai além dos modelos anteriores, pois permite que a gravidade seja localizada de diferentes formas em diferentes regiões. A nossa área local tem um aspecto 4D e uma gravidade 4D, mas outras regiões do Universo podem seguir leis diferentes.

Entendendo a Paisagem Atual: Uma Multiplicidade de Teorias

Já em 1986, Andrew Strominger descobriu que havia um vasto número de soluções consistentes para a teoria das cordas e observou que todo o poder preditivo talvez tivesse sido perdido. Na verdade, ao considerarmos uma constante cosmológica negativa (ou zero), aparentemente acabamos com um número infinito de teorias possíveis.

Com uma constante cosmológica positiva — como necessário em nosso Universo, graças à energia escura —, as coisas melhoram, mas não muito. Há agora um número finito de formas de enrolar as branas e as antibranas de modo a obter uma constante cosmológica positiva. Quantas formas? Algumas estimativas indicaram algo em torno de 10^{500} formas possíveis de desenvolver uma tal teoria das cordas!

Isso é um enorme problema se o objetivo da teoria das cordas era desenvolver uma única teoria unificada. A visão da primeira e da segunda revoluções das supercordas (ou pelo menos a visão que guiava alguns "maria-vai-com-as-outras" que aproveitaram o embalo) era uma teoria que descreveria nosso Universo sem a necessidade de observações experimentais.

Em 2003, Leonard Susskind publicou "The Anthropic Landscape of String Theory" [A Paisagem Antrópica da Teoria das Cordas, em tradução livre], em que desistiu muito publicamente da ideia de que uma teoria única das cordas seria descoberta. No artigo, Susskind introduziu o conceito da "paisagem" das teorias das cordas: um vasto número de possíveis universos matematicamente consistentes, alguns dos quais realmente existem. A *paisagem da teoria das cordas* de Susskind foi sua solução para o número insondável de possíveis teorias de cordas.

Mas com tantas possibilidades, será que a teoria tem algum poder de previsão? Podemos usar uma teoria se não soubermos qual é a teoria?

O princípio antrópico exige observadores

A solução proposta por Susskind recorre a algo conhecido como *princípio antrópico*. O princípio indica que o Universo tem as propriedades que tem porque estamos aqui para observá-las. Caso houvesse propriedades muito diferentes, nós não existiríamos. Outras áreas do *multiverso* podem ter propriedades diferentes, mas estão longe demais para que possamos vê-las.

O princípio antrópico foi cunhado pelo astrofísico de Cambridge, Brandon Carter, em 1974. Ele existe em duas versões básicas:

» **Princípio antrópico fraco:** Nossa localização (ou região) do espaço-tempo tem leis de forma que existimos nela como observadores.

» **Princípio antrópico forte:** O Universo é de tal forma que precisa haver uma região de espaço-tempo dentro dele que permita observadores.

Se ficou confuso após ler essas duas variações do princípio antrópico, saiba que não está sozinho. Até mesmo os teóricos de cordas que agora abraçam o princípio antrópico — como Susskind e Joe Polchinski — já o desprezaram como algo totalmente não científico. Isso se deve em parte porque o princípio antrópico (na sua forma forte) é às vezes invocado para exigir um designer sobrenatural do Universo, algo que a maioria dos cientistas (mesmo os religiosos) tentam evitar em seu trabalho científico. (Ironicamente, é também frequentemente utilizado, na sua forma fraca, como argumento *contra* um designer sobrenatural, como Susskind fez em seu livro The Cosmic Landscape [A Paisagem Cósmica, em tradução livre].

Para que o princípio antrópico faça sentido, precisamos considerar um conjunto de universos possíveis. A Figura 11-3 mostra uma imagem dos níveis energéticos dos universos possíveis, onde cada vale representa um conjunto particular de parâmetros da teoria das cordas.

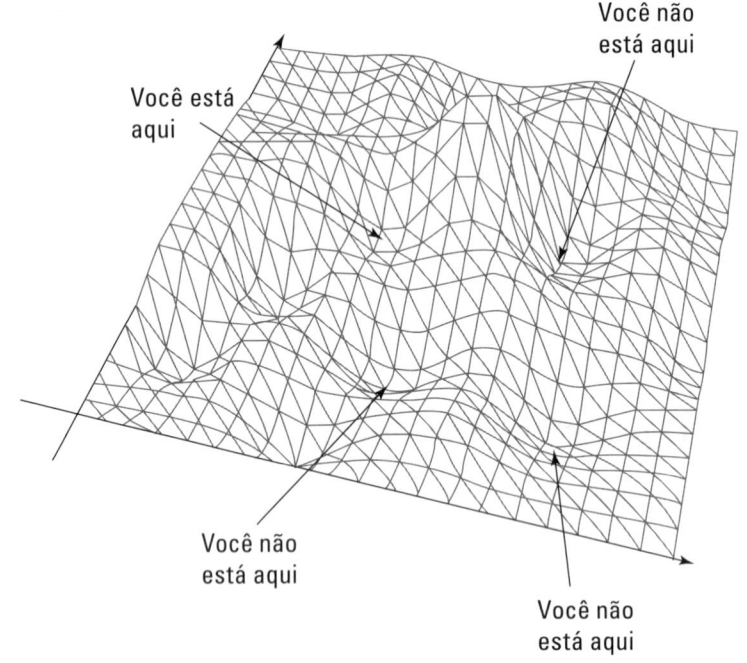

FIGURA 11-3: Na paisagem da teoria das cordas, apenas algumas possibilidades permitem a existência da vida.

DICA

De acordo com o princípio antrópico fraco, as únicas partes do multiverso que podemos observar são aquelas em que esses parâmetros nos permitem existir.

Nesse sentido, o princípio antrópico fraco é praticamente uma certeza, pois sempre será verdadeiro. Isso faz parte de sua essência. Como estamos aqui, podemos usar o fato de estarmos aqui para explicar as propriedades que o Universo tem. Na paisagem da teoria das cordas, há tantas possibilidades, que a nossa é apenas uma delas, que acabou virando realidade, e temos a sorte de estarmos aqui.

Se a paisagem da teoria das cordas representa todos os universos que são possíveis, o multiverso representa todos os universos que realmente existem. Regiões distantes do multiverso podem ter propriedades físicas radicalmente diferentes daquelas que observamos na nossa própria seção.

Esse conceito é semelhante ao da gravidade localizada localmente de Lisa Randall (veja a seção "Dimensões Infinitas: Modelos de Randall-Sundrum" anteriormente neste capítulo), na qual apenas a nossa região local exibe a gravidade que conhecemos e amamos em três dimensões espaciais. Outras regiões poderiam ter cinco ou seis dimensões espaciais, mas isso não nos interessa, porque estão tão distantes que não podemos vê-las. Essas outras regiões são partes diferentes do multiverso.

Em 1987, o ganhador do Prêmio Nobel Steven Weinberg acrescentou um pouco de credibilidade ao campo. Usando um raciocínio baseado no princípio antrópico, ele analisou a constante cosmológica necessária para criar um universo como o nosso. Sua previsão era uma constante cosmológica positiva muito pequena, apenas cerca de uma ordem de grandeza fora do valor encontrado mais de uma década depois.

Esse é um caso frequentemente citado de quando o princípio antrópico levou a uma previsão testável, mas nunca estive particularmente convencido de que fosse assim tão significativo. Claramente, nosso Universo é aquele em que as galáxias se formaram do modo como são — nem tão rápido ou tão devagar. Usar esse fato é totalmente incontroverso como meio de determinar a constante cosmológica, mas o princípio antrópico vai mais longe. Ele não determina apenas a constante cosmológica, mas supostamente explica por que ela tem esse valor.

A característica fundamental do raciocínio antrópico é que existe todo um multiverso de possibilidades. Se existe apenas um universo, precisamos explicar *por que* ele é tão perfeitamente adequado para que os humanos existam. Mas se há um vasto número de universos contendo uma vasta gama de parâmetros, então a probabilidade determina que, de vez em quando, um universo como o nosso surgirá, resultando em formas de vida e observadores como nós.

Discordando do valor do princípio

Desde sua introdução em 1974, o princípio antrópico suscita altas emoções entre os cientistas. É seguro dizer que a maioria dos físicos não considera que recorrer ao princípio antrópico seja a melhor tática científica. Muitos físicos o veem como a desistência de uma explicação, como se dissesse apenas "é o que é".

Em Stanford, Leonard Susskind e seus colegas parecem estar abraçando o princípio antrópico. Para ouvir (ou ler) Susskind sobre o assunto, a comunidade da teoria das cordas está rapidamente indo no embalo. Porém, não está claro se o movimento se espalhará de forma tão intensa como indica sua retórica.

Um indicador poderia ser a literatura. Dos treze livros sobre teoria das cordas (escritos após 2003, sendo oito livros populares e cinco livros didáticos) ao meu alcance, estas são as estatísticas:

» Cinco não mencionam o princípio antrópico no índice.

» Dois analisam o princípio antrópico em precisamente um parágrafo.

» Dois contêm mais discussões gerais sobre o princípio antrópico, ao longo de aproximadamente duas páginas.

» Dois atacam a paisagem e o princípio antrópico como sendo grandes falhas da teoria, devotando cerca de um capítulo inteiro ao conceito.

» Dois argumentam que o princípio antrópico é crucial para entendermos nosso Universo (e um deles foi escrito pelo próprio Susskind).

Por outro lado, uma pesquisa no banco de dados de física teórica do arXiv.org mostra 218 buscas com a palavra "antrópico". Buscas sobre "princípio antrópico" obtém 104 acessos, e a adição de palavras como "cordas" e "brana" apenas diminui os resultados. Para comparação, a pesquisa sobre "teoria das cordas", "constante cosmológica" ou até a muito menos popular "gravidade quântica em loop" mostra tantos resultados que a busca precisa limitar a apenas mil artigos. Assim, ainda não sabemos ao certo sobre como a comunidade da teoria das cordas adotou o princípio antrópico.

Alguns teóricos de cordas, como David Gross, parecem se opor fortemente a qualquer coisa que insinue o princípio antrópico. Um grande número de teóricos de cordas o aceitou com base na ideia — defendida pela promessa da teoria M de Witten em 1995 — de que haveria uma única teoria no fim do arco-íris.

Aparentemente, os teóricos de cordas estão se voltando ao princípio antrópico principalmente por falta de outras opções. Parece que é esse o caso de Edward Witten, que fez declarações públicas indicando que talvez adote, apaticamente, o pensamento antrópico.

Terminamos o capítulo de muitas maneiras piores do que começamos. Em vez de cinco soluções distintas de teoria das cordas, temos cerca de 10^{500}. Não está claro quais são as propriedades físicas fundamentais da teoria das cordas em um campo de tantas opções. A única esperança é a de que novas observações ou experiências forneçam algum tipo de pista sobre qual deve ser o próximo aspecto a ser explorado.

> **NESTE CAPÍTULO**
> » Escolhendo a teoria das cordas certa para testar
> » Refutando a teoria das cordas: pode ser mais difícil do que confirmá-la
> » Explorando dois tipos de laboratórios: o da natureza e o acelerador de partículas

Capítulo **12**

Testando a Teoria das Cordas

Por mais impressionante que seja a teoria das cordas, sem confirmação experimental, não é mais do que especulação matemática. Como discutido no Capítulo 4, a ciência é uma interação entre a teoria e a experiência. A teoria das cordas tenta estruturar a evidência experimental em um novo quadro teórico.

Um problema com a teoria das cordas é que a energia necessária para obter evidências diretas para suas diferentes previsões é tipicamente tão elevada que fica muito difícil de alcançar. Novos métodos experimentais, como o Grande Colisor de Hádrons (descrito mais adiante neste capítulo), estão expandindo nossa capacidade de testar com níveis mais altos de energia, possivelmente levando a descobertas que dão um suporte mais forte às previsões da teoria das cordas, como dimensões extras e supersimetria. O estudo sobre as cordas requer enormes quantidades de energia que ainda estão muito longe de qualquer exploração experimental.

Neste capítulo, meu objetivo é analisar diferentes formas de testar a teoria das cordas para que possa ser verificada ou refutada. Primeiro, explico o trabalho que ainda precisa ser feito para completá-la, a fim de que se possa fazer previsões significativas. Abordo também diversas descobertas experimentais que poderiam trazer complicações para a teoria. Depois, discuto formas de provar que nosso Universo contém supersimetria, uma suposição fundamental exigida pela teoria das cordas. Por fim, trago um esboço sobre os equipamentos de testes — aqueles criados nas profundezas do espaço e os aceleradores de partículas criados na Terra.

Entendendo os Obstáculos

Como vimos no Capítulo 11, a teoria das cordas não está completa. Há um vasto número de diferentes soluções — literalmente bilhões de bilhões de bilhões de bilhões de variantes possíveis da teoria das cordas, dependendo dos parâmetros introduzidos nela. Assim, a fim de testá-la, os cientistas precisam descobrir quais previsões a teoria realmente faz.

Antes de os testes acontecerem, os físicos precisam selecionar as inúmeras soluções possíveis para encontrarem uma quantidade gerenciável que possa descrever nosso Universo. A maioria dos testes atuais relacionados com a teoria das cordas são medições que ajudam a definir seus parâmetros atuais. Então, depois que as soluções teóricas remanescentes forem avaliadas de alguma forma razoável, os cientistas poderão começar a testar as previsões singulares que elas fazem.

LEMBRE-SE

Há duas características comuns a (quase) todas as versões da teoria das cordas, e os cientistas que buscam evidências para ela as estão testando neste momento:

» Supersimetria.

» Dimensões extras.

Essas são as duas ideias fundamentais (além da existência das próprias cordas, claro), que existem desde que a teoria foi reformulada em teoria das supercordas, nos anos 1970. Nenhuma teoria que tentou eliminá-las durou muito tempo.

Testando uma teoria incompleta com previsões indistintas

Neste momento, há uma grande confusão sobre que propriedades físicas (além da supersimetria e das dimensões extras) estão no cerne da teoria das cordas. O princípio holográfico, o princípio antrópico, os cenários do mundo das branas e outras abordagens desse tipo estão se tornando mais populares, porém os cientistas não sabem ao certo como se aplicam no caso do nosso Universo.

As restrições energéticas das experiências com a teoria das cordas são obviamente um grande obstáculo, mas penso que a falta de experiências específicas e distintas é a questão mais perturbadora para a maioria dos teóricos céticos. As variantes da teoria das cordas fazem poucas previsões distintas, então fica difícil até pensar em testá-la. Cientistas podem continuar testando os aspectos do Modelo Padrão para garantir que as previsões da teoria das cordas permaneçam consistentes, e podem procurar propriedades como a supersimetria ou as dimensões extras, mas são previsões bem gerais, muitas das quais são feitas não apenas pela teoria das cordas. O primeiro passo para testar a teoria das cordas é descobrir o que ela nos diz de diferente das outras teorias.

Testes *versus* evidências

Realmente não há uma maneira de provar algo como a teoria das cordas como um todo. É possível provar que uma previsão específica (como a supersimetria, sobre a qual falo mais tarde neste capítulo) é verdadeira, mas isso não prova que a teoria como um todo seja verdadeira. Em um sentido muito real, a teoria das cordas nunca pode ser provada; pode apenas satisfazer o teste do tempo, da mesma forma que outras teorias o fizeram.

Para os cientistas, essa leve distinção é conhecida e aceita, mas há certa confusão entre os não cientistas. A maioria das pessoas acredita que a ciência prova coisas sobre as leis da natureza sem sombra de dúvida, mas a verdade é que a ciência dita que *sempre* há uma sombra de dúvida em qualquer teoria.

Uma teoria pode ser testada de duas maneiras. A primeira é aplicá-la para explicar os dados existentes (chamada *postdiction* ou *retrodição*). A segunda é aplicar a teoria para determinar novos dados, que as experiências podem então procurar. A teoria das cordas tem sido muito bem sucedida na obtenção de retrodições, mas nem tanto na elaboração de previsões claras.

A teoria das cordas, como explica o Capítulo 17, tem algumas críticas válidas que precisam ser abordadas. Mesmo assim, a teoria nunca será provada, mas, quanto mais fizer previsões que coincidam com experiências, mais apoio ganhará.

Para que isso aconteça, é claro, ela precisa começar a fazer previsões que possam ser testadas.

Testando a Supersimetria

Uma grande previsão da teoria das cordas é a de que há uma simetria fundamental entre bósons e férmions, chamada supersimetria. Para cada bóson existe um férmion relacionado, e para cada férmion existe um bóson relacionado. (Bósons e férmions são tipos de partículas com spins diferentes; o Capítulo 8 tem mais detalhes sobre essas partículas.)

Encontrando as s-partículas perdidas

Sob a supersimetria, cada partícula tem um superparceiro. Cada bóson tem um superparceiro fermiônico correspondente, assim como cada férmion tem um superparceiro bosônico. A convenção para esses nomes é que os superparceiros fermiônicos terminam em "ino", enquanto os superparceiros bosônicos começam com "s". Encontrar esses superparceiros é um dos principais objetivos da física moderna de alta energia.

O problema é que, sem uma versão completa da teoria das cordas, os teóricos de cordas não sabem para que níveis de energia olhar. Os cientistas precisarão continuar explorando até encontrarem superparceiros e depois trabalhar retroativamente para construir uma teoria que os contenha. Isso parece apenas ligeiramente melhor do que o Modelo Padrão da física de partículas, no qual as propriedades das dezoito partículas fundamentais têm de ser introduzidas à mão.

Além disso, não parece haver qualquer razão teórica fundamental explicando *por que* os cientistas ainda não encontraram as superparceiras. Se a supersimetria unifica as forças da física e resolve o problema da hierarquia, os cientistas esperariam encontrar superparceiras de baixo consumo energético. (A busca pelo bóson de Higgs enfrentou essas mesmas questões no âmbito do Modelo Padrão durante anos.)

Em vez disso, os cientistas exploraram gamas de energia em algumas centenas de GeV, mas ainda não encontraram nenhuma superparceira. Assim, a superparceira mais leve parece ter maior massa do que as dezessete partículas fundamentais observadas. Alguns modelos teóricos preveem que as superparceiras poderiam ser mil vezes mais massivas do que os prótons, então sua ausência é compreensível (as partículas mais pesadas tendem, em geral, a ser mais instáveis e a colapsar em partículas de menor energia, se possível), mas, ainda assim, frustrante.

Neste momento, a melhor candidata para uma forma de encontrar partículas supersimétricas fora de um acelerador de partículas de alta energia (veja a seção posterior "O Grande Colisor de Hádrons (LHC)") é a ideia de que a matéria escura em nosso Universo pode ser, na realidade, as superparceiras que faltam (veja também a seção posterior "Analisando a matéria escura e a energia escura").

Testando as implicações da supersimetria

Se a supersimetria existe, então ocorreu algum processo físico que fez com que a simetria se rompesse espontaneamente à medida que o Universo passou de um estado denso de alta energia para seu estado atual de baixa energia. Ou seja, à medida que o Universo esfriava, de algum modo as superparceiras precisaram decair nas partículas que hoje observamos. Se os teóricos conseguirem modelar esse processo espontâneo de quebra de simetria de forma que funcione, ele pode produzir algumas previsões testáveis.

O principal empecilho é algo chamado *problema dos sabores*. No Modelo Padrão, há três sabores (ou gerações) de partículas. Elétrons, múons e taus são três sabores diferentes de léptons.

No Modelo Padrão, essas partículas não interagem diretamente umas com as outras. (Elas podem trocar um bóson de gauge, então há uma interação indireta.) Os físicos atribuem a cada partícula números com base no seu sabor, e esses números são uma quantidade conservada na física quântica. O número do elétron, do múon e do tau não se alteram, no total, durante uma interação. Um elétron, por exemplo, recebe um número de um elétron positivo, mas recebe zero tanto para o número de múon como para o de tau.

LEMBRE-SE

Devido a isso, um múon (que tem um número positivo de múon, mas um número zero de elétron) nunca pode decair para um elétron (com um número positivo de elétron, mas um número zero de múon), ou vice-versa. No Modelo Padrão e na supersimetria, esses números são conservados, e as interações entre os diferentes sabores das partículas são proibidas.

No entanto, nosso Universo não tem supersimetria, mas uma *quebra de supersimetria*. Não há garantias de que a quebra de supersimetria conserve o número de múons e elétrons, e é de fato muito difícil criar uma teoria de quebra espontânea da supersimetria que mantenha intacta essa conservação. Caso isso seja alcançado, seu sucesso pode fornecer uma hipótese testável, permitindo que haja um apoio experimental à teoria das cordas.

Testando a Gravidade a Partir de Dimensões Extras

O teste da gravidade produz várias maneiras de vermos se as previsões da teoria das cordas são verdadeiras. Quando os físicos testam a gravidade fora das nossas três dimensões, eles:

- » Buscam uma violação da lei do inverso do quadrado da gravidade.
- » Buscam certas assinaturas de ondas de gravidade na radiação cósmica de fundo em micro-ondas (RCFM).

> ## DETECTANDO O PRINCÍPIO HOLOGRÁFICO COM ONDAS DE GRAVIDADE
>
> O detector de ondas de gravidade GEO600 na Alemanha pode já ter encontrado provas para o princípio holográfico, embora o cocriador do princípio holográfico esteja cético.
>
> Em 2007, Craig Hogan, físico do Fermilab, percebeu que, se informações na superfície do espaço têm o tamanho do comprimento de Planck (como o princípio holográfico sugere), as informações contidas no interior do espaço precisam ser maiores. Ele previu, então, que isso causaria alguma estática nos detectores de ondas de gravidade. E, com toda a certeza, a estática foi detectada pelo GEO600 precisamente da forma prevista.
>
> Isso parece ser um caso resolvido, mas há muitas fontes possíveis para o ruído no GEO600, e até serem eliminadas, todos estão cautelosamente otimistas. Além disso, o artigo de Hogan não é tanto uma teoria, mas uma ideia elegante, e ninguém sabe ao certo o que ela significa — incluindo o cofundador da teoria das cordas e do princípio holográfico, Leonard Susskind. Ele me informou em um e-mail que não compreende como o princípio holográfico resultaria em ruídos de ondas gravitacionais.

Pode ser possível que pesquisas futuras mostrem outras formas de determinar o comportamento da teoria das cordas ou conceitos relacionados (veja o box, "Detectando o princípio holográfico com ondas de gravidade").

Testando a lei do inverso do quadrado

Se as dimensões extras estão realmente compactificadas nas formas em que os teóricos de cordas normalmente as consideram, então há implicações no comportamento da gravidade. Especificamente, pode haver uma violação da lei do inverso do quadrado da gravidade, especialmente se a força gravitacional se estender a essas dimensões extras em pequenas escalas. As experiências recentes procuram testar a gravidade em um nível sem precedentes, na esperança de ver esse tipo de diferenças em relação à lei estabelecida.

O comportamento da gravidade foi testado em até menos de um milímetro, então, quaisquer dimensões compactificadas devem ser menores que isso. Modelos recentes indicam que podem ter esse tamanho, assim, os cientistas querem saber se a lei da gravitação se quebra ao redor desse nível.

Até a publicação deste livro, não foram encontradas provas que confirmem as dimensões extras a esse nível, mas apenas o tempo o dirá.

Procurando ondas de gravidade na RCFM

A relatividade geral prediz que a gravidade se move em ondas através do espaço-tempo. Embora a teoria das cordas concorde com tal previsão, na maioria dos modelos de inflação baseados na teoria das cordas, não há ondas de gravidade observáveis na radiação cósmica de fundo de micro-ondas (RCFM). Os modelos tradicionais de inflação que não levam em conta a teoria das cordas predizem ondas de gravidade na RCFM.

Mais uma vez, isso acaba sendo uma busca de provas contra a teoria das cordas, mas aqui há um pouco mais de peso subjacente do que em outros casos. Embora a teoria das cordas tenha previsões para cenários nos quais a relatividade quebra, não parece haver qualquer mecanismo na teoria para ondas de gravidade na RCFM, segundo o cosmólogo e teórico das cordas da Universidade da Califórnia Andrei Linde. (Linde fez tal afirmação em 2007, e, desde então, as pesquisas produziram algumas indicações preliminares de que os modelos de inflação da teoria das cordas podem ser compatíveis com as ondas de gravidade na RCFM.)

Atualmente, as provas parecem se inclinar para a não existência de ondas de gravidade nos dados da RCFM. A nave espacial Planck Surveyor foi lançada com sucesso em maio de 2009, com uma sensibilidade ainda maior do que a do atual estudo WMAP. Os cientistas podem chegar a uma opinião mais decisiva sobre a existência ou não dessas ondas de gravidade na RCFM a qualquer momento.

Refutando a Teoria das Cordas: Mais Difícil do que Parece

Com qualquer teoria, é normalmente mais fácil refutá-la do que prová-la, embora uma crítica à teoria das cordas seja a de que ela pode ter se tornado tão versátil a ponto de não poder ser refutada. Desenvolvo essa preocupação no Capítulo 17, mas nas seções seguintes pressuponho que os teóricos de cordas podem reunir esforços para uma teoria específica. Termos uma teoria em andamento em mãos facilita vermos como ela pode ser refutada.

Violando a relatividade

As teorias das cordas são construídas sobre um fundo de coordenadas espaço-tempo, assim, os físicos presumem que a relatividade faz parte do ambiente. Se a relatividade se revelar um erro, então os físicos precisarão rever tal suposição simplificadora, embora seja improvável que isso, por si só, seja suficiente para os levar a abandonar completamente a teoria das cordas (e nem deve acontecer).

Há teorias que preveem erros na relatividade, mais especificamente as teorias da cosmologia da velocidade da luz variável (VLV) de John Moffat, e de Andreas Albrecht e João Magueijo. Moffat passou a criar uma reformulação mais abrangente da relatividade geral com suas teorias da gravidade modificada (GMO). Essas teorias são abordadas no Capítulo 19, mas significam que os atuais pressupostos da teoria das cordas contêm erros.

Mesmo nesse caso, no entanto, a teoria das cordas sobreviveria. Elias Kiritsis e Stephon Alexander propuseram teorias VLV dentro do contexto da teoria das cordas. Alexander continuou a trabalhar nessa linha com o "fodão da cosmologia", João Magueijo, que é bastante crítico da teoria das cordas como um todo.

Inconsistências matemáticas

Considerando que a teoria das cordas só existe agora no papel, um grande problema seria uma prova definitiva de que ela contém inconsistências matemáticas. Essa é a única área em que a teoria das cordas tem se mostrado mais adaptável, evitando com sucesso inconsistências durante mais de vinte anos.

Naturalmente, os cientistas sabem que a teoria das cordas não é a história completa — a verdadeira teoria é uma teoria M de onze dimensões, que ainda não foi definida. O trabalho continua em várias aproximações de teorias das cordas, mas a teoria fundamental — a teoria M — pode ainda não passar de um mito (mais uma palavra que o M poderia significar).

Uma fraqueza está na tentativa de provar o finito da teoria das cordas. No Capítulo 17, você pode ler a respeito da controvérsia sobre se isso foi alcançado. (Parece que mesmo entre os teóricos de cordas há um reconhecimento crescente de que a teoria não foi provada como finita ao ponto em que antes se esperava que fosse.)

Para criar sua teoria da gravidade, Newton teve que desenvolver o cálculo. Para desenvolver a relatividade geral, Einstein precisou fazer uso da geometria diferencial e desenvolver (com a ajuda de seu amigo Marcel Grossman) o cálculo tensorial. A física quântica foi desenvolvida de mãos dadas com a teoria de grupos pelo matemático inovador Hermann Weyl. (A *teoria de grupos* é o estudo matemático de como as simetrias podem atuar nos espaços vetoriais, que está no cerne da física moderna.)

Embora a teoria das cordas já tivesse gerado explorações matemáticas inovadoras, o fato de os cientistas não terem nenhuma versão completa da teoria M implica, para alguns, que falta algum insight matemático fundamental — ou que a teoria simplesmente não existe.

Será que o Decaimento do Próton Significa Desastre?

Se uma das tentativas mais antigas de unificação das forças (chamada teoria da grande unificação, ou TGU) se revelar bem-sucedida, ela causará profundas implicações na teoria das cordas. Uma das TGU mais elegantes foi o modelo de Georgi-Glashow de 1974, proposto por Howard Georgi e Sheldon Glashow. Essa teoria tem uma falha: ela prevê que os prótons decaem, e as experiências dos últimos 25 anos não demonstraram ser esse o caso. Mesmo que seu decaimento seja detectado, os teóricos de cordas talvez consigam salvar sua teoria.

O modelo de Georgi-Glashow permite que os quarks se transformem em elétrons e neutrinos. Como os prótons são feitos de configurações específicas de quarks, se um quark dentro de um próton se transformasse subitamente em um elétron, o próprio próton deixaria de existir como um próton. O núcleo emitiria uma nova forma de radiação à medida que o próton decaísse.

PAPO DE ESPECIALISTA

Essa transformação do quark (e o decaimento resultante dos prótons) existe porque o modelo de Georgi-Glashow utiliza um grupo de simetria SU(5). Nesse modelo, quarks, elétrons e neutrinos são o mesmo tipo fundamental de partícula, manifestando-se em diferentes formas. A natureza dessa simetria é tal que as partículas podem, em teoria, se transformar de um tipo para outro.

É claro que esses decaimentos não podem acontecer com muita frequência, porque precisamos dos prótons por perto se quisermos ter um Universo tal como o conhecemos. Os cálculos mostraram que um próton decai a uma taxa muito pequena: menos de um próton a cada 10^{33} anos.

É uma taxa de decaimento muito pequena, mas há uma forma de a contornar: tendo muitas partículas. Os cientistas criaram enormes tanques cheios de água ultrapura e protegidos dos raios cósmicos que poderiam interferir nos prótons (e dar falsas leituras de decaimento). Depois, esperaram para ver se algum dos prótons decaiu.

Após 25 anos, não houve provas de decaimento do próton, e tais experiências são desenvolvidas de modo que pudesse haver alguns decaimentos por ano. Os resultados do Super-Kamiokande, um observatório de neutrinos no Japão, mostram que um próton médio levaria pelo menos 10^{35} anos para decair. Para explicar a falta de resultados, o modelo de Georgi-Glashow foi modificado para incluir taxas de decaimento mais longas, mas a maioria dos físicos não espera observar o decaimento do próton tão logo (se é que o farão).

Se os cientistas por fim descobrirem o decaimento de um próton, isso significará que o modelo de Georgi-Glashow teria que ser analisado novamente.

A teoria das cordas obteve sucesso em parte devido ao fracasso de todos os outros modelos anteriores, por isso, se suas previsões funcionarem, isso pode indicar perspectivas fracas para a teoria das cordas.

A paisagem da teoria das cordas permanece resiliente como sempre, e algumas de suas previsões permitem versões que incluem o decaimento do próton. O período de decaimento previsto é de cerca de 10^{35} anos — exatamente o limite inferior permitido pelo observatório de neutrinos Super-Kamiokande.

A renovação das TGUs não refutaria a teoria das cordas, embora seu fracasso seja parte da razão pela qual a teoria das cordas foi originalmente adotada. A teoria das cordas pode agora incorporar a TGU em domínios de baixo consumo energético, mas não pode nos dizer se devemos antecipar que a TGU existe ou que os prótons decaem. Talvez sim ou não, e a teoria das cordas pode lidar com isso em qualquer um dos casos. Esse é apenas um dos muitos casos em que a teoria das cordas mostra uma completa ambivalência à evidência experimental, o que, de acordo com alguns críticos, a torna "não falsificável" (como analisado com mais profundidade no Capítulo 17).

Buscando Evidências no Laboratório Cósmico: Explorando o Universo

O problema da realização de experiências na teoria das cordas é que são necessárias enormes quantidades de energia para atingir o nível em que o Modelo Padrão e a relatividade geral quebram. Embora na seção seguinte eu fale sobre algumas tentativas humanas para explorar esse domínio, aqui analiso um caminho diferente que o campo da cosmologia das cordas toma: tentar investigar o próprio laboratório da natureza, o Universo como um todo, para encontrar as provas de que os teóricos de cordas precisam para testar suas teorias.

Usando os raios do espaço sideral para amplificar pequenos eventos

Entre os vários fenômenos no Universo, dois tipos produzem grandes quantidades de energia e podem nos dar pistas sobre a teoria das cordas: *explosões de raios gama* (ERGs) e raios cósmicos.

É difícil vermos alguns eventos físicos, pois eles:

» São muito raros (como, possivelmente, o decaimento do próton).

» São muito pequenos (como os eventos em escala Planck ou os possíveis desvios nos efeitos gravitacionais).

> Acontecem apenas com energias muito altas (como em colisões de partículas de altas energias).

Ou alguma combinação dos três faz com que seja um desafio observarmos o evento. É pouco provável que os cientistas vejam esses acontecimentos improváveis em laboratórios na Terra, pelo menos sem muito trabalho, então às vezes eles os procuram onde é mais provável encontrá-los. Visto que tanto os ERG como os raios cósmicos contêm energias muito elevadas e demoram muito tempo para chegar até nós, os cientistas esperam poder observar tais raridades estudando os acontecimentos cósmicos.

Durante anos, os físicos utilizaram esse método para explorar potenciais quebras na relatividade especial, mas o físico italiano Giovanni Amelino--Camelia, da Universidade de Roma, percebeu, em meados dos anos 1990, que o processo poderia ser utilizado para explorar a escala de comprimento (e de energia) de Planck.

Explosões de raios gama

Há controvérsias sobre o que exatamente causa uma explosão de raios gama, mas parece que acontecem quando objetos maciços, como um par de estrelas de nêutrons ou uma estrela de nêutron e um buraco negro (as teorias mais prováveis) se colidem. Esses objetos orbitam um em torno do outro durante bilhões de anos, mas chega o dia em que colapsam, liberando energia nos eventos mais poderosos observados no Universo, retratados na Figura 12-1.

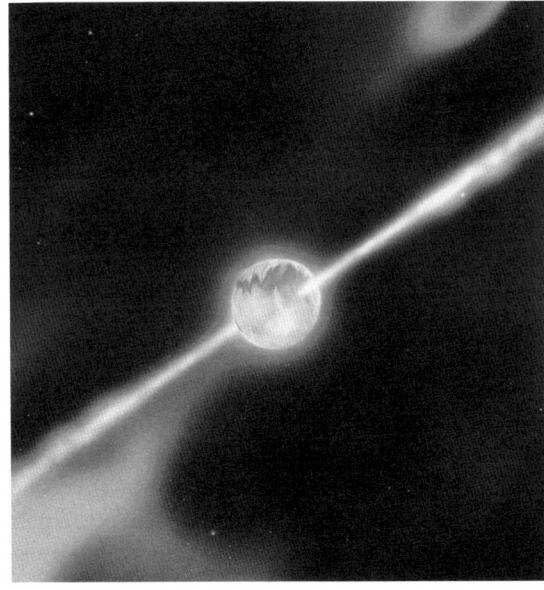

FIGURA 12-1: Quando algumas estrelas morrem, elas liberam explosões enormes de energia.

Cortesia da NASA/Swift/Sonoma State University/A. Simonnet

O termo *explosões de raios gama* indica claramente que a maior parte dessa energia é liberada sob a forma de raios gama, mas isso não ocorre com toda energia. Esses objetos liberam explosões de luz ao longo de diversas energias diferentes (ou frequências — a energia e a frequência dos fótons estão relacionadas).

Segundo Einstein, todos os fótons de uma única explosão devem chegar ao mesmo tempo, porque a luz (independentemente da frequência ou da energia) viaja à mesma velocidade. Com o estudo das ERGs, talvez seja possível dizer se isso é verdade.

Cálculos baseados no trabalho de Amelino-Camelia mostraram que os fótons de diferentes energias que viajaram durante bilhões de anos poderiam ter diferenças de cerca de 1 milésimo de segundo (0,001s), devido aos efeitos (estimados e talvez demasiado otimistas) da gravidade quântica na escala de Planck.

O Telescópio Espacial de Raios Gama Fermi (antigo Telescópio Espacial de Raios Gama em Grandes Áreas, ou GLAST, na sigla em inglês) foi lançado em junho de 2008 em um esforço conjunto da NASA, do Departamento de Energia dos EUA e das agências governamentais francesa, alemã, italiana, japonesa e sueca. O Fermi é um observatório de baixa órbita terrestre com a precisão necessária para detectar diferenças tão pequenas.

Até agora, não há provas de que o Fermi tenha identificado a quebra da relatividade geral na escala de Planck. Ele já identificou uma dúzia de pulsares só de raios gama, um fenômeno que nunca tinha sido observado antes. (Acreditava-se, antes do Fermi, que os *pulsares* — estrelas de nêutrons giratórios e altamente magnetizados que emitem impulsos energéticos — emitiam sua energia principalmente por meio das ondas de rádio.)

Se o Fermi (ou algum outro meio) detectar uma quebra da relatividade na escala de Planck, isso só aumentará a necessidade de uma teoria bem-sucedida da gravidade quântica, porque será a primeira prova experimental de que a teoria se quebra nessas escalas. Os teóricos de cordas conseguiriam, então, incorporar tal conhecimento em suas teorias e modelos, talvez estreitando a paisagem da teoria das cordas a regiões com as quais é mais viável trabalhar.

Raios cósmicos

Os raios cósmicos são produzidos quando partículas são enviadas por eventos astrofísicos a vaguearem sós pelo Universo, sendo que algumas viajam quase à velocidade da luz. Algumas permanecem presas dentro do campo magnético galático, enquanto outras se libertam e viajam entre galáxias por bilhões de anos antes de colidirem com outra partícula. Esses raios cósmicos podem ser mais poderosos do que os nossos aceleradores de partículas mais avançados.

LEMBRE-SE

Primeiramente, os raios cósmicos não são realmente raios. São partículas desgarradas que, em sua maioria, assumem três formas: 90% são prótons livres, 9% são partículas alfa (dois prótons e dois nêutrons unidos — o núcleo de um átomo de hélio), e 1% é de elétrons livres (partículas beta negativas, em linguagem física).

Eventos astrofísicos — de erupções solares a colisões de estrelas binárias e supernovas — regularmente cospem partículas no vácuo do espaço, então nosso planeta (e, por consequência, nosso corpo) é constantemente bombardeado por elas. As partículas podem viajar através da galáxia, presas pelo campo magnético da galáxia como um todo, até colidirem com outra partícula. (As partículas de maior energia, claro, podem até escapar da galáxia.)

Felizmente para nós, a atmosfera e o campo magnético da Terra nos protegem das partículas mais energéticas, assim, não recebemos uma dose contínua de radiação intensa (e letal). As partículas energéticas são desviadas ou perdem energia, por vezes colidindo na atmosfera superior e se dividindo em partículas menores e menos energéticas. Quando chegam até nós, somos atingidos pela versão menos intensa desses raios e suas ramificações.

Os raios cósmicos têm uma longa história como substitutos experimentais. Quando Paul Dirac previu a existência da antimatéria na década de 1930, nenhum acelerador de partículas conseguia atingir esse nível de energia, então a evidência experimental de sua existência veio dos raios cósmicos.

À medida que as partículas de raios cósmicos se movem pelo espaço, elas interagem com a radiação cósmica de fundo em micro-ondas (RCFM). Essa energia de micro-ondas que permeia o Universo é bastante fraca, mas, para as partículas dos raios cósmicos, movendo-se quase à velocidade da luz, a RCFM parece ser altamente energética. (Esse é um efeito da relatividade, pois a energia está relacionada com o movimento.)

Em 1966, os físicos soviéticos Georgiy Zatsepin e Vadim Kuzmin, bem como o trabalho independente de Kenneth Greisen, da Universidade de Cornell, revelaram que tais colisões teriam energia suficiente para criar partículas chamadas *mésons* (especificamente chamadas mésons pi, ou *píons*). A energia utilizada para criar os píons precisava vir de algum lugar (devido à conservação de energia), assim, os raios cósmicos perderiam energia. Isso colocava um limite superior na velocidade a que os raios cósmicos podiam, por princípio, viajar. César Lattes, físico brasileiro, também participou deste trabalho.

De fato, a *energia de corte GZK* necessária para criar os píons seria de cerca de 10^{19} eV (cerca de um bilionésimo da energia de Planck de 10^{19} GeV).

O problema é que, embora a maioria das partículas de raios cósmicos esteja bem abaixo desse limiar, alguns eventos muito raros tiveram *mais* energia que isso — cerca de 10^{20} eV. A mais famosa dessas observações ocorreu em 1991 no observatório de raios cósmicos Fly's Eye, da Universidade de Utah, localizado no Campo de Provas Dugway do Exército dos EUA.

Desde então, as pesquisas indicam que o corte GZK realmente existe. A rara ocorrência de partículas acima do ponto de corte é um reflexo do fato de que, muito ocasionalmente, essas partículas chegam à Terra antes de entrarem em contato com fótons RCFM suficientes para retardá-las até o ponto de corte.

Essas observações estão em conflito com o projeto Akeno Giant Air Shower Array (AGASA), do Japão, que identificou quase dez vezes mais eventos desse tipo. Os resultados do AGASA sugeriram um potencial fracasso do corte, o que poderia trazer implicações para uma quebra na relatividade, mas as outras descobertas diminuem a probabilidade de tal explicação.

Ainda assim, a existência ocasional de tais partículas energéticas proporciona um meio de explorar essas gamas de energia bem acima do que os aceleradores de partículas atuais poderiam alcançar, assim, a teoria das cordas pode ter a chance de um teste experimental utilizando raios cósmicos de alta energia, mesmo que sejam incrivelmente raros.

Analisando a matéria escura e a energia escura

Outra possibilidade astronômica de obter resultados para apoiar a teoria das cordas vem dos dois maiores mistérios do Universo: a matéria escura e a energia escura. Esses conceitos são discutidos em pormenores nos Capítulos 9 e 14.

A forma mais óbvia pela qual a matéria escura pode ajudar a teoria das cordas é se for descoberto que ela é, na realidade, composta de partículas supersimétricas, como o fotino (a superparceira do fóton) e outras partículas possíveis.

Outra possibilidade de matéria escura é uma partícula teórica chamada *áxion*, originalmente desenvolvida fora da teoria das cordas como meio de conservar certas relações de simetria na cromodinâmica quântica. Muitas teorias das cordas contêm o áxion, então também poderia ser uma possibilidade, embora as propriedades sugeridas não correspondam realmente ao que os cosmólogos procuram.

Alguns dos trabalhos mais significativos em cosmologia e astrofísica hoje em dia são tentativas de detectar a matéria escura, e parece haver muito dela no Universo. Por isso, há certa esperança de que os físicos façam progressos quanto à sua composição em um futuro previsível.

Detectando as supercordas cósmicas

As *cordas cósmicas* (que neste caso não são as mesmas coisas que as supercordas fundamentais da teoria das cordas) foram originalmente propostas em 1976 por Tom Kibble, do Imperial College London, sugerindo que, após o Big Bang, à medida que o Universo passava por uma fase de esfriamento rápido, os defeitos talvez ficaram para trás. Tais defeitos nos campos quânticos são semelhantes a quando congelamos rapidamente água em gelo, criando uma substância branca que está cheia de defeitos.

Em um certo tempo durante a década de 1980, alguns cientistas pensavam que as cordas cósmicas poderiam ser o material embrionário das galáxias, mas os dados de RCFM não indicam que isso seja verdade. Anos mais tarde, a teoria das cordas ressuscitaria a noção de cordas cósmicas de uma nova forma.

De acordo com alguns modelos de teoria das cordas, as supercordas criadas no Big Bang podem ter se expandido juntamente com o próprio Universo, criando supercordas cósmicas. Uma explicação alternativa argumenta que tais supercordas cósmicas sejam restos da colisão de duas branas.

LEMBRE-SE

As supercordas cósmicas seriam objetos incrivelmente densos. Mais estreita que um próton, um único metro de uma supercorda cósmica poderia ter a massa equivalente a da América do Norte. À medida que vibram no espaço, poderiam gerar ondas de gravidade maciças ondulando através do espaço-tempo.

Uma forma de vermos as supercordas cósmicas seria por meio de *lentes gravitacionais*, onde a gravidade da corda dobra a luz de uma estrela, como mostra a Figura 12-2. Isso pode significar que vemos uma estrela em dois locais diferentes, cada um igualmente brilhante.

FIGURA 12-2: A gravidade de uma supercorda cósmica poderia dobrar a luz de uma estrela.

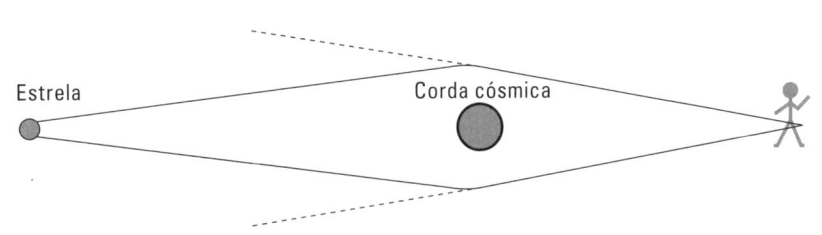

Segundo Joe Polchinski, a melhor maneira de procurar supercordas cósmicas é observar pulsares (como os que o Fermi está detectando, conforme mencionei anteriormente neste capítulo). Os pulsares são como faróis astronômicos, girando à medida que disparam feixes regulares de radiação eletromagnética para o Universo seguindo um padrão previsível. A gravidade de uma supercorda cósmica pode causar ondulações no espaço-tempo que alteram esse padrão de uma forma que deve ser detectável aqui na Terra.

Buscando Evidências Mais Perto de Casa: Aceleradores de Partículas

Embora fosse bom se a natureza nos desse os resultados experimentais de que precisamos, os cientistas nunca se contentam em esperar por um golpe de sorte, razão pela qual prosseguem com experiências em aparelhos que controlam. Para a física de partículas de alta energia, isso significa aceleradores de partículas.

Um *acelerador de partículas* é um dispositivo que utiliza poderosos campos magnéticos para acelerar um feixe de partículas carregadas até velocidades incrivelmente rápidas e depois o colide com um feixe de partículas que vai no sentido contrário. Os cientistas podem então analisar os resultados da colisão.

Colisor Relativístico de Íons Pesados (RHIC)

O Colisor Relativístico de Íons Pesados (RHIC, da sigla em inglês) é um acelerador de partículas no Laboratório Nacional de Brookhaven em Nova York. Ele passou a funcionar em 2000, após uma década de planejamento e construção.

Seu nome se origina no fato de que acelera íons pesados — ou seja, núcleos atômicos despojados de seus elétrons — a velocidades relativísticas (99,995% da velocidade da luz), colidindo-os em seguida. Como as partículas são núcleos atômicos, as colisões contêm muita energia, em comparação com os feixes de prótons puros (embora também seja necessário mais tempo e energia para fazer com que cheguem a essa velocidade).

Ao colidir dois núcleos de ouro, os físicos podem obter uma temperatura 300 milhões de vezes mais quente do que a superfície do Sol. Os prótons e nêutrons que normalmente compõem os núcleos do ouro quebram a essa temperatura, formando um plasma de quarks e glúons.

Esse *plasma de quarks e glúons* é previsto pela cromodinâmica quântica (CDQ), mas o problema é que, supostamente, o plasma deve se comportar como um gás. Porém, ele se comporta como um líquido. Segundo Leonard Susskind, a teoria das cordas pode conseguir explicar tal comportamento usando uma variação da conjectura de Maldacena (descrita no Capítulo 11). Desta forma, o plasma de quarks e glúons pode ser descrito por uma teoria equivalente no universo de dimensão superior: um buraco negro, neste caso!

Esses resultados estão longe de serem conclusivos, mas os teóricos estão analisando o comportamento dessas colisões para encontrar formas de aplicar a teoria das cordas para dar maior sentido aos modelos físicos existentes (a CDQ, neste caso), uma ferramenta poderosa para angariar apoio à teoria das cordas.

O Grande Colisor de Hádrons (LHC)

O Grande Colisor de Hádrons (LHC, da sigla em inglês) é um aparelho gigantesco construído no subsolo da unidade de física de partículas do CERN, na fronteira entre Suíça e França. (O CERN é o centro europeu de física de partículas onde, em 1968, nasceu a teoria das cordas.) Só o acelerador tem cerca de 27km de circunferência, como mostra a Figura 12-3. Os 9.300 ímãs da unidade podem acelerar prótons em colisões que possivelmente chegam a 14 trilhões de elétron-volts (TeV), muito além das nossas atuais limitações experimentais. O custo do LHC chegava a cerca de 9 bilhões de dólares no momento de redação deste livro.

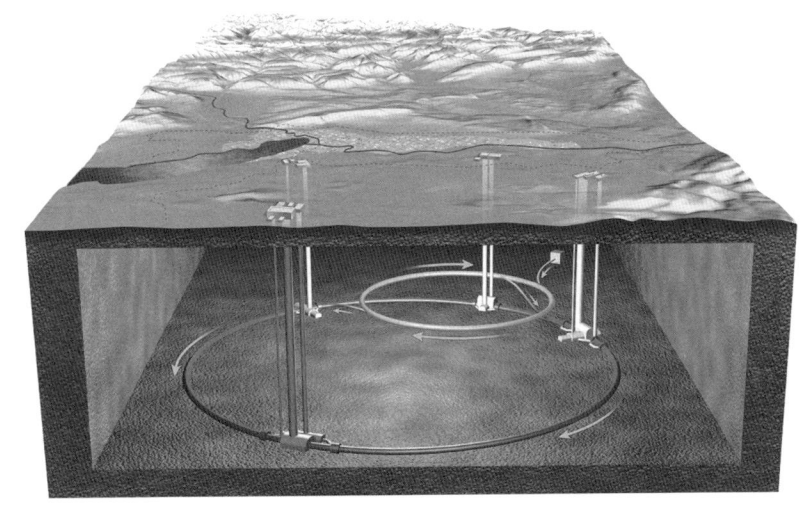

FIGURA 12-3: O Grande Colisor de Hádrons foi construído em um tubo circular com 27km de circunferência.

Cortesia da assessoria de imprensa do CERN

No dia 10 de setembro de 2008, o LHC começou a funcionar, fazendo um feixe girar por toda a extensão do túnel. No dia 19 de setembro, uma ligação elétrica defeituosa provocou uma ruptura no selo de vácuo, resultando em um vazamento de 6 toneladas de hélio líquido. Estimou-se que os reparos (e melhorias para evitar o problema no futuro) levariam pelo menos um ano.

O nível de energia dos 14 TeV poderá atingir vários resultados experimentais possíveis:

» Buracos negros microscópicos, que suportariam previsões de dimensões extras.

» Criação de partículas supersimétricas (s-partículas).

» Confirmação do bóson de Higgs, a partícula final do Modelo Padrão.

> Evidência de dimensões extras enroladas.

Uma das maiores evidências para a teoria das cordas poderia ser, na realidade, a ausência delas. Se as experiências no LHC registrarem alguma "energia ausente", duas possibilidades poderiam dar um apoio surpreendente à teoria das cordas.

> Primeiro, as colisões podem criar novas s-partículas que formam matéria escura, que depois flui para fora da instalação sem interagir com a matéria normal (como, bem, o próprio detector).

> Em segundo lugar, a energia ausente poderia resultar da energia (ou das s-partículas) que estão de fato viajando diretamente para as dimensões extras, e não para nosso próprio espaço-tempo 4D.

Qualquer uma dessas seria uma grande descoberta, e tanto as partículas supersimétricas como as dimensões extras trariam impactos profundos para a teoria das cordas.

Colisores do futuro

Os aceleradores de partículas são tão gigantes que não há um projeto definido para eles; cada um é o seu próprio protótipo. Aparentemente, o próximo programado é o Colisor Linear Internacional (ILC, da sigla em inglês), que colide elétrons e pósitrons. Visto que os elétrons e os pósitrons são partículas fundamentais e não compostas, como os prótons, um benefício é que ficam muito menos desordenados quando colidem.

O ILC não foi aprovado. As propostas, incluindo a localização, ainda estão em fase de votação. As primeiras estimativas para o projeto dão um custo mínimo de 6,65 bilhões de dólares (excluindo coisinhas como a compra efetiva do terreno e outros custos incidentais).

Também é possível que o LHC seja o último dos grandes aceleradores de partículas, pois novas tecnologias talvez sejam desenvolvidas, permitindo uma rápida aceleração de partículas que não exija instalações tão enormes.

Um desses projetos, proposto no CERN, é o Colisor Linear Compacto (CLIC). Ele utilizaria um novo acelerador de dois feixes, onde um feixe acelera o outro. A energia de um feixe de baixa energia (mas de alta corrente) para um feixe de alta energia (mas de baixa corrente) poderia permitir acelerações de até 5 TeV em uma distância muito mais curta do que os aceleradores tradicionais. Há previsões de que o CLIC poderá estar funcionando por volta de 2040.

4 O Cosmos Invisível: A Teoria das Cordas nos Limites do Conhecimento

NESTA PARTE. . .

A teoria das cordas traz muitas possibilidades surpreendentes para explicar as propriedades fundamentais do nosso Universo, tais como o espaço, o tempo e a própria matéria. Embora os físicos estejam longe de chegar a uma versão final dela, há muitas implicações possíveis sobre as quais vale a pena pensarmos, mesmo nesta fase inicial de seu desenvolvimento.

Nesta parte, exploro as consequências da teoria das cordas em nossa visão do Universo. Explico como matemáticos e cientistas utilizam o conceito de dimensões e como as dimensões extras podem ser interpretadas na teoria. Volto, então, às ideias da cosmologia e mostro como a teoria das cordas apresenta possíveis explicações para as propriedades do nosso Universo.

A teoria das cordas também pode ser utilizada como um meio de apresentar a ideia de outros universos, alguns dos quais podem, em teoria, ser acessíveis algum dia. Por fim, discuto a possibilidade de a teoria das cordas chegar a permitir ou não a viagem no tempo.

> **NESTE CAPÍTULO**
> » Entendendo o significado das dimensões
> » Acrescentando uma dimensão às dimensões espaciais
> » Dobrando as dimensões: um passatempo matemático
> » Oferecendo alternativas às dimensões extras

Capítulo **13**

Abrindo Espaço para Dimensões Extras

Um dos aspectos mais fascinantes da teoria das cordas é a exigência de dimensões extras para que ela funcione. A teoria das cordas requer nove dimensões espaciais, ao passo que a teoria M parece exigir dez. Em determinadas teorias, algumas dessas dimensões extras podem, na realidade, ser longas o suficiente para interagir com nosso próprio Universo de uma forma observável.

Neste capítulo, você poderá explorar e compreender o significado dessas dimensões extras. Primeiro, apresento o conceito das dimensões de uma forma muito geral, falando sobre diferentes abordagens que os matemáticos usam para estudar o espaço 2D e 3D. Em seguida, passo à ideia do tempo como a quarta dimensão e analiso as formas pelas quais as dimensões extras podem se manifestar na teoria das cordas e se elas são realmente necessárias.

O que São Dimensões?

Qualquer ponto em um espaço matemático pode ser definido por um conjunto de coordenadas, e o número de coordenadas necessárias para definir esse ponto é o número de dimensões que o espaço possui. Em um espaço tridimensional como estamos habituados, por exemplo, cada ponto pode ser definido exclusivamente por três coordenadas precisas — três informações (comprimento, largura e altura). Cada dimensão representa um grau de liberdade dentro do espaço.

Embora eu esteja falando sobre as dimensões em termos de espaço (e tempo), o conceito de dimensões vai muito além disso. Por exemplo, o site de encontros eHarmony.com fornece um perfil de personalidade que afirma avaliar você em 29 dimensões de personalidade. Ou seja, são utilizadas 29 informações como parâmetros para seus encontros românticos.

DICA

Não conheço os detalhes do sistema do eHarmony, mas tenho alguma experiência na utilização de dimensões em outros sites de encontros. Digamos que queira encontrar um(a) potencial parceiro(a) romântico(a). Você está buscando um tipo específico de pessoa ao introduzir diferentes informações: gênero, faixa etária, localização, renda, nível de educação, número de filhos, e assim por diante. Cada uma dessas informações reduz o "espaço" de buscas no site de encontros. Caso tenha um espaço completo constituído por cada pessoa que tem um perfil no site, quando sua pesquisa terminar, estará delimitado a pesquisar apenas aquelas que se encontram dentro dos intervalos que especificou.

Digamos que Maria tem 30 anos, mora em São Paulo, tem graduação universitária e um filho. Essas coordenadas "definem" Maria (pelo menos para o site de encontros), e as pesquisas que buscarem essas coordenadas a incluirão como um dos "pontos" (se pensarmos em cada pessoa como um ponto) nessa seção do espaço.

O problema com essa analogia é que acabamos tendo um grande número de pontos dentro do espaço do site de encontros que têm as mesmas coordenadas. Talvez haja outra mulher, Andreia, que tenha informações essencialmente idênticas às de Maria. Qualquer pesquisa no espaço de amostra que traz Maria também trará Andreia. No espaço físico em que vivemos, cada ponto é único.

LEMBRE-SE

Cada dimensão — tanto na matemática como no exemplo do site de encontros — representa um *grau de liberdade* dentro do espaço. Ao alterar uma das coordenadas, movemo-nos pelo espaço ao longo de uma das dimensões. Por exemplo, você pode exercer um grau de liberdade para procurar alguém com uma formação acadêmica ou uma faixa etária diferentes, ou ambas.

DICA — Quando os cientistas falam do número de dimensões na teoria das cordas, eles se referem aos graus de liberdade necessários para que as teorias funcionem sem apresentar erros. No Capítulo 10, explico que a teoria das cordas bosônicas exigia 25 dimensões espaciais para ser consistente. Mais tarde, a teoria das supercordas exigia 9 dimensões espaciais. A teoria M parece exigir 10 dimensões espaciais, e a teoria F posterior inclui 12 dimensões ao todo.

Espaço 2D: Explorando a Geometria da "Planolândia"

Muitas pessoas pensam na geometria (o estudo dos objetos no espaço) como um espaço plano, bidimensional, que contém dois graus de liberdade — para cima ou para baixo e direita ou esquerda. Ao longo da maior parte da história moderna, esse interesse tem sido o estudo da geometria euclidiana ou da cartesiana.

Geometria euclidiana: Lembra do colégio?

Provavelmente o matemático mais famoso do mundo antigo tenha sido Euclides, denominado o pai da geometria. Sua obra em 13 volumes, *Os Elementos*, é o livro conhecido mais antigo a coletar todo o conhecimento existente sobre geometria da sua época (cerca de 300 a.C.). Durante quase 2 mil anos, era possível compreender praticamente toda a geometria apenas pela leitura de *Os Elementos*, uma das razões pelas quais é o livro de matemática mais bem-sucedido da história.

LEMBRE-SE — Em *Os Elementos*, Euclides começou apresentando os princípios da geometria plana — ou seja, a geometria das formas em uma superfície plana, como na Figura 13-1. Uma consequência importante da geometria euclidiana plana é que, se pegarmos a medida dos três ângulos internos de um triângulo, eles somam 180°.

FIGURA 13-1: Na geometria euclidiana, todas as formas são planas, como se fossem desenhadas em uma folha de papel.

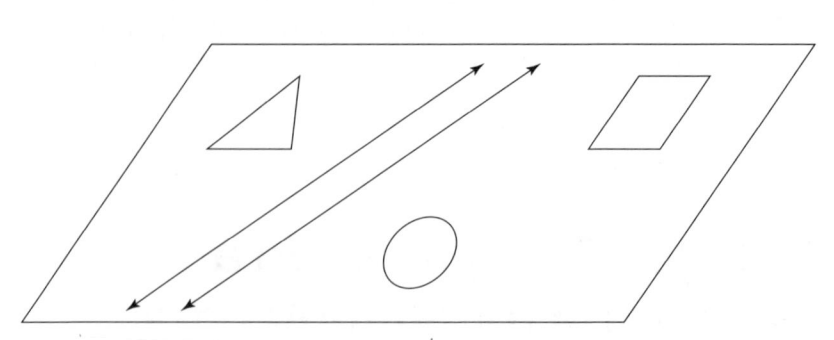

Posteriormente em sua obra, Euclides se estendeu à geometria tridimensional de objetos sólidos, como cubos, cilindros e cones. A geometria de Euclides é aquela normalmente ensinada no colégio até hoje.

Geometria cartesiana: Juntando álgebra e geometria euclidiana

A geometria analítica moderna foi fundada pelo matemático e filósofo francês René Descartes, quando colocou figuras algébricas sobre uma grade física. Esse tipo de plano cartesiano é mostrado na Figura 13-2. Aplicando conceitos da geometria euclidiana às equações representadas nas grades, foi possível obter conhecimentos sobre geometria e álgebra.

FIGURA 13-2: Na geometria cartesiana, as linhas são desenhadas e analisadas em uma grade de coordenadas.

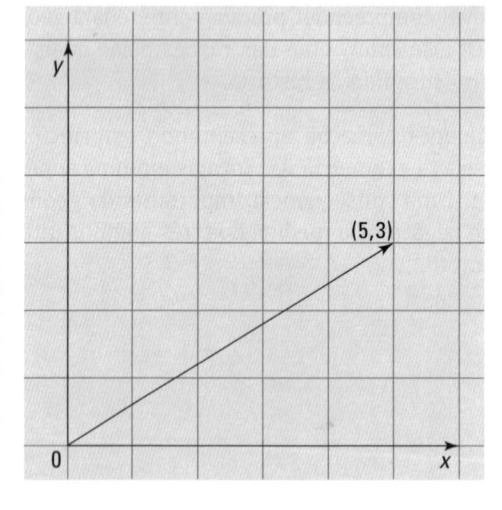

Mais ou menos na mesma época em que Galileu revolucionava os céus, Descartes revolucionava a matemática. Até seu trabalho, os campos da álgebra e da geometria eram separados. Sua ideia era exibir as equações algébricas graficamente, proporcionando uma forma de criar uma comunicação entre geometria e álgebra.

Usando o plano cartesiano, podemos definir uma linha por uma equação; a linha é o conjunto de soluções para a equação. Na Figura 13-2, a linha vai da origem até ao ponto (5, 3). Tanto a origem (0, 0) como (5, 3) são soluções corretas para a equação representada pela linha (junto com todos os outros pontos da linha).

LEMBRE-SE

Como a grade é bidimensional, o espaço que ela representa contém dois graus de liberdade. Em álgebra, os graus de liberdade são representados por variáveis, ou seja, uma equação que pode ser mostrada em uma superfície bidimensional tem duas quantidades variáveis, frequentemente x e y.

LIVROS DE MUITAS DIMENSÕES

O livro *Planolândia: Um Romance de Muitas Dimensões*, de Edwin A. Abbott e escrito em 1884, é um clássico na comunidade matemática para explicar o conceito de múltiplas dimensões. Na obra, Um Quadrado vive em um mundo plano e ganha perspectiva quando encontra uma esfera passando por lá e que o leva para fora de modo a experimentar brevemente as três dimensões.

Aparentemente, *Planolândia* fez parte de um crescente interesse da cultura popular pelas dimensões extras no final do século XIX. Lewis Carroll escreveu uma história em 1865 intitulada *Dinâmica de uma Partícula*, que incluía seres unidimensionais em uma superfície plana, e a ideia do espaço enlouquecendo é claramente um tema de seus livros *Alice no País das Maravilhas* (1865) e *Alice Através do Espelho* (1872). Mais tarde, H. G. Wells utilizou os conceitos de dimensões extras em várias histórias, mais especificamente em *A Máquina do Tempo* (1895), onde o tempo é explicitamente descrito como a quarta dimensão uma década inteira antes de Einstein apresentar a primeira noção sobre a relatividade.

Várias sequências independentes foram escritas para *Planolândia* ao longo dos anos para expandir o conceito. Entre elas, *Sphereland* [Esferalândia, em tradução literal aqui e nos próximos títulos] (1965), de Dionys Burger, *Flatterland* [Planolândia mais Plana] (2001), de Ian Stewart, e *Spaceland* [Espaçolândia] (2002), de Rudy Rucker. Um livro relacionado é a ficção científica *The Planiverse* [O Planiverso], de 1984, onde cientistas do nosso mundo estabelecem comunicação com um mundo semelhante ao de Planolândia.

Três Dimensões de Espaço

Ao observarmos nosso mundo, ele tem três dimensões — para cima e para baixo, esquerda e direita, para trás e para a frente. Se tivermos uma longitude, latitude e altitude, podemos determinar qualquer localização na Terra, por exemplo.

Uma linha reta no espaço: Vetores

Expandindo a ideia da geometria cartesiana, verificamos que é possível criar um plano cartesiano em três dimensões, e também em duas, como mostra a Figura 13-3. Nesse plano, é possível definir um objeto chamado *vetor*, que tem uma direção, sentido e comprimento. No espaço tridimensional, cada vetor é definido por três quantidades.

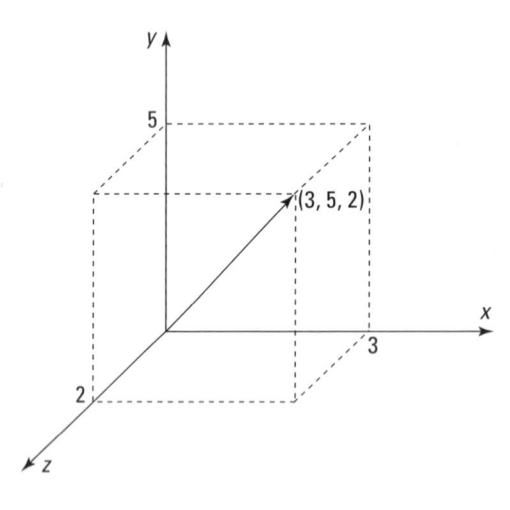

FIGURA 13-3: São necessários três números para definirmos um vetor (ou uma localização) em três dimensões.

DICA

Os vetores podem, é claro, existir em uma, duas, ou mais de três dimensões. (Tecnicamente, podemos até ter um vetor zero dimensional, embora ele sempre terá comprimento zero e nenhuma direção. Os matemáticos denominam isso de "trivial".)

Tratar o espaço como se contivesse uma série de linhas retas é provavelmente uma das operações mais básicas que pode ocorrer dentro de um espaço. O campo inicial da matemática que se concentra no estudo de vetores é chamado *álgebra linear*, que permite analisarmos vetores e coisas chamadas *espaços vetoriais* de qualquer dimensionalidade. (A matemática mais avançada pode abranger vetores em mais detalhes e se estender a situações não lineares.)

PAPO DE ESPECIALISTA

Uma das principais etapas do trabalho com espaços vetoriais é encontrar a *base* para eles, uma forma de identificar quantos vetores são necessários para definirmos qualquer ponto em todo o espaço vetorial. Por exemplo, um espaço 5D tem uma base de cinco vetores. Uma forma de ver a teoria das supercordas é perceber que as direções em que uma corda pode se mover só podem ser descritas com uma base de dez vetores distintos, assim a teoria descreve um espaço vetorial 10D.

Torcendo um espaço 2D em três dimensões: A faixa de Moebius

No clássico *Planolândia*, o personagem principal é um quadrado (literalmente — ele tem quatro lados de igual comprimento) que ganha a capacidade de experimentar três dimensões. Tendo acesso a três dimensões, pode realizar ações em uma superfície bidimensional de formas que lhe parecem muito contraintuitivas. Uma superfície 2D pode realmente ser torcida de tal forma que não tem começo nem fim!

A MATEMÁTICA DAS ARTES

Compreender e manipular o espaço é uma característica fundamental do trabalho artístico, que em geral busca refletir uma realidade 3D em uma superfície 2D. Talvez isso fique mais evidente nos trabalhos de Pablo Picasso e M. C. Escher, no quais o espaço é manipulado de tal forma que a própria manipulação é parte da mensagem artística.

A maioria dos artistas tenta manipular o espaço para que não seja notado. Um dos exemplos mais comuns é a perspectiva, desenvolvida durante a Renascença, que envolve a criação de uma imagem que corresponde à forma como o olho percebe o espaço e a distância. Trilhos de trem paralelos parecem se encontrar no horizonte, embora isso nunca ocorra na realidade. Em uma superfície bidimensional, a base para os trilhos é um triângulo que, de fato, tem um canto na linha do horizonte.

Essa é precisamente a base do campo matemático da geometria não euclidiana chamado *geometria projetiva*, em que pegamos um espaço bidimensional e o projetamos de forma matematicamente precisa em uma segunda superfície. Há uma correspondência exata de 1 para 1 entre os dois espaços, mesmo que pareçam completamente diferentes. As duas imagens representam formas matemáticas diferentes de olhar para o mesmo espaço físico — uma delas é um espaço infinito, e a outra, um espaço finito.

O caso mais conhecido disso é a *Faixa de Moebius*, mostrada na Figura 13-4. Ela foi criada em 1858 pelos matemáticos alemães August Ferdinand Moebius e Johann Benedict Listing.

FIGURA 13-4: Uma faixa de Moebius é torcida para que tenha apenas uma superfície contínua.

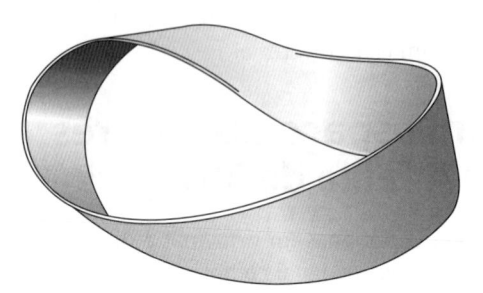

DICA

Você pode criar sua própria faixa de Moebius pegando uma faixa de papel — tipo um marca-páginas longo — e dando uma torcida. Depois, pegue as duas extremidades da faixa e cole-as com fita adesiva. Coloque um lápis no meio da superfície e desenhe uma linha ao longo do comprimento da faixa sem tirar o lápis do papel.

Algo curioso acontece à medida que continua. Chegará um momento em que, sem tirar o lápis do papel, a linha é desenhada em toda a superfície e acaba encontrando seu início. Não há "costas" da faixa de Moebius, que de alguma forma evita a linha do lápis. Você desenhou uma linha ao longo de toda a forma sem levantar o seu lápis.

Em termos matemáticos (e reais, considerando o resultado da experiência do lápis), a faixa de Moebius tem apenas uma superfície. Não existe "dentro" e "fora" dela, como há em um bracelete. Ainda que as duas formas possam ser parecidas, são entidades muito diferentes matematicamente falando.

Claro, a faixa de Moebius tem um fim (ou limite) em termos de sua largura. Em 1882, o matemático alemão Felix Klein expandiu a ideia da faixa de Moebius e criou a *garrafa de Klein*: uma forma que não tem superfície interior ou exterior, mas que também não tem limites em nenhuma direção e sentido. Veja a Figura 13-5 para entender como ela é. Se viajasse para "a frente" no caminho (seguindo os "xis"), acabaria chegando à "parte de trás" desse caminho (nos "os").

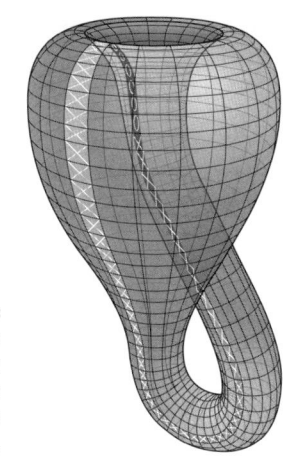

FIGURA 13-5: A garrafa de Klein não tem limites (bordas).

DICA

Se você fosse uma formiga vivendo em uma faixa de Moebius, poderia caminhar ao longo do comprimento da faixa e chegaria ao ponto de partida. Caminhando ao longo de sua largura, acabaria se deparando com a "borda do mundo". Uma formiga que vivesse em uma garrafa de Klein, contudo, poderia ir em qualquer direção e, se andasse o suficiente, acabaria voltando ao ponto de partida. (Viajar pelo caminho dos "os" leva de volta aos "xis".) A diferença entre andar sobre uma garrafa de Klein e sobre uma esfera é que a formiga não caminharia apenas ao longo do exterior da garrafa de Klein, como o faria sobre uma esfera, mas cobriria ambas as superfícies, tal como na faixa de Moebius.

Mais torções nas três dimensões: Geometria não euclidiana

O fascínio pela estranha distorção do espaço no século XIX talvez não fosse de modo algum tão claro como na criação da *geometria não euclidiana*, em que os matemáticos começaram a explorar novos tipos de geometria que não se baseavam nas regras estabelecidas 2 mil anos antes por Euclides. Uma versão da geometria não euclidiana é a geometria riemanniana, mas há outras, como a geometria projetiva.

A razão para a criação da geometria não euclidiana tem como base a própria obra de Euclides, *Os Elementos*, em seu "quinto postulado", muito mais complexo do que os quatro primeiros. O quinto postulado é às vezes chamado de *postulado das paralelas*, e, embora seja formulado de forma bastante técnica, há uma consequência importante para os propósitos da teoria das cordas: duas linhas paralelas nunca se encontram.

Bem, tudo isso fica lindo em uma superfície plana, mas em uma esfera, por exemplo, duas linhas paralelas podem se encontrar, e é o que fazem.

Linhas de longitude — paralelas umas às outras sob a definição de Euclides — cruzam-se tanto no Polo Norte como no Polo Sul. As linhas de latitude, também paralelas, não se encontram de jeito nenhum. Os matemáticos não sabiam ao certo o que significava uma "linha reta" em um círculo!

Um dos maiores matemáticos do século XIX foi Carl Friedrich Gauss, que se voltou às ideias da geometria não euclidiana. (Algumas ideias anteriores sobre o assunto haviam sido ventiladas ao longo dos anos, como as de Nikolai Lobachevsky e Janos Bolyai.) Gauss passou a maior parte do trabalho para seu ex-aluno, Bernhard Riemann, que desenvolveu uma forma de realizar a geometria em uma superfície curva — um campo da matemática chamado *geometria riemanniana*. Uma consequência — que os ângulos de um triângulo *não* somam 180° — está representada na Figura 13-6.

FIGURA 13-6: Às vezes, os ângulos de um triângulo não somam 180°.

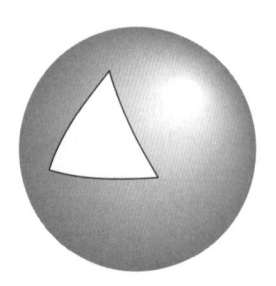

Quando Albert Einstein desenvolveu a relatividade geral como uma teoria sobre a geometria do espaço-tempo, acabou que a geometria riemanniana era exatamente aquilo de que ele precisava.

Quatro Dimensões de Espaço-Tempo

Na teoria da relatividade geral de Einstein, as três dimensões espaciais se ligam a uma quarta dimensão: o tempo. O pacote total de quatro dimensões é chamado *espaço-tempo*, e, nessa estrutura, a gravidade é vista como uma manifestação da geometria do espaço-tempo. A história da relatividade é contada no Capítulo 6, mas alguns pontos relacionados com as dimensões merecem ser revisitados.

Hermann Minkowski, não Albert Einstein, percebeu que a relatividade poderia ser expressa em uma estrutura de espaço-tempo 4D. Minkowski era um dos antigos professores de Einstein, que o tinha chamado de "cão preguiçoso", mas claramente viu o brilhantismo da relatividade.

Em uma palestra de 1908 intitulada "Espaço e Tempo", Minkowski abordou pela primeira vez o tema da criação de uma estrutura dimensional do espaço-tempo (também chamada "espaço de Minkowski"). Os diagramas de Minkowski, apresentados no Capítulo 6, são uma tentativa de representar graficamente tal espaço 4D em um plano cartesiano 2D. Cada ponto no plano é um "evento espaço-tempo", e o objetivo da análise da relatividade dessa forma é compreendermos como esses eventos se relacionam entre si.

DICA

Ainda que o tempo seja uma dimensão, é fundamentalmente diferente das dimensões espaciais. Matematicamente, podemos, em geral, trocar "esquerda" por "para cima" e acabar com resultados bastante consistentes. No entanto, se trocarmos "esquerda um metro" por "daqui a uma hora", não funciona tão bem. Minkowski dividiu as dimensões em *dimensões espaciais* e *dimensões temporais*. Uma dimensão espacial pode ser trocada por outra, mas não pode ser trocada por uma temporal. (No Capítulo 16, você verá algumas ideias sobre dimensões extratemporais em nosso Universo.)

PAPO DE ESPECIALISTA

A razão para essa distinção é que as equações de Einstein são escritas de tal forma que resultam em um termo definido pelas dimensões espaciais ao quadrado menos um termo definido pela dimensão temporal ao quadrado. (Visto que os termos são ao quadrado, eles precisam ser positivos, independentemente do valor da dimensão.) Os valores das dimensões espaciais podem ser trocados sem qualquer problema matemático, mas o sinal de menos significa que a dimensão temporal não pode ser trocada pelas dimensões espaciais.

Acrescentando Mais Dimensões para Fazer uma Teoria Funcionar

Para a maioria das interpretações, a teoria das supercordas requer um grande número de dimensões espaciais extras para ser matematicamente consistente: a teoria M requer dez dimensões de espaço. Com a introdução das branas como objetos multidimensionais na teoria das cordas, é possível construir e imaginar geometrias extremamente criativas para o espaço — geometrias que correspondem a diferentes partículas e forças possíveis. Atualmente, não está claro se essas dimensões extras existem em um sentido real ou se são apenas artefatos matemáticos.

LEMBRE-SE

O motivo pelo qual a teoria das cordas requer dimensões extras é que tentar eliminá-las resulta em equações matemáticas muito mais complicadas. Nada impossível (como se verá mais adiante neste capítulo), mas a maioria dos físicos não foi atrás desses conceitos com grande profundidade, deixando a ciência (talvez por falta de alternativas) com uma teoria que requer muitas dimensões extras.

Como mencionei, desde a época de Descartes, os matemáticos conseguem fazer uma ponte entre as representações geométricas e físicas. Eles podem resolver suas equações em praticamente qualquer número de dimensões que escolham, mesmo que não consigam imaginar visualmente o que estão dizendo.

DICA Uma das ferramentas que os matemáticos utilizam na exploração de dimensões mais elevadas é a analogia. Se começarmos com um ponto de dimensão zero e o estendermos pelo espaço, teremos uma linha unidimensional. Se pegarmos essa linha e a estendermos até uma segunda dimensão, acabamos tendo um quadrado. Se estendermos um quadrado através de uma terceira dimensão, obteremos um cubo. Se depois pegássemos o cubo e o estendêssemos para uma quarta dimensão, obteríamos uma forma chamada *hipercubo*.

Uma linha tem dois "cantos", mas, se a estendermos para um quadrado, haverá quatro cantos, enquanto um cubo tem oito cantos. Ao continuarmos estendendo tal relação algébrica, um hipercubo seria um objeto quadridimensional com dezesseis cantos, e uma relação semelhante pode ser usada para criarmos objetos análogos em dimensões adicionais. Tais objetos estão obviamente bem fora do que nossa mente pode imaginar.

DICA Os seres humanos não estão psicologicamente programados para conseguirem imaginar mais do que três dimensões espaciais. Alguns poucos matemáticos (e possivelmente alguns físicos) dedicaram de tal modo suas vidas ao estudo de dimensões extras que talvez realmente consigam imaginar um objeto quadridimensional, como um hipercubo. A maioria dos matemáticos não consegue (por isso, não se sinta mal se não conseguir).

Campos inteiros da matemática — álgebra linear, álgebra abstrata, topologia, teoria dos nós, análise complexa e outros — existem com o único objetivo de tentar pegar conceitos abstratos, em geral com um grande número de possíveis variáveis, graus de liberdade ou dimensões, e compreendê-los.

Esses tipos de ferramentas matemáticas estão no âmago da teoria das cordas. Independentemente do sucesso ou fracasso final da teoria como modelo físico da realidade, ela motivou a matemática a crescer e explorar novas questões sob novos olhares, e só por isso provou sua utilidade.

Passando o Espaço e o Tempo por uma Dobradeira

O espaço-tempo é visto como um "tecido" macio, mas que pode ser dobrado e manipulado de várias maneiras. Na relatividade, a gravidade dobra as nossas quatro dimensões de espaço-tempo, mas na teoria das cordas, mais dimensões são dobradas de outras formas. Na relatividade e na cosmologia moderna, o Universo tem uma curvatura inerente.

A abordagem habitual às dimensões extras da teoria das cordas tem sido a de enrolá-las em uma forma minúscula com o comprimento de Planck. Tal processo é denominado *compactificação*. Nos anos 1980, foi demonstrado que as seis dimensões extras da teoria das supercordas podiam ser compactificadas em espaços Calabi-Yau.

PAPO DE ESPECIALISTA

Desde então, outros métodos de compactificação foram oferecidos, especialmente a compactificação G2, a compactificação de pacote de spin e a compactificação de fluxo. Para os fins deste livro, os detalhes da compactificação não importam.

DICA

Para imaginar a compactificação, pense em uma mangueira de jardim. Se fosse uma formiga morando nela, viveria em um universo enorme (mas finito). Pode caminhar muito longe em qualquer um dos sentidos do comprimento, mas se contornar a dimensão curva, só poderá ficar dando voltas. Contudo, para alguém muito distante, sua dimensão — que é perfeitamente expansiva em sua escala — parece ser uma linha muito estreita, sem espaço para se mover, exceto ao longo do comprimento.

O UNIVERSO ENROLADO

Alguns cosmólogos consideraram alguns casos extremos de deformação espacial em nosso próprio Universo, teorizando que talvez ele seja menor do que pensamos. Um novo campo da cosmologia chamado *topologia cósmica* tenta usar ferramentas matemáticas para estudar a forma geral do Universo.

Em seu livro de 2008, *The Wraparound Universe* [O Universo Enrolado, em tradução livre], o cosmólogo Jean-Pierre Luminet propõe a ideia de que nosso Universo se enrola, então não há nenhum limite particular, como a garrafa de Klein na Figura 13-5. Em qualquer direção que você olha, talvez esteja vendo uma ilusão, como se estivesse em uma casa cheia de espelhos infinitos. Pode ser que estrelas distantes estejam de fato mais próximas do que o esperado, mas a luz percorre um caminho maior ao longo do Universo enrolado para nos alcançar.

Nesse tipo de cenário, o problema do horizonte do Capítulo 9 deixa de ser um problema, pois o Universo é pequeno o suficiente para ter se tornado uniforme dentro de seu transcurso de existência. A inflação é consistente com a hipótese de um Universo enrolado, mas muitos dos problemas que ela resolve são solucionados de outras maneiras.

Esse é o princípio da compactificação — não podemos ver os universos extras porque são tão pequenos que, não importa o que façamos, nunca conseguiremos distingui-los como uma estrutura complexa. Se nos aproximássemos o suficiente da mangueira de jardim, perceberíamos que havia algo lá, mas os cientistas não conseguem se aproximar do comprimento de Planck para explorar dimensões extracompactificadas.

É claro, algumas teorias recentes propuseram que as dimensões extras podem ser maiores que o comprimento de Planck e teoricamente passíveis de experiência.

Há ainda outras teorias dizendo que nossa região do Universo manifesta apenas quatro dimensões, embora, como um todo, ele contenha mais. Outras regiões do Universo podem exibir dimensões adicionais. Algumas teorias radicais supõem até que o Universo como um todo é curvado de formas estranhas.

As Dimensões Extras São Realmente Necessárias?

Embora a teoria das cordas implique dimensões extras, isso não significa que precisem existir como dimensões espaciais. Alguns trabalhos formularam uma teoria de cordas quadridimensionais em que os graus extras de liberdade não são dimensões físicas do espaço; mas os resultados são incrivelmente complexos, e parece que não tiveram grande adesão.

Vários grupos realizaram esse tipo de trabalho, porque alguns físicos se sentem desconfortáveis com as dimensões espaciais adicionais que parecem ser exigidas pela teoria das cordas. No final da década de 1980, um grupo trabalhou em uma abordagem chamada de férmions livres. Outras abordagens que evitam a introdução de dimensões adicionais incluem a técnica covariante, as orbifolds assimétricas, a corda 4D $N=2$ (nem big, nem bang), e as compactificações não geométricas. São formulações tecnicamente complexas da teoria das cordas (e não são todas complexas?) que parecem ser ignoradas por praticamente todos os livros populares sobre o assunto, que se concentram na ideia de dimensões adicionais, deixando de lado essas abordagens alternativas. Mesmo entre os teóricos de cordas, a abordagem geométrica da compactificação de dimensões extras é a abordagem dominante.

Uma abordagem inicial e tecnicamente complexa (e muito ignorada) à teoria das cordas quadridimensionais é o trabalho realizado por S. James Gates Jr., da Universidade de Maryland no College Park (com a assistência de Warren Siegel, do Instituto C. N. Yang de Física Teórica da Universidade de

Stony Brook). Esse trabalho não é de modo algum a abordagem dominante à teoria das cordas quadridimensionais, mas sua vantagem é que pode ser explicado e compreendido (em termos altamente simplificados) sem precisar ter um doutorado em física teórica.

Oferecendo uma alternativa às dimensões múltiplas

Na abordagem de Gates, ele basicamente troca as dimensões por cargas. Isso cria uma espécie de abordagem dupla que é matematicamente semelhante à abordagem nas dimensões espaciais extras, mas que, na realidade, não requer dimensões espaciais extras nem adivinhações sobre técnicas de compactificação para eliminar as dimensões extras.

Tal ideia remonta a uma proposta do físico britânico Nicolas Kemmer feita em 1938. Ele propôs que as propriedades da mecânica quântica da carga e do spin eram manifestações diferentes da mesma coisa. Especificamente, ele disse que o nêutron e o próton eram idênticos, mas com número de spin diferente em alguma dimensão extra, o que resultou em uma carga sobre o próton e nenhuma carga sobre o nêutron. A matemática resultante, que analisa as propriedades físicas dessas partículas, é chamada *espaço de carga isotópica* (originalmente desenvolvida por Werner Heisenberg e Wolfgang Pauli, depois utilizada por Kemmer). Embora seja um "espaço imaginário" (o que significa que as coordenadas são inobserváveis no sentido habitual), a matemática resultante descreve propriedades de prótons e nêutrons e está na base do atual Modelo Padrão.

A abordagem de Gates foi levar a ideia de Kemmer na direção oposta: se você quiser se livrar das dimensões extras, talvez possa vê-las como imaginárias e obter cargas. (A palavra "carga" nesse sentido não significa realmente carga elétrica, mas uma nova propriedade a ser rastreada, como "carga de cor" na CDQ.) O resultado é pegarmos as dimensões vibracionais da corda heterótica e vê-las como "carga esquerda" e "carga direita".

Quando Gates aplicou esse conceito à corda heterótica, a troca não foi equilibrada — para abrir mão das seis dimensões espaciais, ele acabou ganhando mais de 496 cargas direitas!

De fato, juntamente com Siegel, Gates conseguiu encontrar uma versão da teoria das cordas heteróticas que correspondia a essas 496 cargas direitas. Além disso, sua solução mostrou que as cargas esquerdas corresponderiam ao número de família. (Há três gerações conhecidas, ou famílias, de léptons, como mostrado na Figura 8-1 do Capítulo 8 — as famílias de elétrons, múons e tau. O número de família indica a que geração a partícula pertence.)

Isso pode explicar por que existem múltiplas famílias de partículas no Modelo Padrão da física de partículas. Com base nesses resultados, uma teoria das cordas em 4D poderia exigir famílias extras de partículas! Na realidade, ela exigiria muito mais famílias de partículas do que as três que os físicos viram. Tais famílias extras (se existirem) poderiam incluir partículas que talvez constituam a matéria escura invisível no nosso Universo.

Decidindo entre menos dimensões ou equações mais simples

A utilidade desses resultados em 4D é prejudicada pela complexidade das equações resultantes (mesmo pelos padrões da teoria das cordas). Embora todas as teorias de cordas sejam complexas, as teorias das cordas 4D têm mostrado até o momento um parco poder preditivo. Presumindo que as dimensões extras levam a equações mais fáceis de resolver, a maioria dos físicos opta por trabalhar sob o pressuposto de um maior número de dimensões.

Isso remonta à ideia do princípio da navalha de Ockham, sustentando que um cientista não deve deixar uma teoria complexa sem necessidade. A explicação mais simples que se ajusta aos fatos é aquela à qual os físicos tendem a ser atraídos.

Neste caso, a navalha de Ockham corta dos dois lados. A equação matemática mais simples da teoria das cordas 10D requer que se estipule um grande número de dimensões espaciais que ninguém jamais observou, o que certamente parece ir contra a navalha de Ockham. Mas o tipo de coordenada de carga isotópica utilizada na abordagem de Gates é exatamente a mesma que fornece as bases matemáticas do Modelo Padrão, onde as dimensões isotópicas não são observadas.

No fim das contas, as interpretações 4D da teoria das cordas são uma forma poderosa de compreendermos como ela pode ser complexa. Um de seus aspectos mais básicos é a ideia de que requer dimensões espaciais extras, mas esse trabalho mostra que a teoria das cordas não requer necessariamente nem isso. Se tais abordagens estiverem corretas, e os graus de liberdade inerentes à teoria não exigirem dimensões espaciais extras, então os princípios físicos no âmago da teoria das cordas podem ser completamente inesperados.

> **NESTE CAPÍTULO**
>
> » O antes da teoria do Big Bang
>
> » Ligando os buracos negros à teoria das cordas
>
> » Sabendo onde o Universo esteve e aonde pode estar indo
>
> » Resolvendo a questão de como o Universo sustenta a vida

Capítulo 14

Nosso Universo — Teoria das Cordas, Cosmologia e Astrofísica

Embora a teoria das cordas tenha começado como uma teoria da física de partículas, muito do trabalho teórico significativo hoje em dia consiste em aplicar as previsões impressionantes da teoria das cordas e da teoria M ao campo da cosmologia. O Capítulo 9 abordou alguns dos fatos surpreendentes que a ciência descobriu sobre nosso Universo, especialmente no século passado.

Neste capítulo, volto a essas mesmas ideias a partir dos antecedentes da teoria das cordas. Explico como a teoria das cordas se relaciona com a nossa compreensão do Big Bang, a teoria da origem do Universo. Discuto, então, o que a teoria das cordas tem a dizer sobre outro mistério do Universo — os buracos negros. A partir daí, analiso o que ela revela sobre como o Universo muda ao longo do tempo e como pode mudar no futuro. Por fim, volto à questão sobre por que o Universo parece estar perfeitamente sintonizado para permitir a vida e o que a teoria das cordas (juntamente com o princípio antrópico) talvez tenha a dizer sobre isso (se é que tem algo a dizer).

O Começo do Universo com a Teoria das Cordas

De acordo com a teoria do Big Bang, se extrapolarmos o Universo em expansão para trás no tempo, todo o Universo conhecido estaria compactado em um ponto singular de densidade incrivelmente imensa. Isso não revela, contudo, se existia alguma coisa antes disso. Na verdade, sob a teoria do Big Bang — formulada em um universo de física quântica e relatividade —, as leis da física resultam em infinitos sem sentido nesse momento. A teoria das cordas pode oferecer algumas respostas sobre o que veio antes do Big Bang e sobre o que o causou.

O que havia antes do "bang"?

A teoria das cordas oferece a possibilidade de estarmos "presos" a uma brana com três dimensões espaciais. Tais cenários do mundo das branas, como os modelos de Randall-Sundrum, oferecem a possibilidade de que antes do Big Bang algo já estivesse aqui: coleções de cordas e branas.

A busca por um Universo eterno

Os cientistas ficaram originalmente muito perturbados com a teoria do Big Bang, porque acreditavam em um Universo eterno, ou seja, que o Universo não tinha um ponto inicial (e, em média, não mudou ao longo do tempo). Einstein acreditava nisso, embora tenha abandonado a ideia quando as provas sugeriram o contrário. Fred Hoyle dedicou a maior parte da sua carreira à tentativa de provar que o Universo era eterno. Hoje em dia, alguns físicos continuam a buscar formas de explicar o que existia antes do Big Bang, se é que existia alguma coisa.

Alguns cosmólogos dizem que a questão do que aconteceu no Big Bang ou antes dele é inerentemente não científica, porque no momento a ciência não tem uma forma de estender suas teorias físicas para além da singularidade no princípio da linha do tempo do nosso Universo. Outros destacam que, se nunca fizermos as perguntas, nunca descobriremos uma forma de respondê-las.

LEMBRE-SE

Embora a teoria das cordas ainda não esteja pronta para responder a tais perguntas, isso não impediu os cosmólogos de começar a fazê-las e a oferecer cenários possíveis. Nesses cenários, reconhecidamente vagos, o Universo pré-Big Bang (que provavelmente não estava confinado a apenas três dimensões espaciais) era um conglomerado de p-branas, cordas, anticordas e anti-p-branas. Em muitos casos, esses objetos ainda estão "por aí" em algum lugar além das nossas próprias 3-branas, talvez até impactando nosso próprio Universo (como no caso dos modelos de Randall-Sundrum).

Um deses modelos foi o de pré-Big Bang apresentado por Gabriele Veneziano — o mesmo físico que inventou o modelo de ressonância dupla em 1968 que desencadeou a teoria das cordas. Nesse modelo, nosso Universo é um buraco negro em um universo mais maciço de cordas e espaço vazio. Antes da atual fase de expansão, houve um período de contração. Embora provavelmente não seja completamente verdadeiro, de acordo com os modelos principais atuais, esse trabalho de Veneziano (e ideias semelhantes de outros) tem um impacto na maior parte do trabalho cosmológico das supercordas de hoje, porque retrata nosso Universo conhecido como apenas um subconjunto do Universo, com um vasto "lá fora" muito além do nosso conhecimento.

O antiquado modelo do Universo cíclico

Uma ideia que se popularizou nos anos 1930 foi a de um *Universo cíclico*, em que a densidade da matéria era suficientemente alta para que a gravidade ultrapassasse a expansão do Universo. A vantagem desse modelo era que permitia que o Big Bang fosse correto, mas o Universo ainda podia ser eterno.

LEMBRE-SE

No modelo cíclico, o Universo se expandiria até que a gravidade começasse a puxá-lo de volta, resultando no "Big Crunch" [Grande Colapso], em que toda a matéria regressaria ao "superátomo" primordial — e então o ciclo de expansão recomeçaria tudo de novo.

O problema é que a segunda lei da termodinâmica dita que a entropia, ou a desordem, no Universo cresceria a cada ciclo. Se o Universo passasse por um número infinito de ciclos, a quantidade de desordem nele seria infinita — todos os pedacinhos do Universo estariam em equilíbrio térmico entre si. Em um Universo em que cada região tem exatamente a mesma estrutura, nenhuma região tem mais ordem do que qualquer outra, então todas elas têm a quantidade máxima de desordem permitida. (Se o Universo tivesse passado por um número finito de ciclos, os cientistas ainda teriam o problema de como tudo começou; eles apenas empurraram isso para trás alguns ciclos. Isso meio que frustrou todo o propósito do modelo, assim, ele assumiu um número infinito de ciclos.)

Porém, a teoria das cordas talvez tenha uma maneira de trazer de volta o modelo cíclico, e repaginado.

O que explodiu?

A teoria do Big Bang não oferece nenhuma explicação para o que iniciou a expansão original do Universo. Essa é uma questão teórica importante para os cosmólogos, e muitos estão aplicando os conceitos da teoria das cordas na tentativa de respondê-la. Uma conjectura controversa é um modelo de Universo cíclico chamado *teoria do Universo ecpirótico*, que sugere que nosso próprio Universo é o resultado da colisão de branas entre si.

O "bang" das branas

Muito antes da introdução da teoria M ou dos cenários do mundo das branas, havia uma conjectura da teoria das cordas sobre a razão pela qual o Universo tem o número de dimensões que vemos: um espaço compacto de nove dimensões espaciais simétricas começou a se expandir em três dessas dimensões. Sob essa análise, um universo com três dimensões espaciais (como o nosso) é a geometria espaço-tempo mais provável.

Nessa ideia, inicialmente proposta nos anos 1980 por Robert Brandenberger e Cumrun Vafa, o Universo começou como uma corda enrolada bem apertada com todas as dimensões simetricamente confinadas ao comprimento de Planck. As cordas, com efeito, limitavam as dimensões até esse tamanho.

Brandenberger e Vafa argumentaram que, em três ou menos dimensões, seria provável que as cordas colidissem com as anticordas. (Uma *anticorda* é essencialmente uma corda que serpenteia em um sentido oposto à corda.) A colisão aniquila a corda, que, por sua vez, desencadeia as dimensões que a confinava. Começam, assim, a se expandir, como nas teorias inflacionárias e do Big Bang.

DICA

Em vez de pensar em cordas e anticordas, imagine uma sala que tem um monte de cabos presos a pontos aleatórios nas paredes. Imagine que a sala quer se expandir afastando as paredes, o chão e o teto uns dos outros — que não conseguem por causa dos cabos. Agora imagine que os cabos podem se mover, e cada vez que se cruzam, podem se recombinar. Imagine dois cabos esticados que se estendem do chão ao teto e que se intersectam formando um X alto e estreito. Eles podem se recombinar e se tornar dois cabos soltos — um ligado ao chão, e outro, ao teto. Se esses tivessem sido os únicos dois cabos que se esticam do chão ao teto, então, após tal interação, o chão e o teto ficam livres para se afastarem um do outro.

No cenário de Brandenberger e Vafa, essa dimensão (para cima/baixo), bem como duas outras, são livres para crescer em grande escala. O passo final é que, em quatro ou mais dimensões espaciais, as cordas em movimento tipicamente nunca se encontrarão. (Pense em como pontos se movendo em duas dimensões espaciais provavelmente nunca se encontrarão, e a lógica é estendida a dimensões mais elevadas.) Assim, esse mecanismo só funciona para libertar três dimensões espaciais de seus cabos.

Ou seja, a própria geometria da teoria das cordas implica que tal cenário nos levaria a ver menos de quatro dimensões espaciais — quatro ou mais dimensões são menos suscetíveis de atravessar as colisões de cordas/anticordas necessárias para "libertá-las" da configuração firmemente ligada. As dimensões mais elevadas continuam ligadas pelas cordas no comprimento de Planck e são, portanto, invisíveis.

Com a inclusão das branas, o quadro fica mais elaborado e difícil de interpretar. As pesquisas sobre essa abordagem nos últimos anos não têm sido animadoras. Muitos problemas surgem quando os cientistas tentam incorporá-la de forma mais rigorosa na matemática da teoria das cordas. Ainda assim, é uma das poucas explicações para a existência de quatro dimensões que fazem algum sentido, então os teóricos de cordas não a abandonaram completamente como uma possível razão para o Big Bang.

Um modelo cíclico do século XXI alimentado por branas: O Universo ecpirótico

No cenário do Universo ecpirótico, nosso Universo é criado a partir da colisão de branas. A matéria e a radiação do nosso Universo vêm da energia cinética criada pela colisão dessas duas branas.

O cenário do Universo ecpirótico foi proposto em um artigo de 2001 por Paul Steinhardt, da Universidade de Princeton, Burt Ovrut, da Universidade da Pensilvânia, e Neil Turok, anteriormente da Universidade de Cambridge e atual diretor do Instituto Perimeter de Física Teórica em Waterloo, Ontário, juntamente de Justin Khoury, aluno de Steinhardt.

A teoria se baseia nas ideias de que alguns cenários do mundo das branas da teoria M mostram que as dimensões extras da teoria das cordas talvez sejam estendidas, quem sabe até infinitas em tamanho. Provavelmente também não estão expandindo (ou pelo menos os teóricos de cordas não têm razões para pensar que estão) da forma como nossas próprias três dimensões espaciais estão. Quando voltamos o vídeo do Universo no tempo, essas dimensões não se contraem.

Agora imagine que dentro dessas dimensões há duas 3-branas infinitas. Algum mecanismo (como a gravidade) as une através das infinitas dimensões extras, e elas se colidem. A energia é gerada, criando a matéria para nosso Universo e afastando as duas branas. Em dado momento, a energia da colisão se dissipa e as branas são novamente atraídas e colidem novamente.

O modelo ecpirótico está dividido em várias *eras* (períodos de tempo), com base em que as influências dominam:

» O Big Bang.
» Era dominada pela radiação.
» Era dominada pela matéria.
» Era dominada pela energia escura.
» Era da contração.
» O Big Crunch.

A história até a era da contração é essencialmente idêntica à feita pela cosmologia regular do Big Bang. A radiação gerada pela colisão das branas (o Big Bang) significa que a era dominada pela radiação é bastante uniforme (exceto para flutuações quânticas), então a inflação pode ser desnecessária. Após cerca de 75 mil anos, o Universo se torna uma sopa de partículas durante a era dominada pela matéria. Hoje e durante muitos anos, estamos na época dominada pela energia escura, até que ela decaia e o Universo comece a se contrair novamente.

Visto que a teoria envolve a colisão de duas branas, alguns chamaram isso de teoria do "Big Splat" [O Grande "Splash"] ou da "Brane Smash" [Colisão de Branas], que é certamente mais fácil de pronunciar do que *ecpirótico*. Essa palavra deriva da palavra grega "ekpyrosis", que era uma antiga crença grega de que o mundo havia nascido do fogo. (Dizem que Burt Ovrut achava que a palavra parecia uma doença de pele.)

Alguns sentem que o modelo do Universo *ecpirótico* tem muito em seu favor — ele resolve os problemas da planicidade e do horizonte, como a teoria da inflação o faz, ao mesmo tempo em que fornece uma explicação sobre por que o Universo começou, para início de conversa — mas os criadores ainda estão longe de prová-lo. Stephen Hawking apostou com Neil Turok que as descobertas do satélite Planck da Agência Espacial Europeia confirmarão o modelo inflacionário e excluirão o modelo ecpirótico, se bem que Hawking era conhecido por ter perdido apostas assim no passado (como você pode ler na seção "Teoria das cordas e o paradoxo da informação em buracos negros", mais adiante neste capítulo).

Um benefício é que esse modelo evita o problema dos modelos cíclicos anteriores, porque cada Universo do ciclo é maior do que o anterior. Como o volume do Universo aumenta, a entropia total do Universo em cada ciclo pode aumentar sem nunca atingir um estado de entropia máxima.

DICA

Há, obviamente, muito mais detalhes no modelo ecpirótico do que os que incluí aqui. Se estiver interessado nessa fascinante teoria, recomendo o popular livro de Paul J. Steinhardt e Neil Turok, *Endless Universe: Beyond the Big Bang* [Universo Sem Fim: Muito Além do Big Bang, em tradução livre]. Somando-se à discussão lúcida e não técnica de conceitos científicos complexos, suas descrições oferecem um vislumbre dentro do reino da cosmologia teórica, que vale muito a pena ler.

Explicando os Buracos Negros com a Teoria das Cordas

Um grande mistério da física teórica que requer explicação é o comportamento dos buracos negros, especialmente no que diz respeito a como se evaporam e perdem informação. Introduzo esses tópicos no Capítulo 9, mas, com os conceitos da teoria das cordas em mãos, você poderá aprofundar sua compreensão sobre eles.

Os buracos negros são definidos pela relatividade geral como entidades lisas, mas em escalas muito pequenas (como quando evaporam até ao comprimento de Planck em tamanho), os efeitos quânticos precisam ser levados em conta. Resolver essa inconsistência é o tipo de coisa em que a teoria das cordas deve ser boa, se for verdadeira.

A teoria das cordas e a termodinâmica de um buraco negro

Quando Stephen Hawking descreveu a radiação Hawking emitida por um buraco negro, ele precisou usar sua intuição física e matemática, porque a física quântica e a relatividade geral não são unidas. Um dos maiores sucessos da teoria das cordas está em oferecer uma descrição completa de (alguns) buracos negros.

LEMBRE-SE

A radiação Hawking ocorre quando a radiação é emitida de um buraco negro, causando sua perda de massa. Chega um momento em que o buraco negro evapora e desaparece (ou quase).

O argumento incompleto de Stephen Hawking

O artigo de Hawking sobre como um buraco negro irradia calor (também chamada termodinâmica) começa uma linha de raciocínio que não funciona bem até ao fim. No meio da prova há uma desconexão, porque não existe uma teoria da gravidade quântica permitindo que a primeira metade de seu raciocínio (baseado na relatividade geral) se ligue à segunda metade (baseado na mecânica quântica).

A razão para a desconexão é que a análise termodinâmica detalhada de um buraco negro envolve o exame de todos seus estados quânticos possíveis. Mas eles são descritos com relatividade geral, que os trata como objetos lisos, e não quânticos. Sem uma teoria da gravidade quântica, parece que não há uma forma de analisar a natureza termodinâmica específica de um buraco negro.

No artigo de Hawking, tal conexão foi feita por meio de sua intuição, mas não no sentido de que a maioria de nós provavelmente pensa em intuição. O salto intuitivo que ele deu ocorreu ao propor fórmulas matemáticas precisas, chamadas *espectro de corpo cinza*, ainda que não conseguisse provar absolutamente de onde vinham.

A maioria dos físicos concorda que a interpretação de Hawking faz sentido, mas uma teoria da gravidade quântica mostraria se um processo mais preciso poderia assumir o lugar de seu passo intuitivo.

A teoria das cordas pode completar o argumento

O trabalho de Andrew Strominger e Cumrun Vafa sobre a termodinâmica dos buracos negros é visto por muitos teóricos de cordas como a prova mais poderosa em apoio à teoria das cordas. Ao estudar um problema que é matematicamente equivalente aos buracos negros — um problema dual —, eles calcularam precisamente as propriedades termodinâmicas do buraco negro de uma forma que correspondia à análise de Hawking.

Às vezes, em vez de simplificar diretamente um problema, podemos criar um *problema dual*, que é essencialmente idêntico ao que estamos tentando resolver, mas muito mais simples de lidar. Strominger e Vafa utilizaram essa tática em 1996 para calcular a entropia em um buraco negro.

No caso deles, eles viram que o problema dual de um buraco negro descrevia uma coleção de 1-branas e 5-branas. Tais "construções de branas" são objetos que podem ser definidos em termos de mecânica quântica. Eles descobriram que os resultados correspondiam precisamente ao resultado que Hawking antecipou vinte anos antes.

Pois bem, antes de ficar animado demais, os resultados de Strominger e Vafa só funcionam para certos tipos muito específicos de buracos negros, chamados *buracos negros extremos*. Esse tipo de buraco negro tem a quantidade máxima de carga elétrica ou magnética permitida sem torná-lo instável. Um buraco negro extremo tem a propriedade estranha de possuir entropia, mas sem calor ou temperatura. (A entropia é uma medida de desordem, muitas vezes relacionada com a energia térmica, dentro de um sistema físico.)

Ao mesmo tempo em que Strominger e Vafa realizavam seus cálculos, Juan Maldacena, um estudante de Princeton, enfrentava o mesmo problema (juntamente com seu orientador de tese, Curt Callan). Poucas semanas após Strominger e Vafa, eles haviam confirmado os resultados e estendido a análise a buracos negros que são *quase* extremos. Mais uma vez, a relação entre essas construções de branas e buracos negros se manteve muito bem, e a análise das construções de branas produziu os resultados que Hawking antecipou para os buracos negros. Outros trabalhos expandiram a pesquisa a casos ainda mais generalizados de buracos negros.

Para que essa análise funcione, a gravidade precisa ser reduzida a zero, o que certamente parece estranho no caso de um buraco negro que é, muito literalmente, definido pela gravidade. É necessário desligar a gravidade para simplificar as equações e obter a relação. Os teóricos de cordas conjecturam que, ao aumentar novamente a gravidade, acabariam com um buraco negro, mas os céticos da teoria das cordas salientam que sem gravidade não há de fato um buraco negro.

Ainda assim, mesmo um cético não pode deixar de pensar que deve haver algum tipo de relação entre as construções de branas e os buracos negros, porque ambos seguem a análise termodinâmica de Hawking criada vinte anos antes. Ainda mais espantoso é que a teoria das cordas não foi concebida para resolver esse problema específico, mas foi o que fez. O fato de que o resultado é um subproduto da análise é, no mínimo, impressionante.

Teoria das cordas e o paradoxo da informação em buracos negros

Um dos aspectos importantes da termodinâmica dos buracos negros se relaciona com o paradoxo da informação em buracos negros. Esse paradoxo pode muito bem ter uma solução na teoria das cordas, quer na análise da teoria das cordas descrita na seção anterior, quer no princípio holográfico.

Hawking havia dito que, se um objeto cair em um buraco negro, as únicas informações que ficam retidas são as propriedades quânticas de massa, spin e carga. Todas as outras informações são removidas.

O problema com isso é que a mecânica quântica se baseia na ideia de que a informação não pode se perder. Se isso ocorre, então a mecânica quântica não é uma estrutura teórica segura. Hawking, como relativista, estava mais preocupado em manter a estrutura teórica da relatividade geral, por isso não se importava que a informação se perdesse, se isso fosse necessário.

A razão pela qual a informação perdida é uma questão tão importante para a mecânica quântica mais uma vez está ligada à termodinâmica. Na mecânica quântica, a informação está relacionada com o conceito termodinâmico de "ordem". Se a informação é perdida, então a ordem é perdida

— ou seja, a entropia (desordem) é aumentada. Isso significa que os buracos negros começariam a gerar calor, chegando a bilhões de bilhões de graus em instantes. Embora Leonard Susskind e outros tenham percebido isso em meados dos anos 1980, eles não conseguiram encontrar as falhas no raciocínio de Hawking que provariam que ele estava errado.

Em 2004, após um debate que durou mais de vinte anos, Hawking anunciou que não acreditava mais que essas informações ficassem perdidas para sempre no Universo. Ao fazê-lo, ele perdeu uma aposta de 1997 com o físico John Preskill. O pagamento foi uma enciclopédia de beisebol, da qual as informações podiam ser facilmente recuperadas. E quem disse que os físicos não têm senso de humor?

Uma razão para a mudança de opinião de Hawking foi que ele refez alguns de seus cálculos anteriores e descobriu a possibilidade de que, quando um objeto caísse em um buraco negro, ele perturbasse o campo de radiação deste. A informação sobre o objeto poderia vazar, embora provavelmente embaralhada, por meio das flutuações nesse campo.

Outra forma de abordar o problema da perda de informação sobre buracos negros é pelo princípio holográfico de Leonard Susskind e Gerard 't Hooft, ou pela correspondência AdS/CFT relacionada, desenvolvida por Juan Maldacena. (Ambos princípios são discutidos no Capítulo 11.) Se esses princípios se aplicarem aos buracos negros, é possível que toda a informação dentro deles seja também codificada de alguma forma na área de sua superfície.

> **DICA**
>
> A controvérsia sobre o paradoxo da informação em buracos negros é descrita detalhadamente no livro de Susskind, de 2008, *The Black Hole War: My Battle with Stephen Hawking to Make the World Safe for Quantum Mechanics* [A Guerra do Buraco Negro: Minha Batalha com Stephen Hawking para Tornar o Mundo Seguro para a Mecânica Quântica, em tradução literal].

Outra abordagem ainda é observarmos o potencial multiverso. É possível que a informação que entra em um buraco negro seja, de alguma forma, passada deste universo para um universo paralelo. Analiso essa intrigante possibilidade no Capítulo 15.

A Evolução do Universo

Outras questões que os cientistas esperam que a teoria das cordas possa responder envolvem a forma como o Universo muda ao longo do tempo. Os cenários do mundo das branas descritos anteriormente neste livro oferecem algumas possibilidades, assim como os vários conceitos de um multiverso. Especificamente, os teóricos de cordas esperam compreender a razão para a crescente expansão do nosso Universo, como definido pela matéria e a energia escuras.

E continua inchando: Inflação eterna

Alguns cosmólogos trabalharam arduamente em uma teoria chamada *inflação eterna*, que contribui com a ideia de um vasto multiverso de universos possíveis, cada um com leis diferentes (ou soluções diferentes para a mesma lei, para ser preciso). Na inflação eterna, os universos insulares brotam e desaparecem em todo o Universo, gerados pelas mesmas flutuações quânticas da própria energia do vácuo. Isso é visto por muitos como mais uma prova do cenário da teoria das cordas e da aplicação do princípio antrópico.

A teoria da inflação diz que nosso Universo começou em uma colina (ou saliência) de potenciais energias de vácuo. O Universo começou a rolar rapidamente por essa colina — ou seja, ele começou a se expandir em um ritmo exponencial — até que chegamos a um vale de energia de vácuo. A pergunta que a inflação eterna tenta responder é: *por que começamos naquela colina?*

Aparentemente, o Universo começou com um ponto de partida aleatório sobre o espectro de energias possíveis, por isso é apenas sorte que estivéssemos na colina e, por sua vez, sorte que tenhamos passado pela quantidade certa de inflação para distribuir massa e energia da forma como são distribuídas.

Ou, alternativamente, há um vasto número de possibilidades, muitas das quais passam a existir, e só poderíamos existir naquelas que têm essa condição específica de partida. (Este é, essencialmente, o argumento antrópico).

Em qualquer dos casos, as partículas e forças do nosso Universo são determinadas pela localização inicial naquela colina e pelas leis da física que regem a forma como o Universo mudará ao longo do tempo.

Em 1977, Sidney Coleman e Frank De Luccia descreveram como as flutuações quânticas em um universo que continua inflando criam pequenas bolhas no tecido do espaço-tempo. Essas bolhas podem ser tratadas como pequenos universos por si só (veja o Capítulo 15). Por enquanto, o fundamental é que elas se formam.

O cosmólogo Andrei Linde tem sido o mais enérgico a argumentar que essa descoberta, em combinação com a teoria inflacionária de Alan Guth, exige uma inflação eterna — a criação de uma vasta população de universos, cada um com propriedades físicas levemente diferentes. A ele se juntou o próprio Guth e Alexander Vilenkin, que ajudou a elaborar os aspectos-chave da teoria.

LEMBRE-SE

O modelo de inflação eterna diz que esses *universos-bolha* (Guth prefere "universos de bolso", enquanto Susskind os chama "universos-ilha") surgem, obtendo de alguma forma leis físicas entre as possíveis ditadas pela paisagem da teoria das cordas (por alguns meios ainda desconhecidos). O universo-bolha sofre então uma inflação. Entretanto, o espaço à sua volta continua expandindo — e tão rapidamente que as informações sobre o universo-bolha inflacionário nunca poderão chegar a outro universo. O nosso próprio Universo é um desses universos-bolha, mas que encerrou seu período inflacionário há muito tempo.

A matéria e a energia escondidas

Dois mistérios do nosso Universo são a matéria e a energia escuras (o Capítulo 9 apresenta o básico sobre esses conceitos). A matéria escura é a matéria invisível que mantém as estrelas juntas em galáxias, enquanto a energia escura é a energia invisível de vácuo que empurra diferentes galáxias para mais longe umas das outras. A teoria das cordas sustém várias possibilidades para ambas.

Olhando a matéria escura pelas cordas

A teoria das cordas fornece uma candidata natural à matéria escura por meio das partículas supersimétricas, que são necessárias para fazer a teoria funcionar, mas que os cientistas nunca observaram. Alternativamente, é possível que a matéria escura resulte de alguma forma da influência gravitacional de branas próximas.

Provavelmente, a explicação mais simples da matéria escura seria um vasto mar de partículas supersimétricas residentes dentro das galáxias, mas não as podemos ver (presumivelmente devido a algumas propriedades desconhecidas dessas novas partículas). A supersimetria sugere que todas as partículas conhecidas pela ciência têm uma superparceira (veja o Capítulo 10 se precisar se recordar sobre a supersimetria). Os férmions têm superparceiros bosônicos, e os bósons têm superparceiros fermiônicos. De fato, um candidato popular para a matéria escura em falta é o fotino, o superparceiro do fóton.

Uma simulação por computador, relatada na revista *Nature* em novembro de 2008, oferece um meio possível de testar a ideia. A simulação, realizada pelo grupo internacional de pesquisas Virgo Consortium, sugere que a matéria escura no halo da galáxia da Via Láctea deveria produzir níveis detectáveis de raios gama. A simulação indica pelo menos uma direção para começarmos a procurar tais sinais reveladores.

Outro possível candidato à matéria escura vem dos vários cenários do mundo das branas. Embora os detalhes ainda precisem ser trabalhados, é possível que haja branas que se sobreponham às nossas próprias 3-branas.

Talvez onde temos galáxias existam objetos gravitacionais que se estendem a outras branas. Visto que a gravidade é a única força que pode interagir ao longo das branas, é possível que esses objetos hiperdimensionais criem uma gravidade adicional dentro das nossas próprias 3-branas.

Por fim, as teorias das cordas 4D discutidas no Capítulo 13 apresentam mais uma possibilidade, porque requerem não só uma supersimetria, mas um vasto número de famílias de partículas além das famílias de elétrons, múons e taus no nosso atual Modelo Padrão. Reduzir a teoria das cordas a quatro dimensões parece expandir grandemente o número de partículas que os físicos esperariam encontrar no Universo, e (se existirem) elas poderiam ser responsáveis pela matéria escura.

Olhando a energia escura pelas cordas

Ainda mais intrigante do que a matéria escura é a energia escura, uma energia positiva que parece permear todo o Universo e ser muito mais abundante do que qualquer uma das formas de matéria — mas também muito menos abundante do que os físicos pensam que *deveria* ser. Descobertas recentes na teoria das cordas permitiram que essa energia escura existisse dentro da teoria.

Embora a teoria das cordas ofereça algumas possibilidades para a matéria escura, ela tem menos explicações para a energia escura. Teoricamente, a energia escura deve ser explicada pelo valor da energia do vácuo na física das partículas, onde estas são continuamente criadas e destruídas. Tais flutuações quânticas crescem imensamente, levando a valores infinitos. (Explico no Capítulo 8 que, para evitar os valores infinitos na teoria do campo quântico, é utilizado o processo de renormalização, basicamente um arredondamento da quantidade para um valor não infinito. Isso não seria considerado um método favorável, exceto pelo fato de que funciona.)

Contudo, quando os físicos tentam utilizar seus métodos-padrão para calcular o valor da energia de vácuo, eles obtêm um valor que fica fora do valor experimental da energia escura por 10^{120}!

O valor real é incrivelmente pequeno, mas não totalmente zero. Embora a quantidade de energia escura no Universo seja vasta (de acordo com dados recentes, ela constitui cerca de 73% do Universo), sua intensidade é muito pequena — tão pequena que, até 1998, os cientistas presumiam que o valor era exatamente zero.

A existência de energia escura (ou uma constante cosmológica positiva, dependendo de como prefere ver) não elimina as muitas soluções da teoria das cordas relacionadas com diferentes leis físicas possíveis. O número de soluções que incluem a energia escura pode ser da ordem de 10^{500}. Essa energia escura reflete uma energia positiva incorporada no próprio tecido do Universo, provavelmente relacionada com a própria energia do vácuo.

Para alguns, o universo ecpirótico tem um benefício sobre o modelo inflacionário, pois oferece uma razão pela qual talvez possamos observar esse valor para a energia escura em nosso Universo: estamos nessa parte da fase cíclica. Em momentos do passado, a energia escura talvez tenha sido mais forte, e pode ser que seja menor no futuro. Para muitos outros, essa razão não é intelectualmente mais satisfatória do que a falta de uma razão em outros modelos cosmológicos. Ela ainda continua sendo uma coincidência acidental (ou uma aplicação do princípio antrópico, como discutido mais adiante neste capítulo).

Fora do universo ecpirótico, há pouca explicação para o que está acontecendo. O problema de compensar a energia de vácuo esperada por uma quantidade tão grande — suficiente para *quase* anulá-la, mas não totalmente — é visto por muitos físicos como hipotética demais para ser contemplada.

Muitos prefeririam recorrer ao princípio antrópico para explicar o caso. Outros veem isso como estender a bandeira branca de rendição, admitindo que a energia escura é um desafio difícil demais a ser resolvido.

O País Desconhecido: O Futuro do Cosmos

Na cosmologia, o passado e o futuro estão conectados, e a explicação de um está ligada à explicação do outro. Com o modelo do Big Bang em vigor, há basicamente três futuros possíveis para nosso Universo. Determinar as soluções para a teoria das cordas que se aplicam ao nosso Universo pode nos permitir determinar qual o futuro mais provável.

Um universo de gelo: O Grande Congelamento

Neste modelo do futuro do Universo, ele continua se expandindo para sempre. A energia se dissipa lentamente ao longo de um volume cada vez maior de espaço, e, por fim, o resultado é uma vasta extensão fria do espaço à medida que as estrelas morrem. O *Grande Congelamento* [*Big Freeze*] sempre teve algum grau de popularidade, tendo seu início na ascensão da termodinâmica nos anos 1800.

As leis da termodinâmica nos dizem que a entropia, ou a desordem, em um sistema sempre aumentará. Isso significa que o calor se espalhará. No contexto da cosmologia, isso significa que as estrelas morrerão e que sua energia irradiará para fora. Nessa "morte quente", o Universo se transforma em uma sopa estática de energia zero quase absoluto. O Universo como um todo atinge um estado de equilíbrio térmico, sendo que nada de interessante pode realmente acontecer.

Uma versão levemente diferente do modelo do grande congelamento se baseia na descoberta mais recente da energia escura. Neste caso, a gravidade repulsiva da energia escura fará com que os aglomerados de uma galáxia se distanciem uns dos outros ao mesmo tempo em que se aproximam, em menor escala, formando então uma grande galáxia.

Ao longo do tempo, o Universo será povoado por grandes galáxias que estarão extremamente afastadas umas das outras. Elas serão inóspitas à vida, e as outras galáxias estarão longe demais para serem sequer vistas. Essa variante, às vezes chamada de "morte fria", é outra forma pela qual o Universo poderia acabar sendo um deserto congelado. (É uma escala de tempo incrivelmente vasta, e os humanos provavelmente nem existirão mais. Portanto, não há necessidade de entrar em pânico.)

De ponto em ponto: O Big Crunch

Um modelo para o futuro do Universo é que sua densidade de massa é alta o suficiente para que a gravidade atrativa acabe dominando a gravidade repulsiva da energia escura. Nesse modelo de *Big Crunch* [*Grande Colapso*], o Universo se contrai novamente a um ponto microscópico de massa.

A ideia do Big Crunch era uma noção popular quando eu estava no colégio e lia ficção científica, mas com a descoberta da energia escura repulsiva, parece ter caído em desfavor. Como os físicos estão observando o aumento da taxa de expansão, é improvável que haja matéria suficiente para ultrapassá-la e puxar tudo de volta.

Um novo começo: O Grande Rebote

O modelo ecpirótico (veja a seção anterior "Um modelo cíclico do século XXI alimentado por branas: O Universo ecpirótico") traz o Big Crunch de volta, mas com um toque especial. Quando o colapso ocorre, o Universo passa mais uma vez por um período de Big Bang. Esse não é o único modelo que permite tal modelo cíclico de *Grande Rebote* [*Big Bounce*].

No modelo ecpirótico, o Universo passa por uma série de Big Bangs, seguidos de expansão e depois de um Big Crunch de contração. O ciclo se repete sem parar, presumivelmente sem qualquer início ou fim. Os modelos cíclicos do Universo não são originais, remontando não só à física dos anos 1930, mas também às religiões, tais como algumas interpretações do hinduísmo.

Acontece que a principal concorrente da teoria das cordas — a gravidade quântica em loop (explicada no Capítulo 18) — também pode apresentar um caso de Grande Rebote. O método da gravidade quântica em loop é *quantizar* (dividir em unidades discretas) o próprio espaço-tempo, e isso evita uma singularidade na formação do Universo, sendo então possível que o tempo se estenda de volta a antes do momento do Big Bang. Em tal caso, um cenário de Grande Rebote é provável.

Explorando um Universo Finamente Ajustado

Uma questão importante em cosmologia há anos tem sido o aparente ajuste fino visto em nosso Universo. Ele parece ter sido especialmente criado para permitir a vida. Uma das principais explicações para isso é o princípio antrópico, que muitos teóricos de cordas começaram a adotar recentemente. Muitos físicos ainda sentem que é um mau substituto para uma explicação sobre por que essas propriedades físicas precisam ter os valores que têm.

Para um físico, o Universo parece ter sido feito para a criação da vida. O astrônomo real britânico Martin Rees trouxe essa situação à tona em seu livro de 1999, *Just Six Numbers: The Deep Forces That Shape the Universe* [Apenas Seis Números: As Forças Profundas que Moldam o Universo, em tradução literal]. No livro, Rees aponta que existem muitos valores — a intensidade da energia escura, da gravidade, das forças eletromagnéticas e das energias atômicas de ligação, só para citar alguns — que resultariam, caso tivessem uma diferençazinha mínima, em um Universo inóspito à vida tal como a conhecemos. (Em alguns casos, o Universo teria entrado em colapso logo após a criação, resultando em um lugar inóspito para *qualquer* forma de vida.)

O objetivo da ciência sempre foi explicar por que a natureza precisa ter esses valores. A ideia foi certa vez apresentada pela famosa pergunta de Einstein: *Será que Deus teve escolha na criação do Universo?*

DICA

As posições religiosas de Einstein são complexas, mas o que ele quis dizer com essa questão, na verdade, foi algo mais científico do que religioso. Ou seja, ele estava questionando se havia uma razão fundamental — enterrada nas leis da natureza — pela qual o Universo acabou se tornando como é.

Durante anos, os cientistas procuraram explicar a forma como o Universo funcionava em termos de princípios fundamentais que ditam como ele se formou. Contudo, com a teoria das cordas (e a inflação eterna), esse mesmo processo resultou em respostas que implicam a existência de um vasto número de universos e inúmeras leis científicas, que poderiam ser aplicadas neles.

O maior sucesso do princípio antrópico é que ele forneceu uma das únicas previsões para uma constante cosmológica pequena, mas positiva, antes da descoberta da energia escura. Isso foi apresentado no livro *The Anthropic Cosmological Principle* [O Princípio Antrópico Cosmológico, em tradução literal], escrito por John D. Barrow e Frank J. Tipler em 1986, e parecia que os cosmólogos nos anos 1980 tinham pelo menos uma mente aberta sobre a possibilidade de usar o raciocínio antrópico.

O ganhador do prêmio Nobel Steven Weinberg apresentou o grande argumento em prol do raciocínio antrópico em 1987. Analisando os detalhes de como o Universo se formou, ele percebeu duas coisas:

» Se a constante cosmológica fosse negativa, o Universo entraria rapidamente em colapso.

» Se a constante cosmológica fosse ligeiramente maior do que o valor experimentalmente possível, a matéria teria sido afastada rápido demais para que as galáxias pudessem se formar.

Em outras palavras, Weinberg percebeu que, se os cientistas tivessem como base suas análises no que era necessário para tornar a vida possível, então a constante cosmológica não podia ser negativa e tinha de ser muito pequena. Não havia nenhuma razão, em sua análise, para que fosse exatamente zero. Pouco mais de uma década depois, os astrônomos descobriram a energia escura, que se enquadrava na constante cosmológica precisamente no intervalo especificado por Weinberg. Martin Rees recorreu a esse tipo de descoberta em sua explicação sobre como as leis do nosso Universo acabaram com valores tão finamente ajustados, incluindo a constante cosmológica.

No entanto, você pode se perguntar se há algo particularmente antrópico no raciocínio de Weinberg. Basta olhar à sua volta para perceber que o Universo não entrou em colapso e que as galáxias puderam se formar. Parece que tal argumento poderia ser feito apenas pela observação.

O problema é que os físicos procuram não só determinar as propriedades do nosso Universo, mas também explicá-las. Usar esse raciocínio para explicar o status especial do nosso Universo (ou seja, que ele nos contém) requer algo muito importante — um grande número de *outros* universos, a maioria dos quais tem propriedades que os tornam significativamente diferentes de nós.

Como analogia, considere que está dirigindo e o pneu fura. Se fosse a única pessoa com um pneu furado, talvez fosse tentado a explicar a razão pela qual você, dentre todas as pessoas do planeta, foi o único a se encontrar nessa situação. Ao saber que isso ocorre com muitas pessoas diariamente, não é necessária mais nenhuma explicação — o fato é que coincidentemente você estava em um dos muitos carros cujo pneu acabou furando.

Se existe apenas um Universo, então os números finamente ajustados que Rees e outros notaram são uma sucessão de eventos milagrosamente afortunada. Se há bilhões de universos, cada um com leis aleatórias dentre as centenas de bilhões (ou mais) de leis possíveis no cenário da teoria das cordas, então de vez em quando será criado um Universo como o nosso. Não é necessária qualquer outra explicação.

LEMBRE-SE

O problema com o princípio antrópico é que ele tende a ser um último recurso para os físicos. Os cientistas só recorrem ao princípio antrópico quando os métodos mais convencionais de argumentação deram errado, e, no instante em que conseguem arranjar uma explicação diferente, o abandonam.

Isso não quer dizer que os cientistas que aplicam o princípio antrópico não sejam sinceros. Aqueles que o adotam parecem acreditar que o vasto cenário da teoria das cordas — realizado em um multiverso de universos possíveis (veja o Capítulo 15) — pode ser utilizado para explicar as propriedades do nosso Universo.

> **NESTE CAPÍTULO**
>
> » Examinando os quatro tipos de universos paralelos
>
> » Usando buracos e túneis para espiar outros universos
>
> » Explicando nosso Universo pela nossa presença

Capítulo **15**

Universos Paralelos: Em Dois Lugares ao Mesmo Tempo?

A teoria das cordas e sua irmãzinha recém-nascida, a cosmologia das cordas, certamente nos dão possibilidades incríveis para o que poderia estar lá fora em nosso Universo, mas também nos dão possibilidades ainda mais espantosas sobre o que poderia estar *além* do nosso Universo, em outros universos que podem ou não ter nenhuma ligação com o nosso.

Neste capítulo, explico o que a ciência em geral, e a teoria das cordas em particular, têm para nos dizer sobre a possível existência de universos alternativos. Começo com uma discussão geral sobre os diferentes tipos de universos paralelos e depois analiso as características específicas de cada um. Também vemos rapidamente como a física quântica poderia eventualmente proporcionar uma forma para que seres inteligentes de um universo entrem em contato com outro universo. Por fim, o princípio antrópico aparece de novo, e explico como ele se relaciona com as ideias de universos paralelos.

Explorando o Multiverso:
Uma Teoria de Universos Paralelos

O *multiverso* é uma teoria na qual nosso Universo não é o único, sustentando que muitos universos existem paralelamente uns aos outros. Esses universos distintos dentro da teoria do multiverso são chamados *universos paralelos*. Inúmeras teorias adotam esse ponto de vista.

Para algumas teorias, há cópias de você sentado aí lendo este livro agora em outros universos e outras cópias fazendo outras coisas em outros universos. Outras teorias contêm universos paralelos que são tão radicalmente diferentes dos nossos que seguem leis fundamentais da física completamente diferentes (ou pelo menos as mesmas leis se manifestam de formas fundamentalmente diferentes), provavelmente entrando em colapso ou se expandindo tão rapidamente que a vida nunca se desenvolve.

Nem todos os físicos acreditam realmente que esses universos existam. Menos ainda acreditam que alguma vez seria possível contactá-los, provavelmente nem mesmo em toda a extensão da história do nosso Universo. Outros acreditam no adágio da física quântica de que, se for possível, isso está destinado a acontecer em algum lugar em determinado momento, o que significa que pode ser inevitável que os efeitos quânticos permitam o contato entre universos paralelos.

Para Max Tegmark, cosmólogo do MIT, há quatro níveis de universos paralelos:

» **Nível 1:** Um universo infinito que, pelas leis da probabilidade, deve conter outra cópia da Terra em algum lugar.

» **Nível 2:** Outras regiões distantes do espaço com parâmetros físicos diferentes, mas com as mesmas leis básicas.

» **Nível 3:** Outros universos nos quais cada possibilidade que pode existir de fato existe, como descrito pela interpretação dos muitos mundos (IMM) da física quântica.

» **Nível 4:** Universos totalmente distintos que podem nem mesmo estar conectados com o nosso de qualquer maneira significativa e que muito provavelmente têm leis físicas fundamentais completamente diferentes.

As próximas seções analisam esses níveis mais detalhadamente.

MULTIVERSOS NA RELIGIÃO E NA FILOSOFIA

A ideia de um multiverso físico veio mais tarde para a física do que em algumas outras áreas. A religião hindu tem conceitos antigos que são semelhantes. O termo em si foi, aparentemente, aplicado pela primeira vez por um psicólogo, e não por um físico.

Os conceitos de um multiverso são evidentes nos mundos cíclicos infinitos da antiga cosmologia hindu. Nesse ponto de vista, nosso mundo é apenas um de infinitos mundos distintos, cada um governado por seus próprios deuses em seus próprios ciclos de criação e destruição.

A palavra *multiverso* foi originada pelo psicólogo norte-americano William James em 1895 (a palavra "moral" é excluída de algumas citações desta passagem):

"A natureza visível é toda a plasticidade e indiferença, um multiverso [moral], como podemos denominá-lo, e não um universo [moral]."

O termo ganhou destaque ao longo do século XX, quando foi utilizado regularmente em ficção científica e fantasia, especialmente na obra do autor Michael Moorcock (embora algumas fontes atribuam a palavra à obra anterior do autor e filósofo John Cowper Powys, na década de 1950). É agora um termo comum dentro desses gêneros.

DICA

A abordagem de Tegmark é uma das únicas tentativas de categorizar de forma abrangente os conceitos de universos paralelos em um contexto científico (ou, como alguns veem, pseudocientífico). O texto completo de seu artigo de 2003 sobre o tema está disponível em inglês no site `space.mit.edu/home/tegmark/multiverse.pdf`, para aqueles que não acreditam que esses conceitos sejam científicos. (Podem não ser científicos, mas, se for esse o caso, então pelo menos são reflexões não científicas de um cientista.)

Nível 1: Se for longe o suficiente, voltará para casa

A ideia dos universos paralelos de Nível 1 diz basicamente que o espaço é tão grande que as regras de probabilidade implicam que, certamente, em algum outro lugar por aí, há outros planetas exatamente como a Terra. De fato, um universo infinito teria infinitos planetas, e em alguns deles, os eventos que se desenrolam seriam virtualmente idênticos aos da nossa própria Terra.

Não vemos esses outros universos pois nossa visão cósmica é limitada pela velocidade da luz — o limite máximo de velocidade. A luz começou a viajar no momento do Big Bang, há cerca de 14 bilhões de anos, e por isso não podemos ver mais do que cerca de 14 bilhões de anos-luz (um pouco mais longe, uma vez que o espaço está expandindo). Esse volume de espaço é chamado *volume de Hubble* e representa nosso Universo observável.

A existência dos universos paralelos de Nível 1 dependem de duas pressuposições:

> » O Universo é finito (ou quase).
>
> » Dentro de um Universo finito, todas as configurações possíveis de partículas em um volume de Hubble acontecem múltiplas vezes.

PLURALIDADE DE MUNDOS: TEMA POLÊMICO

A astronomia inicial deu certo apoio à existência de uma *pluralidade de mundos*, uma visão que era tão controversa que contribuiu para a morte de pelo menos um homem. A pluralidade de mundos, e os eventuais mundos paralelos, estavam enraizados nas ideias de um Universo infinito, assim como as ideias de universos paralelos apresentadas neste capítulo.

O filósofo italiano Giordano Bruno (1548-1600) foi executado por uma variedade de heresias contra a Igreja Católica. Embora Bruno fosse apoiador do sistema copernicano, suas crenças anormais foram muito além disso: ele acreditava em um universo eterno e infinito que continha uma pluralidade de mundos. Bruno argumentava que, como Deus era infinito, a sua criação seria igualmente infinita. Cada estrela era outro Sol, como o nosso, sobre o qual giravam outros mundos. Ele não achava que tais pontos de vista estavam em oposição às escrituras.

Em justiça à Igreja Católica, Bruno não foi executado apenas por acreditar em outros mundos. Sua lista de heresias era longa e variada, incluindo a negação da virgindade de Maria, a divindade de Cristo, a Trindade, a Encarnação e a doutrina católica da transubstanciação. Também acreditava na reencarnação e foi acusado de praticar magia. Isso não quer dizer que qualquer desses pontos de vista (ou todos) justificassem a morte, mas, considerando a época, seria difícil sair vivo de tais acusações.

Em 1686, o escritor francês Bernard le Bovier de Fontenelle escreveu *Conversas Sobre a Pluralidade dos Mundos*, que foi um dos primeiros livros a se dirigir ao público popular sobre temas científicos, sendo escrito em francês, e não em latim erudito. Na obra, ele explicou o modelo heliocêntrico copernicano do Universo e contemplou a vida extraterrestre. Embora outros pensadores iluministas — possivelmente até John Adams e Benjamin Franklin, de acordo com alguns — estivessem de acordo com tais pontos de vista, seriam necessários muitos anos até que a pluralidade de mundos se estendesse à pluralidade de universos.

Em 1871, o descontente político francês Louis Auguste Blanqui escreveu — enquanto estava na prisão — um livreto intitulado *A Eternidade pelos Astros: Hipóteses Astronômicas*, no qual ele dizia que um universo infinito teria de replicar o conjunto original de combinações um número infinito de vezes para preencher o espaço infinito. Esse é, até onde eu saiba, o primeiro indício da transição de "pluralidade de mundos" para "mundos paralelos" — cópias de você lendo este livro em outro planeta.

Em relação à primeira hipótese, a teoria da inflação prevê que o Universo é, na realidade, muito maior do que nosso volume de Hubble. Recordemos que a inflação eterna implica que universos estão constantemente sendo criados e destruídos por flutuações quânticas, o que significa que o espaço é de fato infinito sob a aplicação mais extrema dessa teoria.

As regiões criadas em um modelo de inflação eterna desencadeiam cada um dos conjuntos de condições iniciais, levando à segunda hipótese. Isso significa que há outra região do espaço que consiste em um volume de Hubble que tem exatamente as mesmas condições iniciais que nosso Universo. Se tiver exatamente as mesmas condições iniciais, então tal região evoluiria para um volume de Hubble que se assemelha exatamente ao nosso.

Se existem universos paralelos de Nível 1, é virtualmente (mas não inteiramente) impossível chegar a um. Por um lado, não saberíamos onde procurar um, porque, por definição, um universo paralelo de Nível 1 está tão distante que nenhuma mensagem pode chegar de nós para eles, ou deles para nós. (Lembre-se, só podemos receber mensagens dentro do nosso próprio volume de Hubble.)

Em teoria, contudo, poderíamos entrar em uma nave espacial que pode viajar quase à velocidade da luz, definir uma direção e partir. O tempo para nós seria lento, mas o Universo continuaria envelhecendo à medida que nos deslocamos por toda a extensão do Universo à procura de seu gêmeo. Com sorte, e se a energia escura for suficientemente fraca para que a gravidade acabe com a expansão cósmica, pode ser que cheguemos ao nosso planeta gêmeo.

Nível 2: Se for longe o suficiente, chegará ao país das maravilhas

Em um universo paralelo de Nível 2, as regiões do espaço continuam a passar por uma fase de inflação. Devido à fase de inflação contínua nesses universos, o espaço entre nós e os outros universos está literalmente se expandindo mais rapidamente do que a velocidade da luz — e são, portanto, completamente inalcançáveis.

Duas teorias possíveis apresentam razões para acreditarmos que podem existir universos paralelos de Nível 2: a inflação eterna e a teoria ecpirótica. Ambas foram apresentadas no Capítulo 14, mas agora podemos ver uma das consequências em ação.

Na inflação eterna, lembre-se de que as flutuações quânticas na energia do vácuo do Universo primitivo causaram a criação de universos-bolha em tudo quanto é canto, expandindo-se em suas fases de inflação a diferentes taxas. Presume-se que a condição inicial desses universos está em um nível máximo de energia, embora pelo menos uma variante, a *inflação caótica*, preveja que a condição inicial pode ser escolhida de forma caótica como qualquer nível de energia, que pode não ter um máximo, e os resultados serão os mesmos. (Veja mais informações no box "Caótica e eterna: Duas facetas da inflação".)

CAÓTICA E ETERNA: DUAS FACETAS DA INFLAÇÃO

As teorias da inflação eterna e da inflação caótica podem ser bastante confusas, como descobri ao escrever este livro. A maioria das pessoas, mesmo os físicos, as usa de forma bastante intercambiável. Esse é um excelente exemplo de como conceitos na vanguarda da ciência podem ficar confusos, mesmo entre diferentes especialistas da área.

Na inflação eterna, as flutuações quânticas na energia do vácuo resultam em "universos-bolha" (ou "universos de bolso" ou "universos-ilha"... a confusão de nomes nunca cessará?!). As possíveis energias que um tal universo poderia ter (chamado de *falso vácuo*) são representadas por um gráfico que se assemelha a uma cadeia de montanhas, que é frequentemente referida como uma *colina de energia*. O verdadeiro vácuo do nosso Universo é representado como um dos vales desse gráfico.

Em 1983, Paul Steinhardt e Alex Vilenkin apresentaram as ideias-chave da inflação eterna — que as flutuações quânticas podem causar o desencadeamento de novos ciclos inflacionários. A suposição na época era a de que cada novo ciclo de inflação começaria no topo da colina energética e, durante o ciclo inflacionário, avançaria para baixo em direção ao verdadeiro vácuo. O estado de energia do Universo está decaindo para um estado fundamental.

Em 1986, Andrei Linde escreveu um artigo chamado "Inflação Caótica", no qual salientava que esses universos podem ser criados em qualquer parte da colina energética, não necessariamente no pico. De fato, a colina em si pode nem sequer ter um pico; pode continuar para sempre! Ele mostrou, ainda, que a inflação caótica é também eterna, porque gera a criação contínua de novos universos-bolha.

Várias fontes fazem a inflação caótica soar como um tipo específico de teoria da inflação eterna. O artigo de 2003 de Max Tegmark utiliza a "inflação caótica" de uma forma que, para mim, parece mais com a inflação eterna. A Wikipédia tem um artigo sobre inflação caótica, identificando-a como uma "subclasse de inflação eterna", mas não tem nenhum artigo sobre inflação eterna em si!

Mas Vilenkin, em seu livro de 2006, *Many Worlds in One: The Search for Other Universes* [Muitos Mundos em Um: A Busca por Outros Universos, em tradução literal], diz de forma inflexível que a inflação caótica é uma teoria completamente diferente, parecendo um pouco frustrado por serem tão frequentemente intercambiadas, uma frustração que parece certamente justificada, a menos que seja Vilenkin que esteja aplicando o termo de forma imprecisa.

O tempo dirá a qual consenso os cosmólogos chegam sobre essa distinção entre inflação caótica e inflação eterna. Por ora, no entanto, é útil saber que a maioria dos modelos caóticos produzirá inflação eterna (mas não todos), e muitos modelos de inflação eterna não são caóticos.

As descobertas da inflação eterna significam que, quando a inflação começa, ela não produz apenas um universo, mas um número infinito de universos.

Neste momento, o único modelo não inflacionário que carrega qualquer tipo de peso é o modelo ecpirótico, tão novo que ainda é altamente especulativo. (Ironicamente, tanto o modelo de inflação eterna como o modelo ecpirótico foram parcialmente criados pelo cosmólogo Paul Steinhardt.)

DICA

No panorama da teoria ecpirótica, se o Universo é a região que resulta quando duas branas colidem, então elas podem realmente colidir em múltiplos locais. Considere agitar rapidamente um lençol para cima e para baixo sobre a superfície de uma cama. O lençol não toca na cama apenas em um local, mas em múltiplos. Se o lençol fosse uma brana, então cada ponto de colisão criaria seu próprio universo com suas próprias condições iniciais.

Não há razão para esperarmos que as branas colidam em um único local, por isso a teoria ecpirótica torna muito provável que existam outros universos em outros locais expandindo agora mesmo enquanto consideramos tal possibilidade.

LEMBRE-SE

Ou seja, a cosmologia moderna — independentemente de a inflação ou a ecpirótica serem verdadeiras — exige basicamente a existência de universos paralelos de Nível 2. (Algumas teorias cosmológicas alternativas apresentadas no Capítulo 19, como a cosmologia da velocidade variável da luz e a gravidade modificada, não têm essa exigência.)

Como nos universos de Nível 1, eles seriam criados com condições iniciais essencialmente aleatórias, o que, em média ao longo do infinito, sugere a existência de outros universos virtualmente (ou completamente) idênticos ao nosso. Esses novos universos são continuamente formados, então muitos (infinitamente muitos, de fato) ainda estão passando pela fase inflacionária da sua evolução.

Ao contrário de um universo de Nível 1, é possível que um universo de Nível 2 possa ter diferentes propriedades fundamentais, como um maior (ou menor) número de dimensões, um conjunto diferente de partículas elementares e de intensidades de forças fundamentais etc. Mas esses universos são criados pelas mesmas leis da física que criaram o nosso, apenas com parâmetros diferentes. Eles poderiam se comportar de forma bastante diferente da nossa, mas as leis que os governam seriam — a um nível muito fundamental — exatamente as mesmas.

Infelizmente, os universos de Nível 2 são praticamente impossíveis de alcançar. Não só existe um número infinito deles, como também um número infinito de universos inflando, o que significa que o espaço entre o nosso Universo e um universo paralelo está em expansão. Portanto, mesmo que pudéssemos nos mover à velocidade da luz (e não podemos), nunca conseguiríamos chegar a outro universo. O próprio espaço está inflando mais rapidamente do que podemos nos mover entre nosso Universo e outro universo de Nível 2.

Nível 3: Se ficar onde está, dará de cara com si mesmo

Um universo paralelo de nível 3 é uma consequência da interpretação de muitos mundos (IMM) da física quântica. Nessa interpretação, cada possibilidade quântica inerente à função de onda quântica se torna uma possibilidade real em alguma realidade. Quando a pessoa média (especialmente um fã de ficção científica) pensa em um "universo paralelo", está provavelmente pensando em universos paralelos de Nível 3.

A interpretação de muitos mundos foi apresentada por Hugh Everett III para explicar a função de onda quântica, a equação de Schrödinger. A equação de Schrödinger descreve como um sistema quântico evolui ao longo do tempo por meio de uma série de rotações em um *espaço de Hilbert* (um espaço abstrato com dimensões infinitas). A evolução da função de onda é chamada unitária. (*Unitariedade* significa basicamente que, se somarmos as probabilidades de todos os resultados possíveis, obtemos 1 como a soma delas.)

A interpretação tradicional de Copenhague sobre a física quântica presumiu que a função da onda colapsou em um estado específico, mas a teoria não apresentou nenhum mecanismo para quando ou como o colapso ocorre. Ele transformou a função de onda unitária — que contém todas as possibilidades — em um sistema não unitário, que ignora as possibilidades que nunca aconteceram.

Everett adotou uma tática semelhante à que foi adotada mais tarde pelos teóricos de cordas, presumindo que cada "dimensão" prevista matematicamente pela função das ondas (um número infinito delas) deve ser concretizada de alguma forma na realidade. Nessa teoria, todos os eventos quânticos resultam na ramificação de um universo em universos múltiplos, então a teoria unitária pode ser tratada de uma forma unitária (nenhuma possibilidade jamais desaparece).

Os universos paralelos de Nível 3 são diferentes dos outros apresentados porque ocorrem no mesmo espaço e tempo que o nosso próprio Universo, mas ainda não temos como acessá-los. Nunca tivemos e nunca teremos contato com nenhum universo de Nível 1 ou de Nível 2 (presumo), mas estamos em contato contínuo com universos de Nível 3 — cada momento da sua vida, cada decisão que toma, está causando uma divisão do seu eu "agora" em um número infinito de eus futuros, todos eles desconhecidos uns dos outros.

DICA

Embora falemos sobre "divisão" do universo, isso não é precisamente verdade (sob a IMM da física quântica). Sob um ponto de vista matemático, existe apenas uma função de onda, e ela evolui ao longo do tempo. As *sobreposições* de universos diferentes coexistem todas simultaneamente no mesmo espaço de infinitas dimensões de Hilbert. Esses universos separados e coexistentes interferem uns nos outros, produzindo os comportamentos quânticos bizarros, como os da experiência da fenda dupla no Capítulo 7.

HISTÓRIA ALTERNATIVA EM MUITOS MUNDOS

De todos os tipos de universos paralelos, os universos de Nível 3 captaram mais a imaginação da cultura popular, criando seu próprio gênero de ficção científica e fantasia: *História alternativa*. São histórias escritas com cenários baseados no nosso próprio Universo, mas com a suposição de que algum acontecimento histórico foi diferente, resultando em consequências diferentes daquelas em nosso próprio Universo. Podemos citar também o Universo Marvel e seus filmes. (Se não é fã de ficção científica, pense em *A Felicidade Não se Compra*.) Nesses universos ficcionais, é possível (e comum) que os visitantes de um universo possam interagir com um universo paralelo de Nível 3.

Obviamente, nesses universos fictícios, o autor (e o leitor) se preocupa com as diferenças macroscópicas, mas a interpretação de muitos mundos se aplica a todos os níveis. Se uma partícula decai, ou não, mundos diferentes representam esses acontecimentos. Ninguém observando seria capaz de distinguir as diferenças entre eles. No entanto, se observassem com um contador Geiger, que detecta o decaimento radioativo, a divisão quântica resultaria em mais divisões. O contador Geiger é acionado em um universo e não no outro. O cientista que detecta o decaimento reagiria de forma diferente, talvez, do que aquele que não o detecta. Portanto, em princípio, é assim que esses pequenos universos quânticos se tornam universos paralelos por si só.

Na ficção, os efeitos são geralmente mais dramáticos, como os estados do sul sendo os vencedores da Guerra Civil dos EUA ou o Império Bizantino nunca tendo caído (ambos explorados pelo autor de história alternativa Harry Turtledove, chamado de "Mestre da História Alternativa" por seus fãs).

Dos quatro tipos de universos, os universos paralelos de Nível 3 são os que têm menos a ver diretamente com a teoria das cordas.

Nível 4: Em algum lugar além do arco-íris há uma terra mágica

Um universo paralelo de Nível 4 é o lugar mais estranho (e a previsão mais controversa) de todos, porque seguiria leis matemáticas da natureza fundamentalmente diferentes daquelas de nosso Universo. Em suma, qualquer universo que os físicos possam desenvolver no papel existiria, com base no *princípio da democracia matemática*: qualquer universo que seja matematicamente possível tem a mesma probabilidade de realmente existir.

Os cientistas utilizam a matemática como sua principal ferramenta para expressar as teorias de como a natureza se comporta. De certa forma, a matemática que representa a teoria é a base da teoria, a coisa que realmente lhe dá substância.

Em 1960, o físico Eugene Wigner publicou um artigo com o título provocador "A Eficácia Irrazoável da Matemática nas Ciências Naturais", no qual salientou que é meio irrazoável que a matemática — uma construção puramente da mente — fosse tão boa para descrever as leis físicas. Ele foi ainda mais longe, supondo que tal eficácia representava um nível profundo de ligação entre a matemática e a física, e que, ao explorar a matemática, é possível descobrir formas de abordar as ciências de formas novas e inovadoras.

Mas as equações que funcionam tão bem para descrever nosso Universo são apenas um conjunto de equações. Certamente um universo poderia ser criado, como os físicos fizeram no papel, com apenas duas dimensões e não contendo matéria, o que não é nada além de espaço em expansão. Poderia haver um vasto espaço anti de De Sitter em contração logo ao lado.

Por que, então, observamos um conjunto específico de equações e de leis? Dito de outro modo, para usar a frase do cosmólogo britânico Stephen Hawking (de seu livro de 1988, *Uma Breve História do Tempo*), qual é a força que "dão vida nas equações" que governam nosso Universo?

Ao longo deste livro, exploramos conceitos que estão na vanguarda da física teórica — a teoria das cordas bosônicas, as várias teorias das supercordas, a correspondência AdS/CFT, os modelos de Randall-Sundrum —, mas que claramente não correspondem ao nosso próprio Universo. A maioria dos físicos deixa por isso mesmo, com o entendimento de que alguma "matemática pura" simplesmente não se aplica diretamente ao Universo físico em que vivemos. Contudo, de acordo com o princípio da democracia matemática, *tais universos existem em algum lugar*.

Nessa visão controversa, nossas equações não são as preferidas, mas, no multiverso, todas as equações que possibilitem a vida serão. Isso constitui o multiverso de Nível 4, um lugar tão vasto e estranho que mesmo os mais brilhantes entre nós só podem conceituá-lo com as ferramentas da matemática.

Acessando Outros Universos

Com os quatro tipos de universos paralelos descritos, é hora de vermos a parte divertida — se há alguma forma de chegar neles. Realisticamente, a resposta é provavelmente "não", mas essa não é a opção mais interessante, então as próximas seções analisam formas pelas quais alguns desses universos possam interagir com o nosso.

Uma história do hiperespaço

Para acessarmos um universo de nível 1, 2 ou 4, precisaríamos encontrar uma forma de percorrer uma distância incrivelmente grande em pouco tempo, tarefa essa dificultada ainda mais pelo limite de velocidade de Einstein — a velocidade da luz. Um dos únicos meios de fazermos isso seria usando dimensões espaciais extras — às vezes chamadas *hiperespaço* — para reduzir a distância.

Cadê essas dimensões extras mesmo?

Os modelos atuais da teoria das cordas postulam dez dimensões espaciais (mais uma dimensão temporal). Nosso Universo observado parece ter apenas três dimensões espaciais (mais a dimensão temporal). A teoria das cordas oferece duas possibilidades para as dimensões extras:

» As sete dimensões extras se estendem de uma 3-brana na qual reside nosso Universo.

» As sete dimensões extras estão compactificadas (provavelmente na ordem de grandeza do comprimento de Planck), enquanto nossas três dimensões espaciais não estão compactificadas. (Esse é o ponto de vista dominante da teoria das cordas.)

Você pode visualizar uma versão modificada da primeira possibilidade ao observar a Figura 15-1, que mostra um universo de pessoas que vivem em uma 2-brana. Uma terceira dimensão se estende a partir dessa brana.

FIGURA 15-1: É possível que haja dimensões além da nossa, que não podemos acessar.

Em teoria, poderia haver alguns meios para que os residentes da 2-brana saíssem dela e experimentassem a realidade tridimensional, como no romance clássico *Planolândia*. Por extensão, poderia haver um modo de as pessoas do nosso Universo saírem da nossa 3-brana e viajarem pelas dimensões extras.

Para a segunda possibilidade, as dimensões estão compactificadas a tamanhos tão pequenos que ninguém nunca as observou. Como vimos no Capítulo 11, algumas teorias recentes indicaram que essas dimensões poderiam ter o tamanho de uma fração visível de um milímetro, e os testes nesse sentido devem acontecer no Grande Colisor de Hádrons. Algumas ideias especulativas (nem sequer suficientemente desenvolvidas para serem chamadas teorias) dizem que essas dimensões compactificadas poderiam conter seus próprios universos.

A teoria das cordas também permite a possibilidade de algumas regiões do Universo apresentarem dimensões extras grandes, permitindo sua interação com as três dimensões atuais de forma significativa. Nenhum modelo sugere que isso esteja de fato acontecendo em nosso Universo, mas a teoria permite tal comportamento.

Buracos de minhoca: Escapando do espaço 3D

Mesmo antes da teoria das cordas, existia a ideia de que a geometria do Universo permitiria caminhos mais curtos entre dois pontos. Na ficção, isso pode ser visto em histórias como *Alice no País das Maravilhas*, de Lewis Carroll, e na ciência, pode ser visto nos buracos de minhoca, como ilustrado na Figura 1-4 do Capítulo 1.

O *buraco de minhoca* é um atalho para ir de um local em uma superfície para outro, assim como uma minhoca pode escavar através do centro de uma maçã para ir de uma superfície para outra (daí o nome). Esse conceito surge da teoria da relatividade geral de Einstein, proposta anos antes de a teoria das cordas ter sido concebida. Os buracos de minhoca tradicionais ligam diferentes regiões no mesmo universo e, como pode ver no Capítulo 16, foram explorados para muitos propósitos teóricos estranhos, apesar de ninguém saber ao certo se eles existem. (Assim, que mal faz adicionar mais um?!)

Do mesmo modo, é possível que, em um cenário de mundo das branas, estejamos de alguma forma tocando ou ligados a outra brana. Se elas se sobrepuserem, é concebível que haja uma forma de viajar do espaço de uma brana para o espaço de outra. (Essa não é a forma padrão de interação entre as múltiplas branas na teoria das cordas. Muito mais comuns são os cenários do mundo das branas do Capítulo 11, onde branas separadas hospedam partes diferentes da física do nosso Universo e depois interagem gravitacionalmente.)

É improvável que tal salto entre branas ocorresse apenas ao atravessarmos um espelho, mas algo tão poderoso como um buraco de minhoca poderia dar um jeito. É possível que um buraco de minhoca — geralmente conjecturado pela relatividade geral como existente dentro de buracos negros rotativos e sendo notoriamente instável — possa permitir que pedaços de matéria ou energia deslizem de um universo para outro universo paralelo. Se tais estranhos acontecimentos ocorressem em pontos nos quais diferentes branas se sobrepuseram no *espaço macro* [*bulk*] (que contém todas as branas), não fica claro se também poderiam fornecer uma forma de levar matéria e energia de uma brana para outra.

De fato, uma resolução possível para o paradoxo da informação em buracos negros que há muito tem sido considerada por alguns é a ideia de que a informação que entra em um buraco negro sai para um universo paralelo por meio de um buraco de minhoca no centro do buraco negro.

Tais ideias são obviamente muito especulativas, mas os modelos matemáticos demonstraram que é viável que algum tipo de buraco de minhoca

— se mantido aberto por uma forma de energia negativa — possa fornecer um meio de ligar diferentes porções de espaço.

Se for esse o caso, então os argumentos a favor de universos paralelos estão do nosso lado, porque, considerando um universo e tempo infinitos, tudo está destinado a acontecer em algum lugar. Em um universo onde existem universos paralelos, a viagem entre eles pode ser garantida.

Como a mecânica quântica pode nos levar daqui para lá

Outro processo para irmos de um universo para outro seria utilizar a propriedade de *tunelamento quântico*, em que uma partícula é autorizada a "saltar" de um local para outro através de uma barreira.

Como revela o Capítulo 7, o princípio da incerteza da física quântica significa que as partículas não têm uma localização definida, mas que tanto a localização como o momento de cada partícula estão ligados a uma espécie de "imprecisão". Quanto mais precisamente determinamos o local, mais impreciso é o momento, e vice-versa.

Esse princípio resulta em um estranho fenômeno, conhecido como tunelamento quântico e mostrado na Figura 15-2. Neste caso, existe algum tipo de barreira (geralmente uma barreira de potencial de energia) que a partícula não deveria ser capaz de atravessar normalmente. Mas o gráfico, que representa a probabilidade de a partícula estar em um determinado local, estende-se um pouco através da barreira.

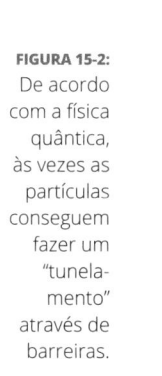

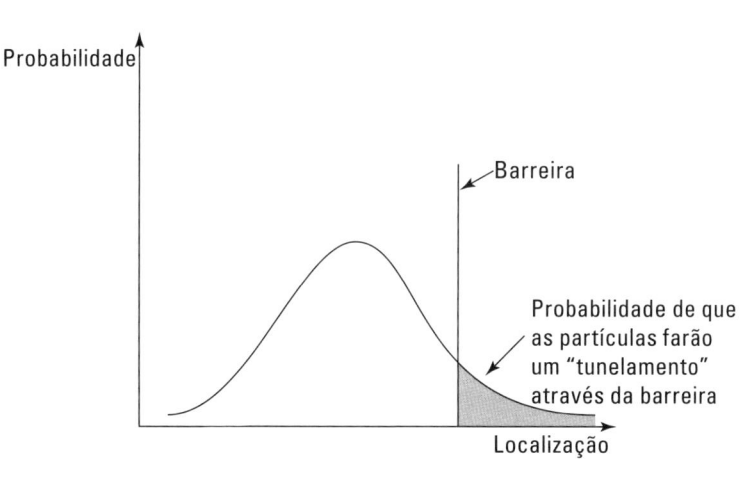

FIGURA 15-2: De acordo com a física quântica, às vezes as partículas conseguem fazer um "tunelamento" através de barreiras.

Em outras palavras, mesmo quando há uma barreira intransponível, existe uma *pequena* chance — segundo a mecânica quântica — de que uma partícula que deveria estar de um lado da barreira possa ir parar no outro lado. Esse comportamento foi confirmado por experiências.

CONSUMIDOS POR UNIVERSOS REBELDES

A suposição neste capítulo tem sido sobretudo a de que os universos separados descritos não interagem normalmente uns com os outros, mas algumas abordagens ao longo dos anos questionaram isso. Uma delas é um artigo de 2008 do periódico *Physics Review D* escrito por Eduardo Guendelman e Nobuyuki Sakai, no qual examinam a ideia de universos-bolha para ver se estes poderiam se expandir sem a necessidade de um Big Bang.

Para que as equações funcionassem, Guendelman e Sakai precisaram introduzir uma *energia fantasma* repulsiva, que é possivelmente semelhante à energia escura. Eles encontraram dois tipos de soluções estáveis:

- Um *universo-filho*, que está isolado do universo-pai (basicamente um universo dentro de um buraco negro).
- Um *universo rebelde*, que não está isolado do universo-pai.

Esse segundo tipo de universo é problemático, porque, ao iniciar seu ciclo de inflação, ele devora o espaço-tempo do universo-pai. O universo-pai é varrido à medida que o universo rebelde se expande em seu lugar — e isso acontecerá mais rápido que a velocidade da luz, assim, não há nenhum aviso.

Felizmente, não há provas de que essa energia fantasma exista realmente, ou, se existir, é possível que seja sob a forma da energia escura (ou energia de inflação), o que significa que nós próprios podemos ser um desses universos rebeldes. À medida que nosso Universo se expande, pode estar devorando algum outro universo maior!

Isso fornece um meio que, *em teoria*, poderia ser utilizado para acessarmos um universo paralelo. Alguns cosmólogos sugeriram que foi exatamente esse mecanismo físico que iniciou a nossa própria expansão como um universo.

A ideia de um tunelamento quântico é fundamental para o funcionamento dos microscópios eletrônicos de tunelamento, que permitem aos cientistas observar objetos com detalhes incrivelmente minuciosos.

No entanto, as partículas só podem passar de um estado de energia superior para um estado de energia inferior, assim, há alguns limites sobre como isso poderia ser utilizado, e a ideia de usar isso para acessarmos outro universo de forma controlada está muito além da tecnologia atual (ou mesmo da teoria atual).

Mas, para uma civilização suficientemente avançada, que tem uma teoria que explica completamente todos os aspectos da física e a capacidade de utilizar grandes quantidades de energia, esse tipo de ideia pode ser um meio possível de chegar a outro universo.

> **NESTE CAPÍTULO**
>
> » Viajando no tempo: Os cientistas ainda tentam entender por que fazemos isso
>
> » Enganando o tempo com a relatividade
>
> » Precisa de mais tempo? Considere uma segunda dimensão temporal
>
> » Paradoxos lógicos: A parte divertida da viagem no tempo

Capítulo **16**

Tem Tempo? A Noite É uma Criança

Um dos conceitos mais fascinantes da ficção científica é a ideia de viajar para a frente ou para trás no tempo, como na história clássica de H. G. Wells, *A Máquina do Tempo*. Os cientistas ainda não conseguiram construir uma máquina do tempo, mas alguns físicos acreditam que um dia isso será possível — e alguns (provavelmente a maioria) acreditam que *nunca* será possível.

As viagens no tempo existem na física devido a possíveis soluções para a teoria da relatividade geral de Einstein, resultando principalmente em singularidades. Essas singularidades seriam eliminadas pela teoria das cordas, assim, em um universo onde a teoria das cordas dita as leis do universo, a viagem no tempo provavelmente não será permitida — um resultado que muitos físicos consideram bastante favorável à alternativa (embora muito menos interessante).

Neste capítulo, exploro a noção de tempo e nossa viagem através dele — tanto no método normal, cotidiano, como em métodos mais incomuns e especulativos. Discuto o significado científico do tempo, tanto em termos clássicos como sob o ponto de vista da relatividade especial. Um método possível de viagem no tempo envolve a utilização de cordas cósmicas. Há uma possibilidade, que exploro, de que possa haver mais do que uma dimensão temporal. Explico também um cenário para criar uma máquina do tempo fisicamente plausível (embora provavelmente impossível) usando buracos de minhoca. Por fim, analiso alguns dos diferentes paradoxos lógicos envolvidos nas viagens no tempo.

Mecânica Temporal Básica: Como o Tempo Voa

Nós nos movemos pelo tempo todos os dias, e a maioria de nós nem sequer pensa em como isso é fascinante. Os cientistas que analisaram isso se depararam constantemente com problemas para descobrir exatamente o significado do tempo, pois é um conceito muito abstrato. É algo com que estamos intimamente familiarizados, mas tão familiarizados que quase nunca precisamos analisá-lo de uma forma significativa.

Ao longo dos anos, nossa visão do tempo — tanto individualmente como sob o ponto de vista científico — mudou drasticamente, de uma intuição sobre a passagem dos acontecimentos para um componente fundamental da geometria matemática que descreve o Universo.

A seta do tempo: Passagem só de ida

Os físicos se referem ao movimento de sentido único através do tempo (para o futuro e nunca para o passado) com o termo "seta do tempo", usada pela primeira vez por Arthur Eddington (o cara que ajudou a confirmar a relatividade geral) em seu livro *The Nature of the Physical World* [A Natureza do Mundo Físico, em tradução literal], de 1928. A primeira nota que ele faz é que "a seta do tempo" aponta em um sentido, em oposição aos sentidos no espaço, onde podemos nos reorientar conforme necessário. Em seguida, ele destaca três ideias fundamentais sobre ela:

» A consciência humana reconhece inerentemente a direção do tempo.

» Mesmo sem memória, o mundo só faz sentido se a seta do tempo apontar para o futuro.

» Na física, o único lugar em que o sentido do tempo aparece é no comportamento de um grande número de partículas, na forma da segunda lei da termodinâmica. (Veja o box "Assimetrias do tempo" para obter um esclarecimento sobre as exceções disso.)

O reconhecimento consciente do tempo é a primeira (e mais significativa) prova que qualquer um de nós tem sobre o sentido em que viajamos no tempo. Nossa mente (juntamente com o resto de nós) "se move" sequencialmente em uma direção através do tempo, e definitivamente não na outra. As vias neurais formam-se em nosso cérebro, que retém esse registro de acontecimentos. Na nossa mente, o passado e o futuro são distintamente diferentes. O passado é estático e imutável, mas o futuro é totalmente indeterminado (pelo menos até onde nosso cérebro sabe).

Como Eddington salientou, mesmo sem retermos qualquer tipo de memória, a lógica ditaria que o passado deve ter acontecido antes do futuro. Isso é provavelmente verdade, embora a possibilidade de conceitualizar um Universo em que o tempo fluiu do futuro para o passado seja uma questão que está aberta a debate.

Por fim, no entanto, chegamos à física da situação: a segunda lei da termodinâmica. De acordo com ela, à medida que o tempo avança, nenhum *sistema fechado* (ou seja, um sistema que não esteja ganhando energia de fora do sistema) pode perder a *entropia* (desordem) à medida que o tempo avança. Quer dizer, à medida que o tempo avança, não é possível que um sistema fechado fique mais organizado.

DICA

Intuitivamente, esse é certamente o caso. Se observarmos uma casa abandonada, ela ficará mais desorganizada com o tempo. Para que fique mais arrumada, deve haver a introdução de trabalho vindo de fora do sistema. Alguém precisa cortar a grama, limpar as calhas, pintar as paredes, e assim por diante. (Essa analogia não é perfeita, porque mesmo a casa abandonada recebe energia e influência do exterior — luz solar, animais, chuva etc. — mas você entendeu a ideia.)

LEMBRE-SE

Na física, a seta do tempo é o sentido em que a entropia (desordem) aumenta. É o sentido do decaimento.

Estranhamente, essas mesmas ideias (as mesmas em espírito, embora não científicas) datam das *Confissões* de Santo Agostinho de Hipona, escritas em 400 EC, onde ele disse:

> "Que é, pois, o tempo? Se ninguém me pergunta, eu sei; mas se quiser explicar a quem indaga, já não sei. Contudo, afirmo com certeza e sei que, se nada passasse, não haveria tempo passado; que, se não houvesse os acontecimentos, não haveria tempo futuro; e que, se nada existisse agora, não haveria tempo presente."

O que Agostinho está destacando aqui é o problema inerente à explicação da natureza escorregadia do tempo. Sabemos exatamente o que é o tempo — de fato, somos incapazes de *não* compreender como ele flui em nossa própria vida — mas quando tentamos defini-lo em termos precisos, ele nos elude. Agostinho diz que "se nada passasse, não haveria tempo", o que poderia, de certa forma, descrever como a segunda lei da termodinâmica define a seta do tempo. Sabemos que o tempo passa porque as coisas mudam de determinada maneira à medida que ele passa.

ASSIMETRIAS DO TEMPO

A terceira observação de Arthur Eddington sobre a seta do tempo indica que as leis físicas realmente ignoram o sentido do tempo, exceto a segunda lei da termodinâmica. Isso significa que, se pegarmos o tempo *t* em qualquer equação física e substituí-lo por um tempo –*t*, e depois efetuarmos os cálculos para descrever o que está acontecendo, acabaremos com um resultado que faz sentido.

Para a gravidade, o eletromagnetismo e a força nuclear forte, mudar o sinal na variável tempo (chamada *simetria T*) permite que as leis da física funcionem perfeitamente bem. Em alguns casos especiais relacionados com a força nuclear fraca, não é bem esse o caso.

Na realidade, existe um tipo maior de simetria, chamada *simetria CPT*, que é sempre preservada. O C significa *simetria de conjugação de carga*, o que significa que as cargas positivas e negativas mudam. O P representa a *simetria de paridade*, que envolve basicamente a substituição de uma partícula por uma imagem completa espelhada — uma partícula que foi virada através das três dimensões espaciais. (A simetria de CPT é uma propriedade da teoria quântica em nosso espaço-tempo 4D, então no momento estamos ignorando as outras seis dimensões propostas pela teoria das cordas.)

O fato é que parece que a simetria CPT total é preservada na natureza. (Esse é um dos poucos casos em que não há quebra da simetria no nosso Universo.) Quer dizer, uma imagem espelhada *exata* do nosso Universo — com toda a matéria trocada por antimatéria, refletida em todas as direções espaciais e viajando para trás no tempo — obedeceria a leis físicas idênticas às do nosso próprio Universo de todas as formas concebíveis.

Se a simetria CP for violada, então deve haver uma quebra correspondente na simetria T, para que a simetria CPT total seja preservada. De fato, os poucos processos que violam a simetria T chamam-se *violações de CP* (porque são mais fáceis de testar do que uma violação na simetria de inversão de tempo).

Relatividade, linhas-mundo e folhas-mundo: Movendo-se pelo espaço-tempo

Para entendermos como funcionam as viagens no tempo dentro da teoria das cordas, precisamos compreender totalmente como o tecido do espaço-tempo se comporta dentro da teoria. Até agora, a teoria das cordas ainda não descobriu isso exatamente.

Na relatividade geral, o movimento dos objetos através do espaço-tempo é descrito por uma linha-mundo [ou linha de universo]. Na teoria das cordas, os cientistas falam de cordas (e branas) que criam *folhas-mundo* inteiras à medida que se movem pelo espaço-tempo.

As linhas-mundo foram originalmente concebidas por Hermann Minkowski quando criou os diagramas de Minkowski, mostrados no Capítulo 6. Diagramas semelhantes retornam sob a forma de diagramas de Feynman (ver Capítulo 8), que demonstram as linhas-mundo de partículas à medida que interagem umas com as outras por meio da troca de bósons de gauge.

Na teoria das cordas, em vez das linhas retas de mundo das partículas pontuais, é o movimento das cordas através do espaço-tempo que interessa aos cientistas, como mostra o lado direito da Figura 16-1.

DICA

Perceba que no diagrama original de Feynman, mostrado à esquerda da Figura 16-1, há pontos nítidos onde as linhas-mundo intersectam (representando o ponto onde as partículas interagem). Na folha-mundo, a corda virtual trocada entre as duas cordas originais cria uma curva lisa que não tem pontos nítidos. Isso equivale ao fato de a teoria das cordas não conter infinitos na descrição dessa interação, contrário à pura teoria dos campos quânticos. (A remoção dos infinitos na teoria dos campos quânticos requer renormalização.)

FIGURA 16-1: Em vez de uma linha-mundo (esquerda), a corda cria uma folha-mundo (direita) quando se move pelo espaço.

LEMBRE-SE

Um problema tanto com a teoria quântica de campo como com a teoria das cordas é que são construídas de uma forma que as coloca dentro do sistema de coordenadas espaço-tempo. A relatividade geral, por outro lado, retrata um Universo em que o espaço-tempo é dinâmico. Os teóricos de cordas esperam que a teoria das cordas resolva esse conflito entre a teoria quântica de campo, dependente do fundo, e a relatividade geral, independente do fundo, de modo que futuramente o espaço-tempo dinâmico seja derivado da teoria das cordas. Uma crítica (como discutida no Capítulo 17) é que a teoria das cordas ainda é, neste momento, dependente do fundo.

A teoria concorrente, a gravidade quântica em loop, incorpora o espaço na teoria, mas ainda está organizada sobre um fundo de coordenadas temporais. A gravidade quântica em loop é abordada com mais detalhes no Capítulo 18.

A conjectura de proteção cronológica de Hawking: Tire o cavalinho da chuva

O conceito de viagem no tempo está muitas vezes ligado intimamente aos infinitos na curvatura do espaço-tempo, como dentro dos buracos negros. De fato, as descobertas de viagens no tempo matematicamente possíveis foram encontradas nas equações da relatividade geral que contêm uma curvatura espaço-tempo extrema. Stephen Hawking, um dos mais renomados especialistas na análise da curvatura do espaço-tempo, acreditava que a viagem no tempo é impossível e propôs uma *conjectura de proteção cronológica*, segundo a qual deve existir algum mecanismo para impedir as viagens no tempo.

Quando os buracos negros foram inicialmente propostos como soluções para as equações de campo de Einstein, nem ele nem Eddington acreditaram que fossem reais. Em um discurso na Sociedade Astronômica Real, Eddington disse sobre a formação de buracos negros: "Penso que deveria haver uma lei da natureza para impedir uma estrela de se comportar dessa forma absurda!"

Embora Hawking estivesse certamente à vontade com a ideia de buracos negros, era contra a ideia de viagem no tempo. Ele propôs sua conjectura de proteção cronológica, na qual afirma que deve haver algo no Universo que impeça as viagens no tempo.

O colaborador eventual de Hawking, o físico de Oxford Roger Penrose, fez a afirmação muito mais cautelosa de que todas as singularidades estariam protegidas por um horizonte de eventos, o que as protegeria da interação direta com nosso espaço-tempo normal, conhecido como a *conjectura da censura cósmica*. Isso também potencialmente impediria que muitas formas de viagens no tempo fossem acessíveis ao Universo em geral.

Uma das principais razões pelas quais as viagens no tempo causam tantos problemas à física (e devem, portanto, ser proibidas, de acordo com Einstein e Hawking) é que poderíamos criar uma forma de gerar quantidades infinitas de energia. Digamos que você tenha um portal para o passado e que lançou um feixe de laser nele. Você prepara espelhos para que a luz que sai do portal seja desviada de volta para dentro de novo, em conjunto com o feixe original que preparou.

Agora a intensidade total da luz que sai do portal (no passado) seria (ou teria sido) o dobro da luz do laser original entrando. A luz do laser é enviada de volta através do portal, produzindo um resultado de quatro vezes mais luz do que a originalmente transmitida. O processo poderia ser continuado, resultando literalmente em uma quantidade infinita de energia criada instantaneamente.

Obviamente, tal situação é apenas um dos muitos exemplos que levam os físicos a duvidar da possibilidade de viagem no tempo (com algumas notáveis exceções, que abordo ao longo deste capítulo). Se fosse possível viajar no tempo, então o poder preditivo da física se perderia, porque as condições iniciais já não seriam dignas de confiança! As previsões baseadas nessas condições seriam, portanto, completamente insignificantes.

Parando o Tempo com a Relatividade

Na física, a viagem no tempo está intimamente ligada à teoria da relatividade de Einstein, que permite que o movimento no espaço altere o fluxo do tempo. Esse efeito é conhecido como *dilatação do tempo* e foi uma das primeiras previsões da relatividade. Esse tipo de viagem no tempo é completamente permitido pelas leis conhecidas da física, mas só permite viajar para o futuro, não para o passado.

Nesta seção, exploro os casos especiais na relatividade que sugerem que a viagem no tempo — ou pelo menos o movimento alterado ao longo do tempo — pode ser de fato possível. Pule para a seção "Relatividade Geral e Buracos de Minhoca: Portas no Espaço e no Tempo" para ver mais informações sobre como a teoria da relatividade geral se relaciona com potenciais viagens no tempo.

DICA

A dilatação do tempo e os horizontes de eventos de buracos negros, ambos explicados nas próximas seções, fornecem maneiras intrigantes de prolongar a vida humana, e na ficção científica há tempos eles suprem os meios para permitir que os humanos vivam tempo suficiente para viajar de estrela em estrela. (Veja mais informações sobre isso no box "A ficção científica do tempo".)

Dilatação do tempo: Às vezes até os melhores relógios ficam atrasados

O caso mais evidente do tempo agindo de forma estranha na relatividade, e que foi verificado experimentalmente, é o conceito de dilatação do tempo sob a relatividade especial. A *dilatação do tempo* é a ideia de que, à medida que nos movemos pelo espaço, o tempo próprio é medido de forma diferente para o objeto em movimento do que para o objeto que está parado. Para o movimento que está próximo da velocidade da luz, esse efeito é perceptível e permite uma forma de viajar para o futuro mais rapidamente do que normalmente fazemos.

Uma experiência que confirma esse estranho comportamento é baseada em partículas instáveis, píons e múons. Os físicos sabem a que velocidade as partículas decairiam se estivessem paradas, mas, quando bombardeiam a Terra sob a forma de raios cósmicos, estão se movendo muito rápido. Suas taxas de decaimento não correspondem às previsões, mas se aplicarmos uma relatividade especial e considerarmos o tempo sob o ponto de vista da partícula, o tempo sai como esperado.

De fato, a dilatação do tempo é confirmada por uma série de experiências. Nas experiências de Hafele-Keating em 1971, relógios atômicos (que são *muito* precisos) foram levados em aviões que viajavam em sentidos opostos. As diferenças de tempo mostradas nos relógios, como resultado do seu movimento relativo, corresponderam precisamente às previsões da relatividade. Além disso, os satélites do sistema de posicionamento global (GPS) precisam compensar essa dilatação temporal para funcionar corretamente. Portanto, a dilatação do tempo está em terreno científico muito sólido.

DICA

A dilatação do tempo leva a uma forma popular de viagem no tempo. Se você entrasse em uma nave espacial que viajasse muito rapidamente para longe da Terra, o tempo dentro da nave diminuiria em comparação com o tempo na Terra. Você poderia dar um pulo em uma estrela próxima e regressar à Terra quase à velocidade da luz, e alguns anos teriam passado na Terra, enquanto possivelmente apenas algumas semanas ou meses passariam para você, dependendo da sua velocidade e da distância da estrela.

O maior problema com isso é como acelerar uma nave até essas velocidades. Cientistas e autores de ficção científica fizeram várias propostas para tais dispositivos, mas todos estão bem fora do alcance do que poderíamos construir hoje ou em um futuro próximo.

LEMBRE-SE

À medida que aceleramos um objeto a altas velocidades, sua massa também aumenta, o que significa que precisamos de cada vez mais energia para continuar a acelerá-lo. Essa fórmula de aumento de massa é semelhante à fórmula que descreve a dilatação do tempo, o que dificulta extremamente a obtenção de níveis significativos de dilatação temporal.

A questão é, no entanto, quanta dilatação do tempo é realmente necessária, especialmente para viagens dentro de apenas alguns anos-luz da Terra. Um estranho subproduto potencial dessa forma de viagem no tempo é descrito no final deste capítulo, na seção intitulada "O paradoxo dos gêmeos".

Horizonte de eventos em buracos negros: Mais devagar que em câmara lenta

Outro caso em que o tempo fica mais lento, dessa vez na relatividade geral, envolve buracos negros. Recorde-se que um buraco negro dobra o próprio espaço-tempo, a ponto de nem a luz conseguir escapar. Tal curvatura do espaço-tempo significa que, à medida que nos aproximamos de um buraco negro, o tempo fica mais lento para nós em relação ao mundo exterior.

Se você se aproximasse do buraco negro e eu estivesse muito longe observando (e pudesse de alguma forma observar "instantaneamente", sem me preocupar com a defasagem da velocidade da luz), eu o veria se aproximar do buraco negro, diminuir e por fim parar, pairando fora dele. Através da janela da sua nave espacial, para mim você estaria sentado totalmente imóvel.

Você, por outro lado, não notaria nada em particular — pelo menos até que a intensa gravidade do buraco negro o matasse. Mas, até lá, certamente não "sentiria" que o tempo se movia de forma diferente. Não faria ideia de que, ao passar o horizonte de eventos do buraco negro (que possivelmente nem notaria), milhares de anos passariam fora do buraco negro.

Como verá na próxima seção, alguns acreditam que os buracos negros também podem, de fato, fornecer um meio para formas mais impressionantes de viagem no tempo.

Relatividade Geral e Buracos de Minhoca: Portas no Espaço e no Tempo

Na relatividade geral, o tecido do espaço-tempo pode ocasionalmente permitir linhas de mundo que criam uma *curva do tipo tempo fechado*, que é o termo da relatividade para viagens no tempo. O próprio Einstein explorou esses conceitos ao desenvolver a relatividade geral, mas nunca fez grandes progressos com eles. Nos anos seguintes, foram descobertas soluções que permitem as viagens no tempo.

A primeira aplicação da relatividade geral às viagens no tempo foi feita pelo físico escocês W. J. van Stockum, em 1937. Ele imaginou (em forma matemática, porque é assim que os físicos imaginam as coisas) um cilindro rotativo infinitamente longo e extremamente denso, como um poste de barbearia [*Barber Pole*] sem fim. Acontece que, neste caso, o cilindro denso arrasta efetivamente o espaço-tempo com ele, criando um redemoinho de espaço-tempo.

LEMBRE-SE

Tal redemoinho é um exemplo do fenômeno chamado *arrasto de referenciais*. Ele ocorre quando um objeto "arrasta" o espaço (e o tempo) consigo. A justificativa para isso, além da dobra normal do espaço-tempo devido à gravidade, é também pelo movimento de objetos incrivelmente densos no espaço, como estrelas de nêutrons. É semelhante à forma como uma batedeira elétrica faz girar a massa circundante de bolo. O efeito é frequentemente explorado para serem encontradas soluções de viagem no tempo.

Na situação de van Stockum, poderíamos voar até o cilindro em uma nave espacial, definir uma rota em torno dele e chegar a um ponto no tempo antes de chegar ao cilindro. Quer dizer, podemos viajar para o passado ao longo de uma curva do tipo tempo fechado. (Se não conseguir imaginar esse caminho, não se sinta mal. O caminho está em quatro dimensões, afinal, e resulta em retroceder no tempo, então é claramente algo ao qual nosso cérebro não evoluiu para imaginar.)

Outra teoria sobre viagens no tempo foi proposta em 1949 pelo colega e amigo de Einstein no Instituto de Estudos Avançados da Universidade de Princeton, o matemático Kurt Gödel. Ele considerou a situação em que todo o espaço — o próprio Universo inteiro — estava de fato em rotação. Talvez se pergunte como saberíamos, se *tudo* está em rotação. Bem, acontece que, se o Universo estivesse em rotação, de acordo com a relatividade geral, então veríamos os feixes de laser se curvando levemente à medida que se movem pelo espaço (além da lente gravitacional normal, onde a gravidade curva os feixes de luz).

A solução a que Gödel chegou foi perturbadora, pois permitiu a viagem no tempo. Era possível criar um caminho em um Universo em rotação que terminava antes de começar. No universo rotativo de Gödel, o próprio Universo podia funcionar como uma máquina do tempo.

DICA Até o momento, os físicos não encontraram nenhuma prova conclusiva de que nosso Universo esteja em rotação. Na verdade, as evidências em contrário são esmagadoras. Mas, mesmo que o Universo como um todo não gire, os objetos que nele se encontram certamente o fazem.

Pegando um atalho pelo espaço e tempo com um buraco de minhoca

Em uma solução chamada *ponte de Einstein-Rosen* (mostrada na Figura 16-2 e mais comumente chamada de *buraco de minhoca*), dois pontos no espaço-tempo poderiam ser ligados por um caminho encurtado. Em alguns casos especiais, um buraco de minhoca pode realmente permitir a viagem no tempo. Em vez de ligar diferentes regiões do espaço, ele poderia ligar diferentes regiões do tempo!

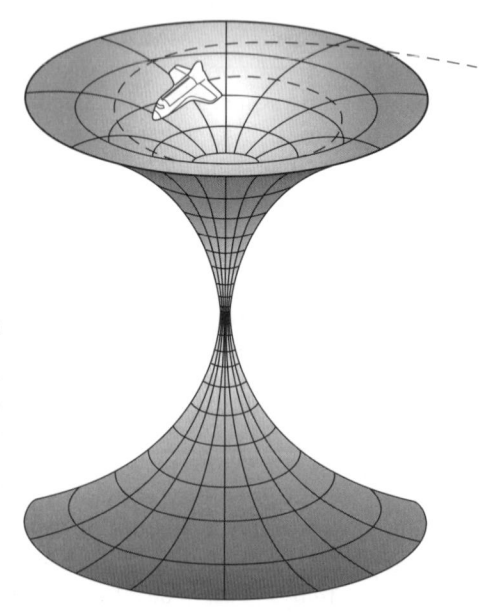

FIGURA 16-2: Viajar para dentro de um buraco de minhoca pode levá-lo de um local no espaço-tempo para outro.

Os buracos de minhoca foram estudados por Albert Einstein e seu aluno Nathan Rosen em 1935. (Ludwig Flamm os tinha proposto pela primeira vez em 1916.) Nesse modelo, a singularidade no centro de um buraco negro está ligada a outra singularidade, o que resulta em um objeto teórico chamado *buraco branco*.

> **DICA**
>
> Enquanto o buraco negro atrai matéria para dentro de si, um buraco branco cospe matéria para fora. Matematicamente, o buraco branco é um buraco negro invertido no tempo. Como ninguém nunca testemunhou um buraco branco, é provável que não existam, mas são permitidos pelas equações da relatividade geral e ainda não foram completamente descartados.

Um objeto que caísse em um buraco negro poderia viajar através do buraco de minhoca e sair pelo buraco branco do outro lado em outra região do espaço. Einstein mostrou que havia duas falhas ao utilizar um buraco de minhoca para viajar no tempo:

» Um buraco de minhoca é tão instável que colapsaria sobre si mesmo quase instantaneamente.

» Qualquer objeto que entrasse em um buraco negro seria esmagado pela intensa força gravitacional dentro dele e nunca chegaria ao outro lado.

Depois, em 1963, o matemático neozelandês Roy Kerr calculou uma solução exata para as equações de campo de Einstein representando um *buraco negro de Kerr*. A característica especial de um buraco negro de Kerr é que ele gira. Até onde os cientistas sabem, *todos* os objetos do Universo estão em rotação, incluindo as estrelas, então, quando elas caem em um buraco negro, é provável que também girem.

Na solução de Kerr, é realmente possível viajar através do buraco negro em rotação e escapar da singularidade no centro, saindo pelo outro lado. O problema é que, mais uma vez, o buraco negro provavelmente colapsaria à medida que o atravessa. (Abordo esse problema na seção seguinte.)

Presumindo que os físicos conseguissem que um buraco de minhoca fosse suficientemente grande e estável para passarmos por ele, provavelmente a máquina do tempo mais simples que poderia usar tal método seria aquela que foi teorizada por Kip Thorne, do Instituto de Tecnologia da Califórnia. Considere um buraco de minhoca com as seguintes características:

» Uma saída do buraco de minhoca está na Terra.

» A outra saída está localizada dentro de uma espaçonave, atualmente estacionada na Terra. A saída na nave se movimenta quando a nave se move.

» Podemos viajar pelo buraco de minhoca em qualquer direção, ou conversarmos através dele, e tal viagem ou comunicação será basicamente instantânea.

Agora presuma que duas gêmeas, chamadas Maggie e Emily, estão de pé em qualquer saída do buraco de minhoca. Maggie está junto ao buraco de minhoca na Terra em 2022, enquanto Emily está na nave espacial (também, por enquanto, em 2022). Ela faz um pequeno passeio durante alguns dias, viajando quase à velocidade da luz, mas, quando regressa, já se passaram milhares de anos na Terra devido à dilatação do tempo (ela está agora em 5909).

No lado de Maggie do buraco de minhoca (ainda 2022), apenas alguns dias se passaram. De fato, as gêmeas vêm conversando regularmente sobre as estranhas visões que Emily testemunhou ao longo dos poucos dias de sua viagem. Emily (em 5909) consegue ir até Maggie pelo buraco de minhoca (em 2022) e, *voilà*, ela viajou para trás no tempo milhares de anos!

De fato, agora que Emily se deu ao trabalho de criar o portal, Maggie (ou qualquer outra pessoa) poderia viajar de 2022 a 5909 (ou vice-versa) apenas passando por ele, facinho assim.

Desde o modelo de Thorne, houve vários cenários de viagem no tempo baseados em buracos de minhoca desenvolvidos por físicos. Na verdade, alguns físicos mostraram que, se um buraco de minhoca existe, ele *precisa* permitir viagens no tempo, bem como no espaço.

Superando a instabilidade de um buraco de minhoca com energia negativa

O problema com a utilização de buracos de minhoca para viajar no espaço ou no tempo é que eles são inerentemente instáveis. Quando uma partícula entra em um buraco de minhoca, ela cria flutuações que provocam o colapso da estrutura sobre si mesma. Há teorias de que um buraco de minhoca pode ser mantido aberto por alguma forma de *energia negativa*, o que representa um caso em que a densidade de energia (energia por volume) do espaço é, na realidade, negativa.

Segundo essas teorias, se uma quantidade suficiente de energia negativa pudesse ser empregada, talvez ela conseguisse manter o buraco de minhoca aberto enquanto os objetos passam por ele. Isso seria uma necessidade absoluta para qualquer das teorias anteriormente discutidas que permitem que um buraco de minhoca se torne um portal temporal, mas os cientistas não têm uma compreensão real de como reunir energia negativa suficiente, e a maioria pensa que é uma tarefa impossível.

Em alguns modelos, pode ser possível relacionar a energia escura e a energia negativa (ambas exibem uma forma de gravidade repulsiva, embora a energia escura seja uma energia positiva), mas tais modelos são altamente forçados. A boa notícia (se considerarmos as possíveis viagens no tempo como boas notícias) é que nosso Universo parece ter energia escura em abundância, embora o problema seja que ela parece estar uniformemente distribuída por todo o Universo.

Tentar encontrar qualquer forma de armazenar energia negativa e utilizá-la para manter a estabilidade de um buraco de minhoca está muito além da tecnologia atual (se for realmente possível). A teoria das cordas pode fornecer potenciais fontes de energia negativa, mas, mesmo nesses casos, não há garantia de que possam ocorrer buracos de minhoca estáveis.

Cruzando Cordas Cósmicas para Permitir a Viagem no Tempo

As cordas cósmicas são objetos teóricos que antecedem a teoria das cordas, mas nos últimos anos tem havido algumas especulações de que, na realidade, podem ser cordas ampliadas que sobraram do Big Bang, ou possivelmente o resultado da colisão de branas. Também tem havido especulações de que podem ser usadas para criar uma máquina do tempo.

Independentemente da sua origem, se existirem cordas cósmicas, elas devem ter uma imensa força gravitacional, o que significa que podem causar arrasto de referenciais. Em 1991, J. Richard Gott (que, com William Hiscock, resolveu as equações de campo de Einstein para cordas cósmicas em 1985) percebeu que duas cordas cósmicas podiam realmente permitir viagens no tempo.

A forma como isso funciona é que duas cordas cósmicas se cruzam de certa forma, movendo-se a velocidades muito elevadas. Uma nave espacial viajando ao longo das curvas poderia pegar um caminho muito preciso (vários dos quais foram trabalhados por Curt Cutler nos meses após a publicação de Gott) e chegar à sua posição inicial, tanto no espaço como no tempo, permitindo a viagem no tempo. Tal como outras máquinas do tempo, a nave espacial não podia viajar mais para trás do que quando as cordas cósmicas entraram originalmente em posição para permitir a viagem — em essência, a viagem no tempo se limita a quando a máquina do tempo das cordas cósmicas foi ativada.

A máquina do tempo de Gott foi a segunda (depois daquela de Kip Thorne) a ser publicada em um grande periódico no início dos anos 1990 e desencadeou uma onda de trabalhos na área. Em maio de 1991, Gott teve destaque na revista *Time*. No verão de 1992, os físicos realizaram uma conferência sobre viagens no tempo no Centro de Física de Aspen (o mesmo local onde, quase uma década antes, John Schwartz e Michael Green haviam determinado que a teoria das cordas podia ser consistente).

Quando Gott propôs esse modelo, acreditava-se que as cordas cósmicas não tinham nada a ver com a teoria das cordas. Nos últimos anos, os físicos passaram a acreditar cada vez mais que, se elas existirem, podem, na realidade, estar muito intimamente relacionadas com a teoria das cordas.

Ciência de Dois Tempos: Mais Dimensões de Tempo Possíveis

Visto que a relatividade mostrou o tempo como uma dimensão do espaço-tempo e a teoria das cordas prevê dimensões espaciais extras, uma questão natural seria se a teoria das cordas também prevê (ou pelo menos permite) dimensões extras de tempo. De acordo com o físico Itzhak Bars, esse pode ser realmente o caso, em um campo que ele chama *física de dois tempos*. Embora ainda seja uma abordagem marginal à teoria das cordas, a compreensão dessa potencial dimensão extra do tempo poderia levar a uma surpreendente compreensão da natureza do tempo.

Adicionando uma nova dimensão de tempo

Com uma dimensão de tempo, temos a seta do tempo, mas com duas dimensões de tempo, as coisas ficam menos claras. Dados dois pontos ao longo de uma única dimensão temporal, só há um caminho entre eles. Com duas dimensões de tempo, dois pontos podem potencialmente ser ligados por uma série de caminhos diferentes, alguns dos quais podem voltar para si próprios, criando um caminho para o passado.

A maioria dos físicos nunca estudou essa possibilidade, pelo simples fato de (além de não fazer sentido lógico) causar estragos nas equações matemáticas. As dimensões temporais têm um sinal negativo, e, se incorporarmos ainda mais delas, podemos acabar tendo probabilidades negativas de que algo aconteça, o que é fisicamente inútil.

Contudo, Itzhak Bars, da Universidade do Sul da Califórnia em Los Angeles, descobriu em 1995 que a teoria M permitia a adição de uma dimensão extra — desde que fosse do tipo tempo.

Para que isso fizesse algum sentido, ele teve que aplicar outro tipo de simetria de gauge, o que colocou uma limitação na forma como os objetos podiam se mover. Ao explorar as equações, percebeu que essa simetria de gauge só funcionava se houvesse duas dimensões extras — uma de tempo e outra de espaço. A relatividade de dois tempos tem quatro dimensões de espaço e duas dimensões de tempo, totalizando seis dimensões. A teoria M de dois tempos, por outro lado, tem treze dimensões totais — onze espaciais e duas temporais.

A simetria de gauge que Bars introduziu forneceu exatamente a limitação necessária para eliminar as viagens no tempo e as probabilidades negativas da sua teoria. Com sua simetria de gauge em atuação, o mundo com seis (ou treze) dimensões deveria se comportar exatamente como o mundo com quatro (ou onze) dimensões.

Refletindo dois tempos em um Universo de um tempo

Em um artigo de 2006, Bars mostrou que o Modelo Padrão é uma sombra da sua teoria 6D. Assim como uma sombra 2D de um objeto 3D pode variar dependendo do local onde a fonte de luz é colocada, as propriedades físicas 4D ("sombras") podem ser causadas pelo comportamento dos objetos 6D. Os objetos nas dimensões extras da teoria física de dois tempos de Bars podem ter múltiplas sombras no universo 4D (como o nosso), cada uma das quais correspondendo a fenômenos diferentes. Fenômenos físicos diferentes no nosso Universo podem resultar dos mesmos objetos 6D fundamentais, manifestando-se de formas diferentes.

DICA Para ver como isso funciona, considere uma partícula que se move através do espaço vazio em seis dimensões, sem absolutamente nenhuma força que a afete. De acordo com os cálculos de Bars, tal atividade em seis dimensões se refere a pelo menos duas sombras (duas representações físicas dessa realidade 6D) no mundo 4D:

» Um elétron orbitando um átomo.

» Uma partícula em um universo em expansão.

Bars acredita que a física de dois tempos pode explicar um mistério no Modelo Padrão. Alguns parâmetros que descrevem a cromodinâmica quântica (CDQ) foram medidos e são bastante pequenos, o que significa que certos tipos de interações são favorecidos em relação a outros, mas ninguém sabe por que isso acontece. Os físicos inventaram uma solução possível, mas envolve a previsão de uma nova partícula teórica chamada *áxion*, que nunca foi observada.

De acordo com as previsões de Bars, a física de dois tempos apresenta um mundo 4D em que as interações CDQ não ficam nada assimétricas, então o áxion não é necessário. Infelizmente, a falta da descoberta de um áxion não é de fato suficiente para ser contada como prova experimental da física de dois tempos.

Para isso, Bars aplicou a física de dois tempos à supersimetria. Nesse caso, as superparceiras previstas têm propriedades levemente diferentes das superparceiras previstas por outras teorias. Se elas forem observadas no Grande Colisor de Hádrons com as propriedades sugeridas por Bars, isso seria considerado uma intrigante evidência experimental a favor de suas reivindicações.

A física de dois tempos tem alguma aplicação real?

A maioria dos físicos acredita que esses resultados extradimensionais de Bars são apenas artefatos matemáticos. Vários teóricos, incluindo Stephen

Hawking, utilizaram a ideia de dimensões de tempo imaginárias (uma quantidade imaginária em matemática é a raiz quadrada de um número negativo), mas raramente se acredita que isso tenha uma existência física real. Para a maioria dos físicos, são ferramentas matemáticas que simplificam as equações.

Contudo, a história mostra que "artefatos matemáticos" podem frequentemente ter uma existência real. O próprio Bars parece acreditar que eles têm tanta realidade física como as quatro dimensões que sabemos existirem, embora nunca experimentaremos essas dimensões extras tão diretamente.

Embora a física de dois tempos não sugira diretamente qualquer viagem no tempo, se for verdadeira, significa que o tempo é intrinsecamente mais complexo do que os físicos acreditavam anteriormente. Desvendar o mistério da física de dois tempos pode muito bem introduzir novas formas pelas quais as viagens no tempo possam se manifestar no nosso Universo.

Enviando Mensagens pelo Tempo

A teoria original das cordas, a teoria das cordas bosônicas, continha uma partícula sem massa chamada táquion, que viaja mais rápido que a velocidade da luz. No Capítulo 10, explico como essas partículas são geralmente um sinal de que a teoria tem uma falha inerente — mas e se de fato existissem? Será que permitiriam um meio de viajarmos no tempo?

A resposta curta é que ninguém sabe. A presença de táquions em uma teoria significa que as coisas começam a ficar fora de controle, razão pela qual são consideradas pelos físicos como um sinal de instabilidades fundamentais na teoria. (Tais instabilidades na teoria das cordas foram resolvidas pela inclusão da supersimetria, criando a teoria das supercordas — veja o Capítulo 10.)

No entanto, só porque os táquions bagunçam a matemática que os físicos utilizam não significa necessariamente que não existam. É possível que os físicos simplesmente não tenham desenvolvido as ferramentas matemáticas adequadas para abordá-los de uma forma que faça sentido.

Se os táquions existem, então teoricamente seria possível enviar mensagens que viajam mais rápido que a velocidade da luz. Essas partículas poderiam de fato viajar para trás no tempo e, em princípio, ser detectadas.

Para evitar esse problema (porque, lembre-se, as viagens no tempo podem destruir toda a física!), o físico Gerald Feinberg apresentou o *princípio de reinterpretação de Feinberg* em 1967, sustentando que um táquion que viaja no tempo pode ser reinterpretado, sob a teoria quântica de campo, como um táquion que avança no tempo. Ou seja, detectar os táquions é o mesmo que emiti-los. Só não há forma de diferenciar, o que tornaria o envio e a recepção de mensagens bastante desafiador.

Paradoxos da Viagem no Tempo

As viagens no tempo criam intrinsecamente uma série de inconsistências lógicas, chamadas *paradoxos*. Esses problemas criaram alguns dos melhores contos e filmes de ficção científica (veja o box "A ficção científica do tempo") e perturbaram filósofos e cientistas desde que foram apresentados pela primeira vez. Se tais inconsistências significam que a viagem no tempo é fisicamente impossível ainda é algo incerto, embora estejam entre as razões pelas quais a maioria dos físicos tende a acreditar que a viagem no tempo é impossível.

O paradoxo dos gêmeos

O *paradoxo dos gêmeos* é um dos exemplos clássicos da teoria da relatividade de Einstein em ação e remonta quase até à própria teoria. É um experimento mental que exibe os estranhos resultados da dilatação do tempo. (Tecnicamente, o paradoxo é mais um problema de medições inconsistentes, mas o nome pegou.)

Imagine nossas gêmeas Maggie e Emily novamente. Aos 20 anos, Emily escolhe se tornar astronauta, sendo recrutada para a primeira missão interestelar. Sua nave se dirige a uma estrela que está a 10 anos-luz de distância, mas a nave viajará quase à velocidade da luz, assim, a dilatação do tempo estará em curso.

A nave é uma verdadeira maravilha, e, graças à dilatação do tempo, toda a viagem leva apenas alguns meses para Emily. Ela explora a região distante durante oito meses, recolhendo muitos dados fascinantes. Então ela volta, o que também leva alguns meses. A viagem completa de Emily leva um ano.

Maggie, por outro lado, permanece na Terra. Como Emily viajava para uma estrela a 10 anos-luz de distância quase à velocidade da luz, Emily chega à estrela quando Maggie tem cerca de 30 anos de idade. Ela começa sua viagem de regresso oito meses mais tarde, e essa etapa da viagem também leva 10 anos.

As gêmeas têm um reencontro emocionante, onde o paradoxo dos gêmeos fica subitamente claro para elas à medida que Maggie, com 41 anos de idade, abraça sua irmã gêmea Emily, que parece ter 21. Aqui está o "paradoxo":

> Qual é a verdadeira idade de Emily?

Afinal, Emily nasceu há 41 anos, no mesmo dia que Maggie. Há um sentido lógico para que Emily tenha 41. Por outro lado, de acordo com seu "relógio biológico", apenas 21 anos passaram, e ela certamente não parece ter 41 anos.

Não há uma única solução para o paradoxo dos gêmeos, pois o fluxo do tempo depende de como escolhemos medi-lo. O tempo é, se me permite a expressão, relativo.

A FICÇÃO CIENTÍFICA DO TEMPO

Falar de viagens no tempo sem mencionar a ficção científica deixaria um elefante no capítulo, por assim dizer. Estes são alguns dos principais livros e filmes de ficção científica relacionados com os conceitos de viagem no tempo discutidos neste capítulo, embora a lista não esteja de modo algum completa. Alerta de spoiler: alguns detalhes da trama são revelados nas descrições a seguir.

Livros:

- *A Máquina do Tempo*, **de H. G. Wells (1895):** A primeira história com um dispositivo feito pelo homem para viajar no tempo, em que a viagem estava sob o controle do viajante (ao contrário das histórias que a precederam como *Rip van Winkle*, *Um Ianque na Corte do Rei Arthur* ou *Uma Canção de Natal*, em que o viajante não tinha o controle).

- *Tau Zero*, **de Poul Anderson (1967):** Uma nave espacial está presa acelerando cada vez mais perto da velocidade da luz, incapaz de desacelerar. O romance explora os efeitos da dilatação do tempo e o possível fim do Universo.

- *Gateway*, **de Frederick Pohl (1977):** O único sobrevivente de um acidente espacial precisa aceitar a culpa intensa por ter sobrevivido e deixado a tripulação para trás. O poderoso clímax do enredo (que agora posso estar estragando ao contar) se relaciona com a ideia de que, à medida que alguém cai em um buraco negro, o tempo diminui.

Filmes:

- *Em Algum Lugar do Passado* **(1980):** Richard Collier (Christopher Reeve) é um dramaturgo que viaja para 1912, saindo de 1980. O filme assume que o passado já aconteceu e que Collier já fazia parte dos acontecimentos do passado (ou então ele está tendo alucinações, caso em que o filme não tem nada a ver com viagens no tempo e é muito menos interessante). Por exemplo, "antes" de viajar no tempo, ele encontra sua própria assinatura no livro de visitas de um hotel de 1912. Baseado em um romance de Richard Matheson.

- *De Volta para o Futuro* **(1985):** Marty McFly (Michael J. Fox) viaja de 1985 a 1955 e interfere no primeiro encontro de seus pais. O filme explora o conceito de paradoxos temporais e potenciais linhas múltiplas de tempo. Houve duas sequências, mas o filme original foi de longe o melhor.

- *Alta Frequência* **(2000):** O detetive de Nova York John Sullivan (James Caviezel) começa a se comunicar com seu pai (Dennis Quaid) trinta anos no passado por meio de um rádio amador, que emite sinais de uma estranha atividade de manchas solares. No filme, nenhum objeto material viaja no tempo — apenas informações sob a forma de ondas de rádio. O teórico e autor de cordas Brian Greene serviu como consultor de física e apareceu no filme.

> Não só os autores de ficção científica aprendem com os cientistas no desenvolvimento de seus sistemas de viagens no tempo, como a inspiração pode fluir para o outro lado. O Dr. Ronald Mallet, que está tentando construir uma máquina do tempo, foi motivado ao longo da sua vida por relatos de ficção científica de viagens no tempo. Kip Thorne desenvolveu suas teorias sobre viagens no tempo ajudando os amigos a trabalhar nos detalhes de seus romances de ficção científica. Seu primeiro trabalho sobre viagens no tempo se baseou na pesquisa realizada para ajudar Carl Sagan a desenvolver um buraco de minhoca realista para seu romance *Contato* na década de 1980, e mais tarde obteve conhecimentos do autor de ficção científica Robert Forward.

Sem dúvida, se alguma vez a viagem espacial se tornar viável, serão necessárias convenções de medição do tempo. Por exemplo, se a idade legal para dirigir é 18, poderá um jovem de 16 que tenha passado quatro anos viajando a uma velocidade próxima da velocidade da luz dirigir legalmente?

O paradoxo do avô

Temos ainda o *paradoxo do avô*, surgindo nos casos em que é possível viajarmos para o passado. Com isso, deve ser possível alterarmos o passado. O paradoxo do avô pergunta:

> O que acontece se mudarmos o passado de tal forma que resulte na impossibilidade de irmos para o passado, para começo de conversa?

Considere o exemplo clássico (que dá nome ao paradoxo):

1. **Você viaja ao passado e acidentalmente causa a morte do seu próprio avô.**
2. **Você deixa de existir e, portanto, não viaja ao passado.**
3. **Você não causa a morte do seu avô.**
4. **Agora, voltou a existir, então volte ao passo 1.**

Há duas resoluções lógicas para o paradoxo. (Veja o box "A ficção científica do tempo", onde há exemplos de ambas as resoluções, usando os filmes *De Volta para o Futuro* e *Em Algum Lugar do Passado*.)

A primeira se baseia na interpretação de muitos mundos (IMM) da física quântica. Nessa perspectiva, há muitas linhas de tempo possíveis e nós existimos em uma delas. Se viajarmos para trás no tempo e o alterarmos, então continuaremos avançando em uma linha de tempo diferente daquela em que começamos inicialmente.

A segunda resolução possível para o paradoxo do avô é que, na verdade, é realmente impossível alterar o passado. Ele é imutável, e, se você viajar para o passado, verá que não consegue alterar os acontecimentos que ocorreram, por mais que tente.

Infelizmente, a segunda possibilidade cria alguns problemas filosóficos com o livre arbítrio, porque, se já fazemos parte do passado, então isso significa que nosso próprio futuro está definido — definitivamente viajaremos para o passado em algum momento. Tanto o passado como o futuro se tornam ambos imutáveis.

É claro que ninguém sabe qual é a resolução correta, e, se a conjectura da proteção cronológica de Stephen Hawking for verdadeira, é muito provável que a situação nunca venha a surgir. Ainda assim, é divertido especular.

Cadê os viajantes do tempo?

Um dos paradoxos mais práticos trazidos à tona em relação às viagens no tempo é a atual ausência de qualquer viajante do tempo. Se fosse possível viajar no tempo para o passado, então aparentemente as pessoas do futuro estariam aparecendo em nosso presente.

A solução para essa questão no universo de *Star Trek* é a "primeira diretiva temporal", o que basicamente torna o argumento de que os viajantes do tempo estão proibidos de interferir no passado. Assim, qualquer viajante do tempo entre nós precisaria permanecer escondido.

Uma solução mais científica é a ideia de que a viagem no tempo só é permitida depois de um dispositivo de viagem no tempo ter sido construído. Quando ele está ativo, poderíamos utilizá-lo para viajarmos no tempo, mas obviamente nunca poderíamos ir para algum período de tempo antes de o dispositivo ter sido criado. De fato, cada máquina do tempo que os cientistas descobriram que *poderia* existir no nosso Universo tem essa mesma característica: nunca podemos voltar para antes da invenção (e ativação) da máquina do tempo.

5 O que os Outros Dizem: Críticas e Alternativas

NESTA PARTE...

Nem todos aceitam a teoria das cordas como a que responderá às questões fundamentais da física. De fato, nos últimos anos, até mesmo alguns teóricos das cordas começaram a ter dúvidas.

Nesta parte, explico algumas das principais críticas à teoria das cordas nos últimos anos. Em seguida, exploro a principal teoria da gravidade quântica alternativa — a gravidade quântica em loop — e outras linhas de pesquisa que podem trazer insights, não importa se a teoria das cordas venha a fracassar ou ser bem-sucedida. Caso fracasse, ou mesmo se for bem-sucedida mas não como uma "teoria de tudo", essas abordagens alternativas podem ser úteis para preencher as lacunas. Alguns desses esforços de pesquisa podem nos dar pistas que ajudem no progresso da teoria das cordas.

> **NESTE CAPÍTULO**
>
> » Considerando o que a teoria das cordas explica e não explica
>
> » Percebendo que a teoria das cordas talvez nunca explique nosso Universo
>
> » Será que os teóricos de cordas deveriam controlar os departamentos de física e o financiamento de pesquisas?

Capítulo **17**

Observando as Controvérsias Mais de Perto

Embora muitos físicos acreditem que a teoria das cordas promete ser a teoria mais provável da gravidade quântica, há um crescente ceticismo entre alguns de que ela não atingiu os objetivos para os quais foi estabelecida. O principal argumento da crítica é que, quaisquer que sejam os benefícios úteis do estudo da teoria das cordas, não é, na verdade, uma teoria fundamental da realidade, mas apenas uma aproximação útil.

Os teóricos de cordas reconhecem que algumas dessas críticas são válidas enquanto rejeitam outras por serem prematuras ou mesmo completamente forjadas. Quer os críticos estejam certos ou não, eles fazem parte da teoria das cordas desde os primeiros dias e é provável que estejam por perto enquanto ela persistir. Ultimamente, as críticas atingiram um furor tal que foram chamadas de "a guerra das cordas" em muitos blogues e revistas científicas.

Neste capítulo, discuto algumas das principais críticas à teoria das cordas. Começo com uma breve recapitulação da história da teoria, sob a perspectiva do cético, que se concentra nos fracassos, e não nos êxitos. Depois, analiso se a teoria das cordas tem alguma capacidade para realmente fornecer quaisquer previsões sólidas sobre o Universo. Em seguida, veremos como os críticos da teoria se opõem à quantidade extrema de controle que os teóricos de cordas detêm sobre as instituições acadêmicas e os planos de pesquisa, e então, considero se a teoria das cordas possivelmente descreve a nossa própria realidade. Por fim, explico algumas das principais respostas da teoria das cordas a tais críticas.

A Guerra das Cordas: Esboçando os Argumentos

Desde seu nascimento, a teoria das cordas tem sido alvo de críticas. Alguns de seus críticos estão entre os membros mais respeitados da comunidade física, incluindo laureados com o Nobel, como Sheldon Glashow e o falecido Richard Feynman, ambos críticos desde a primeira revolução das supercordas em meados da década de 1980. Ainda assim, a teoria vem crescendo de forma constante em popularidade há décadas.

Recentemente, o aumento das críticas contra a teoria das cordas se alastrou para os meios populares de comunicação, chegando às primeiras páginas das revistas científicas e até aos grandes artigos em publicações mais tradicionais. O debate se alastra ao longo das ondas de rádio, da internet, das conferências acadêmicas, da blogosfera e em qualquer outro lugar onde os debates possam "pegar fogo".

Embora a discussão pareça acalorada, nenhum dos críticos está realmente defendendo que os físicos abandonem completamente a teoria das cordas. Pelo contrário, eles tendem a vê-la como uma *teoria eficaz* (uma aproximação útil), e não uma verdadeira *teoria fundamental*, que descreve o nível mais básico da própria realidade. Eles criticam as tentativas dos teóricos das cordas de continuarem promovendo-a como uma teoria fundamental da realidade.

LEMBRE-SE

Veja algumas das críticas mais significativas impostas contra a teoria das cordas (ou os teóricos de cordas que a praticam):

» A teoria das cordas é incapaz de fazer qualquer previsão útil sobre o comportamento do mundo físico, então não pode ser falsificada nem verificada.

» A teoria das cordas é tão vagamente definida e carente de princípios físicos básicos que qualquer ideia pode ser incorporada nela.

> Os teóricos de cordas dão um valor exagerado às opiniões dos líderes e das autoridades dentro de seu próprio grupo, em vez de procurarem uma verificação experimental.

> Os teóricos de cordas apresentam seu trabalho de formas que demonstram falsamente que alcançaram mais sucesso do que realmente alcançaram. (Isso não é necessariamente uma acusação de mentira, mas pode ser uma falha fundamental na forma como o sucesso é mensurado pelos teóricos das cordas e pela comunidade científica em geral.)

> A teoria das cordas obtém mais financiamento e apoio acadêmico do que outras abordagens teóricas (em grande parte devido aos supostos progressos relatados).

> A teoria das cordas não descreve nosso Universo, mas contradiz os fatos conhecidos da realidade física de várias maneiras, exigindo elaboradas construções hipotéticas que nunca foram demonstradas com sucesso.

Por trás de muitas dessas críticas está a suposição de que a teoria das cordas, que existe há trinta anos, deveria ser um pouco mais desenvolvida do que realmente é. Nenhum dos críticos argumenta a favor do abandono do estudo da teoria; eles apenas querem que teorias alternativas sejam buscadas com maior intensidade, devido à crença de que a teoria das cordas está ficando aquém das expectativas.

Para explorar a validade dessas alegações e determinar se a teoria das cordas está de fato indo de mal a pior, precisamos delinear a estrutura do debate, analisando o passado e o presente da teoria.

Trinta anos e mais: Formulando o debate sob o ponto de vista dos céticos

Mesmo agora, com as críticas em alta, não parece que o estudo da teoria das cordas tenha caído. Para compreendermos por que os físicos continuam a estudando e por que outros físicos acreditam que ela não está cumprindo o prometido, permita-me rever brevemente as tendências gerais na história da teoria das cordas, focando, desta vez, suas deficiências. (Apresento esse assunto com muito mais detalhes nos Capítulos 10 e 11.)

A teoria das cordas teve início como teoria em 1968 (chamada modelo de ressonância dupla) para prever as interações de hádrons (prótons e nêutrons), mas falhou nesse ponto. Substituindo esse modelo, a cromodinâmica quântica, que dizia que os hádrons eram compostos por quarks mantidos juntos por glúons, provou ser o modelo correto.

Análises da versão inicial da teoria das cordas mostraram que ela podia ser descrita como cordas muito pequenas vibrando. De fato, essa teoria das cordas bosônicas tinha várias falhas: os férmions não podiam existir, e a teoria continha 25 dimensões espaciais, táquions e demasiadas partículas sem massa.

Tais problemas foram "corrigidos" com a adição da supersimetria, que transformou a teoria das cordas bosônicas em teoria das supercordas. Contudo, esta ainda continha nove dimensões espaciais, então a maioria dos físicos ainda acreditava que ela não tinha uma realidade física.

Essa nova versão da teoria das cordas mostrou conter uma partícula sem massa de spin 2 que poderia ser o gráviton. Agora, em vez de uma teoria de interações dos hádrons, a teoria das cordas era uma teoria de gravidade quântica. Mas a maioria dos físicos explorava outras teorias de gravidade quântica, e a teoria das cordas definhou ao longo dos anos 1970.

A primeira revolução das supercordas ocorreu em meados da década de 1980, quando os físicos mostraram formas de elaborar a teoria das cordas que tiravam todas as anomalias. Ou seja, a teoria das cordas mostrou ser consistente. Além disso, os físicos encontraram formas de compactar as seis dimensões espaciais extras, enrolando-as em formas complexas tão pequenas que nunca seriam observadas.

O aumento de pesquisas na teoria das cordas teve grandes resultados. Na verdade, os resultados foram bons demais, porque os físicos descobriram cinco variações distintas da teoria, cada uma das quais previa fenômenos diferentes no Universo, sendo que nenhum deles correspondia exatamente ao nosso próprio.

Em 1995, Edward Witten propôs que as cinco versões da teoria das cordas eram diferentes aproximações de baixa energia de uma única teoria, chamada teoria M. Essa nova teoria continha dez dimensões espaciais e objetos estranhos chamados branas, que tinham mais dimensões do que cordas.

Um grande sucesso da teoria das cordas foi seu uso na elaboração de uma descrição dos buracos negros, que calculou corretamente a entropia, de acordo com as previsões de Hawking-Bekenstein para a termodinâmica dos buracos negros. Tal descrição se aplicava apenas a tipos específicos de buracos negros simplificados, embora houvesse indicações de que o trabalho poderia se estender a buracos negros mais gerais.

Um problema para a teoria das cordas surgiu em 1998, quando os astrofísicos mostraram que o Universo estava em expansão. Quer dizer, a constante cosmológica do Universo é positiva, mas todo o trabalho na teoria das cordas havia presumido uma constante cosmológica negativa. (A constante cosmológica positiva é comumente referida como energia escura.)

Em 2003, foi encontrado um método para desenvolver a teoria das cordas em um Universo que tinha energia escura, mas havia um grande problema nisso: um vasto número de diferentes teorias de cordas era possível. Algumas estimativas estipularam 10^{500} formas distintas de formular a teoria, algo tão absurdamente grande que pode ser tratado como se fosse basicamente um infinito.

Em resposta a tais descobertas, o físico Leonard Susskind propôs a aplicação do princípio antrópico como meio de explicar por que nosso Universo tinha as propriedades que tinha, considerando o incrível número de configurações possíveis, a que Susskind chamou de o cenário.

Isso nos traz ao estado atual da teoria das cordas, em traços muito amplos. Provavelmente você consegue ver algumas fissuras na armadura da teoria das cordas, onde as críticas parecem ressoar de forma particularmente forte.

Uma onda de críticas

Depois que as evidências de energia escura foram descobertas em 1998 e que o trabalho de 2003 aumentou o número de soluções conhecidas, parece que as críticas aumentaram. As tentativas de adequar a teoria à realidade física estavam, aos olhos de alguns, mais forçadas, e um descontentamento que sempre existira sob a superfície começou a sair dos fundos das salas de conferências de física para tomar as primeiras páginas das principais revistas científicas.

Enquanto novas variantes inovadoras — como os modelos de Randall-Sundrum e a incorporação de uma constante cosmológica positiva — foram corretamente reconhecidas como brilhantes, algumas pessoas acreditavam que os físicos precisavam arranjar explicações forçadas para manter a teoria viável.

O crescimento das críticas ficou evidente para o público em geral em 2006 com a publicação de dois livros que criticavam — ou atacavam abertamente — a teoria das cordas. Eram eles o de Lee Smolin, *The Trouble with Physics: The Rise of String Theory, the Fall of a Science, and What Comes Next* [O Problema com a Física: O Surgimento da Teoria das Cordas, a Queda de uma Ciência e o que Vai Acontecer, em tradução livre aqui e no próximo título], e o de Peter Woit, *Not Even Wrong: The Failure of String Theory and the Search for Unity in Physical Law* [Nem Mesmo Errada: O fracasso da Teoria das Cordas e a Busca por Unidade na Lei Física]. Esses livros, juntamente com o fervor da mídia que acompanha qualquer potencial choque de ideias, colocaram a teoria das cordas na defensiva perante o público mesmo enquanto muitos (possivelmente a maioria) teóricos de cordas rejeitavam as alegações de Smolin e Woit, dizendo que eram tentativas fracassadas de desacreditar a teoria das cordas para engrandecerem a si próprios.

Provavelmente a verdade está em algum lugar intermediário. As críticas têm um pouco mais de mérito do que os teóricos de cordas lhes dariam, mas tampouco são tão destrutivas como Woit, pelo menos, quis que seus leitores acreditassem. (Smolin é um pouco mais solidário com a teoria das cordas, apesar do subtítulo do seu livro.) Nenhum dos críticos propõe abandonar completamente a teoria das cordas; eles apenas gostariam de ver mais cientistas procurando outras áreas de investigação, como as descritas nos Capítulos 18 e 19.

A Teoria das Cordas É Científica?

As duas primeiras críticas questionam diretamente a essência do sucesso da teoria das cordas como teoria científica. Não é qualquer ideia que pode ser considerada científica, nem mesmo uma que seja expressa em termos matemáticos. No passado, para ser científica, uma teoria precisava descrever algo que estivesse acontecendo em nosso próprio Universo. Ir longe demais dessa fronteira entra na esfera especulativa. As críticas que condenam a teoria das cordas como não científica tendem a ser classificadas em duas categorias (aparentemente contraditórias):

» A teoria das cordas não explica nada.
» A teoria das cordas explica demais.

Argumento 1: A teoria das cordas não explica nada

O primeiro ataque à teoria das cordas é que, após cerca de trinta anos de pesquisas, ela ainda não faz previsões claras. (Os físicos diriam que ela não tem *poder de previsão*.) A teoria não faz uma única previsão que, se verdadeira, confirme a teoria e, se falsa, refute-a.

De acordo com o filósofo Sir Karl Popper, o traço de "falsificabilidade" é o que define a ciência. Se uma teoria não é falsificável — se não houver forma de fazer uma previsão que obtenha um resultado falso —, então ela não é científica.

Caso concorde com a opinião de Popper (e muitos cientistas não concordam), então certamente a teoria das cordas não é científica — pelo menos ainda não. A questão é se ela é fundamentalmente incapaz de fazer uma previsão clara e falsificável ou se simplesmente ainda não o fez, mas o fará em algum momento no futuro.

É possível que os teóricos de cordas façam uma previsão distinta em algum momento. Parte da crítica, no entanto, é que eles não estão realmente preocupados em fazer uma previsão. Alguns teóricos de cordas nem sequer parecem considerar como falha a falta de uma previsão atualmente testável, contanto que a teoria das cordas permaneça consistente com as provas conhecidas.

É isso que motiva os principais críticos da teoria das cordas, desde Feynman nos anos 1980 até Smolin e Woit atualmente, a reclamarem que a teoria das cordas não tem contato com a experiência e que está fundamentalmente distorcendo o significado de investigar algo cientificamente.

Argumento 2: A teoria das cordas explica demais

O segundo ataque se baseia no mesmo problema, que a teoria das cordas não faz uma única previsão, mas a ênfase agora é na palavra "única". Há tantas variações da teoria das cordas que, mesmo que ela pudesse ser formulada de forma a fazer uma previsão, parece que cada versão faria uma previsão um pouco diferente.

Isso é, de certa forma, quase pior do que não fazer previsão nenhuma. Sem qualquer previsão, podemos argumentar que é necessário mais trabalho e refinamento, desenvolver novas ferramentas matemáticas etc. Com um número quase infinito de previsões, ficamos presos a uma teoria que é completamente inútil. Mais uma vez, ela não tem poder preditivo, pelo simples motivo de que nunca conseguimos organizar o enorme volume de resultados.

Parte desse argumento se relaciona com o princípio da navalha de Ockham. De acordo com o princípio, há uma *economia* na natureza, o que significa que a natureza (tal como descrita pela ciência) não inclui coisas desnecessárias. A teoria das cordas inclui dimensões extras, novos tipos de partículas e possivelmente universos extras inteiros que nunca foram observados (e possivelmente *nunca poderão* ser observados).

Novas regras do jogo: Revendo o princípio antrópico

A solução para tantas previsões, como proposta pelo físico Leonard Susskind, é aplicarmos o princípio antrópico para focar os cenários da teoria das cordas que permitam a existência da vida. De acordo com Susskind, a Terra existe claramente em um Universo (ou região do Universo, pelo menos) que permite a existência da vida, assim, parece ser uma estratégia razoável selecionarmos apenas teorias que permitam que a vida exista.

LEMBRE-SE

Pegar uma teoria que não permite a existência da vida e considerá-la em pé de igualdade com teorias que a permitem, quando sabemos que a vida *existe*, desafia tanto o raciocínio científico como o senso comum.

A partir dessa posição, o princípio antrópico é uma forma de remover o enviesamento de seleção ao analisarmos diferentes teorias de cordas possíveis. Em vez de considerar apenas a viabilidade matemática de uma teoria, como se fosse o único critério, os físicos também podem selecionar com base no fato de vivermos aqui.

No entanto, há uma certa manipulação inteligente dentro da discussão que não deve passar despercebida. Susskind não apenas disse que podemos usar o princípio antrópico para selecionar quais teorias são viáveis no nosso Universo, mas foi além e indicou que o próprio fato de todas essas versões da teoria das cordas existirem é uma coisa *boa*. Isso oferece uma riqueza à teoria, tornando-a mais robusta. (Ainda outros assinalam que todas as teorias quânticas de campo têm muitas soluções potenciais, então a teoria das cordas não deve ser diferente. Nesses casos, ambos os lados desse debate em particular a estão vendo de forma errada.)

Durante quase duas décadas, muitos físicos tentaram encontrar uma versão única da teoria das cordas que incluía princípios físicos básicos que ditavam a natureza do Universo. O atual Modelo Padrão tem dezoito partículas fundamentais, que precisam ser medidas experimentalmente e colocadas na teoria à mão. Parte do objetivo da teoria das cordas era encontrar uma teoria que, baseada em princípios físicos puros e elegância matemática, produzisse uma única teoria descrevendo toda a realidade.

Em vez disso, os teóricos de cordas encontraram um número virtualmente infinito de diferentes teorias (ou, para ser mais preciso, diferentes soluções da teoria das cordas) e aparentemente descobriram que nenhuma lei fundamental descreve o Universo com base em princípios físicos básicos. A seleção dos parâmetros corretos para a teoria é, mais uma vez, deixada à experiência.

Mas, em vez de interpretar isso como um fracasso e de indicar que não temos outra escolha senão aplicar o princípio antrópico para nos fornecer limitações sobre quais opções estão disponíveis, Susskind pega os limões e faz uma limonada ao reenquadrar todo o contexto de sucesso. O sucesso já não é encontrar uma teoria única, mas sim explorar o máximo possível da paisagem.

DICA

Em seu livro *Aristotle and an Aardvark go to Washington: Understanding Political Doublespeak Through Philosophy and Jokes*, [Aristóteles e um Porco-formigueiro Vão a Washington: Entendendo a Conversa Evasiva da Política por meio da Filosofia e das Piadas, em tradução livre], os autores Thomas Cathcart e Daniel Klein se referem a esse tipo de técnica como a "falácia dos atiradores de elite do Texas". Imagine o atirador de elite do Texas que saca a pistola e dispara contra a parede e depois vai lá e desenha o alvo em torno de onde os tiros pegaram.

Em certo sentido (muito crítico), foi isso que Susskind fez ao alterar a definição real de sucesso na teoria das cordas. Ele redefiniu (segundo alguns) o objetivo do empreendimento e fez isso de tal forma que o trabalho atual está exatamente de acordo com o novo objetivo. Se a nova abordagem for válida, produzindo uma forma de descrever corretamente a natureza, é brilhante. Se não for válida, então não é brilhante. (Para ver uma interpretação mais favorável do princípio antrópico, confira os Capítulos 11 e 14.)

Um alvo móvel semelhante pode ser visto na discussão sobre o decaimento do próton. Originalmente, as experiências para provar as teorias da grande unificação (TGUs) previam que essas experiências detectariam o decaimento de alguns prótons todos os anos. No entanto, não foram encontrados tais decaimentos, o que levou os teóricos a rever seus cálculos para chegar a uma taxa de decaimento mais baixa. Só que a maioria dos físicos acredita que essas tentativas não são válidas e que as abordagens de TGUs foram refutadas. Essa mudança após o fato sobre o que procuram não é uma abordagem válida à ciência — a menos que os decaimentos sejam descobertos na nova taxa, é claro (altura em que a modificação teórica se torna um insight brilhante).

Nada disso deve sugerir que Susskind está sendo desonesto ou manipulador ao apresentar o princípio antrópico como uma opção em que acredita. Ele foi levado a essa crença de forma muito genuína devido ao número crescente de soluções matematicamente viáveis da teoria das cordas, que o deixam sem escolha (exceto para abandonar a teoria das cordas, a que chego em um instante).

Depois de aceitar que a teoria das cordas dita um grande número de soluções possíveis, e depois de perceber que as teorias modernas da inflação eterna ditam que muitas dessas soluções podem muito bem ser concretizadas em alguma realidade, há pouquíssima escolha, na opinião de Susskind, além de aceitar o princípio antrópico. E há todas as indicações de que ele passou por um profundo exame de consciência antes de decidir sair pregando a mensagem antrópica.

Interpretando a paisagem da teoria das cordas

A teoria das cordas não procura mais uma única teoria, mas agora tentar reduzir as vastas opções no cenário da teoria para encontrar aquela, ou as poucas, que possa ser consistente com nosso Universo. O princípio antrópico pode ser utilizado como um dos principais critérios de seleção para distinguir teorias que claramente não se aplicam ao nosso Universo.

A questão que permanece é se os teóricos de cordas (ou qualquer físico) devem estar satisfeitos com tal situação.

Certamente, alguns não estão. David Gross não está. Edward Witten parece, na melhor das hipóteses, indiferente em relação à perspectiva. Susskind e Joe Polchinski, no entanto, parecem ter tido uma conversão total. Não apenas se resignaram a aceitar as circunstâncias, como as abraçaram, apesar de que, há poucos anos, ambos estivessem contra qualquer aplicação do princípio antrópico na ciência.

O princípio antrópico parece inevitável se existir um vasto multiverso, onde muitas regiões diferentes da paisagem da teoria das cordas são concretizadas sob a forma de universos paralelos. Alguns universos existirão onde a vida é permitida, e nós somos um deles — habitue-se a isso.

Alguns teóricos de cordas que não aceitaram os argumentos antrópicos têm esperança de que as características matemáticas e físicas da teoria possam excluir grandes porções do cenário. Os teóricos de cordas ainda estão divididos quanto às conclusões exatas que a teoria permite e se poderá haver alguma forma de classificá-las sem aplicar o princípio antrópico. Mais trabalho deve ser feito antes que alguém saiba ao certo.

Tendo um Olhar Crítico com os Teóricos

Uma das maiores críticas à teoria das cordas tem mais a ver com os teóricos e nem tanto com a teoria. O argumento é o de que eles estão formando um tipo de "seita" de teóricos de cordas, que se uniram para promover a teoria das cordas acima de todas as alternativas.

Essa crítica, que está no cerne do livro de Smolin, The Trouble with Physics [O Problema com a Física, em tradução livre], não é tanto uma crítica à teoria das cordas, mas uma crítica fundamental à forma como os recursos acadêmicos são atribuídos. Uma crítica ao livro de Smolin tem sido o fato de ele estar em parte exigindo mais financiamento para os projetos de pesquisa que ele e seus amigos estão desenvolvendo, os quais ele sente que não têm apoio suficiente. (Muitos desses campos alternativos são abordados nos Capítulos 18 e 19.)

Centenas de físicos não podem estar errados

A teoria das cordas é a abordagem mais popular a uma teoria da gravidade quântica, mas esse mesmo termo — mais popular — é exatamente o problema aos olhos de alguns. Em física, quem se importa (ou quem deveria se importar) com o quão popular é uma teoria?

Na verdade, alguns críticos acreditam que a teoria das cordas é pouco mais do que um culto à personalidade. Os praticantes dessa arte arcana há muito renunciaram a prática regular da ciência, e agora apreciam a glória de figuras de autoridade como Edward Witten, Leonard Susskind e Joe Polchinski, cujas palavras não podem mais estar erradas assim como o Sol não pode parar de brilhar.

Isso é, naturalmente, um exagero das críticas, mas em alguns casos, nem tanto assim. Os teóricos de cordas passaram mais de duas décadas desenvolvendo uma comunidade de físicos que acreditam firmemente que estão realizando a ciência mais importante do planeta, mesmo que não tenham conseguido uma única prova para apoiar definitivamente sua versão da ciência como a correta, e as pessoas no topo dessa comunidade carregam muita importância. (Veja uma análise sobre tal comportamento em contextos não físicos no box "Apelo à autoridade".)

John Moffat se juntou a Smolin e Woit para lamentar a "geração perdida" de físicos brilhantes que gastaram seu tempo na teoria das cordas em vão. Ele salienta que o mero volume de físicos publicando artigos sobre a teoria das cordas, que por sua vez citam outros teóricos de cordas, distorce os índices sobre quais artigos e cientistas são realmente os mais importantes.

APELO À AUTORIDADE

Embora possa parecer estranho para muitas pessoas que os cientistas cheguem a ser influenciados por figuras de autoridade, essa é uma parte fundamental da natureza humana. O "apelo à autoridade" foi citado por Aristóteles, o pai da retórica (a ciência do debate). A ele foi dado o nome latino *argumentum ad verecundiam*, e a psicologia demonstrou que funciona. As pessoas estão inclinadas a acreditar em uma figura de autoridade, às vezes até em detrimento do senso comum.

Os profissionais de marketing sabem que uma das formas mais persuasivas de vender algo é obter um depoimento. É por isso que os oradores são apresentados por outra pessoa, por exemplo. Outra pessoa se levantar e listar as realizações do orador significa muito mais para os ouvintes do que se o orador se levantasse, se apresentasse e listasse suas próprias realizações. Esse é o caso quando a pessoa não sabe nada sobre o orador, exceto o que lê em um cartão ou no teleprompter.

Quando a pessoa que presta o depoimento é vista como uma figura de autoridade, é ainda mais potente. É por isso que alguns livros trazem citações de autoridades e que os políticos procuram o apoio de celebridades. Tenho certeza de que algumas pessoas votaram em Barack Obama em 2008 porque Oprah Winfrey, uma das principais figuras de autoridade, o apoiou publicamente.

No caso da teoria das cordas, claro, as figuras de autoridade não são apenas populares, são especialistas em física e na teoria das cordas em particular, então ouvir sua opinião sobre a teoria é um pouco mais razoável do que ouvir um único ator popular, músico, atleta ou clérigo em apoio a um presidente. Em última análise, na ciência (como no restante da vida), as pessoas deveriam usar sua própria lógica para avaliar os argumentos apresentados pelos especialistas. Felizmente, os cientistas são treinados para usar sua lógica mais intensamente do que a maioria da sociedade.

Por exemplo, há um rumor de que Edward Witten tem o índice h mais alto de qualquer cientista vivo. (O *índice h* é uma medida da frequência com que os artigos são citados.) Analisando o fato sob o ponto de vista de Moffat, isso não resulta necessariamente de Witten ser o físico mais importante de sua geração, mas sim porque ele escreve artigos fundamentais para a teoria das cordas, que, por sua vez, são citados pela grande maioria das pessoas que escrevem artigos sobre o assunto, que são muitos.

Agora, o problema com essa abordagem quando se trata especificamente de Witten é que seja muito possível que ele *seja* o físico mais importante da sua geração. Certamente que sua medalha Fields atesta sua posição como um dos mais dotados matematicamente. Mas se ele é um físico importante que ajudou a conduzir uma geração de físicos por um caminho que termina na teoria das cordas como uma teoria fracassada da gravidade quântica, então isso de fato seria uma "geração perdida" e um trágico desperdício do brilhantismo de Witten.

Segurando as chaves do reino acadêmico

A física teórica e as comunidades de física de partículas em muitos dos principais departamentos de física, especialmente nos Estados Unidos, inclinam-se fortemente para a teoria das cordas como a abordagem preferida a uma teoria da gravidade quântica. De fato, a crescente necessidade de abordagens diversas (como as dos Capítulos 18 e 19) é mantida mesmo por alguns teóricos de cordas, que percebem a importância de incluir pontos de vista contraditórios.

Em um debate entre Brian Greene e Lee Smolin na Rádio Pública Nacional, Greene reconheceu a necessidade de trabalhar em outras áreas além da teoria das cordas, salientando que alguns dos seus próprios alunos de pós-graduação estão trabalhando em outras abordagens para resolver problemas de gravidade quântica.

Lisa Randall — cujo próprio trabalho foi em geral influenciado pela teoria das cordas — descreve como, durante a primeira revolução das supercordas, os físicos de Harvard permaneceram mais ligados à tradição da física de partículas e aos resultados experimentais, enquanto os pesquisadores de Princeton se dedicaram em grande parte ao empreendimento puramente teórico da teoria das cordas. No fim, todos os teóricos de partículas em Princeton trabalharam na teoria das cordas, o que ela identifica como um erro — e que continua até os dias de hoje.

Tais posicionamentos indicam que, se existe uma "seita da teoria das cordas", então Brian Greene e Lisa Randall aparentemente não foram admitidos nela. Ainda assim, o fato é que os departamentos de física teórica em várias universidades grandes são agora dominados por apoiadores da teoria das cordas, e alguns sentem que outras abordagens são inerentemente marginalizadas por isso.

Acredito que essa crítica seja uma das mais justas, porque a ciência, como qualquer outro campo de trabalho, *precisa* de críticas. Os psicólogos demonstraram que o fenômeno do "pensamento de grupo" se instala em situações em que as únicas pessoas permitidas à mesa são aquelas que pensam da mesma forma. Se quiser ter uma troca intelectual robusta — algo que está no âmago da física e de outras ciências —, é importante incluir pessoas que desafiem seus pontos de vista, e não apenas que concordem com eles.

Algumas críticas ao livro de Smolin indicaram que ele quer algum tipo de esmola para si e seus amigos que não conseguem ser aprovados pelo processo normal de pedido de bolsa. (Na outra direção, Smolin e Woit sugeriram que interesses econômicos semelhantes estão no âmago do apoio à teoria das cordas.)

Mas se os institutos que determinam a forma como o financiamento é atribuído são dominados por pessoas que acreditam que a teoria das cordas é a única teoria viável, então as abordagens alternativas não serão financiadas. Acrescente-se a isso as questões de citação descritas anteriormente neste capítulo, que possivelmente fazem a teoria das cordas parecer mais bem-sucedida do que realmente é, e há espaço para críticas válidas sobre a forma como o financiamento é atribuído na física.

Ainda assim, a esperança em tais alternativas não está perdida. Por mais popular que seja a teoria das cordas, acredito ser provável que a maioria dos físicos teóricos esteja mais interessada em encontrar respostas do que provar que tem razão. Os físicos gravitarão (por assim dizer) em direção às teorias que lhes proporcionam a melhor oportunidade de descobrir uma verdade fundamental sobre o Universo.

Enquanto teóricos que não trabalhem com a teoria das cordas continuarem a fazer um trabalho sólido nessas outras áreas, eles terão a esperança de atrair recrutas da geração mais jovem. Mais cedo ou mais tarde, se os teóricos de cordas não encontrarem uma forma de fazer com que a teoria tenha sucesso, ela perderá sua posição dominante.

A Teoria das Cordas Descreve Nosso Universo?

Agora vem a verdadeira questão científica relacionada com a teoria das cordas: será que ela descreve nosso Universo? A resposta curta é não. Ela pode ser escrita de forma que descreva alguns mundos idealizados que têm semelhanças com o nosso mundo, mas ainda não pode descrevê-lo.

Infelizmente, é preciso saber muito sobre a teoria das cordas para perceber isso. Os teóricos das cordas raramente são francos em relação a quanto sua teoria descreve nossa realidade (ao falar com o público, pelo menos). Isso tende a ser um *disclaimer*, embutido nos detalhes de suas apresentações ou colocado só lá perto do fim. De fato, você pode ler muitos dos livros por aí sobre a teoria das cordas e, depois de virar a última página, perceber que não lhe disseram explicitamente que ela não descreve nosso Universo.

Parabéns por não ter escolhido esses livros.

Entendendo as dimensões extras

O mundo descrito pela teoria das cordas tem pelo menos mais seis dimensões espaciais do que as três que conhecemos, totalizando nove dimensões espaciais. Na teoria M há pelo menos dez dimensões espaciais, e na teoria M de dois tempos há onze dimensões espaciais (com duas dimensões temporais agregadas).

O problema é que os físicos não sabem onde estão tais dimensões extras. Na verdade, a principal razão para acreditar em sua existência é que as equações da teoria das cordas as exigem. Essas dimensões extras foram compactificadas (em alguns modelos) de formas que sua geometria particular gera certas características do nosso Universo.

Há duas formas principais de abordarmos as dimensões extras:

» As dimensões extras estão compactificadas, provavelmente na escala de Planck (embora alguns modelos permitam que sejam maiores).

» Nosso Universo está "preso" em uma brana com três dimensões espaciais (cenários do mundo das branas).

Há outra alternativa: as dimensões extras talvez não existam. (Essa seria a abordagem sugerida pela aplicação da navalha de Ockham.) Vários físicos desenvolveram abordagens à teoria das cordas sem dimensões extras, como vimos no Capítulo 13, assim, abandonar a ideia de dimensões extras nem mesmo exige abandonar a teoria das cordas!

O espaço-tempo deveria ser fluido

Uma das marcas da física moderna é a relatividade geral. O choque entre a relatividade geral e a física quântica é parte da motivação para procurar uma teoria das cordas, mas alguns críticos acreditam que a teoria das cordas é concebida de tal forma que não mantém fielmente os princípios da relatividade geral.

Quais princípios da relatividade geral não são mantidos na teoria das cordas? Especificamente, a ideia de que o espaço-tempo é uma entidade dinâmica que responde à presença de matéria à sua volta. Ou seja, o espaço-tempo é flexível. Na terminologia da física, a relatividade geral é uma *teoria independente do fundo*, pois o fundo (espaço-tempo) está incorporado na teoria. Uma *teoria dependente do fundo* é aquela em que os objetos da teoria estão meio que "conectados" a uma estrutura de espaço-tempo.

LEMBRE-SE

Neste momento, a teoria das cordas é uma estrutura dependente do fundo. O espaço-tempo é rígido, e não flexível. Se temos uma certa configuração do espaço-tempo, podemos discutir como determinada versão da teoria das cordas se comportaria nesse sistema.

A questão é se a teoria das cordas, que neste momento só pode ser formulada em ambientes de espaço-tempo fixos, pode realmente acomodar uma estrutura de espaço-tempo fundamentalmente dinâmica. Como podemos transformar o espaço-tempo rígido da teoria das cordas no espaço-tempo flexível da relatividade geral? O pessimista responde "Não dá" e trabalha na gravidade quântica em loop (veja o Capítulo 18).

O otimista, contudo, acredita que a teoria das cordas ainda tem esperança. Mesmo com um fundo rígido de espaço-tempo, é possível obter uma relatividade geral como um caso limitador da teoria das cordas. Isso não é tão bom como obter um espaço-tempo flexível, mas significa que a teoria das cordas certamente não exclui a relatividade geral. Em vez de obtermos a versão completa em alta definição do espaço-tempo, ficamos com algo mais parecido com um *folioscópio* (ou desenhos sequenciais que aparentam movimentos ao serem folheados), que trata cada imagem como estática, mas, de um modo geral, dá a impressão de movimento suave.

A teoria das cordas é um trabalho em progresso, e ainda esperamos que possam ser desenvolvidos princípios físicos e matemáticos que permitam a expressão de um fundo totalmente dinâmico na teoria das cordas. Os teóricos das cordas são forçados a falar sobre a teoria em um espaço-tempo rígido (dependente do fundo) apenas porque ainda não encontraram uma linguagem matemática que os permita falar sobre ela em um espaço-tempo flexível (independente do fundo). Alguns acreditam que a correspondência AdS/CFT de Maldacena possa constituir um meio de incorporar tal linguagem de independência do fundo. É também possível que os princípios que permitam essa nova linguagem venham de uma direção inesperada, como o trabalho descrito nos Capítulos 18 e 19.

Ou, é claro, talvez esses princípios nem existam, e assim se justifique a inclinação dos céticos em criticarem a teoria das cordas.

Qual é a finitude da teoria das cordas?

Uma crítica que surgiu em grande parte do livro de Smolin, *The Trouble with Physics*, é a noção de que a teoria das cordas não é necessariamente uma teoria finita. Lembre-se de que essa é uma das principais características de apoio à teoria das cordas: ela remove as infinidades que surgem quando tentamos aplicar a física quântica diretamente aos problemas.

Conforme a descrição de Smolin sobre as coisas, a crença na finitude da teoria das cordas se baseia bastante em uma prova de 1992 realizada por Stanley Mandelstam, na qual apenas provou que o primeiro termo da teoria das cordas (lembre-se de que a teoria das cordas é uma equação feita de uma série infinita de termos matemáticos) era finito. Desde então, isso também foi provado para o segundo termo.

Ainda assim, mesmo que cada termo individual seja finito, a teoria das cordas está atualmente escrita de tal forma (como a teoria quântica de campos) que tem um número infinito de termos. Mesmo que cada termo seja finito, é possível que a soma de todos os termos produza um resultado infinito. Uma vez que infinitos nunca são testemunhados no nosso Universo, isso significaria que a teoria das cordas não descreve nosso Universo.

O fato de a finitude da teoria das cordas não ter sido provada não é uma falha na teoria. A falha está no fato de a maioria dos teóricos de cordas *achar* que sua finitude havia sido provada quando isso não tinha acontecido — não necessariamente uma falha na teoria das cordas em si, mas na própria forma como esses cientistas estão praticando sua ciência. A maior questão em jogo nesta crítica em particular é de precisão e honestidade intelectual.

Uma Refutação da Teoria das Cordas

À luz de todas essas críticas, muitas das quais têm alguma medida de validade ou lógica, talvez você esteja se perguntando como alguém poderia continuar a trabalhar na teoria das cordas. Como poderiam alguns dos físicos mais brilhantes do mundo dedicar suas carreiras à exploração de um campo que aparentemente é um castelo de cartas?

A resposta curta, afirmada de várias maneiras por muitos teóricos de cordas ao longo dos anos, é que eles acham difícil acreditar que uma teoria tão bela não se aplicaria ao Universo. A teoria das cordas descreve todo o comportamento do Universo a partir de certos princípios fundamentais, como as vibrações das cordas unidimensionais e a compactificação de geometrias extradimensionais, e pode ser utilizada em algumas versões simplificadas para resolver problemas significativos para os físicos, tais como a entropia do buraco negro.

A maioria dos teóricos de cordas consegue rejeitar a ideia de que a teoria deveria estar mais longe do que está. A teoria das cordas, afinal, explora energias e tamanhos além da capacidade de teste de nossa tecnologia atual. E, mesmo nos casos em que a experiência pode orientar a teoria, há casos em que trinta anos não foi tempo suficiente.

LEMBRE-SE

A teoria da luz levou muito mais de 30 anos para ser desenvolvida. No final dos anos 1600, Newton descreveu a luz como pequenas partículas. Nos anos 1800, as experiências revelaram que ela viajava como ondas. Em 1905, Einstein propôs os princípios quânticos que levaram à dualidade onda-partícula, que, por sua vez, resultou na teoria da eletrodinâmica quântica na década de 1940. Ou seja, o rigoroso exame físico da luz traça um caminho desde Newton até Feynman que abrange cerca de 250 anos, cheio de muitas pistas falsas ao longo do caminho.

E a eletrodinâmica quântica é uma teoria quântica de campo, o que significa que tem soluções infinitas a menos que passe por um processo de renormalização. O fato de a teoria das cordas também poder ser infinita não é visto como um grande problema, porque a teoria existente é definitivamente infinita. (Embora, mais uma vez, uma das motivações da teoria das cordas fosse *remover* o infinito.)

Nesse sentido, foram precisos mais de 1.500 anos para que os modelos heliocêntricos do movimento da Terra fossem aceitos no lugar dos modelos geocêntricos, mesmo que qualquer um pudesse olhar para o céu! É apenas porque nosso mundo moderno se move tão depressa que sentimos a necessidade de respostas rápidas e fáceis para algo tão simples como a natureza fundamental do Universo.

Como mencionado anteriormente, nenhum dos lados ganhou o debate (ou "a guerra das cordas") ainda, mas muitos acham que o próprio fato de o debate estar ocorrendo é, de uma maneira geral, bom para a ciência. E aqueles que não acham isso — bem, provavelmente fazem parte de uma seita de teóricos de cordas influenciados por pensamento de grupo.

> **NESTE CAPÍTULO**
>
> » Vendo como a gravidade quântica em loop é mais focada do que a teoria das cordas
>
> » Sabendo quais previsões a gravidade quântica em loop faz
>
> » Avaliando as semelhanças entre a gravidade quântica em loop e a teoria das cordas

Capítulo **18**

Gravidade Quântica em Loop: A Grande Concorrente

Embora a teoria das cordas seja frequentemente promovida como a "única teoria consistente da gravidade quântica" (ou algo parecido), alguns discordariam dessa categorização. Os primeiros entre esses são os pesquisadores de um campo conhecido como *gravidade quântica em loop* (às vezes abreviado como *GQL*). Discuto outras abordagens à gravidade quântica no Capítulo 19.

Neste capítulo, apresento a gravidade quântica em loop, uma teoria alternativa da gravidade quântica. Como principal concorrente da teoria das cordas, a gravidade quântica em loop espera responder a muitas das mesmas questões, utilizando uma abordagem diferente. Começo descrevendo os princípios básicos da gravidade quântica em loop e depois apresento alguns dos principais benefícios dessa abordagem em relação à teoria das cordas. Exponho algumas das previsões preliminares da gravidade quântica em loop, incluindo possíveis formas de testá-la. Por fim, considero se ela tem as mesmas falhas fundamentais que podem derrubar a teoria das cordas.

Olha o Loop: Apresentando Outro Caminho à Gravidade Quântica

A gravidade quântica em loop é a maior concorrente da teoria das cordas. Ela recebe menos pressão do que a teoria das cordas, em parte porque tem um objetivo fundamentalmente mais limitado: uma teoria quântica da gravidade. A gravidade quântica em loop realiza essa proeza tentando quantizar o próprio espaço — quer dizer, tratar o espaço como se fosse composto por pequenos pedaços.

Em contraste, a teoria das cordas começa com métodos da física de partículas e espera muitas vezes não só fornecer um método para criar uma teoria quântica da gravidade, mas também explicar toda a física de partículas, unificando a gravidade com as outras forças ao mesmo tempo. Ah, e ela prevê dimensões extras, o que é muito legal!

Não espanta o fato de que a gravidade quântica em loop tem mais dificuldade de ser elogiada.

O grande debate de fundo

O insight fundamental da física quântica é que algumas quantidades na natureza vêm em múltiplos de valores discretos, chamados *quanta*. Esse princípio foi aplicado com sucesso a toda a física, exceto à gravidade. Essa é a motivação para a busca da gravidade quântica.

Alternativamente, o insight fundamental da relatividade geral é que o espaço-tempo é uma entidade dinâmica, não uma estrutura fixa. A teoria das cordas é uma *teoria dependente do fundo* (construída sobre uma estrutura fixa; veja mais informações sobre isso no Capítulo 17), então, no momento, ela não explica a natureza dinâmica do espaço-tempo no âmago da relatividade.

Segundo os pesquisadores da GQL, uma teoria da gravidade quântica deve ser independente do fundo, uma teoria que explique o espaço e o tempo, em vez de estar ligada a uma fase de espaço-tempo já existente. Nenhuma teoria dependente do fundo pode jamais produzir uma relatividade geral como uma aproximação de baixa energia.

LEMBRE-SE

A gravidade quântica em loop tenta alcançar esse objetivo observando o tecido liso do espaço-tempo na relatividade geral e contemplando a questão de se, como o tecido normal, pode ser constituído por fibras menores costuradas juntas. As ligações entre os quanta do espaço-tempo podem produzir uma forma de observarmos a gravidade no mundo quântico, independente do fundo.

O que está em loop mesmo?

A ideia fundamental da gravidade quântica em loop é que podemos descrever o espaço como um *campo*; em vez de um monte de pontos, o espaço é um monte de linhas. O *loop* da gravidade quântica em loop tem a ver com o fato de que, à medida que vemos essas linhas de campo (que não precisam ser retas, claro), elas podem fazer um loop ao redor e através umas das outras, criando uma *rede de spin*. Ao analisarmos essa rede de feixes de espaço, podemos supostamente extrair resultados que são equivalentes às leis conhecidas da física.

A fundação da GQL ocorreu em 1986, quando Abhay Ashtekar reescreveu a relatividade geral como uma série de linhas de campo, em vez de uma grade de pontos. O resultado acaba sendo não apenas mais simples do que a abordagem anterior, mas é semelhante a uma teoria de gauge.

Há um problema, no entanto: as teorias de gauge são dependentes do fundo (são inseridas em uma estrutura de espaço-tempo fixo), mas isso não funciona, porque as próprias linhas de campo representam a geometria do espaço. Não dá para ligar a teoria ao espaço se o espaço já faz parte da teoria!

Para ir em frente, os físicos que trabalham nessa área precisaram ver a teoria quântica de campo de uma forma totalmente nova para que ela pudesse ser abordada em um contexto independente do fundo. Muito desse trabalho foi realizado por Ashtekar, Lee Smolin, Ted Jacobson e Carlo Rovelli, que podem ser razoavelmente considerados os pais da gravidade quântica em loop.

Conforme a GQL se desenvolvia, ficou claro que a teoria representava uma rede de *feixes de espaço quântico* conectados, muitas vezes denominados "átomos" do espaço. O fracasso de tentativas anteriores de escrever uma teoria quântica da gravidade foi que o espaço-tempo era tratado como contínuo, em vez de ele próprio ser quantizado. A evolução dessas conexões é o que proporciona o quadro dinâmico do espaço (embora ainda não tenha sido provado que a gravidade quântica em loop se reduz efetivamente às mesmas previsões que as feitas pela relatividade).

Cada átomo de espaço pode ser representado por um ponto (chamado *nó*) sobre um certo tipo de grade. A grade de todos esses nós, e as ligações entre eles, é chamada de *rede de spin*. (Essas redes foram originalmente desenvolvidas pelo físico de Oxford Roger Penrose nos anos 1970.) O gráfico ao redor de cada nó pode mudar localmente ao longo do tempo, como mostra a Figura 18-1 (que apresenta o estado inicial [a] e o novo estado em que se transforma [b]). A ideia é que a soma total dessas alterações corresponderá com as previsões de espaço-tempo liso da relatividade em escalas maiores. (Essa última parte é a mais importante que ainda precisa ser provada.)

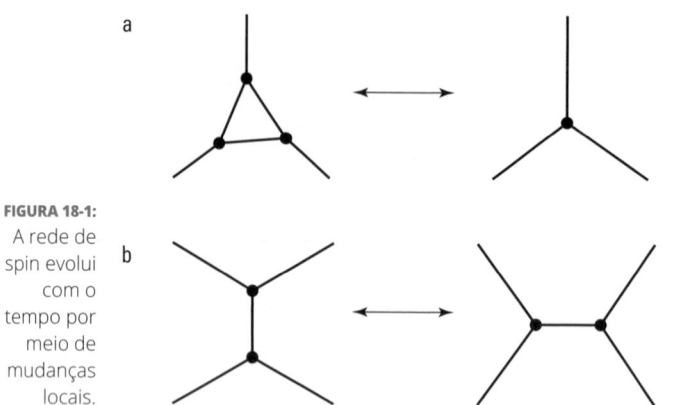

FIGURA 18-1: A rede de spin evolui com o tempo por meio de mudanças locais.

DICA

Agora, quando olhamos para essas linhas e as imaginamos em três dimensões, as linhas existem dentro do espaço — mas essa é a forma errada de pensar sobre isso. Na GQL, a rede de spin com todos esses nós e linhas de grade, toda a rede de spin, é, na realidade, o próprio espaço. A configuração específica da rede de spin é a geometria do espaço.

A análise dessa rede de unidades quânticas de espaço pode resultar em mais do que os físicos pediram, porque estudos recentes indicaram que as partículas do Modelo Padrão podem estar implícitas na teoria. Esse trabalho foi em grande parte iniciado por Fotini Markopoulou e pelo australiano Sundance O. Bilson-Thompson. No modelo de Bilson-Thompson, os loops podem se entrelaçar de formas que possam criar as partículas, como indicado na Figura 18-2. (Esses resultados permanecem inteiramente teóricos, e resta ver como funcionam na estrutura maior da GQL à medida que se desenvolve, ou mesmo se têm algum significado físico.)

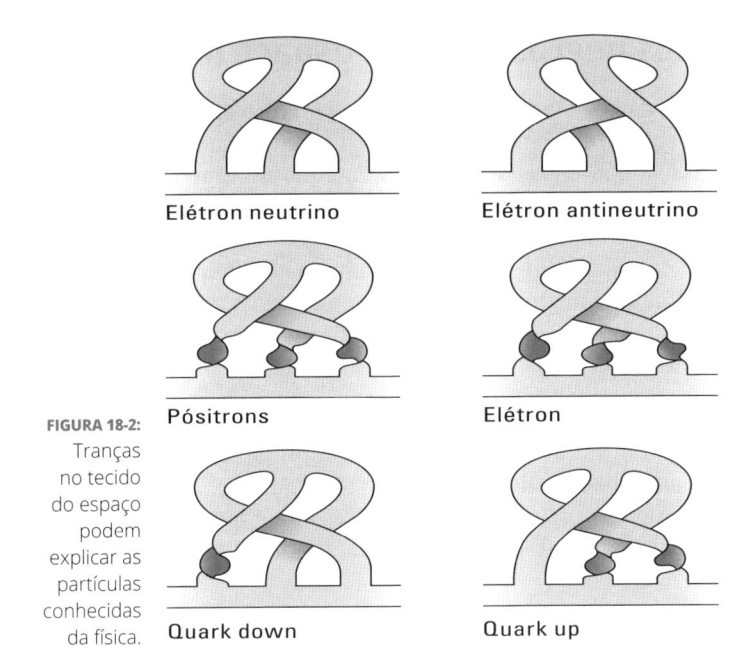

FIGURA 18-2: Tranças no tecido do espaço podem explicar as partículas conhecidas da física.

Elétron neutrino | Elétron antineutrino
Pósitrons | Elétron
Quark down | Quark up

Fazendo Previsões com a GQL

A gravidade quântica em loop faz algumas previsões definitivas, o que talvez signifique que pode ser testada muito antes de a teoria das cordas poder ser testada. Como a popularidade da teoria das cordas está sendo questionada, a quantidade de pesquisas sobre a GQL pode acabar aumentando.

A gravidade existe (Ah é!?)

Curiosamente, visto que a GQL nasceu da relatividade geral, uma questão tem sido se a ciência pode recuperar a relatividade geral da teoria. Quer dizer, será que os cientistas podem utilizar a gravidade quântica em loop para de fato corresponder à teoria clássica da gravidade de Einstein em grandes escalas? A resposta é: sim, em alguns casos especiais (como na teoria das cordas).

Por exemplo, o trabalho de Carlo Rovelli e seus colegas mostrou que a GQL contém grávitons, pelo menos na versão de baixa energia da teoria, e também que duas massas colocadas na teoria se atrairão mutuamente de acordo com a lei da gravidade de Newton. São necessários mais trabalhos teóricos para obtermos correlações sólidas entre a GQL e a relatividade geral.

Os buracos negros têm um espaço limitado

O maior sucesso da gravidade quântica em loop foi corresponder à previsão de Bekenstein sobre a entropia do buraco negro, bem como às previsões da radiação de Hawking (ambas descritas no Capítulo 9). Como mencionado nos Capítulos 11 e 14, a teoria das cordas conseguiu fazer algumas previsões sobre tipos especiais de buracos negros, o que também é consistente com as teorias de Bekenstein-Hawking. Assim, no mínimo, se os cientistas puderem criar buracos negros em miniatura no Grande Colisor de Hádrons e observar a radiação de Hawking, então isso certamente não descartará nenhuma das teorias.

No entanto, a imagem dada pela GQL é muito diferente daquela dos buracos negros clássicos. Em vez de uma singularidade infinita, as regras quânticas dizem que há um espaço limitado dentro do buraco negro. Alguns teóricos da GQL esperam poder prever pequenos ajustes à teoria de Hawking, que, se comprovada experimentalmente, apoiaria a GQL acima da teoria das cordas.

Uma previsão é que, em vez de uma singularidade, a matéria que cai em buraco negro começa a se expandir para outra região de espaço-tempo, consistente com algumas previsões anteriores de Bryce DeWitt e John Archibald Wheeler. De fato, as singularidades no Big Bang também são eliminadas, proporcionando outro possível modelo de Universo eterno. (Veja mais modelos do Universo eterno no Capítulo 14.)

Radiações das explosões de raios gama viajam em velocidades diferentes

Muitas das experiências do Capítulo 12, que puderam testar se a velocidade da luz varia, seriam também consistentes com a gravidade quântica em loop. Por exemplo, é possível que as radiações das explosões de raios gama não viajem todas à mesma velocidade, como prevê a relatividade clássica. À medida que a radiação passa pela rede de spin do espaço quantizado, os raios gama de alta energia viajariam um pouquinho mais devagar do que os raios gama de baixa energia. Mais uma vez, esses efeitos seriam ampliados ao longo das vastas distâncias percorridas para eventualmente serem observados pelo telescópio Fermi.

Prós e Contras da GQL

Tal como na teoria das cordas, a gravidade quântica em loop é apaixonadamente adotada por alguns físicos e descartada por outros. Os físicos que a estudam acreditam que as previsões (descritas na seção anterior) são muito melhores do que as feitas pela teoria das cordas. Um argumento importante em apoio da GQL é que ela é vista por seus adeptos como uma teoria finita, o que significa que a própria teoria não admite infinitos de forma inerente. Esses mesmos pesquisadores também tendem a descartar as falhas como sendo o produto de um trabalho (e financiamento) insuficiente dedicado à teoria. Os teóricos de cordas, por sua vez, os veem como vítimas do "pensamento de grupo", assim como os críticos veem os teóricos de cordas.

O benefício de um teorema finito

Uma das principais vantagens da gravidade quântica em loop é que a teoria provou ser finita em um sentido mais definitivo do que a teoria das cordas. Lee Smolin, um dos principais (e certamente mais destacados) pesquisadores da GQL, descreve em seu livro *The Trouble with Physics* três formas distintas de a teoria ser finita (com objeções dos teóricos de cordas entre parênteses):

- » As áreas e os volumes da gravidade quântica em loop estão sempre em unidades finitas e discretas. (Os teóricos de cordas diriam que esta não é uma forma particularmente significativa de finitude.)

- » No modelo Barrett-Crane de gravidade quântica em loop, as probabilidades de uma geometria quântica evoluir para diferentes histórias são sempre finitas. (Isso soa exatamente como a unitariedade, que é uma propriedade da teoria das cordas e de todas as teorias quânticas de campo.)

- » A inclusão da gravidade em uma teoria da gravidade quântica em loop que contém a teoria da matéria, como o Modelo Padrão, não envolve expressões infinitas. Se a gravidade for excluída, é necessário fazer alguns ajustes para evitar tais expressões. (Os teóricos de cordas acreditam que essa afirmação é prematura e que existem problemas substanciais com os modelos GQL propostos que produzem tal resultado.)

Como explico no Capítulo 17, existem algumas questões (em grande parte levantadas pelos teóricos da gravidade quântica em loop) sobre se a teoria das cordas é realmente finita — ou, mais especificamente, se foi rigorosamente provada como finita. Do lado teórico das coisas, as pessoas veem tal incerteza como uma grande vitória sobre a teoria das cordas. (Os teóricos das cordas argumentariam que essas afirmações ainda não provam que a GQL não pode resultar em uma solução infinita quando os dados experimentais são colocados na teoria.)

Gastando um tempo focando as falhas

Muitas das falhas na gravidade quântica em loop são as mesmas na teoria das cordas. Suas previsões se estendem, em geral, a domínios que ainda não são totalmente testáveis (embora a GQL esteja um pouco mais próxima de poder ser testada experimentalmente do que a teoria das cordas provavelmente está). Além disso, não está realmente claro que a gravidade quântica em loop seja mais falsificável do que a teoria das cordas. Por exemplo, a descoberta da supersimetria ou de dimensões extras não refutará a gravidade quântica em loop, assim como o fracasso em detectá-las não refutará a teoria das cordas. (Para mim, a única descoberta que a GQL teria dificuldade em superar seria se fossem observados buracos negros e a radiação de Hawking se revelasse falsa, o que seria um problema para qualquer teoria da gravidade quântica, incluindo a teoria das cordas.)

A maior falha na gravidade quântica em loop é que ainda precisa mostrar exitosamente que é possível pegarmos um espaço quantizado e extrair um espaço-tempo liso dele. De fato, todo o método de acrescentar o tempo à rede de spin parece um pouco artificial para alguns críticos, embora ainda não possamos dizer se é mais artificial do que a formulação inteiramente dependente do fundo da teoria das cordas.

A teoria quântica do espaço-tempo da gravidade quântica em loop é, na verdade, apenas uma teoria quântica do espaço. A rede de spin descrita pela teoria ainda não pode incorporar o tempo. Alguns, como Lee Smolin, acreditam que o tempo provará ser um componente necessário e fundamental da teoria, enquanto Carlo Rovelli acredita que a teoria acabará mostrando que o tempo não existe realmente, mas é apenas uma propriedade emergente sem uma existência real por si só. Essas e outras disputas sobre o significado do tempo são abordadas no Capítulo 16.

Então São Duas Teorias Iguais com Nomes Diferentes?

Um ponto de vista é que tanto a teoria das cordas como a gravidade quântica em loop podem, na realidade, representar a mesma teoria abordada a partir de direções diferentes. Os paralelos entre as teorias são numerosos:

> » A teoria das cordas começou como uma teoria das interações de partículas, mas demonstrou conter a gravidade. A gravidade quântica em loop começou como uma teoria da gravidade, mas mostrou que continha partículas.

> » Na teoria das cordas, o espaço-tempo pode ser visto como uma malha de cordas e branas interagindo, muito semelhante aos fios de um tecido. Na gravidade quântica em loop, os fios do espaço são entrelaçados, criando o tecido aparentemente "liso" do espaço-tempo.
>
> » Alguns teóricos de cordas acreditam que as dimensões compactificadas representam uma unidade quântica fundamental de espaço, enquanto a GQL começa com unidades de espaço como um requisito inicial.
>
> » Ambas as teorias (desde que certas suposições sejam feitas) calculam a mesma entropia para os buracos negros.

Uma forma de ver as diferenças é que a teoria das cordas, que começou aplicando os princípios da física de partículas, pode apontar para um Universo em que o espaço-tempo emerge do comportamento dessas cordas fundamentais. A GQL, por outro lado, começou aplicando os princípios da relatividade geral e resulta em um mundo onde o espaço-tempo é fundamental, mas a matéria e a gravidade podem emergir do comportamento dessas unidades fundamentais.

Por um tempo, Lee Smolin foi um dos principais apoiadores do ponto de vista de que a teoria das cordas, a teoria M e a gravidade quântica em loop eram aproximações diferentes da mesma teoria fundamental subjacente. Ao longo da última década, ele ficou muito desiludido com a teoria das cordas (pelo menos em comparação com sua posição conciliadora inicial), tornando-se um defensor proeminente da busca por outras vias de investigação.

Alguns teóricos de cordas acreditam que os métodos utilizados pela GQL serão em algum momento transpostos para a teoria das cordas, permitindo uma versão de fundo independente da teoria das cordas. Isso é muito provável, especialmente considerando que o cenário da teoria das cordas parece conseguir absorver praticamente qualquer teoria viável e incorporá-la como parte da teoria das cordas.

Apesar da possível harmonia entre os dois campos, neste momento eles são concorrentes em busca de financiamento e atenção à pesquisa. Os teóricos de cordas têm suas conferências, assim como a turma da gravidade quântica em loop, e raramente as duas conferências se encontrarão. (Exceto para Lee Smolin, que parece ter gostado bastante de ter passado para o lado da teoria das cordas ao longo dos anos.) Com demasiada frequência, os grupos parecem incapazes de falar uns com os outros de forma significativa (veja o box "*The Big Bang Theory*").

Parte do problema é sociológico. Muitos teóricos de cordas, mesmo em artigos de pesquisa, usam termos que deixam claro que consideram a teoria das cordas não só sua teoria preferida, mas a única (ou, nos casos em que são mais generosos, a "mais promissora") teoria da gravidade quântica. Ao fazer isso, rejeitam frequentemente a GQL até como uma opção. Alguns teóricos de cordas indicaram em entrevistas que desconhecem completamente quaisquer alternativas viáveis à teoria das cordas! (Isso porque os teóricos das cordas ainda não estão convencidos de que as alternativas sejam realmente viáveis.)

Esperemos que esses físicos encontrem uma forma de trabalhar em conjunto e que utilizem seus resultados e suas técnicas de forma a proporcionar insights reais da natureza do nosso próprio Universo. Mas, até agora, a gravidade quântica em loop, assim como a teoria das cordas, ainda está presa na prancheta no quadro branco.

THE BIG BANG THEORY

O conflito entre a gravidade quântica em loop e os entusiastas da teoria das cordas se transformou em cultura popular em um episódio da série de televisão da CBS *The Big Bang Theory*, que se centra em dois físicos colegas de quarto, Leonard e Sheldon. No segundo episódio da segunda temporada, Leonard iniciou uma relação com uma colega física, Leslie Winkle, rival de Sheldon (ou "nêmesis", como ele pensa dela). Leslie Winkle, como podemos ver, é pesquisadora da gravidade quântica em loop, enquanto Sheldon é teórico das cordas.

Na cena clímax do episódio, Sheldon e Leslie entram em uma "guerra de cordas", atirando farpas teóricas de física um contra o outro. Seu conflito é sobre qual teoria — gravidade quântica em loop ou teoria das cordas — tem a maior probabilidade de conseguir uma teoria quântica da gravidade. A briga termina com Leonard sendo colocado no meio, obrigado a apontar que são duas teorias não testadas da gravidade quântica, assim, não tem como escolher. Leslie fica chocada e consternada com essa resposta, terminando imediatamente sua relação com Leonard.

Embora isso seja obviamente exagerado para fins de comédia, para a comunidade física o mais engraçado foi o quanto realmente havia de verdade na cena. Quando os físicos entram em debates apaixonados sobre a gravidade quântica em loop em relação à teoria das cordas, a primeira baixa parece ser, com demasiada frequência, o discurso razoável.

> **NESTE CAPÍTULO**
>
> » Alguns físicos estão trabalhando em outras áreas que não a teoria das cordas — sério!
>
> » Contornando a necessidade de uma teoria da gravidade quântica
>
> » Buscando novas abordagens matemáticas durante a solução dos problemas da teoria das cordas

Capítulo 19
Considerando Outras Formas de Explicar o Universo

No caso de a teoria das cordas se revelar falsa, ou de não haver "teoria de tudo", ainda existem alguns fenômenos inexplicáveis no Universo que requerem explicação. Tais questões se encontram sobretudo no domínio da cosmologia, como o problema da planicidade, da matéria escura, da energia escura e dos detalhes do Universo primitivo.

Embora a teoria das cordas seja atualmente o caminho dominante explorado para responder à maioria desses problemas, alguns físicos começaram a olhar em outras direções, além da gravidade quântica em loop descrita no Capítulo 18. Tais rebeldes (e, às vezes, excluídos) se recusaram, em muitos casos, a continuar na comunidade teórica dominante quando adotaram os princípios da teoria das cordas e propuseram novas direções de pesquisa que são, às vezes, extremamente radicais — embora possivelmente não mais radicais, à sua maneira, do que a teoria das cordas era nos anos 1970.

Neste capítulo, explico algumas das abordagens alternativas que os físicos estão estudando em um esforço para explicar os problemas que querem resolver. Primeiro, exploro algumas teorias alternativas da gravidade quântica, nenhuma das quais está tão bem desenvolvida como a teoria das cordas ou a gravidade quântica em loop. E em seguida, mostro como os físicos sugeriram modificar a lei existente da relatividade geral para considerar os fatos que não se enquadram no modelo original de Einstein. É possível que algumas das ideias deste capítulo acabem sendo incorporadas na teoria das cordas, ou talvez tomem inteiramente o seu lugar.

Pegando Outros Caminhos para a Gravidade Quântica

Embora os teóricos de cordas gostem de salientar que sua teoria é a mais desenvolvida para unir a relatividade geral e a física quântica (às vezes até parecem ignorantes quanto à existência de alternativas), por vezes parece que quase todos os físicos têm algum plano para combinar as duas — eles só não têm o apoio que os teóricos de cordas têm.

DICA

A maioria dessas teorias alternativas começa com a mesma ideia da gravidade quântica em loop — que o espaço é composto por unidades pequenas e discretas que de alguma forma trabalham em conjunto para fornecer o espaço-tempo que todos nós conhecemos e amamos (relativamente falando). Apesar do fato de os cientistas não saberem muito sobre essas unidades de espaço, alguns teóricos podem analisar como pode ser que elas se comportam e utilizar essa informação para gerar modelos úteis.

Veja alguns exemplos dessas outras abordagens da gravidade quântica:

» **Triangulação dinâmica causal (TDC):** Modela o espaço-tempo como sendo constituído por pequenos blocos de construção, chamados *4-simplices*, que são idênticos e podem se reconfigurar em diferentes curvaturas.

» **Gravidade quântica de Einstein (ou "segurança assintótica"):** Presume que há um ponto no qual "dar um zoom" no espaço-tempo para de aumentar a força da gravidade.

» **Grafidade quântica:** A gravidade não existia nos primeiros momentos do Universo porque o espaço em si não existe nas escalas de pequeno comprimento e alta energia envolvidas no Universo primitivo.

» **Relatividade interna:** Prevê que podemos começar com uma distribuição aleatória de spins quânticos e obter as leis da relatividade geral.

DICA

Claro que qualquer uma dessas abordagens poderia avançar a teoria das cordas ou a gravidade quântica em loop, em vez de avançar em uma nova direção. Alguns dos princípios podem dar muito resultado, mas apenas quando aplicados no quadro de uma das outras teorias. Só o tempo dirá quais percepções serão originadas delas, se é que serão, e se podem ser aplicadas para dar resultados significativos.

Triangulação dinâmica causal (TDC): Se você tem o tempo, eu tenho o espaço

A abordagem das triangulações dinâmicas causais consiste em pegar pequenos blocos de construção de espaço, chamados 4-*simplices* (uma espécie de triângulos multidimensionais), e utilizá-los para construir a geometria espaço-tempo. O resultado é uma sequência de padrões geométricos que estão relacionados causalmente em uma sequência em que uma construção segue outra (quer dizer, um padrão causa o padrão seguinte). Esse sistema foi desenvolvido por Renate Loll, da Universidade de Utrecht, na Holanda, e também pelos colegas Jan Ambjørn e Jerzy Jurkiewicz.

Um dos aspectos mais importantes da TDC [da sigla em inglês CDT para "*Casual Dynamical Triangulations*"] é que o tempo se torna um componente essencial do espaço-tempo, porque Loll inclui o nexo causal como parte crucial da teoria. A relatividade nos diz que o tempo é nitidamente diferente do espaço (como mencionado no Capítulo 13, a dimensão do tempo tem um negativo em relação à relatividade), mas Stephen Hawking e outros sugeriram que a diferença entre tempo e espaço talvez pudesse ser ignorada.

Loll pega então suas configurações causalmente ligadas de 4-simplices e soma todas as configurações possíveis das formas. (Feynman usou uma abordagem semelhante na mecânica quântica, somando todos os caminhos possíveis para obter resultados da física quântica.) O resultado é uma geometria espaço-tempo clássica!

DICA

Se verdadeira, a TDC mostra que é impossível ignorar a diferença entre espaço e tempo. A ligação causal das mudanças na geometria espaço--tempo — ou seja, a parte "tempo" do espaço-tempo — é absolutamente necessária para obter uma geometria espaço-tempo clássica governada pela relatividade geral e que corresponde ao que a ciência conhece dos modelos cosmológicos padrão.

LEMBRE-SE

Na menor escala, no entanto, a TDC mostra que o espaço-tempo é apenas bidimensional. O modelo se transforma em um padrão fractal, em que as estruturas se repetem em escalas cada vez menores, e não há provas de que o espaço-tempo real se comporte dessa forma.

A maior falha da TDC em comparação com a teoria das cordas é que não nos diz nada sobre a origem da matéria, enquanto a matéria surge naturalmente na teoria das cordas a partir das interações das cordas fundamentais.

Gravidade quântica de Einstein: Pequena demais para puxar

A gravidade quântica de Einstein, desenvolvida por Martin Reuter, da Universidade de Mainz, na Alemanha, tenta aplicar os processos da física quântica que funcionavam em outras forças à gravidade. Reuter acredita que, em pequenas escalas, a gravidade pode ter um ponto de corte em que sua força deixa de aumentar. (Essa noção foi proposta por Steven Weinberg nos anos 1970, sob o nome mais comum de "segurança assintótica".)

Uma razão para pensarmos que a gravidade deixa de aumentar em pequena escala é que isso é o que a teoria quântica de campo nos diz que as outras forças fazem. Em escalas muito pequenas, mesmo a força nuclear forte cai para zero. Isso é chamado de *liberdade assintótica*, e sua descoberta valeu a David Gross, David Politzer e Frank Wilczek o Prêmio Nobel de 2004. A força da gravidade não iria para zero, mas sim para alguma força finita (mais forte do que normalmente vemos), e essa ideia é conhecida como segurança assintótica.

Weinberg e outros não conseguiram seguir com a ideia na época porque as ferramentas matemáticas para calcular o ponto de corte para a relatividade da gravidade em geral não existiam, até que Reuter as desenvolveu nos anos 1990. Embora o método seja aproximado, Reuter tem uma grande confiança.

A gravidade quântica de Einstein, tal como a TDC, apresenta um padrão fractal em pequena escala espaço-tempo, e o número de dimensões cai para dois. O próprio Reuter observou que isso poderia significar que sua abordagem é fundamentalmente equivalente à TDC, pois ambas têm essas previsões bastante distintas em pequenas escalas.

A ideia da segurança assintótica é realmente uma solução muito conservadora para o problema da gravidade quântica. Ao contrário das outras abordagens que introduzem alguma física radicalmente nova que substituiria a relatividade geral a altas energias (ou de forma equivalente a curtas distâncias), ela propõe uma teoria da gravidade bem definida e fortemente interativa a altas energias em que a relatividade geral habitual é simplesmente aumentada por algumas interações extras para o gráviton.

Grafidade quântica: Desconectando os nós

A grafidade quântica foi desenvolvida por Fotini Markopoulou, do Instituto Perimeter. De certa forma, é a gravidade quântica em loop levada ao seu extremo — com energias extremamente elevadas, tudo o que existe é a rede de nós.

O INSTITUTO PERIMETER

Se você acompanha a física teórica, não demora até ouvir falar do Instituto de Física Teórica Perimeter, localizado em Waterloo, Ontário, Canadá. O Instituto Perimeter foi fundado em 1999 por Mike Lazaridis, que foi fundador e coCEO da Research in Motion, a fabricante do dispositivo portátil BlackBerry. Lazaridis decidiu ajudar a fomentar a pesquisa e inovação no Canadá, dando início ao Instituto Perimeter, que se dedica puramente à pesquisa da física teórica.

Muitos dos críticos proeminentes da teoria das cordas que estão trabalhando em outras abordagens — Lee Smolin, John Moffat, Fotini Markopoulou e outros — o chamam de casa, por isso acredita-se que o Instituto Perimeter procura teóricos anticordas. De fato, seu atual diretor é Neil Turok, um cosmólogo e cocriador do modelo ecpirótico, que se baseia nos princípios da teoria das cordas. O Instituto Perimeter deu um belo golpe de mestre ao contratar Stephen Hawking como presidente distinto de Pesquisas, seguido por uma série de outros físicos proeminentes.

O objetivo do Instituto Perimeter é fomentar a inovação, e os físicos trabalham em várias áreas: cosmologia, física de partículas, fundações quânticas, gravidade quântica, teoria da informação quântica e teoria das supercordas. É um dos únicos lugares em que os teóricos e líderes de outras abordagens da gravidade quântica trabalham regularmente em conjunto em um só instituto. Veja mais informações no site, em inglês, `www.perimeterinstitute.ca`.

O modelo se baseia em uma sugestão de John Archibald Wheeler sobre uma *fase pré-geométrica do Universo*, que Markopoulou entende literalmente. Os nós na fase pré-geométrica se tocariam todos entre si, mas à medida que o Universo esfriasse, eles se desconectariam, ficando separados, resultando no espaço que vemos hoje. (Os físicos que trabalham na teoria das cordas também encontraram esse tipo de fase pré-geométrica, então não é exclusividade da abordagem de Markopoulou.)

Também é possível que isso possa explicar o problema do horizonte, em que partes distantes do Universo parecem estar à mesma temperatura. No modelo de grafidade quântica [um trocadilho de gravidade quântica e teoria dos grafos], todos os pontos costumavam estar em contato direto, então a inflação se revela desnecessária. (Veja, no Capítulo 9, mais informações sobre o problema do horizonte e como a inflação o resolve.) Atualmente, a inflação é uma teoria muito mais bem definida, mas Markopoulou está trabalhando no desenvolvimento da grafidade quântica para competir com ela.

Relatividade interna: Girando o Universo em existência

O modelo da gravidade quântica final, a relatividade interna, pode ser o mais ambicioso, porque Olaf Dreyer, do MIT, acredita que uma distribuição aleatória de spins quânticos pode acabar resultando em todo o nosso Universo. Para que isso funcione, ele considera a visão dos observadores no interior do sistema. A abordagem mostrou que os observadores testemunhariam alguns aspectos da relatividade especial, tais como dilatação do tempo e contração do comprimento, mas Dreyer ainda está trabalhando para tirar a relatividade geral das equações. (Não estão todos?)

O espaço-tempo e a matéria são o resultado das excitações do sistema, o que é um motivo que deixa Dreyer esperançoso. Ele acredita que a razão pela qual a física quântica produz uma previsão incorreta da constante cosmológica é devido a uma divisão entre espaço-tempo e matéria. A relatividade interna liga os dois conceitos, assim os cálculos precisam ser efetuados de forma diferente.

Dreyer previu que seu modelo não mostraria ondas de gravidade na radiação cósmica de fundo em micro-ondas (RCFM), enquanto a teoria da inflação resultaria em ondas de gravidade RCFM. Espera-se que o satélite Planck seja capaz de detectar quaisquer ondas de gravidade na RCFM — ou não as detectar, como prevê a teoria de Dreyer.

Newton e Einstein Não Mandam em Tudo: Modificando a Lei da Gravidade

Em vez de tentarem desenvolver teorias da gravidade quântica, alguns físicos estão observando a lei da gravidade existente e tentando encontrar modificações específicas que a façam funcionar para explicar os mistérios atuais da cosmologia. Tais esforços são largamente motivados por tentativas de encontrar alternativas às teorias cosmológicas da inflação, da matéria escura ou da energia escura.

LEMBRE-SE Essas abordagens não resolvem necessariamente os conflitos entre a física quântica e a relatividade geral, mas em muitos casos tornam o conflito menos importante. Elas tendem a resultar em singularidades e infinidades saindo das teorias, então não há tanta necessidade de uma teoria da gravidade quântica.

Relatividade especial dupla: O dobro de limites

Uma abordagem intrigante é a *relatividade especial dupla* ou *relatividade especial deformada* (RES ou DSR, em inglês), originalmente desenvolvida por Giovanni Amelino-Camelia. Na relatividade especial, a velocidade da luz é constante para todos os observadores. Nas teorias da DSR, todos os observadores também concordam em uma outra coisa — a distância do comprimento de Planck.

DICA

Na relatividade de Einstein, a constância da velocidade da luz coloca um limite de velocidade superior em tudo no Universo. Nas teorias da DSR, o comprimento de Planck representa um limite inferior de distância. Nada pode ir mais rápido do que a velocidade da luz, e nada pode ser menor do que um comprimento de Planck. Os princípios da DSR podem ser aplicáveis a vários modelos de gravidade quântica, tais como a gravidade quântica em loop, embora até agora não haja provas para tal.

Dinâmica newtoniana modificada: Desconsiderando a matéria escura

Alguns físicos não se sentem confortáveis com a ideia da matéria escura e propuseram explicações alternativas para resolver os problemas que os levam a acreditar que ela existe. Uma dessas explicações, que envolve observar a gravidade de uma nova forma em grande escala, é chamada *dinâmica newtoniana modificada* (MOND, do inglês *Modified Newtonian Dynamics*).

A premissa básica da MOND é a de que, a valores baixos, a força da gravidade não segue as regras estabelecidas por Newton há mais de trezentos anos. A relação entre força e aceleração nesses casos pode acabar não sendo exatamente linear, e a MOND prevê uma relação que produzirá os resultados observados com base apenas na massa visível para as galáxias.

Na mecânica newtoniana (ou, aliás, na relatividade geral, que se reduz à mecânica newtoniana a essa escala), as relações gravitacionais entre objetos são definidas com precisão com base em suas massas e na distância entre eles. Quando a quantidade de matéria visível para as galáxias é colocada nessas equações, os físicos obtêm respostas mostrando que a matéria visível simplesmente não produz gravidade suficiente para manter as galáxias juntas. De fato, de acordo com a mecânica newtoniana, os limites exteriores das galáxias deveriam rodar muito mais rapidamente, fazendo com que as estrelas mais distantes voassem para longe da galáxia.

> ## DESMENTINDO A MATÉRIA ESCURA?
>
> Em agosto de 2008, um grupo de astrofísicos publicou um artigo intitulado "Uma Prova Empírica Direta da Existência da Matéria Escura". A "prova" de que falam provém de um impacto entre dois aglomerados de galáxias. Usando o Observatório Chandra de Raios X da NASA, eles puderam ver a *lente gravitacional* (a gravidade da colisão fez com que a luz se dobrasse, como a luz se dobra quando passa através de uma lente), o que lhes permitiu determinar o centro da colisão. O centro da colisão *não* coincidia com o centro da matéria visível. Ou seja, o centro de gravidade e o centro da matéria visível não coincidiam. Isso é uma prova bastante conclusiva de que havia matéria não visível, certo?
>
> No mundo da física teórica, nada é assim tão fácil hoje em dia. Em setembro, o físico John Moffat e outros estavam começando a lançar dúvidas a respeito de a matéria escura ser a única explicação. Usando sua própria teoria da *gravidade modificada* (MOG, da sigla em inglês), Moffat realizou um cálculo sobre uma versão simplificada da colisão em uma dimensão.
>
> A maioria dos físicos aceita as descobertas da NASA, incluindo descobertas mais recentes do WMAP e outras observações, como prova conclusiva de que existe matéria escura, mas ainda há aqueles que não estão convencidos e procuram outras explicações.

Visto que os cientistas conhecem as distâncias envolvidas, a suposição é que de alguma forma a quantidade de matéria foi subestimada. Uma resposta natural a isso (e a que a maioria dos físicos adotou) é que deve haver algum outro tipo de matéria que não é visível para nós: matéria escura.

DICA

Existe outra alternativa — as distâncias e a matéria estão corretas, mas a relação entre elas não. A MOND foi proposta pelo físico israelita Mordehai Milgrom em 1981 como um meio de explicar o comportamento galático sem recorrer à matéria escura.

A maioria dos físicos descarta a MOND, porque as teorias da matéria escura parecem encaixar melhor nos fatos. Milgrom, contudo, não desistiu, e em 2009 fez previsões sobre ligeiras variações no caminho dos planetas com base em seus cálculos da MOND. Resta saber se tais variações serão observadas.

Velocidade da luz variável: Ainda mais rápido com a luz

Em dois esforços distintos, os físicos desenvolveram um sistema em que a velocidade da luz não seria constante, como um meio de explicar o problema do horizonte sem a necessidade de inflação. O primeiro sistema da *velocidade da luz variável (VLV)* foi proposto por John Moffat (que mais tarde incorporou a ideia em sua teoria da gravidade modificada), e um sistema posterior foi desenvolvido por João Magueijo e Andreas Albrecht.

O problema do horizonte se baseia na ideia de que regiões distantes do Universo não conseguiam comunicar suas temperaturas por estarem tão distantes que a luz não teve tempo de passar de uma para a outra. A solução proposta pela teoria da inflação é que as regiões já estiveram muito mais próximas umas das outras para que pudessem se comunicar (veja, no Capítulo 9, para mais informações sobre isso).

LEMBRE-SE

Nas teorias VLV, é proposta outra alternativa: as duas regiões podiam se comunicar porque a luz viajava mais depressa no passado do que agora.

Moffat propôs seu modelo VLV em 1992, permitindo que a velocidade da luz no Universo primitivo fosse muito grande — cerca de 100 mil trilhões de trilhões de vezes os valores atuais. Isso permitiria que todas as regiões do Universo observável se comunicassem facilmente umas com as outras.

Para que isso funcionasse, Moffat precisou fazer uma conjectura de que a *invariância de Lorentz* — a simetria básica da relatividade especial — foi de alguma forma espontaneamente quebrada no Universo primitivo. A previsão de Moffat resulta em um período de rápida transferência de calor por todo o Universo, que resulta nos mesmos efeitos que um modelo inflacionário.

Em 1998, o físico João Magueijo apresentou uma teoria semelhante, em colaboração com Andreas Albrecht. Sua abordagem, desenvolvida sem qualquer conhecimento do trabalho de Moffat, foi muito semelhante — o que eles reconheceram ao tomar conhecimento dela. Esse trabalho foi publicado de forma um pouco mais proeminente do que o de Moffat (em grande parte porque foram mais teimosos na tentativa de publicação na prestigiosa *Physical Review D*, que havia rejeitado o trabalho anterior de Moffat). O trabalho posterior inspirou outros, tais como o físico de Cambridge John Barrow, a começar a investigar essa ideia.

Um apoio às abordagens VLV é que pesquisas recentes de John Webb e outros indicaram que a constante de estrutura fina pode não ter sido sempre constante. A *constante de estrutura fina* é uma razão composta pela constante de Planck, a carga do elétron e a velocidade da luz. É um valor que aparece em algumas equações físicas. Se a constante de estrutura fina mudou ao longo do tempo, então pelo menos um desses valores (e possivelmente mais do que um) também mudou.

As linhas espectrais emitidas pelos átomos são definidas pela constante de Planck. Os cientistas sabem pelas observações que essas linhas espectrais não mudaram, por isso é improvável que a constante de Planck tenha mudado. (Agradeço a John Moffat por esclarecer isso.) Ainda assim, qualquer mudança na constante de estrutura fina poderia ser explicada ou pela variação da velocidade da luz ou da carga de elétrons (ou de ambos).

Os físicos Elias Kiritsis e Stephon Alexander desenvolveram independentemente modelos VLV que poderiam ser incorporados na teoria das cordas, e Alexander trabalhou mais tarde com Magueijo no aperfeiçoamento desses conceitos (apesar de Magueijo ser crítico da falta de contato da teoria das cordas com a experiência).

DICA

Tais propostas são intrigantes, mas a comunidade física em geral continua comprometida com o modelo de inflação. Tanto a VLV como a inflação requerem algum comportamento estranho nos primeiros momentos do Universo, mas não está claro que a inflação seja inerentemente mais realista do que a VLV. É possível que mais evidências de constantes variáveis acabem apoiando a VLV, e não a inflação, mas esse dia parece muito distante, se alguma vez acontecer.

Gravidade modificada: Quanto mais longe, maior a gravidade

O trabalho de John Moffat na gravidade alternativa resultou em suas teorias da *gravidade modificada* (MOG), nas quais a força da gravidade aumenta ao longo da distância, e também na introdução de uma nova força repulsiva a distâncias ainda maiores. A MOG de Moffat consiste de fato em três teorias diferentes que ele desenvolveu ao longo de três décadas, tentando torná-las mais simples, mais elegantes e mais acessíveis para outros físicos trabalharem.

Esse trabalho começou em 1979, quando Moffat desenvolveu a *teoria da gravitação assimétrica* (NGT, da sigla em inglês), que estendeu o trabalho que Einstein tentou aplicar para criar uma teoria de campo unificada no contexto de uma geometria não riemanniana. O trabalho não havia conseguido unificar a gravidade e o eletromagnetismo, como queria Einstein, mas Moffat acreditava que podia ser utilizado para generalizar a própria relatividade.

Ao longo dos anos, a NGT acabou se revelando inconclusiva. Era possível que suas previsões (como a ideia de que o Sol se desviasse de uma forma perfeitamente esférica) fossem incorretas ou que o desvio fosse pequeno demais para ser observado.

Em 2003, Moffat desenvolveu uma alternativa com o nome complicado de *Metric Skew Tensor Gravity* (MSTG, da sigla em inglês). Essa era uma teoria simétrica (mais fácil de lidar), que incluía um campo "distorcido" para a parte não simétrica. Esse novo campo era, de fato, uma força fundamentalmente nova — uma quinta força fundamental no Universo.

Infelizmente, a teoria ficou demasiado complicada matematicamente aos olhos de muitos, então em 2004 Moffat desenvolveu a Gravidade Escalar-Tensor-Vetorial (STVG, da sigla em inglês). Na STVG, Moffat teve de novo uma quinta força resultante de um campo vetorial chamado *campo de píon*. A partícula píon era o bóson de gauge que carregava a quinta força na teoria.

LEMBRE-SE Segundo Moffat, as três teorias dão essencialmente os mesmos resultados para os campos de gravidade fraca, como aqueles que normalmente observamos. Os campos de gravidade forte necessários para distinguir as teorias são os que sempre dão problemas aos cientistas e motivaram a busca de teorias de gravidade quântica em primeiro lugar. Podem ser encontrados no momento do Big Bang ou durante os colapsos estelares que podem causar buracos negros.

Há indicações de que a STVG produz resultados muito semelhantes à teoria MOND de Milgrom (veja a seção anterior "Dinâmica newtoniana modificada: Desconsiderando a matéria escura" para ver uma explicação mais completa da MOND). Moffat propôs que a MOG pode realmente explicar a matéria escura e a energia escura, e que os buracos negros podem não existir de fato na natureza.

DICA Embora essas implicações sejam incríveis, o trabalho ainda está em fases muito preliminares, e provavelmente levará anos antes de ser desenvolvido (ou qualquer das outras teorias) o suficiente para ter qualquer esperança de competir seriamente com os pontos de vista arraigados.

Reescrevendo os Livros de Matemática e Física ao Mesmo Tempo

As revoluções na física tiveram frequentemente uma ajuda das revoluções na matemática anos antes. Um dos problemas da teoria das cordas é que ela avançou tão rápido que as ferramentas matemáticas não existiam de fato. Os físicos foram forçados (com a ajuda de alguns matemáticos brilhantes) a desenvolver as ferramentas à medida que avançavam.

Einstein obteve ajuda da geometria riemanniana para o desenvolvimento da relatividade geral, desenvolvida anos antes. A física quântica foi construída sobre um quadro de novas representações matemáticas de simetrias físicas, a teoria de grupos, desenvolvida pelo matemático Hermann Weyl.

Além do desenvolvimento da física necessária para resolver problemas de gravidade quântica, alguns físicos e matemáticos tentaram se concentrar no desenvolvimento de técnicas matemáticas totalmente novas. A questão permanece sendo, porém, como (e se) essas técnicas poderiam ser aplicadas aos quadros teóricos para obter resultados significativos.

Compute isto: Teoria da informação quântica

Uma técnica que está crescendo em popularidade como meio de vermos o Universo é a *teoria da informação quântica*, que lida com todos os elementos do Universo como sendo informações. A abordagem foi originalmente proposta por John Archibald Wheeler com a frase "*It from bit*" [Isso a partir do bit, em tradução literal], indicando que toda a matéria no universo pode ser vista essencialmente como informações. (Um *bit* é uma unidade de informação armazenada em um computador.)

Alguns dos líderes nessa abordagem são Fotini Markopoulou, do Instituto Perimeter, e Seth Lloyd, do MIT, que abordam o problema a partir de direções bastante diferentes. Markopoulou estuda teorias da gravidade quântica, enquanto Lloyd é mais conhecido por ter descoberto como construir um *computador quântico*. (Os computadores quânticos são como computadores comuns, mas, em vez de utilizarem apenas dois bits para armazenamento de informação, utilizam a física quântica para ter toda uma série de informações intermediárias. Um bit quântico de informação é chamado *qubit*.)

No geral, essa abordagem basicamente trata o Universo como um computador gigante — de fato, um computador quântico do tamanho do Universo. O principal benefício desse sistema é que, para um cientista da computação, é fácil ver como as informações aleatórias enviadas por uma série de computações resultam na complexidade crescente ao longo do tempo. A complexidade dentro do nosso Universo poderia, assim, surgir do Universo realizando operações lógicas — tipo cálculos — com as informações (sejam elas loops de espaço-tempo ou cordas) dentro de si mesmo.

Se quiser saber mais sobre a teoria da informação quântica, ou sobre computadores quânticos, pode ler o livro de física de Seth Lloyd de 2006, *Programming the Universe: A Quantum Computer Scientist Takes on the Cosmos* [Programando o Universo: Ideias de um Cientista da Computação Quântica sobre o Universo, em tradução literal], que deve ser acessível se você está entendendo a ciência deste livro aqui.

Observando as relações: Teoria dos Twistores

Durante quase quatro décadas, o brilhante físico Sir Roger Penrose vem explorando sua própria abordagem matemática — a *Teoria dos Twistores*. Penrose desenvolveu a teoria a partir de uma forte abordagem da relatividade geral (a teoria requer apenas quatro dimensões). Penrose mantém a crença de que qualquer teoria da gravidade quântica precisará incluir revisões fundamentais na forma como os físicos pensam sobre a mecânica quântica, algo do qual a maioria dos físicos de partículas e teóricos de cordas discorda.

Um dos aspectos fundamentais da teoria dos twistores é que a relação entre acontecimentos no espaço-tempo é crucial. Em vez de se concentrar nos acontecimentos e em suas relações resultantes, a teoria centra-se nas relações causais, e os acontecimentos se tornam subprodutos dessas relações.

Se pegarmos todos os raios de luz no espaço-tempo, criamos um *espaço twistor*, que é o universo matemático no qual reside a teoria dos twistores. De fato, há algumas indicações de que os objetos no espaço twistor podem resultar em objetos e eventos no nosso Universo.

A maior falha da teoria dos twistores é que, mesmo depois de todos esses anos (foi originalmente desenvolvida nos anos 1960), ela ainda só existe em um mundo sem a física quântica. O espaço-tempo da teoria dos twistores é perfeitamente liso, então ele não permite uma estrutura discreta de espaço-tempo. É uma espécie de gravidade antiquântica, o que significa que não oferece muito mais ajuda do que a relatividade geral na resolução das questões que os teóricos da gravidade quântica (ou outros pesquisadores da gravidade quântica) estão tentando resolver.

Assim como a teoria das cordas, a teoria dos twistores de Penrose forneceu alguns conhecimentos matemáticos sobre as teorias existentes da física, incluindo algumas que estão no cerne do Modelo Padrão da física de partículas.

Edward Witten e outros teóricos de cordas começaram a investigar formas pelas quais a teoria dos twistores pode se relacionar com a teoria das cordas. Uma abordagem tem sido a de que as cordas não existem no espaço físico, mas sim no espaço do twistor. Até agora, ela não produziu as relações que proporcionariam avanços fundamentais, quer na teoria das cordas quer na teoria dos twistores, mas resultou em grandes melhorias das técnicas de cálculo na cromodinâmica quântica.

Unindo os sistemas matemáticos: Geometria não comutativa

Outra ferramenta matemática que está sendo desenvolvida é a *geometria não comutativa*, do matemático francês Alain Connes, ganhador da prestigiada Medalha Fields. O sistema envolve tratar a geometria de uma forma fundamentalmente nova, utilizando sistemas matemáticos em que o princípio comutativo não se mantém.

Na matemática, duas quantidades *comutam* se as operações sobre essas quantidades funcionarem da mesma maneira, independentemente da ordem em que as trate. A adição e a multiplicação são ambas comutativas porque obtemos a mesma resposta, independentemente da ordem em que adicionamos ou multiplicamos dois números.

Contudo, os matemáticos são um grupo peculiar, e existem alguns sistemas matemáticos nos quais a adição e a multiplicação são definidas de forma diferente, então a ordem é importante. Por estranho que pareça, nesses sistemas, multiplicar 5 por 3 poderia dar um resultado diferente do que multiplicar 3 por 5 (não recomendo usar essa desculpa para discutir com o professor sobre os resultados da prova de matemática). Provavelmente não surpreende descobrir que esses sistemas matemáticos não comutativos surgem com frequência no mundo bizarro da mecânica quântica — de fato, essa característica é a causa matemática do princípio da incerteza descrito no Capítulo 7.

Os instrumentos da geometria não comutativa têm sido utilizados em muitas abordagens, mas Connes procura uma unificação mais fundamental de álgebra e geometria que poderia ser utilizada para construir um modelo físico no qual os conflitos são resolvidos por características inerentes ao sistema matemático.

A geometria não comutativa obteve certo sucesso, porque o Modelo Padrão da física de partículas parece saltar dela nas versões mais simples. O objetivo dos empenhados matemáticos que trabalham com Connes é poderem algum dia replicar toda a física (incluindo possivelmente a teoria das cordas), embora seja provável que isso ainda esteja muito longe. (Está começando a ver um padrão aqui?)

6
A Parte dos Dez

NESTA PARTE. . .

Nesta clássica Parte dos Dez, apresento alguns dos principais insights sobre o que a teoria das cordas pode realizar e quem são as pessoas mais próximas disso.

Exploro dez conceitos que os físicos esperam que uma "teoria de tudo" explique, seja ela a teoria das cordas ou não.

Também mostro o panorama de fundo de dez dos teóricos de cordas mais proeminentes que trabalham para mostrar que a teoria das cordas é a forma de unir a teoria quântica e a relatividade geral.

Por fim, analiso dez céticos da teoria das cordas — aqueles que acreditam que a teoria provavelmente já ultrapassou sua utilidade, se é que alguma vez foi útil.

NESTE CAPÍTULO

» Esperando desvendar os segredos da origem e do fim do Universo

» Questionando por que o Universo tem os parâmetros que tem

» Buscando explicações para a matéria escura, a energia escura e outros mistérios

Capítulo **20**

Dez Perguntas que uma Teoria de Tudo Deveria Responder

Q ualquer "teoria de tudo" — seja ela a teoria das cordas ou alguma outra — precisaria responder algumas das questões mais difíceis que a física já fez. São tão difíceis que os esforços combinados de toda a comunidade física não conseguiram respondê-las até agora. A maioria dos físicos acredita historicamente que uma teoria de tudo proporcionaria uma razão única pela qual o Universo é como é — em oposição ao princípio antrópico, que se baseia no fato de que nosso Universo *não* é único. Muitos físicos de hoje questionam se alguma vez poderá haver uma teoria única que responda a todas essas questões.

Neste capítulo, considero as questões sobre o que deu início ao Universo, incluindo a razão pela qual o Universo primitivo tinha exatamente as propriedades que tinha. Isso inclui as soluções para outras questões da cosmologia, tais como a natureza dos buracos negros, da matéria escura e da energia escura. Também exploro o problema de compreendermos o que realmente acontece no estranho domínio da física quântica. Por fim, discuto a necessidade de uma explicação fundamental do tempo e de um olhar razoável para o futuro: o fim do Universo.

O Big Bang: O que Explodiu (e Inflou)?

Atualmente, a física e a cosmologia nos dizem que o Universo tal como o conhecemos começou há cerca de 14 bilhões de anos, em uma singularidade em que as leis da física se quebram. A maioria dos cientistas acredita em uma inflação rápida que ocorreu momentos depois, expandindo rapidamente o espaço. Quando o período de inflação abrandou, entramos em um período em que o espaço continuou se expandindo no ritmo que vemos hoje (ou um pouco menos, dadas as influências da energia escura).

Isso divide a questão sobre a origem do universo em duas partes:

» Quais eram as condições iniciais que provocaram o Big Bang?
» O que causou o fim da gravidade repulsiva da era da inflação?

No Capítulo 14, ofereço algumas explicações sobre como a teoria das cordas pode resolver essas questões. Mesmo que a teoria das cordas falhe, qualquer teoria que tente ir além do Modelo Padrão da física de partículas terá de abordar essas questões relativas aos primeiros momentos do Universo.

Assimetria de Bárions: Por que a Matéria Existe?

Após o Big Bang, a energia bruta foi transformada em matéria. Se a energia do Universo primitivo tivesse esfriado em quantidades iguais de matéria e antimatéria, essas diferentes formas de matéria teriam aniquilado umas às outras, não deixando qualquer matéria no Universo. Em vez disso, havia substancialmente mais matéria do que antimatéria, o suficiente para que, quando toda a antimatéria tivesse sido aniquilada pela matéria, restasse matéria suficiente para compor o Universo visível. Tal diferença inicial entre matéria e antimatéria é chamada *assimetria de bárions* (porque a matéria regular, composta de bárions, é chamada *matéria bariônica*).

As leis da física não fornecem nenhuma razão clara para que as quantidades de matéria e antimatéria não fossem iguais, assim, presumivelmente, uma teoria de tudo explicaria por que a densa energia do Universo primitivo tendia a favorecer — ainda que apenas um pouco — a matéria em detrimento da antimatéria.

Problemas Hierárquicos: Por que Há Lacunas nos Níveis de Forças, Partículas e Energias?

A maioria dos físicos, caso fosse criar um Universo, teria sido um pouco mais conservadora com seus recursos do que as forças em ação no nosso Universo parecem ter sido. Há uma vasta gama de intensidades de força, desde a incrivelmente fraca força gravitacional até a força nuclear forte que liga os quarks formando prótons e nêutrons. As próprias partículas ocorrem em múltiplas variedades — muito mais do que aparentemente precisamos —, e cada variedade salta por grandes múltiplos em tamanho. Em vez de um continuum suave de forças, partículas e energia, há enormes lacunas.

Uma teoria de tudo deveria explicar por que essas lacunas existem e por que existem nesses lugares.

Ajuste Fino: Por que as Constantes Fundamentais Têm os Valores que Têm?

Muitas das constantes fundamentais no nosso Universo parecem estar precisamente definidas no intervalo que permite a formação da vida. Essa é uma das razões pelas quais alguns físicos se voltam ao princípio antrópico, porque ele explica o fato muito prontamente.

Os físicos esperam, contudo, que uma teoria de tudo explique a precisão desses valores — em essência, explique a razão pela qual a vida em si pode existir no nosso Universo — a partir dos princípios fundamentais da física.

O Paradoxo da Informação em Buracos Negros: O que Acontece à Matéria que Falta Neles?

O pensamento atual sobre o paradoxo da informação em buracos negros é o de que existe um sistema quântico subjacente a eles, e que esse sistema quântico nunca perde informações, embora possa misturar os pontos mais finos de uma forma complicada. Para conciliar essa imagem com os cálculos de Hawking (veja o Capítulo 14), às vezes apela-se ao conceito da complementaridade. Essa ideia, proposta por Leonard Susskind, diz que alguém fora do buraco negro pode observar resultados diferentes daqueles de alguém que cai nele, mas que não surgirão contradições.

Tal abordagem não resolveu o problema para todos, incluindo os físicos que acreditam que a relatividade deve ter mais influência do que a mecânica quântica. Seja qual for a solução, uma teoria de tudo precisaria apresentar um conjunto definitivo de regras que poderiam ser aplicadas para descobrir o que acontece à matéria (e à informação) que cai em um buraco negro.

Interpretação Quântica: O que Significa Mecânica Quântica?

Embora a mecânica quântica funcione para explicar os resultados vistos em experiências de laboratório, ainda não há uma única descrição clara do princípio físico que a faz funcionar da forma como funciona. Embora isso esteja ligado ao "colapso da função de onda quântica", o significado físico exato da função de onda, ou do seu colapso, ainda é um certo mistério. (Por isso, se não compreender a física quântica, não se preocupe... os físicos ainda estão debatendo sobre ela, mesmo depois de todos esses anos.)

No Capítulo 7, explico algumas das interpretações do que isso possa significar — a interpretação de Copenhague, a interpretação de muitos mundos (IMM), histórias consistentes etc. —, mas o fato é que são apenas suposições, e os físicos realmente não sabem ao certo o que está acontecendo com esse estranho comportamento quântico. Lee Smolin listou isso como seu segundo "grande problema em física teórica". Embora hoje essa não seja nem de perto a opinião da maioria dos físicos, os grandes físicos da revolução quântica — Bohr, Einstein, Heisenberg, Schroedinger e os demais — também a viram como uma questão fundamental a ser resolvida.

Hoje em dia, a maioria dos físicos tende apenas a confiar na matemática e não se preocupam com coisas estranhas que acontecem nos bastidores. Estão perfeitamente à vontade com a mecânica quântica, não vendo nada de misterioso no comportamento. (Afinal, eles têm equações que a descrevem!)

De fato, a maioria dos físicos teóricos não parece acreditar que seja possível determinar uma interpretação como correta, e nem sequer a consideram como uma questão que precisa ser respondida, mesmo por uma teoria de tudo. Alguns dos que desejam uma interpretação clara esperam que uma teoria de tudo proporcione uma compreensão do mecanismo físico que explica os fenômenos quânticos.

Mistério Escuro 1: O que É a Matéria Escura (e Por que Há Tanto Dela)?

Parece haver duas formas de matéria no Universo: a matéria visível e a matéria escura. Os cientistas sabem que a matéria escura existe porque podem detectar seus efeitos gravitacionais, mas atualmente não podem observá-la diretamente. Se não houvesse uma matéria extra para manter as galáxias juntas, as equações da relatividade geral mostram que elas voariam para longe uma das outras.

Mesmo assim, ninguém sabe de que é feita a matéria escura. Alguns teorizam que ela pode ser composta de superparceiros estáveis das nossas partículas conhecidas — talvez fotinos, o superparceiro do fóton. A teoria das cordas contém outras ideias, abordadas no Capítulo 14, que poderiam explicar a natureza da matéria escura.

Mas o fato é que ninguém sabe ao certo, o que é perturbador, porque há cerca de cinco vezes mais matéria escura do que matéria visível no Universo. Por isso, deve haver muito dela para estudarmos — se ao menos os físicos e suas teorias científicas pudessem vê-la pelo que realmente é.

Mistério Escuro 2: O que É a Energia Escura (e Por que É Tão Fraca)?

Há muita energia escura no Universo — cerca de três vezes mais do que a matéria visível e a matéria escura juntas! Essa energia representa uma força de gravidade repulsiva em grandes escalas, empurrando as fronteiras do Universo para fora.

A abundância de energia escura por si só não é tanto um problema; o verdadeiro problema é que ela é muito mais fraca do que os físicos esperariam a partir de cálculos puramente teóricos baseados na teoria quântica de campo. Segundo esses cálculos, a energia aleatória do espaço vazio (a "energia do vácuo") deveria explodir a quantidades enormes, mas o fato é que mantém um valor incrivelmente pequeno.

Uma teoria de tudo, esperamos, explicaria por que a energia do vácuo contém os valores que contém.

Simetria do Tempo: Por que o Tempo Parece Correr para a Frente?

As dimensões espaciais são intercambiáveis, mas o tempo é distinto porque parece se mover em apenas um sentido. Não precisa ser assim. De fato, as leis matemáticas da física funcionam de qualquer maneira, mesmo em um Universo onde o tempo poderia correr para trás.

Mas o tempo não corre para trás, e uma teoria de tudo teria que explicar essa discrepância entre a simetria matemática do tempo e a assimetria física do tempo que observamos sempre que chegamos atrasados para uma reunião.

O Fim do Universo: O que Acontecerá Depois?

E, claro, a eterna questão do destino do Universo é outra que uma teoria de tudo teria que responder. (Pode preparar a música "It's the End of the World as We Know It", do R.E.M.) Será que nosso Universo (e todos os outros) acabará em gelo, expandindo-se até que o calor se dissipe através da vastidão do espaço? Será que as galáxias se juntarão em aglomerados densos, como as pessoas que acampam no inverno ficam ao redor de uma fogueira? Ou será que o Universo se contrairá e talvez comece o ciclo da criação universal tudo de novo?

É provável que essas perguntas sejam respondidas muito depois de termos partido, mas há esperança de que o início das respostas possa vir dentro dos próximos anos, à medida que alguns aspectos da teoria das cordas começam a entrar no reino da verificação experimental.

> **NESTE CAPÍTULO**
>
> » Conhecendo os fundadores da teoria das cordas
>
> » Enfrentando o desafio: Uma nova geração de teóricos de cordas
>
> » Diversificando para tornar a teoria das cordas popular entre não físicos

Capítulo **21**

Dez Notáveis Teóricos das Cordas

Nenhuma nova teoria pode se desenvolver sem que cientistas dedicados trabalhem arduamente para a refinar e interpretar. Ao longo deste livro, lemos sobre alguns dos trabalhos pioneiros da teoria das cordas. Agora é hora de descobrir mais sobre alguns dos próprios cientistas, as pessoas que fazem a teoria das cordas funcionar enquanto pesquisam os mistérios do Universo dentro do contexto desta ciência em desenvolvimento. À medida que a teoria das cordas se desdobra, alguns desses indivíduos podem se tornar lendas da ordem de Einstein e Newton, ou podem acabar encontrando formas úteis de apresentar essa teoria complexa de formas que o público em geral consiga compreender.

Neste capítulo, apresento dez físicos responsáveis pela ascensão da teoria das cordas. Apresento breves biografias não só dos fundadores da teoria, mas também de alguns dos visionários que a vêm aperfeiçoando ao longo dos anos. Algumas dessas personalidades são também físicos que escreveram livros populares ou estiveram envolvidos em programas educativos sobre o tema, ajudando a expandir o entendimento do público em geral sobre a teoria das cordas. Contudo, este capítulo não é uma lista dos "dez melhores", e só porque um nome não foi incluído não quer dizer que o trabalho e as contribuições da pessoa são menos significativos do que os nomes listados.

Edward Witten

Visto por muitos como o principal pensador da teoria das cordas, Witten introduziu o conceito da teoria M em 1995 como uma forma de consolidar as teorias de cordas existentes em uma teoria abrangente. Seu trabalho na teoria das cordas também incluiu a aplicação das variedades de Calabi-Yau de 1984 para explicar a compactificação das dimensões extras.

Em 1951, Witten nasceu para a física, de certa forma; seu pai, Louis Witten, era um físico teórico especializado em relatividade geral. Ao crescer, Witten demonstrou uma aptidão natural para a matemática. Apesar disso, concentrou seus primeiros anos no estudo da história e na sua atividade política, ajudando na campanha presidencial de 1972 de George McGovern. Sua graduação na Universidade Brandeis foi em História com uma extensão em Linguística.

Em meados de 1973, Witten iniciou a pós-graduação em Matemática aplicada na Universidade de Princeton. Apesar de não ter um diploma de graduação em Física, rapidamente se mostrou proficiente na matemática complexa envolvida na física teórica. Mudou então para o departamento de Física e recebeu seu doutorado de Princeton em 1976.

Desde então, Witten publicou mais de trezentos artigos de pesquisa. De acordo com algumas fontes, ele tem o maior *índice h* (artigos mais frequentemente citados) de qualquer físico vivo. Ele recebeu a "bolsa de gênio" da Fundação MacArthur em 1982. Em 1990, foi o primeiro (e até agora único) físico a receber a medalha Fields, às vezes informalmente chamada "Prêmio Nobel da Matemática" (o Comitê Nobel não atribui nenhum prêmio matemático). Ele foi uma das cem pessoas mais influentes da revista *Time* em 2004.

Entre os teóricos de cordas, Edward Witten é visto como uma inspiração devido à sua capacidade de compreender as implicações da matemática complexa da teoria a um nível que poucos outros conseguiram igualar. Mesmo os críticos mais fortes da teoria das cordas falam de seu intelecto e de suas proezas matemáticas com admiração, deixando claro que ele é uma mente sem paralelo na sua geração.

John Henry Schwarz

Se a teoria das cordas fosse uma religião, então John Henry Schwarz seria o equivalente a São Paulo. Em uma época em que praticamente todos os outros físicos abandonaram a teoria das cordas, Schwarz perseverou durante quase uma década como um dos poucos que tentou resolver os detalhes matemáticos da teoria, mesmo que isso tenha prejudicado sua carreira. Por fim, seu trabalho conduziu à primeira revolução das supercordas.

Schwarz foi um dos físicos que descobriu que a supersimetria resolvia vários dos problemas com a teoria das cordas. Mais tarde, ele propôs a ideia de que a partícula spin-2 descrita pela teoria das cordas pode ser o gráviton, o que significa que a teoria das cordas pode ser a teoria há muito procurada para unificar a física quântica e a relatividade geral. (Veja mais sobre esses conceitos no Capítulo 10.)

Ele trabalhou na Caltech durante doze anos — de 1972 a 1984 — como pesquisador temporário, em vez de professor catedrático. Suas perspectivas de carreira foram dificultadas em grande parte devido à sua perceptível obsessão pela teoria das cordas.

Em 1984, Schwarz realizou (juntamente com Michael Green) o trabalho que mostrava que a teoria das cordas era consistente, desencadeando a primeira revolução das supercordas. Sem a década de trabalho dedicado (ou obsessão) de Schwarz, não teria existido fundamento para a teoria das supercordas se desenvolver ao longo da década de 1980, quando ela ganhou proeminência entre os físicos de partículas.

Yoichiro Nambu

Yoichiro Nambu é um dos fundadores da teoria das cordas que descobriu de forma independente a descrição física do modelo de Veneziano como cordas vibrantes. Nambu já era um físico de partículas respeitado por seu trabalho anterior na descrição do mecanismo de quebra espontânea da simetria na física de partículas. O Dr. Nambu recebeu o Prêmio Nobel da Física de 2008 por esse trabalho.

Embora isso o torne o único fundador da teoria das cordas a ter recebido um Prêmio Nobel, é importante notar que o Prêmio Nobel não faz nenhuma menção à teoria das cordas. De fato, o Nobel não pode ser atribuído por trabalhos teóricos que não tenham sido confirmados ou mostrados serem úteis de forma experimental.

Leonard Susskind

Leonard Susskind é outro fundador da teoria das cordas. Como narra em seu livro, *The Cosmic Landscape: The String Theory and the Illusion of Intelligent Design* [A Paisagem Cósmica: A Teoria das Cordas e a Ilusão do Design Inteligente, em tradução literal], ele viu as equações originais do modelo de ressonância dupla e as considerou semelhantes às equações dos osciladores, o que o levou a criar a descrição das cordas — concomitantemente com Yoichiro Nambu e Holger Nielson. Além disso, propôs vários conceitos discutidos ao longo deste livro: a teoria das cordas da entropia do buraco negro (Capítulo 14), o princípio holográfico (Capítulo 11), a teoria da matriz (Capítulo 11) e a aplicação do princípio antrópico ao cenário da teoria das cordas (que é o tema de seu livro; abordo esse princípio no Capítulo 11.)

Além do seu extenso trabalho na teoria das cordas, Susskind é conhecido por seus desacordos com Stephen Hawking sobre o destino final da informação que cai em um buraco negro, como delineado em seu livro de 2008 *The Black Hole War: My Battle with Stephen Hawking to Make the World Safe for Quantum Mechanics* [A Guerra do Buraco Negro: Minha Batalha com Stephen Hawking para que o Mundo Fique Seguro para a Mecânica Quântica, em tradução literal].

David Gross

David Gross foi um dos físicos que desenvolveu a teoria das cordas heteróticas, uma das principais descobertas da primeira revolução das supercordas.

Em 2004, Gross ganhou (juntamente com os colegas Frank Wilczek e David Politzer) o Prêmio Nobel da Física por sua descoberta em 1973 da liberdade assintótica na força nuclear forte dos quarks. (Isso significa que a forte interação entre os quarks fica mais fraca a distâncias extremamente curtas.)

Desde 1997, o Dr. Gross é o diretor do Instituto Kavli de Física Teórica da Universidade da Califórnia, em Santa Bárbara. Nessa qualidade, ele é conhecido não só como um forte defensor da teoria das cordas mas também como um forte opositor do princípio antrópico aplicado à paisagem da teoria das cordas.

Joe Polchinski

Joe Polchinski provou que a teoria das cordas exigia objetos com mais de uma dimensão, chamados branas. Embora o conceito de branas tivesse sido introduzido anteriormente, Polchinski explorou a natureza das D-branas. Esse trabalho foi crucial para a segunda revolução das supercordas de 1995 e é visto como fundamental para o desenvolvimento da teoria M, dos cenários do mundo das branas e do princípio holográfico (todos abordados no Capítulo 11).

Recentemente, Polchinski se converteu à utilidade do princípio antrópico na teoria das cordas, embora abundem as histórias de como ele detestava o princípio, considerando-o pouco científico e ameaçando abandonar sua posição se fosse forçado a adotá-lo.

Juan Maldacena

Juan Maldacena é um físico argentino que desenvolveu a ideia de que existe uma dualidade entre a teoria das cordas e uma teoria quântica de campo — chamada dualidade de Maldacena (ou a correspondência AdS/CFT; veja o Capítulo 11).

A dualidade de Maldacena, proposta em 1997, foi aplicada apenas em certos casos, mas, se pudesse ser estendida a toda a teoria das cordas, isso daria um significado preciso da teoria das cordas quânticas. Ou seja, os teóricos de cordas deveriam conseguir traduzir os princípios conhecidos da teoria dos campos de gauge em equações da teoria das cordas — um excelente ponto de partida para uma teoria quântica completa da gravidade. Além disso, aplicar a dualidade na outra direção, começando com a teoria das cordas e criando previsões sobre como a teoria de gauge deveria se comportar, poderia produzir previsões que sejam testáveis no Colisor Relativístico de Íons Pesados ou no Grande Colisor de Hádrons nos anos vindouros.

Lisa Randall

A física teórica é um campo estereotipado dominado pelos homens, e mesmo entre as raras mulheres que o escolhem, Lisa Randall não se encaixa no molde. Ela passa seu tempo livre em intensas expedições de escalada em rocha, mas passa seus dias profissionais explorando as implicações dos mundos de branas multidimensionais como fenomenóloga.

A Dra. Randall foi a primeira mulher a ganhar estabilidade no departamento de física da Universidade de Princeton. Foi também a primeira física teórica do MIT e mais tarde em Harvard, onde está desde 2001.

Randall ganhou proeminência entre os não físicos com seu livro de 2005, *Warped Passages: Unraveling the Mysteries of the Universe's Hidden Dimensions* [Passagens Distorcidas: Desvendando os Mistérios das Dimensões Escondidas do Universo, em tradução literal]. Entre outras coisas, isso resultou em sua participação no megapopular programa humorístico de sátira política do Comedy Central, *The Colbert Report*.

Considerando seu sucesso como mulher em um campo dominado por homens, não surpreende o fato de que ela tenha credenciais impressionantes. Um dos modelos mais intrigantes que surgiram da sua análise dos cenários do mundo das branas são os modelos de Randall-Sundrum, que exploram a possibilidade de a gravidade se comportar de forma diferente das nossas próprias 3-branas.

Michio Kaku

O físico Michio Kaku é um dos principais ativistas da teoria das cordas. Ele trabalhou na teoria no início da década de 1970, na verdade cofundando a "teoria das cordas de campo" ao escrever a teoria das cordas sob a forma de um campo. Por sua própria conta, abandonou então o trabalho sobre a teoria das cordas porque não acreditava nas dimensões adicionais que a teoria exigia. Voltou à teoria durante a primeira revolução das supercordas e, desde então, tem demonstrado ser um porta-voz divertido e lúcido.

O Dr. Kaku escreveu um dos primeiros livros populares sobre o assunto, *Hiperespaço: Uma Odisseia Científica através de Universos Paralelos, Empenamentos do Tempo e a Décima Dimensão*, em 1994. (Essa foi minha primeira introdução à teoria das cordas, quando li no último ano do Ensino Médio.) Desde então, escreveu outros livros sobre futurismo e princípios científicos e tecnológicos avançados. Seu livro de 2005, *Mundos Paralelos*, centra-se em muitos tópicos relacionados com a teoria das cordas.

Há mais de 25 anos, Kaku é professor de física teórica no City College de Nova York. Sua proximidade com grandes redes de televisão pode explicar sua presença regular em tantos programas. Com uma cabeleira branca distinta, o Dr. Kaku é facilmente reconhecível quando aparece na CNN, na Discovery, no Science Channel ou no programa da ABC *Good Morning, America*. (Quando a *GMA* precisou de alguém para explicar como o Mentos causava a erupção de garrafas de refrigerante em jatos de efervescência, chamaram o Dr. Kaku.)

Kaku também apresentou uma série de programas, incluindo dois programas de rádio. Atualmente apresenta os especiais de domingo SciQ no Science Channel. Seu trabalho de pesquisa sobre o tema da teoria das cordas não é tão impressionante como os outros desta lista, mas ele tem feito incrivelmente muito para popularizar as ideias da teoria das cordas. Muitos o veem como um dos que mais falam sobre a teoria para o público leigo.

Brian Greene

Por último, mas certamente não menos importante, é provavelmente um dos teóricos de cordas mais conhecidos, especialmente entre os não físicos. A popularidade de Brian Greene como escritor e porta-voz do campo remonta ao seu livro de 1999, *O Universo Elegante: Supercordas, Dimensões Ocultas e a Busca da Teoria Definitiva*, que foi usado em 2003 como base para um especial em três partes do canal PBS, *Nova*. Em 2004, Greene publicou o livro *The Fabric of the Cosmos: Space, Time, and the Fabric of Reality* [O Tecido do Cosmos: Espaço, Tempo e o Tecido da Realidade, em tradução literal]. (Ele participou do programa do Comedy Central *The Colbert Report* pelo menos duas vezes, o dobro de participação da Dra. Randall.)

O Dr. Greene obteve seu diploma de graduação em Harvard. Como bolsista Rhodes, recebeu o doutorado em 1986 pela Universidade de Oxford. Foi professor na Universidade de Cornell durante vários anos, mas é professor titular na Universidade de Columbia desde 1996. Ao longo de sua carreira, suas pesquisas se concentraram na geometria quântica e na tentativa de compreender o significado físico das dimensões extras sugeridas pela teoria das cordas.

Além de tentar explicar a teoria das cordas às massas, Greene é codiretor do Instituto de Cordas, Cosmologia e Física de Astropartículas (ISCAP) da Universidade de Columbia desde a sua fundação em 2000.

Em 2008, ele fundou o Festival Mundial de Ciências em Nova York, no qual um grupo de dança apresentou uma versão interpretativa de seu livro *O Universo Elegante*.

Índice

SÍMBOLOS
1, 167

A
Abdus Salam, 133
Abhay Ashtekar, 317
Acelerador de partículas, 45, 224
Alain Connes, 338
Alan Guth, 152, 255
Albert Einstein, 15, 26, 54, 238
    Equação
        E = mc2, 15
    Relatividade especial, 22
    Relatividade geral, 18
Albert Michelson, 83
Aleatoriedade quântica, 116
Alexander Friedmann, 144
Alex Vilenkin, 268
Álgebra linear, 234
Almagesto (de Ptolomeu), 140
Amplitude de Veneziano, 162
Andreas Albrecht, 152, 215, 333
Andreas Karch, 204
Andrei Linde, 152, 201, 215, 255, 268
Andre Neveu, 171, 174
Andrew Strominger, 181, 192, 195, 204
Ânodo, 123
Anomalias
    Definição, 177
Anticorda, 248
Antigravidade, 144
Antimatéria, 127, 221
Antipartícula, 33
Antoine-Laurent Lavoisier, 63
Aristóteles, 138
Arrasto de referenciais, 285
Arthur Eddington, 95, 278
Ashoke Sen, 185
Assimetria, 59
Assimetria de bárions, 342
Astrofísica, 137
Astrofísico, 139
Astrólogo, 139
Astrônomo, 139
Átomo, 27, 120
    Composição
        Elétrons, 28
        Nêutrons, 28
        Prótons, 28
        Quarks, 28
August Ferdinand Moebius, 235
Áxion, 222, 291

B
Benjamin Franklin, 266
Bernard Burke, 149
Bernard Julia, 176
Bernard le Bovier de Fontenelle, 266
Bernhard Riemann, 163, 237
Big Bang, 15, 18, 222–223
Big Crunch [Grande Colapso], 258
Bósons, 131
    de calibre [gauge], 34
    de gauge [ou bósons de calibração], 133
    de Higgs, 134
Branas, 3, 11, 184, 190
    Colisão de branas, 249
    Construções de branas, 252
    Mundo das branas, 196
    Objetos fundamentais, 10
Brandon Carter, 205
Brian Greene, 32, 164
Bruno Zumino, 172
Bryce DeWitt, 319
Bulk, 191
Buraco de minhoca, 19, 274
Buracos negros, 138
    Energia global, 157
    Extremos, 195, 252
    Paradoxo da informação, 157, 253
Burt Ovrut, 249

C
Campo
    de píon, 335
    Ínflaton, 152
Campo de Higgs, 134
Campo gravitacional, 77
Campos
    Definição, 11
    Teoria de campo, 11
Campos de gauge, 165
Cão preguiçoso, 88, 238
Carga de cor, 130
Carga elétrica, 76
Carl D. Anderson, 127
Carl Friedrich Gauss, 237
Carlo Rovelli, 317
Catástrofe do ultravioleta, 101
Cátodo, 123
Chris Hull, 185
Ciência
    Definição, 50
Claude Lovelace, 169
Claus Montonen, 185
Colapso da função de onda quântica, 344
Colina de energia, 268
Colisor
    Grande Colisor de Hádrons (LHC), 224–225
    Linear Compacto (CLIC), 226
    Linear Internacional (ILC), 226
    Relativístico de Íons Pesados (RHIC), 224
Compactificação, 10, 180, 240
    Não geométrica, 242
    Toroide, 16
Complementaridade, 344
Comprimento de onda, 69
Comprimento de Planck, 32
Computador quântico, 336
Condição de contorno de Dirichlet, 191
Configuração extrema, 195
Confirmação experimental, 209

Conjectura
  Censura cósmica, 282
  Maldacena, 39, 224
  Proteção cronológica, 282
Conservação da massa, 27
  Definição, 63
Constante
  Acoplamento, 186
  Cosmológica, 21, 143
  Estrutura fina, 333
  Gravitacional, 74
  Newton, 74
Contador Geiger, 111, 271
Continuum espaço-tempo, 86
Convergência, 187
Corda
  4-D N=2, 242
  Cósmicas, 222
  Heterótica, 40
Corpo negro, 100
  Problema da radiação do corpo negro, 100
Corrente elétrica, 29
Correspondência
  AdS/CFT, 39, 200
  Anti de De Sitter, 200
  Teoria de campo conformal, 200
Corte GZK, 221
Cosmologia, 21, 96, 137
  Big Bang, 21
Cromodinâmica quântica, 33, 40, 224
  CDQ, 129
Cumrun Vafa, 195, 203, 248
Curva do tipo tempo fechado, 285

D

Daniel Freedman, 176
David Bernoulli, 120
David Bohm, 115
David Gross, 179, 208
David Hilbert, 97
David Olive, 185
D-branas, 190
Decoerência, 113
Dependência de fundo, 98
Desvio para o vermelho (redshift), 146
Detector de ondas de gravidade GEO600, 214
Determinismo, 115
Diagrama
  Feynman, 125, 281
  Minkowski, 88, 238, 281
Dick Teresi, 135
Dilatação
  Temporal, 87, 156, 283
Dimensão
  Definição, 230
Dinâmica newtoniana modificada, 331
Divergência, 187
Dmitri Volkov, 172
Dualidade, 185
  S, 184–185
  T, 184–185
  Topológica, 185
  Toroidal, 185
Dualidade de partícula-onda, 105

E

Eduardo Guendelman, 276
Edward Morley, 83
Edward Witten, 181, 184
Edwin A. Abbott, 233
Edwin Hubble, 143
Efeito
  Doppler, 146
Efeito fotoelétrico, 103
  Definição, 103
Eletricidade, 76
Eletrodinâmica quântica, 29
Eletromagnetismo, 29, 75
Elétron
  Definição, 122
Eletrostática, 76
Elias Kiritsis, 215, 334
Eliminação de anomalias, 10
Emil Martinec, 179
Energia, 28
  Cinética, 249
  Energia cinética, 64–65
  Energia potencial, 64–65
  Escura, 42, 183, 222
  Fantasma, 276
  Negativa, 288
  Vácuo, 136

Enrico Fermi, 132
Entropia, 10, 157, 200, 247
Equação de campo, 91
Equipamentos de testes, 210
Ernest Marsden, 123
Ernest Rutherford, 123, 124
Erwin Schrödinger, 108, 111
  Equação, 270
Espaço
  Anti de De Sitter, 144, 200
  Carga isotópica, 242
  de De Sitter, 144
  de Hilbert, 270
  Minkowski, 238
  Twistor, 337
  Vetorial, 234
Espaços de Calabi-Yau. Consulte também Variedades de Calabi-Yau
Espaço-tempo, 17
  Definição, 26
Espectro de corpo cinza, 251
Especulação matemática, 209
Espuma quântica, 118
Estado
  Fundamental, 66
  Quântico, 38
    Buracos negros, 40
Éter, 63, 82
  Luminoso, 75
Euclides, 231
Eugene Cremmer, 176
Eugene Wigner, 271
Eugenio Calabi, 181
Evgeny Likhtman, 172
Evidência experimental, 209
Experimento da fenda dupla, 105
Explosões de raios gama, 218–219

F

Faixa de Moebius, 235
Falso vácuo, 268
Fase pré-geométrica do Universo, 329
Feixes de espaço quântico, 317
Felix Klein, 236
Fenomenologia, 54
Férmions, 131

Livres, 242
Filamentos de energia, 164
Filamentos vibratórios de energia. Consulte também Teoria das cordas
Finitude da teoria das corda, 313
Física
    Conceitos básicos, 2
    Definição, 62
Física de dois tempos, 290
Física de partículas, 119
    Modelo Padrão, 28
Física moderna, 10
    Física quântica, 14
    Relatividade, 14
Física teórica, 10
Flutuações quânticas, 30, 267
Força
    Eletrofraca, 133
    Eletromagnética, 29, 78
    Nuclear forte, 30
    Nuclear fraca, 30
Fotini Markopoulou, 318, 336
Fóton, 29, 102
    Mensageiro, 126
    Virtual, 126
Francesco Maria Grimaldi, 105
Francis Bacon, 51
Frank De Luccia, 255
Frank Tipler, 114
Fred Hoyle, 147
Frequência fundamental, 70
Fritz Zwicky, 153
Função
    Beta de Euler, 163
    Onda quântica, 105, 108
    Ramanujan, 163

G

Gabriele Veneziano, 162, 247
Galileu Galilei, 141
Garrafa de Klein, 236
Gary Horowitz, 181
Gato de Schrödinger, 111
Geodésico, 27
Geometria
    Cartesiana, 232
    Espacial, 318
    Euclidiana, 163, 231
    Não comutativa, 338
    Não euclidiana, 237
    Projetiva, 235, 237
    Riemanniana, 163, 237
George FitzGerald, 85
George Gamow, 148
Georges Lemaître, 147
George Zweig, 130
Georgiy Zatsepin, 221
Gerald Feinberg, 292
Gerard 't Hooft, 198
Gia Dvali, 202
Giordano Bruno, 266
Giovanni Amelino-Camelia, 219
Glúons, 130, 131
Gottfried Leibniz, 74
Grafidade quântica, 326
Grande
    Congelamento [Big Freeze], 258
    Rebote [Big Bounce], 259
Grande Colisor de Hádrons, 42, 209, 291
Grau de liberdade, 230
Gravidade, 10
    Definição, 24
    Gráviton, 34
    Localizada, 204
        Localmente, 204
    Modificada, 332
    Repulsiva, 138
Gravidade quântica, 1
    Definição, 14
    Loop, 5, 17, 259
Gravitino, 189
Gráviton, 14, 134
Guerra das cordas, 299
Gunnar Nordström, 93

H

Hádrons, 11, 130
Hans Christian Oersted, 76
Hans Geiger, 123
Hantaro Nagaoka, 124
Harry Turtledove, 271
Heinrich Hertz, 103
Hendrik Lorentz, 85, 86
Hermann Minkowski, 26, 88, 238, 281
Hermann Weyl, 216
H. G. Wells, 233
Hinduísmo, 259
Hipercubo, 239
Hiperespaço, 272
Histórias consistentes, 115
Holger Nielsen, 165
Holografia, 199
Horizonte de eventos, 156
Howard Georgi, 216
Hugh Everett III, 114, 270

I

Igreja Católica, 140–143
Índice h, 309
Infinitos
    Definição, 177
Inflação caótica, 267, 268
Inflação eterna, 267, 268
Ínflaton, 152
Instabilidade quântica, 32
Interferência, 106
Interferômetro, 83
Interpretação de Copenhague, 113
Interpretação de muitos mundos (IMM), 114, 270
Invariância de Lorentz, 333
Isaac Newton, 24, 61
Itzhak Bars, 290

J

James Clerk Maxwell, 29, 58, 78, 93
Janos Bolyai, 237
Jeff Harvey, 179
Jin Dai, 191
J.J. Thomson, 122
João Magueijo, 215, 333
Joel Scherk, 174, 175, 176
Joe Polchinski, 191, 201, 223
Johann Benedict Listing, 235
Johannes Kepler, 142
Johann Peter Gustav Lejeune Dirichlet, 191
John Adams, 266
John Archibald Wheeler, 113, 319
John Barrow, 114, 333
John Cowper Powys, 265

John Dalton, 121
John Moffat, 215, 308, 332, 333
John Preskill, aposta com Stephen Hawking, 253
John Schwarz, 171, 172, 175, 176
John von Neumann, 115
John Webb, 333
John Wheeler, 32
J. Richard Gott, 289
Juan Maldacena, 39, 200
Jules Henri Poincaré, 85
Julius Wess, 172

K
Karl Popper, 52, 304
Kenneth Greisen, 221
Kip Thorne, 287
Kurt Gödel, 285

L
Lee Smolin, 112, 189, 317
Lei
    Coulomb, 76
    Gravitação universal, 73
    Parcimônia, 54
Leis físicas do universo, 1
    Física quântica, 1
    Relatividade geral, 1
Lentes gravitacionais, 223
Leonard Susskind, 43, 52, 55, 60, 165, 196
Leonhard Euler, 163
Leon Lederman, 135
Lépton, 132
Lewis Carroll, 233
Liberdade assintótica, 328
Linhas de estudo, 2
Lisa Randall, 135, 203
Lógica indutiva, 50
Lord Kelvin, 79
Louis Auguste Blanqui, 266
Louis de Broglie, 106, 115
Ludwig Flamm, 287
Luz
    Intensidade, 103

M
Magnetismo, 76
Mahiko Suzuki, 162

Makoto Kobayashi, 60
Marcel Grossman, 216
Martin Rees, 259
Massa
    Definição, 62
Matéria, 28
Matéria bariônica, 153, 342
Matéria escura, 138, 222
Matriz S, 162
Max Born, 111
Max Planck, 85, 100, 118
    Constante de Planck, 102
    Unidades de Planck, 116
Max Tegmark, 264, 268
M. C. Escher, 235
Mecanismo de Higgs, 134
Medalha Fields, 309
Mésons, 132, 221
    pi, 221
Método científico
    Definição clássica, 50
Michael Faraday, 58, 76, 77
Michael Green, 177
Michael Moorcock, 265
Michio Kaku, 162, 165, 174
Microscópios eletrônicos de tunelamento, 276
Mike Duff, 189
Modelos teóricos
    Barrett-Crane, 320
    Bilson-Thompson, 318
    Copérnico, 141, 142
    Dimensão milimétrica, 202
    Geocêntrico, 140
    Georgi-Glashow, 216
    Gravidade quântica final, 330
    Heliocêntrico, 141
    Modelo Padrão da física de partículas, 33
    Ptolomaico, 140
    Randall-Sundrum, 203, 246
    Ressonância dupla, 162
    Rutherford-Bohr, 125
    Saturniano, 124
    Veneziano, 162
Moléculas, 121
Mordehai Milgrom, 332
Movimento
    Browniano, 121

    Relativo, 84
Multiverso, 205, 264
    Na religião e na filosofia, 265
    Origem da palavra, 265
Murray Gell-Mann, 55, 130, 176, 197

N
Nathan Rosen, 287
Nathan Seiberg, 185
Navalha de Ockham, 54, 243–244, 305
Nebulosas, 146
Neil Turok, 249
Neutrino, 167
Nicolas Kemmer, 242
Nicolau Copérnico, 141, 142
    Da Revolução das Esferas Celestes, 142
Niels Bohr, 108, 123
Nikolai Lobachevsky, 237
Nima Arkani-Hamed, 202
Nobuyuki Sakai, 276
Novum Organum, 51
Núcleo, 123
Nucleossíntese estelar, 150
Número
    Enrolamento (winding number), 185
    Imaginário, 167

O
Ondas
    Eletromagnética, 78
    Estacionária, 70
    Longitudinais, 169
    Mecânica, 67
    Sonoras, 169
    Unidimensionais, 169
Operador
    Dilatação, 186
Orbifolds assimétricas, 242
Osciladores harmônicos, 67
Oskar Klein, 98

P
Pablo Picasso, 235
Pacotes de ondas, 164
Paradigmas científicos, 56
Paradoxos, 293

Paradoxo de Zenão, 117
Paradoxo do avô, 295
Paradoxo dos gêmeos, 293
Paridade, 181
Partículas, 14, 33
    Bósons, 14
    Férmios, 14
    Virtuais, 128
Pártons, 42, 196
Paul Dirac, 42, 127
Paul Steinhardt, 152, 249, 268, 269
Paul Townsend, 185
p-brana, 190, 192
Peter Higgs, 135
Peter van Nieuwenhuizen, 176
Petr Hořava, 191
Philip Candelas, 181
Pierre Ramond, 171, 172, 177
Píons, 221
Planck Surveyor, nave, 215
Plasma de quarks e glúons, 224
Pluralidade de mundos, 266
Ponte
    Einstein-Rosen, 19, 286
Pósitron, 127
Postdiction (retrodição), 211
Postulado das paralelas, 237
Primeira revolução das supercordas, 177
Princípio
    Antrópico, 18, 114, 205, 257
    Antrópico forte, 205
    Antrópico fraco, 205
    Antrópico participativo, 113
    Cosmológico, 144
    Covariância, 91–92
    Democracia matemática, 271
    Equivalência, 89–90
    Exclusão de Pauli, 132
    Falseabilidade, 51
    Holográfico, 20, 200
    Incerteza, 32, 109
    Reinterpretação de Feinberg, 292
    Relatividade, 84
    Sobreposição, 69
    Velocidade da luz, 84
    Problema

Corpo negro, 79
Dual, 252
Hierarquia, 135
Homogeneidade, 151
Horizonte, 150–152
Planicidade, 150–152
Sabores, 213
Propagadores, 126
    Propagador ondulado, 126
Psicologia
    Pensamento de grupo, 310
Ptolomeu, 140
Pulsares, 220

Q
Quanta, 100, 316
Quarks, 130
Quatro forças fundamentais, 14, 18
    Força eletromagnética, 14
    Força nuclear forte, 14
    Força nuclear fraca, 14
    Gravidade, 14
    Interações, 18

R
Raciocínio indutivo, 51
Radiação
    Cósmica de fundo em micro-ondas (RCFM), 148
    Hawking, 157, 251
Raios cósmicos, 218, 220–222
Ralph Alpher, 148
Raman Sundrum, 203
Raphael Bousso, 201
Rede de spin, 317
Reducionismo, 50
Referencial
    Inercial, 84
    Não inercial, 89
Relatividade
    Especial deformada, 331
    Especial dupla, 331
    Interna, 326
Renata Kalloch, 201
René Descartes, 232
Renormalização, 127, 256
Revolução científica, 57
Richard Feynman, 120, 125, 197

Robert Boyle, 120
Robert Brandenberger, 248
Robert Dicke, 148
Robert Herman, 148
Rob Leigh, 191
Roger Penrose, 317, 337
Roy Kerr, 287
Ryan Rohm, 179

S
Sandip Trivedi, 201
Santo Agostinho, 279
Satyendra Nath Bose, 131
Savas Dimopoulos, 202
Schwinger, 125
Segunda revolução das supercordas, 189
Segurança assintótica, 326
Sergio Ferrara, 176
Seta do tempo, 278
Seth Lloyd, 336
Shamit Kachru, 201
Sheldon Glashow, 216
Sheldon Lee Glashow, 133
Shing-Tung Yau, 181
Sidney Coleman, 255
Simetria
    Conformal, 170
    Conjugação de carga, 66, 280
    CPT, 280
    Geométrica, 66
    Interna, 66
    Linear, 59
    Paridade, 280
    Quebra, 59
    Reflexão, 59
    Rotacional, 59
    Supersimetria, 66
    T, 280
    Translacional, 59, 66
Singularidade, 31, 96
Sin-Itiro Tomonaga, 125
Sistema
    Fechado, 279
Sistema de posicionamento global (GPS), 93
S. James Gates Jr., 242
Spin, 34
Srinivasa Ramanujan, 163

Stanley Mandelstam, 313
Stephen Hawking, 38, 157, 272
　Aposta com John Preskill, 253
　Aposta com Neil Turok, 250
Stephon Alexander, 215, 334
Steven Weinberg, 133, 206, 260
Steve Shenker, 196
Sundance O. Bilson-Thompson, 318
Supergravidade, 176
Supernovas, 150
Supersimetria, 12, 42, 60, 154, 171
　Definição, 35
　Quebra, 213
　Superparceiro, 212

T
Táquion, 166, 167
　Massa imaginária, 168
Técnica covariante, 242
Ted Jacobson, 317
Teoria
　Big Bang, 146, 147
　Cordas supersimétricas, 171
　Cosmologia da velocidade da luz variável, 215
　Dependente do fundo, 312
　Eletrodinâmica quântica (EDQ), 125
　Estado estacionário, 147
　Gravidade modificada, 215
　Independente do fundo, 312
　Inflação, 150
　Kaluza-Klein, 98, 170
　Métrica da gravidade, 93
　Metric Skew Tensor Gravity, 335
　Quântica de campo, 126
　Relatividade
　　Especial, 26
　　Geral, 26
　Supercordas, 171
　　Tipos, 178
　Supergravidade, 176
　Teoria atômica, 120
　Teoria da grande unificação, 216

Teoria da gravidade quântica de Einstein, 328
Teoria da gravitação assimétrica, 334
Teoria da inflação cósmica, 21
Teoria da Inflação eterna, 254
Teoria da informação quântica, 336
Teoria da matriz, 196
Teoria da perturbação, 187
Teoria das cordas bosônicas, 162
Teoria das supercordas, 14. Consulte também Teoria das cordas
Teoria de campo, 33
Teoria de gauge, 34, 200
Teoria de grupos, 216
Teoria do Big Splat, 250
Teoria do eletrofraco, 33
Teoria do multiverso, 264
Teoria dos twistores, 337
Teoria do Universo ecpirótico, 248
Teoria F, 203
Teoria gravitacional de Newton, 25
Teoria gravitacional quântica, 23
Teoria M, 11, 44. Consulte também Teoria das cordas
Teoria quântica de campo, 4, 10–11
Teoria das cordas, 9, 137
　Definição, 9
　Elementos-chave, 9
　Elementos essenciais, 12
　Origens, 11
　Teoria matemática, 10
Termodinâmica, 27
　Ordem, 253
　Segunda lei, 247, 279, 280
Theodor Kaluza, 97
Thomas Henry Huxley, 52
Thomas Kuhn, 56
Thomas Young, 74, 105

Tom Banks, 196
Tom Kibble, 222
Topologia, 186
Topologia cósmica, 241
Toshihide Maskawa, 60
Triangulação dinâmica causal (TDC), 326, 327
Tubo de raios catódicos, 122
Tunelamento quântico, 275
Tycho Brahe, 142

U
Unitariedade, 270
Universo
　Cíclico, 247
　De bolso, 255
　Ecpirótico, 21
　Primitivo, 14, 267
Universo-bolha, 255
Universo-ilha, 255
Universo observável, 265
Universo paralelo, 264

V
Vadim Kuzmin, 221
Variedades de Calabi-Yau, 180
Velocidade da luz variável (VLV), 333
Vera Rubin, 153
Vetor, 233–234
　Trivial, 234
Viagem no tempo, 1
Violações de CP, 280
Vladimir Akulov, 172
Volume de Hubble, 265

W
Warren Siegel, 242
Werner Heisenberg, 108, 242
Willem de Sitter, 144
William de Ockham, 54
William Hiscock, 289
William James, 265
Willy Fischler, 196
Winding number, 185
W. J. van Stockum, 285
Wolfgang Pauli, 242

Y
Yoichiro Nambu, 60, 165
Yuri Golfand, 172

Projetos corporativos e edições personalizadas
dentro da sua estratégia de negócio. Já pensou nisso?

Coordenação de Eventos
Viviane Paiva
viviane@altabooks.com.br

Contato Comercial
vendas.corporativas@altabooks.com.br

A Alta Books tem criado experiências incríveis no meio corporativo. Com a crescente implementação da educação corporativa nas empresas, o livro entra como uma importante fonte de conhecimento. Com atendimento personalizado, conseguimos identificar as principais necessidades, e criar uma seleção de livros que podem ser utilizados de diversas maneiras, como por exemplo, para fortalecer relacionamento com suas equipes/ seus clientes. Você já utilizou o livro para alguma ação estratégica na sua empresa?

Entre em contato com nosso time para entender melhor as possibilidades de personalização e incentivo ao desenvolvimento pessoal e profissional.

PUBLIQUE SEU LIVRO

Publique seu livro com a Alta Books.
Para mais informações envie um e-mail para: autoria@altabooks.com.br

/altabooks /alta-books /altabooks /altabooks

CONHEÇA OUTROS LIVROS DA ALTA BOOKS

Todas as imagens são meramente ilustrativas.

- Antropologia para leigos
- Astrologia para leigos
- Canais do YouTube para leigos
- DBT (Terapia Comportamental Dialética) para leigos
- Depressão para leigos
- Judaísmo para leigos
- Psicologia para leigos
- Transtorno da Personalidade Borderline para leigos

ALTA BOOKS EDITORA · ALTA LIFE EDITORA · ALTA NOVEL · ALTA CULT EDITORA
FARIA E SILVA EDITORA · EDITORA ALAÚDE · TORDESILHAS · ALTA GEEK

Este livro foi impresso nas oficinas gráficas da Editora Vozes Ltda.,
Rua Frei Luís, 100 – Petrópolis, RJ.